金榜時代
GLISTIME 明德·弘毅·惟精

金榜时代考研数学系列 | V研客及全国各大考研培训学校指定用书

经济类联考
数学通关无忧985题

编著
李永乐 王式安 卢靖羽 刘喜波 宋浩 姜晓千 铁军 吴紫云 叶若初 马彦强

@考研路上的你

虽然辛苦，我还是会选择那种滚烫的人生。

中国农业出版社
CHINA AGRICULTURE PRESS
·北京·

图书在版编目(CIP)数据

经济类联考数学通关无忧985题／李永乐等编著．—北京：中国农业出版社，2021.11(2023.5重印)
(金榜时代考研数学系列)
ISBN 978-7-109-28942-0

Ⅰ.①经…　Ⅱ.①李…　Ⅲ.①高等数学—研究生—入学考试—习题集　Ⅳ.①O13-44

中国版本图书馆CIP数据核字(2021)第236710号

中国农业出版社出版
地址：北京市朝阳区麦子店街18号楼
邮编：100125
责任编辑：吕　睿
责任校对：吴丽婷
印刷：河北正德印务有限公司
版次：2021年11月第1版
印次：2023年5月河北第2次印刷
发行：新华书店北京发行所
开本：787mm×1092mm　1/16
印张：16
字数：380千字
定价：69.80元

前言

本书是针对396经济类综合能力考试数学部分编写的练习题题集。

396,是经济类综合能力考试科目的代码。

396经济类联考综合能力考试是研究生入学考试一项全国统考的业务课考试科目,包括数学、逻辑、写作三个部分。

396经济类联考综合能力是为了招收金融硕士、应用统计硕士、税务硕士、国际商务硕士、保险硕士及资产评估硕士而设置的具有选拔性质的联考科目,替代数学三。2021年之前,由参加经济类专业学位综合能力考试改革的试点院校联合命题。

为进一步加强硕士研究生命题工作规范管理,积极深化分类考试改革。2021年起,教育部全面推进经济类专业学位和学术学位分类考试改革试点,经济类综合能力考试科目将由教育部考试中心统一命题,供金融、应用统计、税务、国际商务、保险、资产评估等6个经济类专业学位选用,要求招生单位统筹考虑本单位实际情况自主选择使用。

就是说,从2021年起,经济类综合能力测试卷纳入了教育部的统一命题,命题更具严谨性、严肃性。同时,其他院校也可以根据自身的情况选择采用经济类综合能力代替数学三。

编者注意到,自2021年9月份以来,全国多所院校发布公告,变换了招生考试的科目,将之前的数学三,改成396经济类综合能力考试。

之前的练习题已经不适应新的考试情形,同学面对“396变革”缺少具有针对性的数学练习题。因此,我们编著这本专门的习题集,以帮助正在备考的考生们。

经济类联考综合能力就数学部分而言,题型只有选择题,没有证明解答题,侧重考查基础知识和计算能力,因而应多做选择题、总结技巧、增强计算能力。35个选择题,每个题目有5个选项。干扰项增多,使考生容易选错。在此,希望大家平时做题要养成细心的好习惯。

对部分考生来讲,考试科目虽然变化较大,但经济类联考数学部分比数学三要容易,题目难度不大,只要针对性地进行一定量的练习,就能掌握,分数不会低。希望同学们踏实做题,注意总结错题,都能考入理想的院校。

本书编者虽然已经检查多遍,但由于水平有限,书中错误之处在所难免,敬请读者指正!

编者

2023年5月

目 录

高等数学

第一章　函数、极限、连续

本章考点

一、函数的定义及性质
二、复合函数
三、数列极限
四、函数极限
五、无穷小量及其性质
六、极限的四则运算
七、两个重要极限
八、函数连续及间断点
九、闭区间上连续函数的性质

1.1 当 $x>0$ 时，下列等式成立的是(　　).

A. $e^{\ln\frac{1}{x}}=x$.　　B. $e^{2\ln x}=2x$.　　C. $e^{\frac{\ln x}{2}}=\frac{1}{2}x$.

D. $e^{-\ln x}=-x$.　　E. $e^{\frac{\ln x}{2}}=\sqrt{x}$.

1.2 下列等式成立的是(　　).

A. $(e^x)^2=e^{x^2}$.　　B. $(e^x)^2=e^{2x}$.　　C. $e^{2x}=\sqrt{e^x}$.

D. $e^x=\sqrt{e^{x^2}}$.　　E. $e^x=e^{\sqrt{x^2}}$.

1.3 下列各对函数中，表示同一个函数的是(　　).

A. $f(x)=\frac{x^2-1}{x+1}$ 与 $g(x)=x-1$.　　B. $f(x)=\lg x^2$ 与 $g(x)=2\lg x$.

C. $f(x)=\sqrt{1-\cos^2 x}$ 与 $g(x)=\sin x$.　　D. $f(x)=|x|$ 与 $g(x)=\sqrt{x^2}$.

E. $f(x)=e^{\ln x}$ 与 $g(x)=x$.

1.4 下列各对函数中，为同一函数的是(　　).

A. $y=\ln(x^2)$ 与 $y=2\ln|x|$.　　B. $y=\tan(2x)$ 与 $y=2\tan x$.

C. $y=x$ 与 $y=(\sqrt{x})^2$.　　D. $y=x-1$ 与 $y=\frac{x^2-1}{x+1}$.

E. $y=e^{-\ln x}$ 与 $y=-\frac{1}{x}$.

1.5 函数 $y=\arctan x$ 值域为(　　).

A. $(-1,1)$.　B. $(-\pi,\pi)$.　C. $\left[-\frac{\pi}{2},\frac{\pi}{2}\right]$.　D. $\left(-\frac{\pi}{2},\frac{\pi}{2}\right)$.　E. $(-\infty,+\infty)$.

1.6 函数 $y=\dfrac{1}{2+\sqrt{2-x}}$ 的定义域为(　　).

A. $[-2,2]$.　B. $(-\infty,2)$.　C. $[-2,+\infty)$.

D. $(-\infty,2]$.　E. $(-2,+\infty)$.

1.7 函数 $y=\log_2(x^2-9)$ 的定义域是(　　).

A. $(-3,3)$.　B. $(3,+\infty)$.　C. $(-\infty,-3)\cup(3,+\infty)$.

D. $(-\infty,-3)$.　E. $(-\infty,-3]\cup[3,+\infty)$.

1.8 函数 $y=\ln(x^2-4)$ 的定义域是(　　).

A. $(-2,2)$.　B. $(2,+\infty)$.　C. $(-\infty,-2)\cup(2,+\infty)$.

D. $(-\infty,-2]$.　E. $(-\infty,-2)$.

1.9 函数 $f(x)=\ln x-\ln(1-x)$ 的定义域是(　　).

A. $(-1,+\infty)$.　B. $(0,+\infty)$.　C. $(1,+\infty)$.　D. $(-1,0)$.　E. $(0,1)$.

1.10 函数 $y=\sqrt{5-x}+\ln(x-1)$ 的定义域是(　　).

A. $(0,5]$.　B. $(1,5]$.　C. $(1,5)$.　D. $(1,+\infty)$.　E. $(5,+\infty)$.

1.11 函数 $y=\ln(x-4)+\sqrt{x^2-16}$ 的定义域是(　　).

A. $(-\infty,-4)\cup(4,+\infty)$.　B. $(-\infty,-4]\cup[4,+\infty)$.　C. $(0,4)$.

D. $(4,+\infty)$.　E. $[4,+\infty)$.

1.12 函数 $y=\sqrt{2-x}+\dfrac{3}{x^2}$ 的定义域是(　　).

A. $(-\infty,2]$.　B. $(0,2)$.　C. $(0,2]$.

D. $(-\infty,0)\cup(0,2]$.　E. $(-\infty,0)$.

1.13 函数 $f(x)=\sqrt[4]{x-\dfrac{1}{2}}+\dfrac{1}{x^4-1}+\arcsin x$ 的定义域是(　　).

A. $[-1,1]$.　B. $\left[-1,\frac{1}{2}\right]$.　C. $\left[\frac{1}{2},1\right)$.　D. $[-1,0)$.　E. $(0,1]$.

1.14 函数 $f(x)=\arccos\dfrac{1-3x}{2}+\dfrac{1}{\sqrt[4]{3-5x}}$ 的定义域是(　　).

A. $\left[-\frac{1}{3},1\right]$.　B. $\left(\frac{3}{5},1\right)$.　C. $\left(\frac{3}{5},1\right]$.　D. $\left[-\frac{1}{3},\frac{3}{5}\right)$.　E. $[-1,1]$.

1.15 函数 $y=\sqrt{\ln\dfrac{1}{x-1}}+\sqrt{x+2}$ 的定义域是(　　).

A. $[-2,1)$.　B. $(-\infty,1]$.　C. $[-2,2]$.　D. $(1,2]$.　E. $[-2,+\infty)$.

1.16 函数 $f(x)=\dfrac{\sqrt{x-1}}{\ln|x|}$ 的定义域是(　　).

A. $(0,1)$.　B. $[1,+\infty)$.　C. $(1,+\infty)$.　D. $[0,+\infty)$.　E. $(0,+\infty)$.

1.17 函数 $f(x)=\begin{cases}2^x, & x\geqslant 0,\\ 0, & x<0,\end{cases}$ 的定义域是(　　).

A. $x\neq 0$.　B. $[0,+\infty)$.　C. $(-\infty,0)$.　D. $[1,+\infty)$.　E. $(-\infty,+\infty)$.

1.18 设 $f(x)=\begin{cases}2-x, & -1<x<1,\\ 1, & 1\leqslant x\leqslant 3,\end{cases}$ 则 $f(x-2)$ 的定义域是(　　).

A. $(-1,3)$.　B. $(-1,3]$.　C. $(-1,5)$.　D. $(1,5)$.　E. $(1,5]$.

1.19 设函数 $f(x)$ 的定义域为 $[0,1]$，则 $f(2x-1)$ 的定义域为(　　).

A. $\left[-\dfrac{1}{2},\dfrac{1}{2}\right]$.　B. $\left[-1,-\dfrac{1}{2}\right]$.　C. $\left[\dfrac{1}{2},1\right]$.　D. $[0.1]$.　E. $\left[-\dfrac{1}{2},1\right]$.

1.20 设 $f(x)$ 的定义域为 $[0,1]$，则 $g(x)=f\left(x+\dfrac{1}{3}\right)+f\left(x-\dfrac{1}{3}\right)$ 的定义域为(　　).

A. $\left[\dfrac{1}{3},\dfrac{2}{3}\right]$.　B. $\left[0,\dfrac{1}{3}\right]$.　C. $\left[\dfrac{1}{3},1\right]$.

D. $\left[\dfrac{2}{3},1\right]$.　E. $[0,1]$.

1.21 设函数 $f(x)=\begin{cases}2x-3, & x<0,\\ 3x-2, & x>0,\end{cases}$ 则 $f(0)$ (　　).

A. $=-3$.　B. $=3$.　C. $=-2$.　D. $=0$.　E. 无定义.

1.22 设 $\varphi(x)=x^2+1$，则 $\varphi(x^2)=$ (　　).

A. x^4+x^2.　B. x^4+1.　C. x^4+2x^2+1.

D. x^2+2x+1.　E. x^4+2x^2.

1.23 设函数 $f(x+2)=x^2$，则 $f(x)=$ (　　).

A. x^2-2.　B. $(x-2)^2$.　C. x^2.　D. x^2+2.　E. $(x+2)^2$.

1.24 设函数 $f(x+1)=x^2+x$，则 $f(x)=$ (　　).

A. x^2.　B. $x(x+1)$.　C. $x(x-1)$.

D. $x(x+1)x(x-2)$.　E. $(x-1)(x+2)$.

1.25 函数 $f(x)=\ln(\sqrt{1+x^2}-x)$ 是(　　).

A. 奇函数.　　B. 偶函数.　　C. 非奇非偶函数.

D. 既是奇函数,又是偶函数.　　E. 无界函数.

1.26 函数 $f(x)=\dfrac{x^9\cos^4 x}{2022+\sin^8 6x+|\sin x|}$ 是(　　).

A. 奇函数.　　B. 偶函数.　　C. 非奇非偶函数.

D. 既是奇函数,又是偶函数.　　E. 有界函数.

1.27 函数 $f(x)=(2+\cos x)(1+x^2)$ 是(　　).

A. 奇函数.　　B. 偶函数.　　C. 非奇非偶函数.

D. 既是奇函数,又是偶函数.　　E. 单调函数.

1.28 函数 $f(x)=x^5-7\cos 9x$ 是(　　).

A. 奇函数.　　B. 偶函数.　　C. 非奇非偶函数.

D. 既是奇函数,又是偶函数.　　E. 有界函数.

1.29 函数 $f(x)=\cos^2 x-\sin^2 x$ 是(　　).

A. 无界函数.　　B. 非奇非偶函数.　　C. 奇函数.

D. 偶函数.　　E. 单调函数.

1.30 下列函数中为奇函数的是(　　).

A. $f(x)=\dfrac{e^x+e^{-x}}{2}$.　　B. $f(x)=\dfrac{e^x-e^{-x}}{2}$.　　C. $f(x)=x\ln x$.

D. $f(x)=x^3-\cos x$.　　E. $f(x)=x^5\sin x$.

1.31 下列函数为偶函数的是(　　).

A. $f(x)=x\sin x$.　　B. $f(x)=x\cos x$.　　C. $f(x)=\sin x+\cos x$.

D. $f(x)=x(\sin x+\cos x)$.　　E. $f(x)=\arccos x$.

1.32 下列函数中为奇函数的是(　　).

A. $f(x)=\dfrac{1-x^2}{1+x^2}$.　　B. $f(x)=\sin(x^2)$.　　C. $f(x)=\dfrac{2^x-1}{2^x+1}$.

D. $f(x)=\ln|x|$.　　E. $f(x)=|x|$.

1.33 下列函数中为偶函数的是(　　).

A. $f(x)=x+\sin x$.　　B. $f(x)=x^3\cos x$.　　C. $f(x)=x^2\sin x$.

D. $f(x)=2^x+2^{-x}$.　　E. $f(x)=2^x-2^{-x}$.

1.34 下列函数中为奇函数的是(　　).

A. $f(x)=\dfrac{\sin x}{x}$.　　B. $f(x)=x^2-x$.　　C. $f(x)=\ln\dfrac{x+5}{x-5}$.

D. $f(x)=|x+3|+|x-3|$.　　E. $f(x)=x^3\sin x$.

1.35 函数 $f(x)=\sin x+\cos x$ 是(　　).

A. 奇函数.　　B. 偶函数.　　C. 非周期函数.　　D. 无界函数.　　E. 周期函数.

1.36 函数 $f(x)=x|x|-\sin x$ 是(　　).

A. 偶函数.　　B. 奇函数.　　C. 周期函数.　　D. 单调函数.　　E. 有界函数.

1.37 若函数 $f(x)=3^x+a3^{-x}$ 是偶函数,则 $a=$(　　).

A. -2.　　B. -1.　　C. 0.　　D. 1.　　E. 2.

1.38 函数 $f(x)=x+a\sin x$,则(　　).

A. $f(x)$ 为奇函数.　　B. $f(x)$ 为偶函数.　　C. $f(x)$ 为非奇非偶函数.

D. $f(x)$ 的奇偶性与 a 有关.　　E. $f(x)$ 既是奇函数,也是偶函数.

1.39 设 $f(x)$ 在 $(-\infty,+\infty)$ 内可导,且 $f(x)$ 为奇函数,则 $f'(x)$ 为(　　).

A. 奇函数.　　B. 偶函数.　　C. 非奇非偶函数.

D. 单调递增函数.　　E. 有界函数.

1.40 函数 $f(x)=\ln(3x-1)$ 在区间内有界的区间是(　　).

A. $(1,+\infty)$.　　B. $\left(\dfrac{1}{3},1\right)$.　　C. $\left(\dfrac{1}{3},+\infty\right)$.

D. $(1,3)$.　　E. $(0,1)$.

1.41 函数 $f(x)=\ln x$ 在区间 $(0,+\infty)$(　　).

A. 单调递减.　　B. 有界.　　C. 不可导.

D. 无界.　　E. 以上都不正确.

1.42 函数 $f(x)=\dfrac{\sin x}{x}$ 是(　　).

A. 有界的奇函数.　　B. 有界的偶函数.　　C. 无界的奇函数.

D. 无界的偶函数.　　E. 有界的非奇非偶函数.

1.43 函数 $f(x)=x\sin x$(　　).

A. 当 $x\to\infty$ 时为无穷大.　　B. 在 $(-\infty,+\infty)$ 内有界.　　C. 在 $(-\infty,+\infty)$ 内无界.

D. 当 $x\to\infty$ 时有有限极限.　　E. 以上都不正确.

1.44 在区间$(0,+\infty)$内，下列函数无界的是(　　).

A. $\sin x$. B. x. C. $\frac{\sin x}{x}$. D. $\sin x+\cos x$. E. $\cos(x+2)$.

1.45 设$f(x)=\sin(x+1)$，则$f(x)$为(　　).

A. 偶函数. B. 奇函数. C. 周期为$2\pi-1$的周期函数.
D. 周期为2π的周期函数. E. 周期为2π的奇函数.

1.46 函数$y=3\sin\left(2x+\frac{\pi}{3}\right)$的最小正周期为(　　).

A. π. B. 2π. C. 3π. D. $\frac{\pi}{2}$. E. $\frac{\pi}{4}$.

1.47 函数$y=7\cos\left(3x+\frac{\pi}{4}\right)$的最小正周期为(　　).

A. $\frac{\pi}{2}$. B. $\frac{2\pi}{3}$. C. $\frac{3}{2}\pi$. D. π. E. 2π.

1.48 函数$y=\tan 2x$的最小正周期为(　　).

A. π. B. 2π. C. 4π. D. $\frac{\pi}{2}$. E. $\frac{\pi}{4}$.

1.49 函数$y=\sin x\cos x$的最小正周期为(　　).

A. $\frac{\pi}{3}$. B. $\frac{\pi}{2}$. C. π. D. 2π. E. 4π.

1.50 设$f(x)$是$(-\infty,+\infty)$内以 4 为周期的周期函数，且$f(2)=4$，则$f(6)=$(　　).

A. -4. B. 4. C. 8. D. -16. E. 16.

1.51 $y=\sin\frac{1}{x}$是定义域内的(　　).

A. 周期函数. B. 单调增函数. C. 单调减函数. D. 有界函数. E. 无界函数.

1.52 函数$f(x)=x\ln x$在$(0,+\infty)$是(　　).

A. 单调减少的. B. 单调增加的. C. 有界函数. D. 周期函数. E. 无界函数.

1.53 $f(x)=|x\sin x|e^{\cos x}$，$-\infty<x<+\infty$是(　　).

A. 有界函数. B. 单调函数. C. 周期函数. D. 奇函数. E. 偶函数.

1.54 设函数$f(x)=x\cdot\tan x\cdot e^{\sin x}$，则$f(x)$是(　　).

A. 偶函数. B. 奇函数. C. 无界函数. D. 周期函数. E. 单调函数.

1.55 设 $f(x)=\dfrac{\sin x}{1+x^2}$，则 $f(\sqrt{x})=($　　$)$.

A. $\dfrac{\sqrt{\sin x}}{1+x}$.　B. $\dfrac{\sin x}{1+x}$.　C. $\dfrac{\sin\sqrt{x}}{1+x^2}$.　D. $\dfrac{\sin x^2}{1+x^4}$.　E. $\dfrac{\sin\sqrt{x}}{1+x}$.

1.56 设函数 $f(x)=\dfrac{x^2}{3}$，$g(x)=\sin 3x$，则复合函数 $f(g(x))=($　　$)$.

A. $\dfrac{1}{3}\sin 3x^2$.　B. $(\sin x)^2$.　C. $\dfrac{1}{3}\sin^2 3x$.　D. $\sin^2 x$.　E. $\sin(\dfrac{1}{3}x^2)$.

1.57 已知 $f(x)=\ln x+1$，$g(x)=\sqrt{x}+1$，则 $f(g(x))=($　　$)$.

A. $\ln(\sqrt{x}+1)+1$.　B. $\ln\sqrt{x}+2$.　C. $\sqrt{\ln(x+1)}+1$.

D. $\ln\sqrt{x}+1$.　E. $\ln\sqrt{x(x+1)}+1$.

1.58 设函数 $f(x)=x^3-x^2-1$，则 $f\left(\dfrac{1}{x}\right)=($　　$)$.

A. $\dfrac{1-x+x^3}{x^3}$.　B. $\dfrac{1+x-x^3}{x^3}$.　C. $\dfrac{-1+x+x^3}{x^3}$.　D. $\dfrac{1-x-x^3}{x^3}$.　E. $\dfrac{1+x+x^3}{x^3}$.

1.59 设 $f\left(x+\dfrac{1}{x}\right)=x^2+\dfrac{1}{x^2}$，则 $f\left(x-\dfrac{1}{x}\right)=($　　$)$.

A. $x^2+\dfrac{1}{x^2}$.　B. x^2-2.　C. x^2+2.　D. $x^2+\dfrac{1}{x^2}-4$.　E. $x^2+\dfrac{1}{x^2}+4$.

1.60 设 $\varphi(x)=\begin{cases}1, & |x|\leqslant 1,\\ 0, & |x|>1,\end{cases}$ 那么 $\varphi(\varphi(x))=($　　$)$.

A. $0, x\in(-\infty,+\infty)$.　B. $\varphi(x), x\in(-\infty,+\infty)$.　C. $\varphi^2(x), x\in(-\infty,+\infty)$.

D. 不存在.　E. $1, x\in(-\infty,+\infty)$.

1.61 设 $f(x)=\begin{cases}x, & x\geqslant 0,\\ x^2, & x<0,\end{cases}$ $g(x)=6x-4$，则 $f(g(0))=($　　$)$.

A. -16.　B. -4.　C. 0.　D. 4.　E. 16.

1.62 设 $f(x)=\begin{cases}x^2, & x\leqslant 0,\\ x^2+x, & x>0,\end{cases}$ 则(　　).

A. $f(-x)=\begin{cases}-x^2, & x\leqslant 0,\\ -(x^2+x), & x>0.\end{cases}$　B. $f(-x)=\begin{cases}-(x^2+x), & x<0,\\ -x^2, & x\geqslant 0.\end{cases}$

C. $f(-x)=\begin{cases}x^2, & x\leqslant 0,\\ x^2-x, & x>0.\end{cases}$　D. $f(-x)=\begin{cases}x^2-x, & x<0,\\ x^2, & x\geqslant 0.\end{cases}$

E. $f(-x)=\begin{cases}x^2, & x\leqslant 0,\\ x^2+x, & x>0.\end{cases}$

1.63 设 $g(x)=\begin{cases}2-x, & x\leqslant 0,\\ x+2, & x>0,\end{cases}$ $f(x)=\begin{cases}x^2, & x<0,\\ -x, & x\geqslant 0,\end{cases}$ 则 $g(f(x))=($　　$)$.

A. $\begin{cases}2+x^2, & x<0,\\ 2-x, & x\geqslant 0.\end{cases}$　　B. $\begin{cases}2-x^2, & x<0,\\ 2+x, & x\geqslant 0.\end{cases}$　　C. $\begin{cases}2-x^2, & x<0,\\ 2-x, & x\geqslant 0.\end{cases}$

D. $\begin{cases}2+x^2, & x<0,\\ 2+x, & x\geqslant 0.\end{cases}$　　E. $\begin{cases}-2+x^2, & x<0,\\ -2+x, & x\geqslant 0.\end{cases}$

1.64 下列各对函数中,互为反函数的是(　　).

A. $y=\sin x, y=\cos x$.　　B. $y=e^x, y=e^{-x}$.　　C. $y=\tan x, y=\cot x$.

D. $y=2x, y=\frac{x}{2}$.　　E. $y=\sec x, y=\csc x$.

1.65 若 $f\left(\frac{1}{x}\right)=\frac{x+1}{x}$,则其反函数 $f^{-1}(x)=($　　$)$.

A. $x-1$.　　B. $-x+1$.　　C. $-x-1$.

D. $x+1$.　　E. 以上都不正确.

1.66 设 $f^{-1}(x)=\frac{1-2x}{1+2x}$,则 $f(x)=($　　$)$.

A. $\frac{1-x}{2(1+x)}$.　　B. $\frac{1+x}{1-x}$.　　C. $\frac{1-x}{1+x}$.　　D. $\frac{1-2x}{1+2x}$.　　E. $\frac{1+2x}{1-2x}$.

1.67 数列 $\{a_n\}$ 有界是该数列有极限的(　　).

A. 充分条件.　　B. 必要条件.　　C. 充要条件.

D. 非充要条件.　　E. 以上都不正确.

1.68 下列数列中是收敛数列的是(　　).

A. $\left\{\frac{n}{n+1}\right\}$.　　B. $\{n\sin n\}$.　　C. $\{\cos n\}$.　　D. $\{\ln n\}$.　　E. $\{e^n\}$.

1.69 设 $x_n=\begin{cases}\frac{n^2+\sqrt{n}}{n}, & n\text{ 为奇数},\\ \frac{1}{n}, & n\text{ 为偶数},\end{cases}$ 则当 $n\to\infty$ 时,变量 x_n 为(　　).

A. 有界.　　B. 无界.　　C. 无穷小.

D. 无穷大.　　E. 以上都不正确.

1.70 如果数列 $\{x_n\}$ 收敛,$\{y_n\}$ 发散,则数列 $\{x_n+y_n\}$ 一定(　　).

A. 收敛.　　B. 发散.　　C. 有界.

D. 无界.　　E. 以上都不正确.

1.71 $\lim\limits_{n\to\infty}\dfrac{n^5-1}{(n^3+1)(3n^2+2n+1)}=(\quad)$.

A. 0.　　B. 2.　　C. 1.　　D. $\dfrac{1}{3}$.　　E. $\dfrac{1}{5}$.

1.72 $\lim\limits_{n\to\infty}\dfrac{7n^4-6n^3+5n^2-4n+3}{(n+7)(2n+6)(3n+5)(n-4)}=(\quad)$.

A. $\dfrac{1}{3}$.　　B. ∞.　　C. $\dfrac{7}{6}$.　　D. 0.　　E. $\dfrac{7}{2}$.

1.73 $\lim\limits_{n\to\infty}\left(\dfrac{1}{n}\sin n-n\sin\dfrac{1}{n}\right)=(\quad)$.

A. -1.　　B. 0.　　C. 1.　　D. ∞.　　E. 不确定.

1.74 级数$\sum\limits_{n=1}^{\infty}(\sqrt{n+1}-\sqrt{n})$（　　）.

A. 收敛大于零.　　B. 收敛于 0.　　C. 收敛小于零.
D. 部分和数列有极限.　　E. $+\infty$.

1.75 设数列$\{x_n\}$与$\{y_n\}$满足$\lim\limits_{n\to\infty}x_ny_n=0$，则下列断言正确的是（　　）.

A. 若$\{x_n\}$发散，则$\{y_n\}$必发散.　　B. 若$\{x_n\}$无界，则$\{y_n\}$必有界.
C. 若$\{x_n\}$有界，则$\{y_n\}$必为无穷小.　　D. $\left\{\dfrac{1}{x_n}\right\}$为无穷小，则$\{y_n\}$必为无穷小.
E. 以上都不正确.

1.76 设对任意的正整数 n，总有 $y_n\leqslant x_n\leqslant z_n$，且$\lim\limits_{n\to\infty}(z_n-y_n)=0$，则$\lim\limits_{n\to\infty}x_n$（　　）.

A. 存在且为零.　　B. 存在且小于零.　　C. 存在且大于零.
D. 不存在.　　E. 无法判断.

1.77 $\lim\limits_{x\to\infty}\dfrac{\sin 2x}{x}=(\quad)$.

A. 0　　B. 1.　　C. $\dfrac{1}{2}$.　　D. 2.　　E. -1.

1.78 $\lim\limits_{x\to 0}\dfrac{\sin^2 kx}{x^2}$（$k$ 为常数）$=(\quad)$.

A. 1.　　B. k.　　C. $\dfrac{1}{k}$.　　D. k^2.　　E. $\dfrac{1}{k^2}$.

1.79 $\lim\limits_{x\to 0}\dfrac{\sin 3x}{\tan 2x}=(\quad)$.

A. 3.　　B. $\dfrac{3}{2}$.　　C. $\dfrac{1}{2}$.　　D. 1.　　E. 2.

1.80 下列极限中正确的是(　　).

A. $\lim\limits_{x\to 0}\dfrac{\sin x}{x}=\infty$.　　B. $\lim\limits_{x\to 0}\dfrac{\sin x}{x}=1$.　　C. $\lim\limits_{x\to \infty}\dfrac{\sin x}{x}=1$.

D. $\lim\limits_{x\to \infty}\dfrac{\tan x}{x}=1$.　　E. $\lim\limits_{x\to \infty}\dfrac{\arctan x}{x}=1$.

1.81 函数 $f(x)=x\sin\dfrac{1}{x}$ 在点 $x=0$ 处(　　).

A. 有定义且有极限.　　B. 无定义且无极限.　　C. 无定义但有极限.

D. 有定义但无极限.　　E. 以上都不正确.

1.82 数列极限 $\lim\limits_{n\to\infty}\ln\left(1-\dfrac{1}{2n}\right)^{n}=$(　　).

A. -2.　　B. $-\dfrac{1}{2}$.　　C. $\dfrac{1}{2}$.　　D. 1.　　E. 2.

1.83 已知极限 $\lim\limits_{x\to\infty}\left(1+\dfrac{1}{2x}\right)^{bx}=e^{2}$，则 $b=$(　　).

A. 1.　　B. -2.　　C. 2.　　D. 3.　　E. 4.

1.84 由极限 $\lim\limits_{n\to\infty}\left(1+\dfrac{1}{n}\right)^{n}=e$ 知 $e^{2}=$(　　).

A. $\lim\limits_{n\to\infty}\left(1+\dfrac{2}{n}\right)^{\frac{n}{2}}$.　　D. $\lim\limits_{n\to\infty}\left(1+\dfrac{1}{2n}\right)^{n}$.　　C. $\lim\limits_{n\to\infty}\left(1+\dfrac{2}{n}\right)^{n}$.

D. $\lim\limits_{n\to\infty}\left(1+\dfrac{2}{n}\right)^{2n}$.　　E. $\lim\limits_{n\to\infty}\left(1+\dfrac{1}{n}\right)^{\frac{n}{2}}$.

1.85 $\lim\limits_{x\to\infty}\left(1-\dfrac{k}{x}\right)^{x}=e^{2}$，则 $k=$(　　).

A. -2.　　B. 2.　　C. $-\dfrac{1}{2}$.　　D. $\dfrac{1}{2}$.　　E. $\sqrt{2}$.

1.86 设极限 $\lim\limits_{x\to 0}(1+2x)^{\frac{1}{x}}=e^{a}$，则常数 $a=$(　　).

A. -2.　　B. $-\dfrac{1}{2}$.　　C. $\dfrac{1}{2}$.　　D. 2.　　E. $\sqrt{2}$.

1.87 设 $0<a<b$，则 $\lim\limits_{n\to\infty}(a^{-n}+b^{-n})^{\frac{1}{n}}=$(　　).

A. a.　　B. a^{-1}.　　C. 1.　　D. b.　　E. b^{-1}.

1.88 当 $x\to 0$ 时，下列函数中为无穷小量的是(　　).

A. e^{x}.　　B. $\dfrac{\sin x}{x}$.　　C. $\cos x$.　　D. $\sin x$.　　E. $\ln x$.

1.89 当 $x\to 0$ 时，下列变量为无穷小量的是(　　).

A. $x\sin\frac{1}{x^2}$.　B. $\frac{1}{x}\sin x$.　C. e^{-x}.　D. $\sqrt{1-x^2}$.　E. $e^{\frac{1}{x}}$.

1.90 当 $x\to 0$ 时，下列变量为无穷小量的是(　　).

A. $\frac{1}{x}\sin x^2$.　B. $\frac{1}{x}\sin x$.　C. e^{-x}.　D. $\sqrt{1-x^3}$.　E. $(1+x)^2$.

1.91 当 $x\to 0^+$ 时，下列变量为无穷小量的是(　　).

A. $e^{\frac{1}{x}}$.　B. $e^{\frac{1}{x}}-1$.　C. $\ln x$.　D. $x\sin\frac{1}{x}$.　E. $\frac{1}{x}\sin x$.

1.92 下列变量在给定的变化过程中为无穷小量的是(　　).

A. $e^x, x\to\infty$.　B. $\frac{\sin x}{x}, x\to\infty$.　C. $\frac{1}{(x-1)^2}, x\to 1$.

D. $2^x-1, x\to 1$.　E. $\ln x, x\to 0^+$.

1.93 当 $x\to 1$ 时，下列变量为无穷小量的是(　　).

A. $\frac{x}{1-x}$.　B. $\frac{x}{1+x^2}$.　C. $\ln(1+x)$.　D. $\cos(1-x)$.　E. $\ln x$.

1.94 当 $x\to 0$ 时，下列选项中不是无穷小量的是(　　).

A. $\frac{\sin x}{x}$.　B. $\frac{x^2}{x}$.　C. $\ln(1+x)$.　D. e^x-1.　E. $\frac{|x|^2}{x}$.

1.95 当 $n\to\infty$ 时，与 $\sin\frac{1}{n^2}$ 等价的无穷小量是(　　).

A. $\frac{1}{\sqrt{n}}$.　B. $\frac{2}{\sqrt{n}}$.　C. $\frac{1}{n}$.　D. $\frac{2}{n}$.　E. $\frac{1}{n^2}$.

1.96 当 $x\to 0$ 时，下列变量中与 x 等价的无穷小量的是(　　).

A. $\sin x-x$.　B. $x-\sin x$.　C. $\sin x-x^2$.　D. $x^2-\sin x$.　E. $1-\cos x$.

1.97 当 $x\to 0$ 时，下列变量中与 x 等价的无穷小量是(　　).

A. $e^{-x}-1$.　B. $x-\ln(1+x)$.　C. $(1+x)^2-1$.

D. $1-\cos x$.　E. $\tan x-x^3$.

1.98 当 $x\to 0^+$ 时，下列选项中与 x 为等价无穷小量的是(　　).

A. $\frac{\arcsin x}{\sqrt{x}}$.　B. $\frac{\sin x}{x}$.　C. $1-\cos\sqrt{x}$.

D. $x\sin\frac{1}{x}$.　E. $\sqrt{1+x}-\sqrt{1-x}$.

1.99 若当 $x\to 0$ 时，函数 $f(x)$ 为 x^2 的高阶无穷小量，则 $\lim\limits_{x\to 0}\frac{f(x)}{x^2}=$（　　）.

A. 0.　　B. $\frac{1}{2}$.　　C. 1.　　D. 2.　　E. ∞.

1.100 当 $x\to 0$ 时，下列函数哪个是 x 的高阶无穷小（　　）.

A. $\frac{\sin x}{x}$.　　B. $\ln(1+x)$.　　C. $1-\cos x$.

D. $(1+x)^{\frac{1}{x}}$.　　E. $\sqrt{1+x}-1$.

1.101 当 $x\to 0$ 时，$\sin x^2$ 是（　　）.

A. x 的同阶但非等价的无穷小.　　B. x 的等价无穷小.　　C. 比 x 高阶的无穷小.

D. 比 x 低阶的无穷小.　　E. 以上都不正确.

1.102 当 $x\to 0$ 时，$x-\sin x$ 是 x^2 的（　　）.

A. 低阶无穷小.　　B. 高阶无穷小.　　C. 等价无穷小.

D. 同阶但非等价的无穷小.　　E. 以上都不正确.

1.103 当 $x\to 0$ 时，下面五个无穷小量，哪一个是比其他四个更高阶的无穷小量（　　）.

A. x^2.　　B. $1-\cos x$.　　C. $\sqrt{1-x^2}-1$.

D. $x-\sin x$.　　E. $\int_0^x \ln(1+t)\mathrm{d}t$.

1.104 当 $x\to 0$ 时，下列五个无穷小量中，哪一个是比其他四个更高阶的无穷小量（　　）.

A. x^2.　　B. $1-\cos x$.　　C. $\ln(1-x^2)$.

D. $\sqrt{1-x^2}-1$.　　E. $x-\tan x$.

1.105 设函数 $f(x)=\tan^2(2x)$，$g(x)=\sin x$，则当 $x\to 0$ 时（　　）.

A. $f(x)$ 是比 $g(x)$ 高阶的无穷小量.　　B. $f(x)$ 是比 $g(x)$ 低阶的无穷小量.

C. $f(x)$ 与 $g(x)$ 是同阶但非等价的无穷小量.　　D. $f(x)$ 与 $g(x)$ 是等价无穷小量.

E. 以上都不正确.

1.106 $f(x)=\ln(1+x^2)$，$g(x)=x^2$，当 $x\to 0$ 时，（　　）.

A. $f(x)$ 是 $g(x)$ 的高阶无穷小.　　B. $f(x)$ 是 $g(x)$ 的低阶无穷小.

C. $f(x)$ 是 $g(x)$ 的同阶但非等价无穷小.　　D. $f(x)$ 与 $g(x)$ 是等价无穷小.

E. 以上都不正确.

1.107 设 $f(x)=2^x+3^x-2$，则当 $x\to 0$ 时（　　）.

A. $f(x)$ 与 x 是等价无穷小量.　　B. $f(x)$ 与 x 是同阶但非等价无穷小量.

C. $f(x)$ 是比 x 较高阶的无穷小量.　　D. $f(x)$ 是比 x 较低阶的无穷小量.

E. 以上都不正确.

1.108 $f(x)=e^{-x^2}-1+x^2$，$g(x)=x^2$，当 $x\to 0$ 时（　　）.

A. $f(x)$ 是 $g(x)$ 的高阶无穷小.　　B. $f(x)$ 是 $g(x)$ 的低阶无穷小.

C. $f(x)$ 是 $g(x)$ 的同阶但非等价无穷小.　　D. $f(x)$ 与 $g(x)$ 是等价无穷小.

E. 以上都不正确.

1.109 设 $\alpha_1=x(\cos\sqrt{x}-1)$，$\alpha_2=\sqrt{x}\ln(1+\sqrt[3]{x})$，$\alpha_3=\sqrt[3]{x+1}-1$，当 $x\to 0^+$ 时，以上三个无穷小量按照从低阶到高阶的排序是（　　）.

A. $\alpha_1,\alpha_2,\alpha_3$.　　B. $\alpha_2,\alpha_3,\alpha_1$.　　C. $\alpha_1,\alpha_3,\alpha_2$.　　D. $\alpha_2,\alpha_1,\alpha_3$.　　E. $\alpha_3,\alpha_2,\alpha_1$.

1.110 已知 $f(x)=\sqrt{1+\sqrt{x}}-1$，$g(x)=\ln\dfrac{1+\sqrt{x}}{1-x}$，$h(x)=\ln\dfrac{1+\sqrt{x}}{1+x}$，$w(x)=\ln\dfrac{e^x-1}{\sqrt{x}}$. 在 $f(x)$，$g(x)$，$h(x)$，$w(x)$ 中与 $\sqrt{x}$ 在 $x\to 0^+$ 时是等价无穷小量的有（　　）.

A. 0 个.　　B. 1 个.　　C. 2 个.　　D. 3 个.　　E. 4 个.

1.111 当 $x\to 1$ 时，$f(x)=\dfrac{1}{x^3-1}$ 是（　　）.

A. 有界量.　　B. 无界量　　C. 无穷小量.　　D. 未定式.　　E. 以上都不正确.

1.112 设 $y=\cos\dfrac{1}{x}$，则（　　）.

A. 当 $x\to 0$ 时，y 为无穷小量.　　B. 当 $x\to 0$ 时，y 为无穷大量.

C. 在区间 $(0,1)$ 内，y 为无界变量.　　D. 在区间 $(0,1)$ 内，y 为有界变量.

E. 以上都不正确.

1.113 设 α 和 β 分别是同一变化过程中的无穷小量与无穷大量，则 $\alpha+\beta$ 是同一变化过程中的（　　）.

A. 无穷小量.　　B. 有界变量.

C. 无界变量但非无穷大量.　　D. 无穷大量.

E. 以上都不正确.

1.114 设 $f(x)=\int_0^{\sin x}\sin t^2\,dt$，$g(x)=x^3+x^4$，则当 $x\to 0$ 时，$f(x)$ 是 $g(x)$ 的（　　）.

A. 等价无穷小.　　B. 同阶但非等价的无穷小.　　C. 高阶无穷小.

D. 低阶无穷小.　　E. 以上都不正确.

1.115 设 $f(x)=\int_0^{1-\cos x}\sin t^2\,dt$，$g(x)=\dfrac{x^5}{5}+\dfrac{x^6}{6}$，则当 $x\to 0$ 时，$f(x)$ 是 $g(x)$ 的（　　）.

A. 低阶无穷小.　　B. 高阶无穷小.　　C. 等价无穷小.

D. 同阶但非等价的无穷小.　　E. 以上都不正确.

1.116 设当 $x\to 0$ 时，$(1-\cos x)\ln(1+x^2)$ 是比 $x\sin x^n$ 高阶的无穷小，而 $x\sin x^n$ 是比 $(e^{x^2}-1)$ 高阶的无穷小，则正整数 $n=$（　　）.

A. 0.　　B. 1.　　C. 2.　　D. 3.　　E. 4.

1.117 设 $f(x)$，$\varphi(x)$ 在点 $x=0$ 的某邻域内连续，且当 $x\to 0$ 时，$f(x)$ 是 $\varphi(x)$ 的高阶无穷小，则当 $x\to 0$ 时，$\int_0^x f(t)\sin t\mathrm{d}t$ 是 $\int_0^x t\varphi(t)\mathrm{d}t$ 的（　　）.

A. 低阶无穷小.　　B. 高阶无穷小.

C. 同阶但不等价的无穷小.　　D. 等价无穷小.

E. 以上都不正确.

1.118 设 $f(x)$ 有连续的导数，$f(0)=0$，$f'(0)\neq 0$，$F(x)=\int_0^x (x^2-t^2)f(t)\mathrm{d}t$，且当 $x\to 0$ 时，$F'(x)$ 与 x^k 是同阶无穷小，则 $k=$（　　）.

A. 1.　　B. 2.　　C. 3.

D. 4.　　E. 以上都不正确.

1.119 极限 $\lim\limits_{x\to-\infty} e^x=$（　　）.

A. $-\infty$.　　B. 0.　　C. 1.　　D. $+\infty$.　　E. 2.

1.120 极限 $\lim\limits_{x\to\infty} e^{\frac{1}{x}}=$（　　）.

A. 0.　　B. 1.　　C. e.　　D. $-\infty$.　　E. $+\infty$.

1.121 $\lim\limits_{x\to 0^+}\ln x=$（　　）.

A. $-\infty$.　　B. $+\infty$.　　C. 1.　　D. 0.　　E. -1.

1.122 设函数 $f(x)=\dfrac{|x|}{x}$，则 $\lim\limits_{x\to 0}f(x)=$（　　）.

A. 1.　　B. -1.　　C. 0.　　D. ± 1.　　E. 不存在.

1.123 极限 $\lim\limits_{x\to 2}\dfrac{x+2}{x^2-4}=$（　　）.

A. -2.　　B. 0.　　C. 2.　　D. ∞.　　E. 以上都不正确.

1.124 极限 $\lim\limits_{x\to 1}\dfrac{x^2-2x+1}{x^2-1}=$（　　）.

A. 0.　　B. 1.　　C. 2.　　D. 3.　　E. 以上都不正确.

1.125 $\lim\limits_{x\to 1}\dfrac{2x^2+x+2}{-x^2+x+5}=$（　　）.

A. -1.　　B. 1.　　C. -2.　　D. 2.　　E. ∞.

1.126 极限$\lim\limits_{x\to 3}\dfrac{x^2-9}{x^2-2x-3}=$(　　).

A. 0.　　B. $\dfrac{2}{3}$.　　C. $\dfrac{3}{2}$.

D. $\dfrac{9}{2}$.　　E. 以上都不正确.

1.127 $\lim\limits_{x\to\infty}\dfrac{3x^2-x+1}{2x^2+3x-1}=$(　　).

A. $\dfrac{3}{2}$.　　B. -1.　　C. ∞.　　D. 1.　　E. 0.

1.128 极限$\lim\limits_{x\to\infty}\dfrac{3x^4+4x-1}{5x^6+2x^3+1}=$(　　).

A. 0.　　B. $\dfrac{3}{5}$.　　C. $\dfrac{5}{3}$.　　D. ∞.　　E. 2.

1.129 极限$\lim\limits_{x\to 0}\dfrac{\sqrt{1+x}+\sqrt{1-x}-2}{x^2}=$(　　).

A. $-\dfrac{1}{4}$.　　B. $-\dfrac{1}{2}$.　　C. -1.　　D. $\dfrac{1}{4}$.　　E. $\dfrac{1}{2}$.

1.130 极限$\lim\limits_{x\to-\infty}\dfrac{\sqrt{4x^2+x-1}+x+1}{\sqrt{x^2+\sin x}}=$(　　).

A. -2.　　B. -1.　　C. 0.　　D. 1.　　E. 2.

1.131 $\lim\limits_{x\to 0}\dfrac{\arcsin x}{x}=$(　　).

A. -1.　　B. 1.　　C. 0.　　D. ± 1.　　E. $+\infty$.

1.132 $\lim\limits_{x\to 1}\dfrac{\tan(x^2-1)}{x^3-1}=$(　　).

A. 0.　　B. $\dfrac{1}{2}$.　　C. $\dfrac{1}{3}$.　　D. $\dfrac{2}{3}$.　　E. $\dfrac{3}{4}$.

1.133 $\lim\limits_{x\to-\infty}\arctan(x+1)=$(　　).

A. 0.　　B. $+\infty$.　　C. $-\infty$.　　D. $\dfrac{\pi}{2}$.　　E. $-\dfrac{\pi}{2}$.

1.134 $\lim\limits_{x\to\infty}\dfrac{\arctan(x^3+1)}{x^5}=$(　　).

A. $-\infty$.　　B. $+\infty$.　　C. 1.　　D. -1.　　E. 0.

1.135 $\lim\limits_{x\to\pi}\dfrac{\sin x}{\pi-x}=$ (　　).

A. 1.　　B. $+\infty$.　　C. -1.　　D. $-\infty$.　　E. 0.

1.136 $\lim\limits_{x\to 0}\dfrac{x-\ln(x+1)}{x^2}=$ (　　).

A. $-\dfrac{1}{2}$.　　B. 0.　　C. $\dfrac{1}{2}$.　　D. -1.　　E. 1.

1.137 $\lim\limits_{x\to 0}\dfrac{1-\cos x}{e^x-1}=$ (　　).

A. $-\dfrac{1}{2}$.　　B. -1.　　C. 0.　　D. 1.　　E. $\dfrac{1}{2}$.

1.138 $\lim\limits_{x\to 0}\left(\dfrac{1}{x}-\dfrac{1}{e^x-1}\right)=$ (　　).

A. 0.　　B. $-\dfrac{1}{2}$.　　C. $\dfrac{1}{2}$.　　D. 1.　　E. $\dfrac{3}{2}$.

1.139 当 $x\to 1$ 时,函数$\dfrac{x^2-1}{x-1}e^{\frac{1}{x-1}}$ 的极限(　　).

A. 等于 -2.　　B. 等于 2.　　C. 等于 0.

D. 为 ∞.　　E. 不存在但不为 ∞.

1.140 设 $f(x)=\begin{cases}x^2, & x\neq 1,\\ 2, & x=1,\end{cases}$ 则$\lim\limits_{x\to 1}f(x)=$ (　　).

A. 3.　　B. 2.　　C. 1.　　D. 不存在.　　E. 以上都不正确.

1.141 设 $f(x)=\begin{cases}3x+1, & x<0,\\ 2, & x=0,\\ 1-2x, & x>0,\end{cases}$ 则$\lim\limits_{x\to 0}f(x)=$ (　　).

A. 1.　　B. 2.　　C. -1.　　D. -2.　　E. 不存在.

1.142 设 $f(x)=\begin{cases}2x-1, & x\leqslant 0,\\ x^2, & x>0,\end{cases}$ 则$\lim\limits_{x\to 0}f(x)$ (　　).

A. 等于 1.　　B. 等于 0.　　C. 等于 -1.　　D. 不存在.　　E. 以上都不正确.

1.143 设函数 $f(x)=\begin{cases}3x^2+2, & x\leqslant 0,\\ e^x-1, & x>0.\end{cases}$ 则 $\lim\limits_{x\to 0^-}f(x)$ 为(　　).

A. 不存在.　　B. 0.　　C. 1.　　D. 2.　　E. 以上都不正确.

1.144 $\lim\limits_{x\to 0}\dfrac{\int_0^x \sin t^2 \mathrm{d}t}{x^3}=$ (　　).

A. $\dfrac{1}{4}$.　　B. $\dfrac{1}{2}$.　　C. $\dfrac{1}{3}$.　　D. 1.　　E. 2.

1.145 $\lim\limits_{x\to 0}\dfrac{\int_0^x \sin t\mathrm{d}t}{\int_0^x \ln(1+t)\mathrm{d}t}=$ (　　).

A. -2.　　B. -1.　　C. 0.　　D. 1.　　E. 2.

1.146 已知$\lim\limits_{x\to 0}\dfrac{\int_0^{x^2} \sin t^2 \mathrm{d}t}{\sqrt{1+x^6}-1}=a$，则(　　).

A. $a=\dfrac{2}{3}$.　　B. $a=\dfrac{3}{2}$.　　C. $a=\dfrac{1}{3}$.　　D. $a=3$.　　E. $a=6$.

1.147 设$F(x)=\dfrac{x^2}{x-a}\int_a^x f(t)\mathrm{d}t$，其中$f(x)$为连续函数，则$\lim\limits_{x\to a}F(x)=$ (　　).

A. a^2.　　B. $a^2 f(a)$.　　C. $af(a)$.　　D. 0.　　E. 不存在.

1.148 若$\lim\limits_{x\to 0}\left[\dfrac{\sin 6x+xf(x)}{x^3}\right]=0$，则$\lim\limits_{x\to 0}\dfrac{6f(x)}{x^2}$为(　　).

A. 0.　　B. 6.　　C. 12.　　D. 36.　　E. ∞.

1.149 设当$x\to 0$时，$\mathrm{e}^{\tan x}-\mathrm{e}^{\sin x}$与$x^n$是同阶无穷小，则$n$为(　　).

A. 0.　　B. 1.　　C. 2.　　D. 3.　　E. 4.

1.150 已知当$x\to 0$时，$(1+ax^2)^{\frac{1}{3}}-1$与$\cos x-1$是等价无穷小，则常数$a=$ (　　).

A. $-\dfrac{3}{2}$.　　B. $-\dfrac{2}{3}$.　　C. 1.　　D. $\dfrac{2}{3}$.　　E. $\dfrac{3}{2}$.

1.151 设当$x\to 0$时，$\mathrm{e}^x-(ax^2+bx+1)$是比x^2高阶的无穷小，则(　　).

A. $a=\dfrac{1}{2}, b=1$.　　B. $a=-\dfrac{1}{2}, b=1$.　　C. $a=1, b=-\dfrac{1}{2}$.

D. $a=1, b=1$.　　E. $a=-1, b=1$.

1.152 设$\lim\limits_{x\to 0}\dfrac{\ln(1+x)-(ax+bx^2)}{x^2}=2$，则(　　).

A. $a=1, b=-\dfrac{5}{2}$.　　B. $a=1, b=\dfrac{5}{2}$.　　C. $a=1, b=-2$.

D. $a=0, b=-\dfrac{5}{2}$.　　E. $a=0, b=-2$.

1.153 已知 $\lim\limits_{x\to-1}\dfrac{x^2+ax+b}{x+1}=8$，那么 a,b 满足下列哪种关系（　　）.

A. $a-b=1$.　　B. $a-b=-1$.　　C. $a-b=8$.

D. $a-b=-8$.　　E. $a-b=6$.

1.154 已知 $\lim\limits_{x\to\infty}\left(\dfrac{x^2}{x+1}-ax-b\right)=0$，其中 a,b 为常数，则（　　）.

A. $a=1,b=1$.　　B. $a=-1,b=1$.　　C. $a=1,b=-1$.

D. $a=-1,b=0$.　　E. $a=-1,b=-1$.

1.155 若 $\lim\limits_{x\to0}\dfrac{\sqrt{1+2x}-ax-b}{x}=0$，则（　　）.

A. $a=1,b=1$.　　B. $a=1,b=0$.　　C. $a=0,b=1$.

D. $a=2,b=1$.　　E. $a=1,b=2$.

1.156 若 $\lim\limits_{x\to0}\left[\dfrac{1}{x}-\left(\dfrac{1}{x}-a\right)e^x\right]=1$，则 $a=$（　　）.

A. -1.　　B. 0.　　C. 1.

D. 2.　　E. 3.

1.157 若 $\lim\limits_{x\to0}(e^x+ax^2+bx)^{\frac{1}{x^2}}=e^2$，则（　　）.

A. $a=\dfrac{3}{2},b=-1$.　　B. $a=\dfrac{5}{2},b=-1$.　　C. $a=\dfrac{3}{2},b=1$.

D. $a=\dfrac{5}{2},b=1$.　　E. $a=\dfrac{3}{2},b=\dfrac{5}{2}$.

1.158 设 $\lim\limits_{x\to0}\dfrac{a\tan x+b(1-\cos x)}{c\ln(1-2x)+d(1-e^{-x^2})}=2$，其中 $a^2+c^2\neq0$，则必有（　　）.

A. $b=4d$.　　B. $b=-4d$.　　C. $a=4c$.

D. $a=-4c$.　　E. $a=4d$.

1.159 当 $x\to0$ 时，若 ae^x+be^{-x} 与 x 是等价无穷小量，则（　　）.

A. $a=1,b=-1$.　　B. $a=-1,b=1$.　　C. $a=0,b=0$.

D. $a=\dfrac{1}{2},b=-\dfrac{1}{2}$.　　E. $a=-\dfrac{1}{2},b=\dfrac{1}{2}$.

1.160 当 $x\to0$ 时，$f(x)=x-\sin ax$ 与 $g(x)=x^2\ln(1-bx)$ 是等价无穷小量，则（　　）.

A. $a=1,b=-\dfrac{1}{6}$.　　B. $a=1,b=\dfrac{1}{6}$.　　C. $a=-1,b=-\dfrac{1}{6}$.

D. $a=-1,b=\dfrac{1}{6}$.　　E. $a=\dfrac{1}{6},b=-1$.

1.161 已知当 $x \to 0$ 时，函数 $f(x)=3\sin x-\sin 3x$ 与 cx^k 是等价无穷小，则（　　）.

A. $k=1, c=4$.　　B. $k=1, c=-4$.　　C. $k=3, c=4$.

D. $k=3, c=-4$.　　E. $k=4, c=3$.

1.162 设函数 $f(x)=\begin{cases}\dfrac{\sin x^2}{2}, & x\neq 0,\\ 0, & x=0,\end{cases}$ 则 $f(x)$ 在 $x=0$ 处（　　）.

A. 极限不存在.　　B. 极限存在，但不连续.　　C. 连续，但不可导.

D. 可导，但不连续.　　E. 可导.

1.163 设 $f(x)=\dfrac{\ln(1-2x)}{x}$，若 $f(x)$ 在 $x=0$ 点连续，则补充定义 $f(0)=$（　　）.

A. 1.　　B. -1.　　C. e^2.　　D. 2.　　E. -2.

1.164 设函数 $f(x)=\begin{cases}\dfrac{\sin x}{x}, & x\neq 0,\\ a, & x=0,\end{cases}$ 若 $f(x)$ 在点 $x=0$ 处连续，则 $a=$（　　）.

A. -2.　　B. -1.　　C. 0.　　D. 1.　　E. 2.

1.165 若函数 $f(x)=\begin{cases}\dfrac{\sin kx}{x}, & x\neq 0,\\ 4, & x=0,\end{cases}$ 在 $x=0$ 处连续，则常数 $k=$（　　）.

A. 1.　　B. 2.　　C. 3.　　D. 4.　　E. 6.

1.166 设 $f(x)=\begin{cases}\dfrac{\tan kx}{x}, & x>0,\\ x+3, & x\leqslant 0,\end{cases}$ 且 $f(x)$ 在 $x=0$ 处连续，则 $k=$（　　）.

A. 0.　　B. 1.　　C. 2.　　D. 3.　　E. 4.

1.167 若函数 $f(x)=\begin{cases}(1+3x)^{\frac{1}{x}}, & x\neq 0,\\ k, & x=0,\end{cases}$ 在 $x=0$ 处连续，则常数 $k=$（　　）.

A. 0.　　B. 1.　　C. e.　　D. e^2.　　E. e^3.

1.168 已知函数 $f(x)=\begin{cases}\dfrac{e^x-1}{2x}, & x\neq 0,\\ a, & x=0,\end{cases}$ 在 $x=0$ 处连续，则 $a=$（　　）.

A. $-\dfrac{1}{2}$.　　B. 0.　　C. $\dfrac{1}{2}$.　　D. 1.　　E. 2.

1.169 设函数 $f(x)=\begin{cases}3x^2-4x+a, & x<2,\\ b & x=2,\\ x+2, & x>2,\end{cases}$ 在 $x=2$ 处连续，则(　　).

A. $a=1,b=4$.　B. $a=-1,b=4$.　C. $a=0,b=4$.

D. $a=0,b=5$.　E. $a=1,b=5$.

1.170 设 $f(x)=\begin{cases}\dfrac{x^2-3x+2}{x-2}, & x\neq 2,\\ a, & x=2,\end{cases}$ 为连续函数，则 $a=$(　　).

A. 0.　B. 1.　C. 2.

D. 3.　E. 任意值.

1.171 设函数 $f(x)=\begin{cases}\dfrac{\sqrt{x+4}-2}{x}, & x\neq 0,\\ k, & x=0,\end{cases}$ 在点 $x=0$ 处连续，则 $k=$(　　).

A. $-\dfrac{1}{4}$.　B. $\dfrac{1}{2}$.　C. 0.

D. 2.　E. $\dfrac{1}{4}$.

1.172 函数 $f(x)=\begin{cases}x\sin\dfrac{1}{x}, & x\neq 0,\\ 0, & x=0,\end{cases}$ 在 $x=0$ 点处(　　).

A. 不连续.　B. 连续但不可导.　C. 可导.

D. 无定义.　E. 以上都不正确.

1.173 已知 a 为正实数. 若函数 $f(x)=\begin{cases}\dfrac{1-\cos\sqrt{x}}{ax}, & x>0,\\ b, & x\leqslant 0\end{cases}$ 在点 $x=0$ 处连续，则(　　).

A. $ab=-\dfrac{1}{2}$.　B. $ab=\dfrac{1}{2}$.　C. $ab=0$.

D. $ab=-2$.　E. $ab=2$.

1.174 设 $f(x)=\begin{cases}\sin\dfrac{1}{x}, & x>0,\\ x\sin\dfrac{1}{x}, & x<0,\end{cases}$ 那么 $\lim\limits_{x\to 0}f(x)$ 不存在的原因是(　　).

A. $f(0)$ 无定义.　B. $\lim\limits_{x\to 0^-}f(x)$ 不存在.

C. $\lim\limits_{x\to 0^+}f(x)$ 不存在.　D. $\lim\limits_{x\to 0^-}f(x)$ 与 $\lim\limits_{x\to 0^+}f(x)$ 都存在但不等.

E. 以上都不正确.

1.175 下列函数在其定义域内连续的是(　　).

A. $f(x)=\ln x+\sin x$.

B. $f(x)=\begin{cases}\sin x, & x\leqslant 0,\\ \cos x, & x>0.\end{cases}$

C. $f(x)=\begin{cases}x+1, & x<0,\\ 0, & x=0,\\ x-1, & x>0.\end{cases}$

D. $f(x)=\begin{cases}\dfrac{1}{\sqrt{|x|}}, & x\neq 0,\\ 0, & x=0.\end{cases}$

E. $f(x)=\begin{cases}\dfrac{\sin x}{x}, & x\neq 0,\\ 0, & x=0.\end{cases}$

1.176 函数 $f(x)=\dfrac{x}{\sqrt{x^2-1}}$ 的连续区间是(　　).

A. $(-\infty,-1)\cup(1,+\infty)$.

B. $(-\infty,-1)\cup(-1,1)\cup(1,+\infty)$.

C. $(-1,1)$.

D. $(-2,-1)\cup(1,2]$.

E. $(-\infty,+\infty)$.

1.177 设 $f(x)=\begin{cases}x^2-1, & x<0,\\ x, & 0\leqslant x<1,\\ 2-x, & 1\leqslant x\leqslant 2,\end{cases}$ 则 $f(x)$ 在(　　).

A. $x=0$,$x=1$ 处都间断.

B. $x=0$,$x=1$ 处都连续.

C. $x=0$ 处间断,$x=1$ 处连续.

D. $x=0$ 处连续,$x=1$ 处间断.

E. 以上都不正确.

1.178 设函数 $f(x)=\lim\limits_{n\to\infty}\dfrac{1+x}{1+x^{2n}}$,讨论函数 $f(x)$ 的间断点,其结论为(　　).

A. 不存在间断点.

B. 存在间断点 $x=1$.

C. 存在间断点 $x=0$.

D. 存在间断点 $x=-1$.

E. 存在间断点 $x=-1$ 和 $x=1$.

1.179 设函数 $f(x)$ 和 $g(x)$ 在 $(-\infty,+\infty)$ 内有定义,$f(x)$ 连续,$g(x)$ 有间断点,则(　　).

A. $f(g(x))$ 必有间断点.

B. $g(f(x))$ 必有间断点.

C. $f(x)+g(x)$ 必有间断点.

D. $f(x)g(x)$ 必有间断点.

E. $[g(x)]^2$ 必有间断点.

1.180 设 $f(x)$ 和 $\varphi(x)$ 在 $(-\infty,+\infty)$ 内有定义,$f(x)$ 为连续函数,且 $f(x)\neq 0$,$\varphi(x)$ 有间断点,则(　　).

A. $\varphi[f(x)]$ 必有间断点.

B. $[\varphi(x)]^2$ 必有间断点.

C. $f[\varphi(x)]$ 必有间断点.

D. $f[f(x)]$ 必有间断点.

E. $\dfrac{\varphi(x)}{f(x)}$ 必有间断点.

1.181 函数 $f(x)=\dfrac{x^2-9}{x-1}$ 的间断点为 $x=$（　　）.

A. ± 3.　　B. 3.　　C. -3.　　D. 1.　　E. -1.

1.182 函数 $y=\dfrac{x^2+1}{x^2-3x+2}+\dfrac{|x|}{x}$ 间断点的个数是（　　）.

A. 0.　　B. 1.　　C. 2.　　D. 3.　　E. 5.

1.183 函数 $y=\dfrac{x+2}{(x^2-1)e^x}+\ln|x|$ 的间断点的个数为（　　）.

A. 1.　　B. 2.　　C. 3.　　D. 4.　　E. 5.

1.184 函数 $f(x)=\dfrac{x+1}{(x-2)(x-3)}$ 的所有间断点为（　　）.

A. $x=-1$.　　B. $x=2$.　　C. $x=3$.

D. $x=-1,x=2$.　　E. $x=2,x=3$.

1.185 函数 $f(x)=\dfrac{\sin x}{x(x-1)(x-2)}$ 的所有间断点为（　　）.

A. $x=1$.　　B. $x=0,x=1$.　　C. $x=0,x=2$.

D. $x=1,x=2$.　　E. $x=0,x=1,x=2$.

1.186 函数 $f(x)=\dfrac{e^{\frac{1}{x}}}{x-1}$ 的所有间断点是（　　）.

A. $x=0$.　　B. $x=1$.　　C. $x=-1$.

D. $x=0,x=-1$.　　E. $x=0,x=1$.

1.187 函数 $f(x)=\dfrac{x+1}{x-1}+e^{\frac{2}{x}}$ 的所有间断点是（　　）.

A. $x=0$.　　B. $x=-1$.　　C. $x=1$.

D. $x=0,x=1$.　　E. $x=-1,x=1$.

1.188 $x=1$ 是函数 $f(x)=\dfrac{\sqrt{x}-1}{x-1}$ 的（　　）.

A. 连续点.　　B. 可去间断点.　　C. 跳跃间断点.　　D. 无穷间断点.　　E. 振荡间断点.

1.189 设 $f(x)=\dfrac{e^x-1}{x}$，则 $x=0$ 是函数 $f(x)$ 的（　　）.

A. 连续点.　　B. 可去间断点.　　C. 跳跃间断点.

D. 无穷间断点.　　E. 振荡间断点.

1.190 已知函数 $f(x)=\dfrac{\arctan(x+1)}{x^2-1}$，则（　　）.

A. $x=1$，$x=-1$ 都是 $f(x)$ 的可去间断点.

B. $x=1$，$x=-1$ 都不是 $f(x)$ 的可去间断点.

C. $x=1$ 是 $f(x)$ 的可去间断点，$x=-1$ 不是 $f(x)$ 的可去间断点.

D. $x=1$ 不是 $f(x)$ 的可去间断点，$x=-1$ 是 $f(x)$ 的可去间断点.

E. 以上都不正确.

1.191 函数 $f(x)=\dfrac{x^2-x}{x^2-1}\sqrt{1+\dfrac{1}{x^2}}$ 的无穷间断点的个数为（　　）.

A. 0.　　B. 1.　　C. 2.　　D. 3.　　E. 4.

1.192 设函数 $f(x)=\dfrac{1}{x}+\mathrm{e}^{\frac{\sin x}{|x|}}$，则 $x=0$ 为 $f(x)$ 的（　　）.

A. 连续点.　　B. 可去间断点.　　C. 跳跃间断点.

D. 振荡间断点.　　E. 无穷间断点.

1.193 设函数 $f(x)=\dfrac{\ln|x|}{|x-1|}\sin x$，则 $f(x)$ 有（　　）.

A. 1 个可去间断点.　　B. 1 个可去间断点，1 个跳跃间断点.

C. 1 个可去间断点，1 个无穷间断点.　　D. 2 个跳跃间断点.

E. 2 个无穷间断点.

1.194 函数 $f(x)=\dfrac{x-x^3}{\sin \pi x}$ 的可去间断点的个数为（　　）.

A. 1.　　B. 2.　　C. 3.　　D. 4.　　E. 无穷多个.

1.195 设函数 $f(x)=\dfrac{1}{\mathrm{e}^{\frac{x}{x-1}}-1}$，则（　　）.

A. $x=0$，$x=1$ 都是 $f(x)$ 的第一类间断点.

B. $x=0$，$x=1$ 都是 $f(x)$ 的第二类间断点.

C. $x=0$ 是 $f(x)$ 的第一类间断点，$x=1$ 是 $f(x)$ 的第二类间断点.

D. $x=0$ 是 $f(x)$ 的第二类间断点，$x=1$ 是 $f(x)$ 的第一类间断点.

E. 以上都不正确.

1.196 函数 $f(x)=\dfrac{|x|\sin(x-2)}{x(x-1)(x-2)^2}$ 在下列哪个区间内有界（　　）.

A. $(-1,0)$.　　B. $(0,1)$.　　C. $(1,2)$.　　D. $(1,3)$.　　E. $(0,3)$.

第二章　一元函数的导数和微分

本章考点

一、导数的定义

二、切线和法线方程(导数的几何意义)

三、导数的四则运算

四、复合函数的导数

五、高阶导数的计算

六、函数的单调性和极值点、最值点

七、函数的凹凸性和拐点

八、渐近线

2.1 设函数 $f(x)$ 在点 $x=x_0$ 处可导,则 $f'(x_0)=$ (　　).

A. $\lim\limits_{\Delta x\to 0}\dfrac{f(x_0)-f(x_0+\Delta x)}{\Delta x}$.

B. $\lim\limits_{\Delta x\to 0}\dfrac{f(x_0-\Delta x)-f(x_0)}{\Delta x}$.

C. $\lim\limits_{\Delta x\to 0}\dfrac{f(x_0+2\Delta x)-f(x_0)}{\Delta x}$.

D. $\lim\limits_{\Delta x\to 0}\dfrac{f(x_0+2\Delta x)-f(x_0+\Delta x)}{2\Delta x}$.

E. $\lim\limits_{\Delta x\to 0}\dfrac{f(x_0+\Delta x)-f(x_0)}{\Delta x}$.

2.2 设 $f'(x_0)$ 存在,则 $\lim\limits_{h\to 0}\dfrac{f(x_0-h)-f(x_0)}{h}=$ (　　).

A. $f'(x_0)$.　　B. $-f'(-x_0)$.　　C. 0.

D. $f'(-x_0)$.　　E. $-f'(x_0)$.

2.3 设函数 $f(x)$ 在点 x_0 处可导,则 $\lim\limits_{\Delta x\to 0}\dfrac{f(x_0-2\Delta x)-f(x_0)}{\Delta x}=$ (　　).

A. $2f'(x_0)$.　　B. $\dfrac{1}{2}f'(x_0)$.　　C. $f'(x_0)$.

D. $-\dfrac{1}{2}f'(x_0)$.　　E. $-2f'(x_0)$.

2.4 设函数 $f(x)$ 在点 $x=1$ 处可导,且 $\lim\limits_{\Delta x\to 0}\dfrac{f(1-\Delta x)-f(1)}{\Delta x}=\dfrac{1}{2}$,则 $f'(1)=$ (　　).

A. -1.　　B. $-\dfrac{1}{2}$.　　C. 0.　　D. 1.　　E. 2.

2.5 设 $f(x)$ 在 $x=x_0$ 处可导，且 $f'(x_0)=2$，则 $\lim\limits_{h\to 0}\dfrac{f(x_0)-f(x_0-h)}{h}=$（　　）.

A. $\dfrac{1}{2}$.　B. 2.　C. 1.　D. $-\dfrac{1}{2}$.　E. -2.

2.6 函数 $f(x)$ 可导，$f'(2)=3$，则 $\lim\limits_{x\to 0}\dfrac{f(2-x)-f(2)}{3x}=$（　　）.

A. -2.　B. -1.　C. 0.　D. 1.　E. 2.

2.7 已知函数 $f(x)$ 在 $(-\infty,+\infty)$ 内可导，且 $\lim\limits_{x\to 0}\dfrac{f(1)-f(1-x)}{2x}=-1$，则 $f'(1)=$（　　）.

A. -2.　B. -1.　C. 0.　D. 1.　E. 2.

2.8 已知 $y=f(x)$ 在 $x=0$ 处可导，则 $\lim\limits_{x\to 0}\dfrac{f(2x)-f(0)}{x}=$（　　）.

A. $f'(0)$.　B. $2f'(0)$.　C. $\dfrac{1}{2}f'(0)$.　D. $-\dfrac{1}{2}f'(0)$.　E. 不存在.

2.9 设函数 $f(x)$ 在 $x=0$ 处可导，$f'(0)=6$，则 $\lim\limits_{h\to 0}\dfrac{f(-2h)-f(h)}{3h}=$（　　）.

A. -2.　B. 2.　C. 0.　D. -6.　E. 6.

2.10 设函数 $f(x)$ 满足 $f(1)=0$，$f'(1)=2$，则 $\lim\limits_{\Delta x\to 0}\dfrac{f(1+\Delta x)}{\Delta x}=$（　　）.

A. 0.　B. 1.　C. 2.　D. 4.　E. 不存在.

2.11 设 $f(x)$ 在点 $x=0$ 处可导，且 $f(0)=0$，则 $\lim\limits_{h\to\infty}hf\left(\dfrac{2}{h}\right)=$（　　）.

A. $f'(0)$.　B. $2f'(0)$.　C. $\dfrac{1}{2}f'(0)$.　D. 1.　E. 2.

2.12 设 $f(x)$ 在 $x=a$ 处可导，则 $\lim\limits_{x\to 0}\dfrac{f(a+x)-f(a-x)}{x}=$（　　）.

A. $f'(a)$.　B. $2f'(a)$.　C. 0.　D. $f'(2a)$.　E. $2f'(2a)$.

2.13 $\lim\limits_{h\to 0}\dfrac{(x+h)^2-x^2}{h}=$（　　）.

A. $2x$.　B. $2h$.　C. h.　D. 0.　E. 不存在.

2.14 设函数 $f(x)=\cos x$，则极限 $\lim\limits_{\Delta x\to 0}\dfrac{f(x_0+\Delta x)-f(x_0)}{\Delta x}=$（　　）.

A. $\cos x_0$.　B. $-\cos x_0$.　C. 1.　D. $\sin x_0$.　E. $-\sin x_0$.

2.15 设函数 $f(x)$ 在 $x=0$ 处可导，且 $f(0)=0$，则 $\lim\limits_{x\to 0}\dfrac{x^2 f(x)-2f(x^3)}{x^3}=$ (　　).

A. $-2f'(0)$.　B. $-f'(0)$.　C. $f'(0)$.　D. $2f'(0)$.　E. 0.

2.16 设 $f(x)=x(x-1)(x+2)(x-3)(x+4)$，则 $f'(0)=$ (　　).

A. 0.　B. -4.　C. $-4!$.　D. 4.　E. $4!$.

2.17 设函数 $f(x)=(e^x-1)(e^{2x}-2)\cdots(e^{nx}-n)$，其中 n 为正整数，则 $f'(0)=$ (　　).

A. $(-1)^{n-1}(n-1)!$.　B. $(-1)^n(n-1)!$.　C. $(-1)^{n-1}n!$.

D. $(-1)^n n!$.　E. $n!$.

2.18 设函数 $f(x)$ 对任意 x 均满足等式 $f(1+x)=af(x)$，且有 $f'(0)=b$，其中 a,b 为非零常数，则(　　).

A. $f(x)$ 在 $x=1$ 处不可导.　B. $f(x)$ 在 $x=1$ 处可导，且 $f'(1)=a$.

C. $f(x)$ 在 $x=1$ 处可导，且 $f'(1)=b$.　D. $f(x)$ 在 $x=1$ 处可导，且 $f'(1)=ab$.

E. 以上都不正确.

2.19 设函数 $f(x)=\begin{cases} x^2\cos\dfrac{1}{x}, & x\neq 0, \\ 0, & x=0, \end{cases}$ 则下列结论正确的是(　　).

A. $f'(0)=-1$.　B. $f'(0)=0$.　C. $f'(0)=1$.

D. $f'(0)=2$.　E. $f'(0)$ 不存在.

2.20 下列函数中，在 $x=0$ 处不可导的是(　　).

A. $f(x)=|x|\sin|x|$.　B. $f(x)=|x|\sin\sqrt{|x|}$.

C. $f(x)=\cos|x|$.　D. $f(x)=\cos\sqrt{|x|}$.

E. $f(x)=x\cos|x|$.

2.21 函数 $y=f(x)$ 在点 $x=x_0$ 处左、右导数都存在并且相等是它在该点可导的(　　).

A. 必要而不充分条件.　B. 充分而不必要条件.　C. 充要条件.

D. 非充要条件.　E. 以上都不正确.

2.22 设 $f(x)$ 在 $x=a$ 的某个邻域内有定义，则 $f(x)$ 在 $x=a$ 处可导的一个充分条件是(　　).

A. $\lim\limits_{h\to+\infty} h\left[f\left(a+\dfrac{1}{h}\right)-f(a)\right]$ 存在.　B. $\lim\limits_{h\to 0}\dfrac{f(a+2h)-f(a+h)}{h}$ 存在.

C. $\lim\limits_{h\to 0}\dfrac{f(a+h)-f(a-h)}{2h}$ 存在.　D. $\lim\limits_{h\to 0}\dfrac{f(a)-f(a-h)}{h}$ 存在.

E. 以上都不正确.

2.23 函数 $f(x)=2|x|-1$ 在 $x=0$ 处(　　).

A. 无定义.　　B. 不连续.　　C. 既不可导也不连续.

D. 可导.　　E. 连续但不可导.

2.24 $f(x)=\begin{cases} x^2, & x\geqslant 0, \\ x, & x<0, \end{cases}$ 在 $x=0$ 处的导数是(　　).

A. 0.　　B. 1.　　C. -2.　　D. 2.　　E. 不存在.

2.25 设 $f(x)=\begin{cases} \frac{2}{3}x^3, & x\leqslant 1, \\ x^2, & x>1, \end{cases}$ 则 $f(x)$ 在 $x=1$ 处的(　　).

A. 左、右导数都存在.　　B. 左导数存在,但右导数不存在.

C. 左导数不存在,但右导数存在.　　D. 左、右导数都不存在.

E. 以上都不对.

2.26 设函数 $f(x)=\begin{cases} \ln(1+x), & x\geqslant 0, \\ x^2, & x<0, \end{cases}$ 则 $f(x)$ 在点 $x=0$ 处(　　).

A. 左导数存在,右导数不存在.　　B. 左导数不存在,右导数存在.　　C. 左、右导数都存在.

D. 左、右导数都不存在.　　E. 以上都不对.

2.27 函数 $f(x)=\begin{cases} \ln(a+x^2), & x>1, \\ x+b, & x\leqslant 1, \end{cases}$ 在 $x=1$ 处可导,则常数(　　).

A. $a=1,b=-1$.　　B. $a=-1,b=1$.　　C. $a=3,b=2\ln 2-1$.

D. $a=2,b=\ln 3-1$.　　E. $a=1,b=\ln 2-1$.

2.28 设 $f(x)$ 可导,$F(x)=f(x)(1+|\sin x|)$,则 $f(0)=0$ 是 $F(x)$ 在 $x=0$ 处可导的(　　).

A. 充分必要条件.　　B. 充分但非必要条件.

C. 必要但非充分条件.　　D. 既非充分又非必要条件.

E. 以上都不对.

2.29 设 $y=\sin\frac{\pi}{3}$,则 $y'=$(　　).

A. $\frac{\sqrt{3}}{2}$.　　B. $\cos\frac{\pi}{3}$.　　C. 0.　　D. $\sin\frac{\pi}{3}$.　　E. $\frac{\pi}{3}$.

2.30 $y=\cos\frac{\pi}{4}$,则 $y'=$(　　).

A. $-\sin\frac{\pi}{4}$.　　B. $\sin\frac{\pi}{4}$.　　C. 0.　　D. $-\frac{\sqrt{\pi}}{2}$.　　E. $\frac{\sqrt{\pi}}{2}$.

2.31 设 $y=\sin\frac{\pi}{4}+\cos\frac{\pi}{4}$，则 $y'=$（　　）.

A. $\sin\frac{\pi}{4}+\cos\frac{\pi}{4}$.　　B. $\sin\frac{\pi}{4}-\cos\frac{\pi}{4}$.　　C. 0.

D. 1.　　E. -1.

2.32 $\frac{\mathrm{d}}{\mathrm{d}x}\int_a^b \arctan x\mathrm{d}x=$（　　）.

A. $\arctan x$.　　B. $\frac{1}{1+x^2}$.　　C. $\frac{1}{\sqrt{1-x^2}}$.

D. $\arctan b-\arctan a$.　　E. 0.

2.33 设函数 $y=(3x+2)^5$，则 $\frac{\mathrm{d}y}{\mathrm{d}x}=$（　　）.

A. $3(3x+2)^4$.　　B. $5(3x+2)^4$.　　C. $15(3x+2)^4$.

D. $(3x+2)^4$.　　E. $(3x+2)^4+2$.

2.34 设函数 $f(x)=\frac{1-x}{1+x}$，则 $f'(0)=$（　　）.

A. -2.　　B. -1.　　C. 0.　　D. 1.　　E. 2.

2.35 $f(x)=-12\sin x$，则 $f'\left(\frac{\pi}{2}\right)=$（　　）.

A. $12\sqrt{2}$.　　B. $-6\sqrt{2}$.　　C. 1.　　D. -1.　　E. 0.

2.36 设函数 $f(x)=\mathrm{e}^{2x-1}$，则 $f(x)$ 在 $x=0$ 处的导数 $f'(0)$ 等于（　　）.

A. 0.　　B. e^{-1}.　　C. $2\mathrm{e}^{-1}$.　　D. e.　　E. e^2.

2.37 设函数 $f(x)=\mathrm{e}^{1-2x}$，则 $f(x)$ 在 $x=0$ 处的导数 $f'(0)$ 等于（　　）.

A. 0.　　B. e^{-1}.　　C. e.　　D. $-\mathrm{e}$.　　E. $-2\mathrm{e}$.

2.38 $y=\sin(x+2)$，则 $y'=$（　　）.

A. $\cos(x+2)$.　　B. $\cos x$.　　C. $-\cos(x+2)$.

D. $-\cos x$.　　E. $-\sin x$.

2.39 设 $f(x)=\arcsin x^2$，则 $f'(x)=$（　　）.

A. $\frac{1}{\sqrt{1-x^2}}$.　　B. $\frac{2x}{\sqrt{1-x^2}}$.　　C. $\frac{2x}{\sqrt{1-4x^2}}$.　　D. $\frac{1}{\sqrt{1-x^4}}$.　　E. $\frac{2x}{\sqrt{1-x^4}}$.

2.40 设 $f(x)=\arccos(x^2)$，则 $f'(x)=$（　　）.

A. $-\frac{1}{\sqrt{1-x^2}}$.　　B. $-\frac{2x}{\sqrt{1-x^2}}$.　　C. $-\frac{2x}{\sqrt{1-4x^2}}$.　　D. $-\frac{1}{\sqrt{1-x^4}}$.　　E. $-\frac{2x}{\sqrt{1-x^4}}$.

2.41 $(\arctan(-2x))' = ($　　$)$.

A. $\dfrac{1}{1+4x^2}$.　B. $\dfrac{1}{1-4x^2}$.　C. $\dfrac{-2}{1-4x^2}$.　D. $\dfrac{-2}{1+4x^2}$.　E. $\dfrac{-2x}{1+4x^2}$.

2.42 设函数 $f(x)=\arctan(x^2)$,则导数 $f'(1)=($　　$)$.

A. -2.　B. -1.　C. 0.　D. 1.　E. 2.

2.43 设 $y=x^2\ln x$,则 $y'=($　　$)$.

A. 2.　B. $2x$.　C. $2x\ln x$.

D. $2x\ln x+x$.　E. $2x^2\ln x+x$.

2.44 设 $f(x)=\ln\cos x$,则 $f'(x)=($　　$)$.

A. $\dfrac{1}{\cos x}$.　B. $-\dfrac{1}{\cos x}$.　C. $\tan x$.　D. $\cot x$.　E. $-\tan x$.

2.45 函数 $y=e^{\cos x}$ 的导数$\dfrac{dy}{dx}=($　　$)$.

A. $e^{\cos x}$.　B. $-e^{\cos x}$.　C. $e^{-\sin x}$.　D. $e^{\cos x}\sin x$.　E. $-e^{\cos x}\sin x$.

2.46 设函数 $f(x)=xe^{-2x}$,则导数 $f'(x)=($　　$)$.

A. $e^{-2x}-2xe^{-2x}$.　B. $-e^{-2x}-2xe^{-2x}$.　C. $e^{-2x}+2xe^{-2x}$.

D. $e^{-2x}-xe^{-2x}$.　E. $e^{-2x}+xe^{-2x}$.

2.47 设函数 $f(x)=x\cos 2x$,则 $f'(x)=($　　$)$.

A. $\cos 2x-2x\sin 2x$.　B. $\sin 2x+2x\cos 2x$.　C. $\cos 2x+2x\sin 2x$.

D. $\cos 2x-x\sin 2x$.　E. $\cos 2x+x\sin 2x$.

2.48 设 $f(x)=x^x$,则 $f'(x)=($　　$)$.

A. xx^{x-1}.　B. $x^x\ln x$.　C. $\ln x+1$.

D. $x^x(\ln x-1)$.　E. $x^x(\ln x+1)$.

2.49 若 $y=f(\cos x)$,则 $y'=($　　$)$.

A. $f'(\cos x)\cos x$.　B. $-f'(\cos x)\cos x$.　C. $f'(\cos x)\sin x$.

D. $-f'(\cos x)\sin x$.　E. $f'(\cos x)$.

2.50 设函数 $f(x)$ 可导,且 $f\left(\dfrac{1}{x}\right)=x$,则导数 $f'(x)=($　　$)$.

A. $\dfrac{1}{x}$.　B. $-\dfrac{1}{x}$.　C. x.　D. $\dfrac{1}{x^2}$.　E. $-\dfrac{1}{x^2}$.

2.51 设函数 $f(x)$ 二阶可导，则极限 $\lim\limits_{\Delta x\to 0}\dfrac{f'(x_0-2\Delta x)-f'(x_0)}{\Delta x}=($　　$)$.

A. $-f''(x_0)$.　B. $f''(x_0)$.　C. $f''(-2x_0)$.　D. $-2f''(x_0)$.　E. $2f''(x_0)$.

2.52 设函数 $f(x)=x^9(x^3+x^2+1)$，则高阶导数 $f^{(12)}(x)=($　　$)$.

A. $12!$.　B. $11!$.　C. $10!$.　D. 0.　E. 12.

2.53 设 $y=a^x(a>0$，且 $a\neq 1)$，则 $y^{(n)}=($　　$)$.

A. $\ln a$.　B. a^x.　C. $a^x\ln a$.　D. $a^x\ln a^n$.　E. $a^x(\ln a)^n$.

2.54 已知函数 $f(x)$ 具有任意阶导数，且 $f'(x)=[f(x)]^2$，则当 n 为大于 2 的正整数时，$f(x)$ 的 n 阶导数 $f^{(n)}(x)$ 等于(　　).

A. $n![f(x)]^{n+1}$.　B. $n[f(x)]^{n+1}$.　C. $[f(x)]^{2n}$.

D. $n![f(x)]^{2n}$.　E. $(n+1)![f(x)]^{n+1}$.

2.55 设 $f(x)$ 可导，$f'(x)=\mathrm{e}^{-f(x)}$，$f(0)=0$，当 $n\geqslant 1$ 时，$f^{(n)}(0)=($　　$)$.

A. $(-1)^{n-1}(n-1)!$.　B. $(-1)^{n-1}n!$.　C. $(-1)^n(n+1)!$.

D. $(-1)^n(n-1)!$.　E. $(-1)^{n+1}(n+1)!$.

2.56 已知 $f(x)=x^2\mathrm{e}^x$，则 $f''(0)=($　　$)$.

A. 0.　B. 1.　C. 2.　D. 3.　E. 4.

2.57 设 $f(x)=3x^3+x^4|x|$，则使 $f^{(n)}(0)$ 存在的最高阶数 n 为(　　).

A. 0.　B. 1.　C. 2.　D. 3.　E. 4.

2.58 设 $y=f\left(\dfrac{x-1}{x+1}\right)$，$f'(x)=\arctan x^2$，则 $\left.\dfrac{\mathrm{d}y}{\mathrm{d}x}\right|_{x=0}=($　　$)$.

A. $-\dfrac{\pi}{2}$.　B. $-\dfrac{\pi}{4}$.　C. $\dfrac{\pi}{4}$.　D. $\dfrac{\pi}{2}$.　E. π.

2.59 曲线 $y=x^2-3x+5$ 在点(2,3)处的切线斜率为(　　).

A. -2.　B. -1.　C. 0.　D. 1.　E. 2.

2.60 曲线 $y=x^3$ 在点(1,1)处切线斜率为(　　).

A. -1.　B. 0.　C. 1.　D. 2.　E. 3.

2.61 设函数 $f(x)$ 可导，且 $\lim\limits_{x\to 0}\dfrac{f(1)-f(1-x)}{x}=-1$，则曲线 $y=f(x)$ 在点 $(1,f(1))$ 处的切线斜率为(　　).

A. -2.　B. -1.　C. 0.　D. 1.　E. 2.

2.62 曲线 $y=2x^2-x$ 在点(1,1)处的切线方程为(　　).

A. $y=3x-2$.　　B. $y=3x-4$.　　C. $y=2x-2$.

D. $y=2x+2$.　　E. $y=2x-4$.

2.63 曲线 $y=\sqrt[3]{x-2}$ 在 $x=1$ 处切线方程为(　　).

A. $x-3y-4=0$.　　B. $x-3y+4=0$.　　C. $x+3y-2=0$.

D. $x+3y+2=0$.　　E. $x+3y+4=0$.

2.64 过原点作曲线 $y=e^x$ 的切线,则切线的方程为(　　).

A. $y=e^{-x}$.　　B. $y=e^x$.　　C. $y=x$.　　D. $y=\frac{e}{2}x$.　　E. $y=ex$.

2.65 曲线 $y=\sin x$ 在点(0,0)处的切线方程是(　　).

A. $y=x$.　　B. $y=-x$.　　C. $y=\frac{1}{2}x$.　　D. $y=-\frac{1}{2}x$.　　E. $y=0$.

2.66 $f(x)=\frac{1}{3}x^3+\frac{1}{2}x^2+6x+1$ 的图像在点(0,1)处的切线与 x 轴交点的坐标是(　　).

A. $\left(-\frac{1}{6},0\right)$.　　B. $(-1,0)$.　　C. $\left(\frac{1}{6},0\right)$.　　D. $(1,0)$.　　E. $\left(-\frac{1}{6},1\right)$.

2.67 曲线 $y=x^2-x$ 在点(1,0)的法线斜率是(　　).

A. -1.　　B. -2.　　C. 0.　　D. 1.　　E. 2.

2.68 曲线 $y=3x\cos 3x$,在点 $(\pi,-3\pi)$ 处的法线方程为(　　).

A. $3x+y=0$.　　B. $3x-y-6\pi=0$.　　C. $x+3y+8\pi=0$.

D. $x+3y-8\pi=0$.　　E. $x-3y-10\pi=0$.

2.69 抛物线 $y=x^2$ 在哪一点处切线的倾角为 $45°$(　　).

A. (0,0).　　B. $\left(\frac{1}{2},\frac{1}{4}\right)$.　　C. $\left(\frac{1}{4},2\right)$.　　D. (1,1).　　E. (2,4).

2.70 已知抛物线 $y=x^2-2x+4$ 在 M 处的切线与 x 轴正向的交角成 $45°$,M 点坐标为(　　).

A. (0,4).　　B. $\left(\frac{1}{2},\frac{13}{4}\right)$.　　C. (1,3).　　D. $\left(\frac{3}{2},\frac{13}{4}\right)$.　　E. (2,4).

2.71 曲线 $y=x^3-3x$ 上切线平行 x 轴的点是(　　).

A. (0,0).　　B. (1,2).　　C. $(-1,2)$.　　D. $(-1,-2)$.　　E. (2,2).

2.72 在曲线 $y=x^2-10x+1$ 上,且切线平行于直线 $y=2x-1$ 的点有(　　).

A. $(-6,47)$.　　B. $(6,23)$.　　C. $(6,-23)$.

D. $(2,-15)$.　　E. $(2,15)$.

2.73 曲线 $y=12-x^2$ 上某点切线的斜率等于 -2 的切线方程为(　　).

A. $2x+y-13=0$.　　B. $2x+y+13=0$.　　C. $2x-y+13=0$.

D. $2x+y-14=0$.　　E. $2x-y+14=0$.

2.74 过点 $(1,2)$ 且切线斜率为 3 的曲线方程 $y=y(x)$ 应满足的关系是(　　).

A. $y'=3x$.　　B. $y''=3x$.　　C. $y'=3x, y(1)=2$.

D. $y'=2x, y(1)=3$.　　E. $y'(1)=3, y(1)=2$.

2.75 设 $y=y(x)$ 是由方程 $xy+x+y-2=0$ 所确定的关于 x 的隐函数,则 $y'(0)=$(　　).

A. $-\dfrac{3}{(x+1)^2}$.　B. -3.　C. 2.　D. 3.　E. $-\dfrac{y+1}{x+1}$.

2.76 设 $y=y(x)$ 是由方程 $xy^3=y-1$ 所确定的隐函数,则导数 $y'\Big|_{x=0}=$(　　).

A. -2.　B. -1.　C. 0.　D. 1.　E. 2.

2.77 设 $y=y(x)$ 是由方程 $y-x=e^{x(1-y)}$ 确定的隐函数,则 $\dfrac{dy}{dx}\Big|_{x=0}=$(　　).

A. -2.　B. -1.　C. 0.　D. 1.　E. 2.

2.78 椭圆 $2x^2+y^2=1$ 上横坐标与纵坐标相等的点处的切线斜率为(　　).

A. -1.　B. 1.　C. $-\dfrac{1}{2}$.　D. -2.　E. 2.

2.79 若 $y=x^2+ax+b$ 和 $2y=-1+xy^3$ 在点 $(1,-1)$ 处相切,其中 a,b 是常数,则(　　).

A. $a=0, b=-2$.　　B. $a=1, b=-3$.　　C. $a=1, b=-3$.

D. $a=-3, b=1$.　　E. $a=-1, b=-1$.

2.80 曲线 $\sin(xy)+\ln(y-x)=x$ 在点 $(0,1)$ 处的切线方程是(　　).

A. $y=-x+1$.　　B. $y=x+1$.　　C. $y=2x+1$.

D. $y=3x+1$.　　E. $y=4x+1$.

2.81 设函数 $y=f(x)$,Δx 为自变量 x 在 x_0 点的改变量,相应函数的改变量为 Δy,且有 $\Delta y=2x_0\Delta x-3\Delta x+(\Delta x)^2$,则 $f'(x_0)=$(　　).

A. $2x_0$.　B. -3.　C. $2x_0-3$.　D. 1.　E. 不存在.

2.82 在点 x 处，当自变量有改变量 Δx 时，函数 $y=5x^2$ 的改变量 $\Delta y=$（　　）.

A. $10x$.　　B. $10x\Delta x$.　　C. $5\Delta x$.

D. $10\Delta x+(\Delta x)^2$.　　E. $10x\Delta x+5(\Delta x)^2$.

2.83 函数 $y=\ln(1+2x^2)$，则 $\mathrm{d}y\big|_{x=0}=$（　　）.

A. 0.　　B. 1.　　C. $\mathrm{d}x$.　　D. $-\mathrm{d}x$.　　E. $2\mathrm{d}x$.

2.84 设函数 $f(u)$ 可导且 $f'(1)=0.5$，则 $y=f(x^2)$ 在 $x=-1$ 处的微分 $\mathrm{d}y\big|_{x=-1}=$（　　）.

A. $-2\mathrm{d}x$.　　B. $-\mathrm{d}x$.　　C. 0.　　D. $\mathrm{d}x$.　　E. $2\mathrm{d}x$.

2.85 已知函数 $f(x)$ 在点 $x=0$ 处可导且 $f'(0)=1$. 设 $g(x)=f(\sin 2x)$，则 $\mathrm{d}g\Big|_{x=0}=$（　　）.

A. $-2\mathrm{d}x$.　　B. $-\mathrm{d}x$.　　C. 0.　　D. $\mathrm{d}x$.　　E. $2\mathrm{d}x$.

2.86 设 $y=f(\mathrm{e}^x)$，且函数 $f(x)$ 可导，则 $\mathrm{d}y=$（　　）.

A. $f'(\mathrm{e}^x)\mathrm{e}^x\mathrm{d}x$.　　B. $f'(\mathrm{e}^x)\mathrm{d}x$.　　C. $f'(\mathrm{e}^x)\mathrm{e}^x\mathrm{d}\mathrm{e}^x$.

D. $[f(\mathrm{e}^x)]'\mathrm{d}\mathrm{e}^x$.　　E. $[f(\mathrm{e}^x)]'\mathrm{e}^x\mathrm{d}\mathrm{e}^x$.

2.87 设 $f(u)$ 可微，则 $y=f(\sin x)$ 的微分 $\mathrm{d}y=$（　　）.

A. $f'(\sin x)\mathrm{d}x$.　　B. $f'(\sin x)\cos x\mathrm{d}x$.　　C. $[f(\sin x)]'\mathrm{d}\sin x$.

D. $f'(\sin x)\sin x\mathrm{d}\cos x$.　　E. $f'(\sin x)\mathrm{d}\cos x$.

2.88 下列式子中正确的是（　　）.

A. $\mathrm{d}\sin x=-\cos x$.　　B. $\mathrm{d}\sin x=-\cos x\mathrm{d}x$.　　C. $\mathrm{d}\cos x=-\sin x\mathrm{d}x$.

D. $\mathrm{d}\cos x=-\sin x$.　　E. $\mathrm{d}\cot x=\sec^2 x$.

2.89 下列式子中，错误的是（　　）.

A. $\dfrac{1}{\sqrt{x}}\mathrm{d}x=\mathrm{d}(2\sqrt{x})$.　　B. $-\dfrac{1}{x^2}\mathrm{d}x=\mathrm{d}\left(\dfrac{1}{x}\right)$.　　C. $\dfrac{1}{x^3}\mathrm{d}x=\mathrm{d}\left(\dfrac{-2}{x^2}\right)$.

D. $x\mathrm{d}x=\dfrac{1}{2}\mathrm{d}(x^2-9)$.　　E. $x^2\mathrm{d}x=-\dfrac{1}{9}\mathrm{d}(2-3x^3)$.

2.90 设函数 $y=\sqrt{1+x^2}$，则微分 $\mathrm{d}y=$（　　）.

A. $\dfrac{1}{\sqrt{1+x^2}}$.　　B. $\dfrac{1}{\sqrt{1+x^2}}\mathrm{d}x$.　　C. $\dfrac{x}{\sqrt{1+x^2}}$.　　D. $\dfrac{x}{\sqrt{1+x^2}}\mathrm{d}x$.　　E. $-\dfrac{x}{\sqrt{1+x^2}}\mathrm{d}x$.

2.91 设函数 $y=\ln(2x)$，则微分 $\mathrm{d}y=$（　　）.

A. $\dfrac{1}{2x}\mathrm{d}x$.　　B. $\dfrac{1}{x}\mathrm{d}x$.　　C. $\dfrac{1}{2x}$.　　D. $\dfrac{1}{x}$.　　E. $-\dfrac{1}{x}$.

2.92 设 $y=\ln\sqrt{\frac{1+x}{1+x^2}}$，则 $dy\Big|_{x=0}=$（　　）.

A. $-\frac{1}{2}dx$.　　B. $\frac{1}{2}dx$.　　C. $-2dx$.　　D. $2dx$.　　E. dx.

2.93 设函数 $y=\cos(1+x^2)$，则微分 $dy=$（　　）.

A. $-\sin(1+x^2)$.　　B. $-2x\sin(1+x^2)$.　　C. $-\sin(1+x^2)dx$.

D. $-2x\sin(1+x^2)dx$.　　E. $2x\sin(1+x^2)dx$.

2.94 函数 $y=\frac{\sin x}{x}$ 的微分 $dy=$（　　）.

A. $\frac{x\cos x-\sin x}{x^2}$.　　B. $\frac{\sin x-x\cos x}{x^2}$.　　C. $\frac{x\cos x-\sin x}{x^2}dx$.

D. $\frac{\sin x-x\cos x}{x^2}dx$.　　E. 以上都不正确.

2.95 下列说法正确的是（　　）.

A. 函数 $f(x)$ 在点 x_0 处可导，则 $f(x)$ 在该点连续.

B. 函数 $f(x)$ 在点 x_0 处连续，则 $f(x)$ 在该点可导.

C. 函数 $f(x)$ 在点 x_0 处不可导，则 $f(x)$ 在该点不连续.

D. 函数 $f(x)$ 在点 x_0 处不可导，则 $f(x)$ 在该点极限不存在.

E. 函数 $f(x)$ 在点 x_0 处可导，则 $f(x)$ 在该点不连续.

2.96 设 $x=x_0$ 为 $y=f(x)$ 的驻点，则（　　）.

A. $(x_0,f(x_0))$ 为曲线 $y=f(x)$ 的拐点.　　B. $f(x_0)=0$.

C. $f(x)$ 在 $x=x_0$ 点取极值.　　D. $f'(x_0)=0$.

E. 以上都不正确.

2.97 设函数 $f(x)$ 可导，且 $f'(x_0)=0$，则 x_0 一定是函数的（　　）.

A. 极大值点.　　B. 极小值点.　　C. 零点.　　D. 驻点.　　E. 拐点.

2.98 设函数 $f(x)$ 可导，且 $f'(x_0)=0$，则 $f(x)$ 在 $x=x_0$ 处（　　）.

A. 一定有极大值.　　B. 一定有极小值.　　C. 不一定有极值.

D. 一定没有极值.　　E. 以上都不正确.

2.99 已知 $x=1$ 是函数 $y=x^3+ax^2$ 的驻点，则常数 $a=$（　　）.

A. 0.　　B. -1.　　C. 1.　　D. $-\frac{3}{2}$.　　E. $-\frac{2}{3}$.

2.100 $x=0$ 是函数 $f(x)=e^{x^2+x}$ 的（　　）.

A. 零点.　　B. 驻点.　　C. 极大值点.　　D. 极小值点.　　E. 非极值点.

2.101 若 x_0 为函数 $y=f(x)$ 的极值点,则下列命题正确的是(　　).

A. $f'(x_0)=0$.　　B. $f'(x_0)\neq 0$.

C. $f'(x_0)=0$ 或 $f'(x_0)$ 不存在.　　D. $f'(x_0)$ 不存在.

E. $f'_+(x_0)=f'_-(x_0)$.

2.102 若函数 $f(x)$ 有二阶导数,且 $f'(x_0)=0, f''(x_0)\neq 0$,则该函数在点 x_0 处(　　).

A. 一定有极大值.　　B. 一定有极小值.　　C. 一定有极值.

D. 一定没有极值.　　E. 以上都不正确.

2.103 若 $f'(x)=x(x-1)^2(x-2)^3(x-3)^4$,则 $f(x)$ 的极值个数为(　　).

A. 0.　　B. 1.　　C. 2.　　D. 3.　　E. 4.

2.104 设函数 $f(x)=1+\ln(1+2x^2)$,则下列结论正确的是(　　).

A. $f(x)$ 只有极小值.　　B. $f(x)$ 只有极大值.

C. $f(x)$ 既有极小值又有极大值.　　D. $f(x)$ 无极值.

E. $f(x)$ 只有零点.

2.105 可微函数 $f(x)$ 在 $x=x_0$ 处取得极大值,则必有(　　).

A. $f''(x_0)=0$.　　B. $f''(x_0)>0$.　　C. $f'(x_0)=0$ 且 $f''(x_0)>0$.

D. $f'(x_0)$ 不存在.　　E. $f'_+(x_0)=f'_-(x_0)$.

2.106 函数 $f(x)=x^3+6x^2+9x$,那么(　　).

A. $x=-1$ 为 $f(x)$ 的极大值点.　　B. $x=-1$ 为 $f(x)$ 的极小值点.

C. $x=0$ 为 $f(x)$ 的极大值点.　　D. $x=0$ 为 $f(x)$ 的极小值点.

E. $x=-1$ 为 $f(x)$ 的极小值点,$x=0$ 为 $f(x)$ 的极大值点.

2.107 已知函数 $f(x)=3x^4-8x^3+1$,则(　　).

A. $x=0$ 是 $f(x)$ 的极小值点.　　B. $x=0$ 是 $f(x)$ 的极大值点.

C. $x=2$ 是 $f(x)$ 的极小值点.　　D. $x=2$ 是 $f(x)$ 的极大值点.

E. $x=2$ 不是 $f(x)$ 的极值点.

2.108 函数 $f(x)=(3x-2)^{\frac{2}{3}}-1$ 的极小值点为(　　).

A. $x=-1$.　　B. $x=0$.　　C. $x=\dfrac{2}{3}$.　　D. $x=1$.　　E. 不存在.

2.109 设 $\lim\limits_{x\to a}\dfrac{f(x)-f(a)}{(x-a)^2}=-1$,则在 $x=a$ 处(　　).

A. $f(x)$ 导数存在,且 $f'(a)\neq 0$.　　B. $f(x)$ 取得极大值.

C. $f(x)$ 取得极小值.　　D. $f(x)$ 的导数不存在.

E. 以上都不正确.

2.110 已知 $f(x)$ 在 $x=0$ 的某个邻域内连续，且 $f(0)=0$，$\lim\limits_{x\to0}\dfrac{f(x)}{1-\cos x}=2$，则在点 $x=0$ 处 $f(x)$（　　）.

A. 不可导.　　B. 可导，且 $f'(0)\neq0$.　　C. 取得极大值.

D. 取得极小值.　　E. 非极值点.

2.111 设两函数 $f(x)$ 及 $g(x)$ 都在 $x=a$ 处取得极大值，则函数 $F(x)=f(x)g(x)$ 在 $x=a$（　　）.

A. 必取极大值.　　B. 必取极小值.　　C. 极大值或极小值.

D. 不可能取极值.　　E. 是否取极值不能确定.

2.112 已知 $x=1$ 是函数 $y=x^3+ax^2$ 的驻点，则常数 $a=$（　　）.

A. -1.　　B. 0.　　C. 1.　　D. $-\dfrac{3}{2}$.　　E. $-\dfrac{2}{3}$.

2.113 已知 $x=\dfrac{\pi}{2}$ 是函数 $f(x)=a\cos x+\dfrac{1}{2}\sin 2x$ 的驻点，则常数 $a=$（　　）.

A. -3.　　B. -2.　　C. -1.　　D. 0.　　E. 1.

2.114 若函数 $f(x)=bx^3-3x$ 在点 $x=1$ 处取极小值，则 $b=$（　　）.

A. 0.　　B. 1.　　C. 2.　　D. 3.　　E. 4.

2.115 已知函数 $f(x)=ax^2-4x+1$ 在 $x=2$ 处取得极值，则常数 $a=$（　　）.

A. 0.　　B. 1.　　C. 2.　　D. 3.　　E. 4.

2.116 设 $y=x^2+ax+b$，已知当 $x=2$ 时，y 取得极小值 -3，则（　　）.

A. $a=1,b=0$.　　B. $a=-4,b=1$.　　C. $a=1,b=1$.

D. $a=1,b=-1$.　　E. $a=-4,b=0$.

2.117 已知函数 $y=a\cos x+\dfrac{1}{2}\cos 2x$（其中 a 为常数）在 $x=\dfrac{\pi}{2}$ 处取得极值，则 $a=$（　　）.

A. 0.　　B. 1.　　C. 2.　　D. 3.　　E. 4.

2.118 设函数 $f(x)=x\sin x+\cos x$，下列命题正确的是（　　）.

A. $f(0)$ 是极大值，$f\left(\dfrac{\pi}{2}\right)$ 是极小值.　　B. $f(0)$ 是极小值，$f\left(\dfrac{\pi}{2}\right)$ 是极大值.

C. $f(0)$ 是极大值，$f\left(\dfrac{\pi}{2}\right)$ 也是极大值.　　D. $f(0)$ 是极小值，$f\left(\dfrac{\pi}{2}\right)$ 也是极小值.

E. 以上都不正确.

2.119 已知 $y=f(x)$ 是方程 $xy-x^2=1$ 确定的函数，则 $y=f(x)$ 的驻点为（　　）.

A. $x=0$.　　B. $x=-1$.　　C. $x=1$.　　D. $x=\pm1$.　　E. $x=2$.

2.120 $y=f(x)$ 是由 $x^2y^2+y=1(y>0)$ 确定的，则 $y=f(x)$ 的驻点为(　　).

A. $x=0$.　　B. $x=1$.　　C. $x=0$ 或 1.

D. $x=2$.　　E. 不存在.

2.121 设 $y=f(x)$ 是方程 $y''-2y'+4y=0$ 的一个解，且 $f(x_0)>0, f'(x_0)=0$，则函数 $f(x)$ 在点 x_0 (　　).

A. 取得极大值.　　B. 取得极小值.　　C. 某个邻域内单调增加.

D. 某个邻域内单调减少.　　E. 以上都不正确.

2.122 设 $y=f(x)$ 是满足微分方程 $y''+y'-e^{\sin x}=0$ 的解，且 $f'(x_0)=0$，则 $f(x)$ 在(　　).

A. x_0 的某个邻域内单调增加.　　B. x_0 某个邻域内单调减少.　　C. x_0 处取得极小值.

D. x_0 处取得极大值.　　E. $(x_0, f(x_0))$ 是拐点.

2.123 设函数 $f(x)$ 在 $(-\infty,+\infty)$ 内可导且 $f'(x)>0$，则 $f(x)$ 在 $(-\infty,+\infty)$ 内(　　).

A. 单调减少.　　B. 单调增加.　　C. 是个常数.

D. 有极值.　　E. 有拐点.

2.124 设函数 $f(x)$ 在闭区间 $[0,1]$ 上连续，在开区间 $(0,1)$ 内可导，且 $f'(x)>0$，则(　　).

A. $f(0)<0$.　　B. $f(1)>0$.　　C. $f(1)>f(0)$.

D. $f(1)<f(0)$.　　E. 以上都不正确.

2.125 设函数 $f(x)$ 在 $(-\infty,+\infty)$ 可导且 $f(x)\neq 0$. 若 $f(x)f'(x)>0$，则(　　).

A. $f(1)>f(0)$.　　B. $f(1)<f(0)$.　　C. $|f(1)|>|f(0)|$.

D. $|f(1)|<|f(0)|$.　　E. $|f(0)|$ 与 $|f(1)|$ 的大小关系不能确定.

2.126 函数 $y=2+x^2$ 的单调递增区间为(　　).

A. $(-\infty,1)$.　　B. $(-1,0)$.　　C. $(-1,1)$.

D. $(0,+\infty)$.　　E. $(1,+\infty)$.

2.127 函数 $y=x^3-3x+5$ 的单调减少区间为(　　).

A. $(-\infty,-1)$.　　B. $(-2,-1)$.　　C. $(-1,1)$.

D. $(1,+\infty)$.　　E. $(-\infty,+\infty)$.

2.128 下列函数在区间 $(-\infty,+\infty)$ 上单调减少的是(　　).

A. $y=e^{-x}$.　　B. $y=\sin x$.　　C. $y=x^2$.

D. $y=|x|$.　　E. $y=\cot x$.

2.129 设函数 $f(x)=\frac{\ln x}{x}$,则结论正确的是(　　).

A. $f(x)$ 在 $(0,+\infty)$ 内单调减少.
B. $f(x)$ 在 $(0,e)$ 内单调减少.
C. $f(x)$ 在 $(0,+\infty)$ 内单调增加.
D. $f(x)$ 在 $(0,e)$ 内单调增加.
E. 以上都不正确.

2.130 函数 $y=x-\arctan x$ 在 $[-1,1]$ 上(　　).

A. 单调增加.　B. 单调减少.　C. 无最大值.　D. 无最小值.　E. 以上都不正确.

2.131 函数 $y=\ln(1+x^2)$ 在 $(0,+\infty)$ 内(　　).

A. 单调增加.　B. 单调减少.　C. 不单调.　D. 有极值点.　E. 不连续.

2.132 函数 $f(x)=3^x-3^{-x}$ 在(　　).

A. $(-\infty,+\infty)$ 内单调增加.
B. $(-\infty,+\infty)$ 内有增有减.
C. $(0,+\infty)$ 内单调减少.
D. $(-\infty,0)$ 内单调减少.
E. 以上都不正确.

2.133 设 $f(x),g(x)$ 是恒大于零的可导函数,且 $f'(x)g(x)-f(x)g'(x)<0$,则当 $a<x<b$ 时,有(　　).

A. $f(x)g(b)>f(b)g(x)$.
B. $f(x)g(a)>f(a)g(x)$.
C. $f(a)g(a)<f(b)g(b)$.
D. $f(x)g(x)>f(b)g(b)$.
E. $f(x)g(x)>f(a)g(a)$.

2.134 设函数 $f(x)$ 在 $[0,a]$ 上二阶导数存在,且 $xf''(x)-f'(x)>0$,则 $\frac{f'(x)}{x}$ 在区间 $(0,a)$ 内是(　　).

A. 单调增加的.　B. 单调减少的.　C. 凸的.
D. 凹的.　E. 以上都不正确.

2.135 曲线 $y=x^3$ 的拐点为(　　).

A. $(0,0)$.　B. $(0,1)$.　C. $(1,0)$.　D. $(1,1)$.　E. $(-1,-1)$.

2.136 曲线 $y=x^3-3x^2+2$ 的拐点为(　　).

A. $(0,1)$.　B. $(1,0)$.　C. $(0,2)$.　D. $(2,0)$.　E. $(-1,-2)$.

2.137 函数 $y=2x^3+14x-7$ 在 $(-\infty,+\infty)$ 内(　　).

A. 单调减少.　B. 单调增加.　C. 图形上凸.　D. 图形下凹.　E. 以上都不正确.

2.138 曲线 $y=2+3x^2-x^3$ 的拐点为(　　).

A. $(1,6)$.　B. $(-1,6)$.　C. $(-1,4)$.　D. $(1,4)$.　E. 不存在.

2.139 曲线 $y = x^3 - 6x^2 + 10x - 1$ 的拐点为(　　).

A. (2,3).　　B. (3,2).　　C. (1,4).　　D. (2,1).　　E. 不存在.

2.140 函数 $y = \sin x, x \in (0, 2\pi)$ 的拐点为(　　).

A. $\left(\frac{\pi}{6}, \frac{1}{2}\right)$.　　B. $\left(\frac{\pi}{2}, 1\right)$.　　C. $(\pi, 0)$.　　D. $\left(\frac{3}{2}\pi, -1\right)$.　　E. 不存在.

2.141 设函数 $f(x)$ 在开区间 (a,b) 内有 $f'(x) < 0$，且 $f''(x) < 0$，则 $y = f(x)$ 在 (a,b) 内(　　).

A. 单调增加，图像凸的.　　B. 单调增加，图像凹的.　　C. 单调减少，图像凸的.

D. 单调减少，图像凹的.　　E. 以上都不正确.

2.142 设 $f(x) = x^3 - 3x$，则在区间 $(0,1)$ 内(　　).

A. 函数 $f(x)$ 单调增加且其图像是凹的.　　B. 函数 $f(x)$ 单调增加且其图像是凸的.

C. 函数 $f(x)$ 单调减少且其图像是凹的.　　D. 函数 $f(x)$ 单调减少且其图像是凸的.

E. 以上都不正确.

2.143 曲线 $y = e^{-x^2}$ 的凸区间是(　　).

A. $\left(-\infty, -\frac{\sqrt{2}}{2}\right)$.　　B. $\left(-\frac{\sqrt{2}}{2}, \frac{\sqrt{2}}{2}\right)$.　　C. $\left(\frac{\sqrt{2}}{2}, +\infty\right)$.

D. $(-\infty, +\infty)$.　　E. 以上都不正确.

2.144 曲线 $f(x) = e^{-x^2}$ 在区间(　　)上单调递减且凸的.

A. $(-\infty, -1)$.　　B. $(-1, 0)$.　　C. $(-1, 1)$.　　D. $(0, 1)$.　　E. $\left(0, \frac{\sqrt{2}}{2}\right)$.

2.145 函数 $y = xe^{-\frac{x^2}{2}}$ 在区间 $(0,1)$ 内(　　).

A. 单调减少且图像是凹的.　　B. 单调减少且图像是凸的.

C. 单调增加且图像是凹的.　　D. 单调增加且图像是凸的.

E. 以上都不正确.

2.146 设 $f(x) = |x(1-x)|$，则(　　).

A. $x = 0$ 是 $f(x)$ 的极值点，但 $(0,0)$ 不是曲线 $y = f(x)$ 的拐点.

B. $x = 0$ 不是 $f(x)$ 的极值点，但 $(0,0)$ 是曲线 $y = f(x)$ 的拐点.

C. $x = 0$ 是 $f(x)$ 的极值点，且 $(0,0)$ 是曲线 $y = f(x)$ 的拐点.

D. $x = 0$ 不是的 $f(x)$ 极值点，$(0,0)$ 也不是曲线 $y = f(x)$ 的拐点.

E. 以上都不正确.

2.147 若 $f(x) = -f(-x)$，且在 $(0, +\infty)$ 内 $f'(x) > 0, f''(x) > 0$，则 $f(x)$ 在 $(-\infty, 0)$ 内(　　).

A. $f'(x) < 0, f''(x) < 0$.　　B. $f'(x) < 0, f''(x) > 0$.　　C. $f'(x) > 0, f''(x) < 0$.

D. $f'(x) > 0, f''(x) > 0$.　　E. 以上都不正确.

2.148 若函数 $f(x)$ 在点 $x=0$ 的某一邻域内一阶导函数连续，且 $f'(0)=0,\lim\limits_{x\to 0}\dfrac{f'(x)}{e^{2x}-1}=-3$，则（　　）.

A. $f''(0)$ 不存在.

B. 在点 $(0,f(0))$ 为曲线 $y=f(x)$ 的拐点.

C. $f''(0)$ 存在但不等于 -6.

D. $f(x)$ 在 $x=0$ 处有极大值.

E. 以上都不正确.

2.149 设函数 $f(x)$ 满足关系式 $f''(x)+[f'(x)]^2=x$，且 $f'(0)=0$，则（　　）.

A. $f(0)$ 是 $f(x)$ 的极大值.

B. $f(0)$ 是 $f(x)$ 的极小值.

C. 点 $(0,f(0))$ 是曲线 $y=f(x)$ 的拐点.

D. $f(0)$ 不是 $f(x)$ 的极值，点 $(0,f(0))$ 也不是曲线 $y=f(x)$ 的拐点.

E. 以上都不对.

2.150 下列函数中在区间 $[-2,2]$ 上满足罗尔定理条件的是（　　）.

A. $y=1+|x|$.　　B. $y=x^2-1$.　　C. $y=\dfrac{1}{x-1}$.

D. $y=x^3+1$.　　E. $y=e^x-e^{-x}$.

2.151 函数 $f(x)=x^2+1$ 在区间 $[1,2]$ 上满足拉格朗日中值公式的中值 $\xi=$（　　）.

A. 1.　　B. 2.　　C. $\dfrac{6}{5}$.　　D. $\dfrac{5}{4}$.　　E. $\dfrac{3}{2}$.

2.152 方程 $x^3-4x=0$ 的实根个数为（　　）.

A. 0.　　B. 1.　　C. 2.　　D. 3.　　E. 4.

2.153 设 $f(x)=x(x-1)(x-3)$，则方程 $f'(x)=0$ 在 $(0,3)$ 内的实根的个数为（　　）.

A. 0.　　B. 1.　　C. 2.　　D. 3.　　E. 4.

2.154 设常数 $k>0$，函数 $f(x)=\ln x-\dfrac{x}{e}+k$ 在 $(0,+\infty)$ 内零点个数为（　　）.

A. 4.　　B. 3.　　C. 2.　　D. 1.　　E. 0.

2.155 在区间 $(-\infty,+\infty)$ 内，方程 $|x|^{\frac{1}{4}}+|x|^{\frac{1}{2}}-\cos x=0$（　　）.

A. 无实根.　　B. 有且仅有 1 个实根.　　C. 有且仅有 2 个实根.

D. 有且仅有 4 个实根.　　E. 有无穷多个实根.

2.156 设函数 $f(x)=\int_0^{x^2}\ln(2+t)\mathrm{d}t$，则 $f'(x)$ 的零点个数为（　　）.

A. 0.　　B. 1.　　C. 2.　　D. 3.　　E. 不确定.

2.157 设函数 $f(x)$ 在闭区间 $[a,b]$ 上连续，且 $f(x)>0$，则方程

$$\int_a^x f(t)\mathrm{d}t+\int_b^x \frac{1}{f(t)}\mathrm{d}t=0$$

在开区间 (a,b) 内的根有（　　）.

A. 0 个.　　B. 1 个.　　C. 2 个.　　D. 3 个.　　E. 无穷多个.

2.158 曲线 $y=\frac{3x-1}{x-1}$ 的水平渐近线为（　　）.

A. $y=1$.　　B. $y=3$.　　C. $x=1$.　　D. $x=3$.　　E. 无水平渐近线.

2.159 曲线 $y=\frac{x^2}{1+x+x^2}$ 的水平渐近线为（　　）.

A. $y=0$.　　B. $y=1$.　　C. $y=2$.　　D. $y=3$.　　E. 无水平渐近线.

2.160 曲线 $y=e^{\frac{1}{x}}-1$ 的水平渐近线是（　　）.

A. $x=0$.　　B. $y=0$.　　C. $y=-1$.　　D. $x=-1$.　　E. 无水平渐近线.

2.161 曲线 $y=\frac{x+1}{x-1}$ 的铅直渐近线为（　　）.

A. $x=-1$.　　B. $x=1$.　　C. $y=-1$.　　D. $y=1$.　　E. 无铅直渐近线.

2.162 曲线 $y=\frac{2x^2}{x^3-1}$ 的铅直渐近线为（　　）.

A. $x=0$.　　B. $x=1$.　　C. $y=0$.　　D. $y=1$.　　E. $y=2$.

2.163 $y=\frac{e^x}{1+x}$ 的铅直渐近线是（　　）.

A. $x=-1$.　　B. $y=-1$.　　C. $y=0$.　　D. $x=0$.　　E. $x=1$.

2.164 曲线 $y=\frac{1}{(x-1)^2}$ 的渐近线条数为（　　）.

A. 0.　　B. 1.　　C. 2.　　D. 3.　　E. 4.

2.165 曲线 $y=\frac{1}{1-x}$ 的渐近线的条数是（　　）.

A. 0.　　B. 1.　　C. 2.　　D. 3.　　E. 4.

2.166 曲线 $y=\frac{x^2+x}{x^2-1}$ 的渐近线的条数为（　　）.

A. 0.　　B. 1.　　C. 2.　　D. 3.　　E. 4.

2.167 曲线 $y=\frac{x}{3+x^2}$（　　）.

A. 仅有铅直渐近线.
B. 仅有水平渐近线.
C. 既有水平渐近线又有铅直渐近线.
D. 有斜渐近线.
D. 无渐近线.

2.168 曲线 $y=\frac{1+e^{-x^2}}{1-e^{-x^2}}$（　　）.

A. 没有渐近线.
B. 仅有水平渐近线.
C. 仅有铅直渐近线.
D. 仅有斜渐近线.
E. 既有水平渐近线又有铅直渐近线.

2.169 当 $x>0$ 时，曲线 $y=x\sin\frac{1}{x}$（　　）.

A. 有且仅有水平渐近线.
B. 有且仅有铅直渐近线.
C. 即有水平渐近线，也有铅直渐近线.
D. 即无水平渐近线，也无铅直渐近线.
E. 仅有斜渐近线.

2.170 曲线 $f(x)=xe^{\frac{1}{x^2}}$（　　）.

A. 仅有水平渐近线.
B. 仅有铅直渐近线.
C. 仅有斜渐近线.
D. 既有铅直又有水平渐近线.
E. 既有铅直又有斜渐近线.

2.171 曲线 $y=\frac{1}{x}+\ln(1+e^x)$ 的渐近线条数为（　　）.

A. 0.　　B. 1.　　C. 2.　　D. 3.　　E. 4.

2.172 下列曲线中有渐近线的是（　　）.

A. $y=x+\sin x$.
B. $y=x^2+\sin x$.
C. $y=x+\sin\frac{1}{x}$.
D. $y=x^2+x\sin\frac{1}{x}$.
E. $y=x^2+\sin\frac{1}{x}$.

2.173 曲线 $y=\frac{x}{(e^x-1)(x+2)}$（　　）.

A. 有水平渐近线 $y=0$ 和铅直渐近线 $x=-2$.
B. 有水平渐近线 $y=0$ 和铅直渐近线 $x=0$ 及 $x=-2$.
C. 有水平渐近线 $y=0$ 及 $y=-1$ 和铅直渐近线 $x=-2$.
D. 仅有水平渐近线 $y=0$ 及 $y=-1$，无铅直渐近线.
E. 无水平渐近线，仅有铅直渐近线 $x=-2$.

2.174 曲线 $y=e^{\frac{1}{x^2}}\arctan\frac{x^2+x-1}{(x-1)(x+2)}$ 的渐近线有（　　）.

A. 0 条.　　B. 1 条.　　C. 2 条.　　D. 3 条.　　E. 4 条.

第三章　一元函数的积分学

本章考点

一、原函数和不定积分

二、不定积分的性质

三、不定积分的计算(凑微分法、第二换元法、分部积分法)

四、定积分定义和莱布尼茨公式

五、变限积分的导数

六、定积分的性质

七、反常积分的简单计算

3.1 已知 $F'(x) = f(x)$,则下述式子中一定正确的是(其中 C 为任意常数)(　　).

A. $\int f(x)\mathrm{d}x = F(x) + 2C$.　　B. $\int f(x)\mathrm{d}x = F(x)$.　　C. $\int F(x)\mathrm{d}x = f(x) + C$.

D. $\int F(x)\mathrm{d}x = f(x)$.　　E. 以上都不正确.

3.2 设 $\int f(x)\mathrm{d}x = \sin 2x + C$,则 $f(0) = $(　　).

A. 2.　　B. $\frac{1}{2}$.　　C. 0.　　D. $-\frac{1}{2}$.　　E. -2.

3.3 若 $f(x)$ 是 $g(x)$ 的一个原函数,则(　　).

A. $\int f(x)\mathrm{d}x = g(x) + C$.　　B. $\int g(x)\mathrm{d}x = f(x) + C$.　　C. $\int g'(x)\mathrm{d}x = f(x) + C$.

D. $\int f'(x)\mathrm{d}x = g(x) + C$.　　E. $\int f(x)\mathrm{d}x = g(x)$.

3.4 若 $F(x)$ 是 $f(x)$ 的一个原函数,则 $\int \mathrm{e}^x f(\mathrm{e}^x)\mathrm{d}x = $(　　).

A. $f(\mathrm{e}^x)$.　　B. $F(\mathrm{e}^x)$.　　C. $f(\mathrm{e}^x) + C$.　　D. $F(\mathrm{e}^x) + C$.　　E. 以上都不正确.

3.5 设 $F(x)$ 是 $f(x)$ 的一个原函数,则 $\int \mathrm{e}^{-x} f(\mathrm{e}^{-x})\mathrm{d}x$ 等于(　　).

A. $F(\mathrm{e}^{-x}) + C$.　　B. $-F(\mathrm{e}^{-x}) + C$.　　C. $F(\mathrm{e}^x) + C$.

D. $-F(\mathrm{e}^x) + C$.　　E. 以上都不对.

3.6 若$\int f(x)\mathrm{d}x = F(x)+C$,则$\int f(\sin x)\cos x\mathrm{d}x =$(　　).

A. $F(\sin x)\sin x + C$.　　B. $f(\sin x)\sin x + C$.　　C. $F(\sin x) + C$.

D. $f(\sin x) + C$.　　E. $f(\cos x) + C$.

3.7 若$\int f(x)\mathrm{d}x = F(x)+C$,则$\int \sin x f(\cos x)\mathrm{d}x =$(　　).

A. $F(\sin x) + C$.　　B. $-F(\cos x) + C$.　　C. $-F(\sin x) + C$.

D. $F(\cos x) + C$.　　E. 以上都不正确.

3.8 设在(a,b)内$f'(x) = g'(x)$,则下列各式中一定成立的是(　　).

A. $f(x) = g(x)$.　　B. $f(x) \neq g(x)$.　　C. $f(x) = g(x) + 1$.

D. $(\int f(x)\mathrm{d}x)' = (\int g(x)\mathrm{d}x)'$.　　E. $\int f'(x)\mathrm{d}x = \int g'(x)\mathrm{d}x$.

3.9 设函数$f(x)$连续,则有$\frac{\mathrm{d}}{\mathrm{d}x}\int f(x)\mathrm{d}x =$(　　).

A. $f'(x)$.　　B. $f'(x) + C$.　　C. $f'(x) - C$.　　D. $f(x)$.　　E. $f(x) + C$.

3.10 设函数$f(x)$为连续函数,则$[\int f(x)\mathrm{d}x]' =$(　　).

A. $f'(x)$.　　B. $f(x)$.　　C. $f(x) + C$.　　D. $f'(x) + C$.　　E. $f(x)\mathrm{d}x$.

3.11 设$f(x)$的一个原函数为x^2,则$f'(x)$(　　).

A. 2.　　B. $2x$.　　C. $\frac{1}{2}x^2$.　　D. x^2.　　E. $\frac{1}{3}x^3$.

3.12 若$\ln|x|$是函数$f(x)$的一个原函数,则$f(x)$的另一个原函数是(　　).

A. $\ln|ax|$.　　B. $\frac{1}{a}\ln|ax|$.　　C. $\ln|x+a|$.　　D. $\frac{1}{|x|}$.　　E. $\frac{1}{2}(\ln x)^2$.

3.13 设$f(x)$的一个原函数为10^x,则$f'(x) =$(　　).

A. 10^x.　　B. $10^x \cdot \ln 10$.　　C. $10^x \cdot (\ln 10)^2$.

D. $10^x \cdot (\ln 10)^3$.　　E. 以上都不正确.

3.14 已知$f(x)$是2^x的一个原函数,且$f(0) = \frac{1}{\ln 2}$,则$f(x) =$(　　).

A. $\frac{2^x}{\ln 2} + C$.　　B. $\frac{2^x}{\ln 2}$.　　C. $2^x\ln 2 + C$.　　D. $2^x\ln 2$.　　E. 以上都不正确.

3.15 若$f(x)$的导函数是$\sin x$,则$f(x)$有一个原函数为(　　).

A. $1+\sin x$.　　B. $1-\sin x$.　　C. $1+\cos x$.　　D. $1-\cos x$.　　E. $1-\sin x+\cos x$.

3.16 已知 $\cos x$ 是 $f(x)$ 的一个原函数，则不定积分 $\int f(x)\mathrm{d}x=$（　　）.

A. $\sin x+C$.　B. $\cos x+C$.　C. $-\sin x+C$.　D. $-\cos x+C$.　E. 以上都不正确.

3.17 已知 $x+\dfrac{1}{x}$ 是 $f(x)$ 的一个原函数，则 $\int xf(x)\mathrm{d}x=$（　　）.

A. $\dfrac{1}{2}x^2-\ln|x|$.　B. $x-\ln|x|+C$.　C. $-\ln|x|+C$.

D. $\ln|x|+C$.　E. $\dfrac{1}{2}x^2-\ln|x|+C$.

3.18 已知函数 $f(x)$ 的一个原函数是 $\ln^2 x$，则 $\int xf'(x)\mathrm{d}x=$（　　）.

A. $\ln^2 x+C$.　B. $-\ln^2 x+C$.　C. $\ln x-\ln^2 x+C$.

D. $\ln x+\ln^2 x+C$.　E. $2\ln x-\ln^2 x+C$.

3.19 函数 $\ln x$ 的原函数是（　　）.

A. $\dfrac{1}{x}+C$.　B. $\dfrac{1}{x}$.　C. $\dfrac{1}{|x|}+C$.　D. $\ln x+C$.　E. $x\ln x-x+C$.

3.20 若 $f(x)$ 的一个原函数是 $\sin x$，则 $\lim\limits_{h\to 0}\dfrac{f(x)-f(x+h)}{h}=$（　　）.

A. $\sin x$.　B. $\cos x$.　C. $-\sin x$.　D. $-\cos x$.　E. 以上都不正确.

3.21 若 $\int f(x)\mathrm{d}x=2\mathrm{e}^{\frac{x}{2}}+C$，则 $f(x)=$（　　）.

A. $\dfrac{1}{2}\mathrm{e}^{\frac{x}{2}}$.　B. $\mathrm{e}^{\frac{x}{2}}$.　C. $2\mathrm{e}^{\frac{x}{2}}$.　D. $3\mathrm{e}^{\frac{x}{2}}$.　E. $4\mathrm{e}^{\frac{x}{2}}$.

3.22 若 $\int f(x)\mathrm{d}x=2\sin\dfrac{x}{2}+C$，则 $f(x)=$（　　）.

A. $\cos\dfrac{x}{2}+C$.　B. $2\sin\dfrac{x}{2}$.　C. $2\cos\dfrac{x}{2}+C$.　D. $2\cos\dfrac{x}{2}$.　E. $\cos\dfrac{x}{2}$.

3.23 设 $\int f(x)\mathrm{d}x=\dfrac{\ln x}{x}+C$，则 $f(x)=$（　　）.

A. $\dfrac{\ln x}{x^2}$.　B. $\dfrac{\ln x-1}{x^2}$.　C. $\dfrac{1-\ln x}{x^2}$.　D. $\ln\ln x$.　E. $\dfrac{1}{2}(\ln x)^2$.

3.24 设 $\int f(x)\mathrm{d}x=\sin x^2+C$，则 $f(x)=$（　　）.

A. $x^2\cos x^2$.　B. $x^2\sin x^2$.　C. $2x\cos x^2$.　D. $2x\sin x^2$.　E. $-2x\sin x^2$.

3.25 设函数$\int f(x)e^{x^2}dx=e^{x^2}+C$,则 $f(x)=$(　　).

A. 1.　　B. $2x$.　　C. x^2.　　D. e^x.　　E. e^{x^2}.

3.26 设 $\sin x$ 是 $f(x)$ 的一个原函数,则$\int xf(x)dx=$(　　).

A. $x\sin x+\cos x+C$.　　B. $-x\sin x+\cos x+C$.　　C. $-x\sin x-\cos x+C$.

D. $x\sin x-\cos x+C$.　　E. 以上都不对.

3.27 设 $\sin x$ 是 $f(x)$ 的一个原函数,则$\int xf'(x)dx=$(　　).

A. $x\cos x-\sin x$.　　B. $x\cos x-\sin x+C$.　　C. $x\sin x-\cos x$.

D. $x\sin x-\cos x+C$.　　E. 以上都不正确.

3.28 设函数 $f(x)$ 有原函数 $x\ln x$,则$\int xf'(x)dx=$(　　).

A. x.　　B. $x+C$.　　C. $\frac{x^2}{4}(2\ln x+1)$.

D. $\frac{x^2}{4}(2\ln x+1)+C$.　　E. $\frac{x^2}{4}(2\ln x+3)+C$.

3.29 设函数 $f(x)$ 在$(-\infty,+\infty)$上连续,则 $d\left[\int f(x)dx\right]=$(　　).

A. $f(x)$.　　B. $f(x)dx$.　　C. $f(x)+C$.

D. $f'(x)dx$.　　E. $f'(x)$.

3.30 $\int d(x^2+1)=$(　　).

A. x^2+1.　　B. x^2+C.　　C. x^2+x+C.

D. $\frac{1}{3}x^3+x$.　　E. $\frac{1}{3}x^3+C$.

3.31 $d\left(\int a^{-2x}dx\right)=$(　　).

A. a^{-2x}.　　B. $a^{-2x}dx$.　　C. $-2a^{-2x}\ln a$.

D. $2a^{-2x}\ln a$.　　E. $-2a^{-2x}\ln a\,dx$.

3.32 不定积分$\int d\arcsin x=$(　　).

A. $\arcsin x$.　　B. $\arcsin x+C$.　　C. $\arcsin x\,dx$.

D. $\frac{1}{\sqrt{1-x^2}}$.　　E. $\frac{1}{\sqrt{1-x^2}}+C$.

3.33 $\int d(\ln x+\sin x)=($ $)$.

A. $\ln x+\sin x$.
B. $\frac{1}{x}+\cos x$.
C. $\ln x+\sin x+C$.
D. $\frac{1}{x}+\cos x+C$.
E. $\frac{1}{x}-\cos x+C$.

3.34 若 $d(e^{-x}f(x))=e^{x}dx$，且 $f(0)=0$，则 $f(x)=($ $)$.

A. $e^{2x}+e^{x}$.
B. $e^{2x}-e^{x}$.
C. $e^{2x}+e^{-x}$.
D. $e^{2x}-e^{-x}$.
E. $-e^{2x}+e^{-x}$.

3.35 已知 $d(x\ln x)=f(x)dx$，则$\int f(x)dx=($ $)$.

A. $x\ln x$.
B. $1+\ln x$.
C. $\frac{1-\ln x}{x^2}$.
D. $x\ln x+C$.
E. x^2+C.

3.36 $\int e^{x}dx=($ $)$.

A. e^{x}.
B. $e^{x}+C$.
C. $\ln x$.
D. $\ln x+C$.
E. 以上都不对.

3.37 $\int\frac{1}{1+x^2}dx=($ $)$.

A. $\frac{1}{1+x^2}$.
B. $\arcsin x$.
C. $\arcsin x+C$.
D. $\arctan x+C$.
E. $\operatorname{arccot} x+C$.

3.38 不定积分$\int\frac{x}{x^2+1}dx=($ $)$.

A. $\ln(x^2+1)+C$.
B. $\arctan(x^2+1)+C$.
C. $\frac{1}{2}\ln(x^2+1)+C$.
D. $\frac{1}{2}\arctan(x^2+1)+C$.
E. $\ln(\frac{x^2}{x^2+1})+C$.

3.39 下列等式计算正确的是( ).

A. $\int\sin x dx=-\cos x+C$.
B. $\int(-4)x^{-3}dx=x^{-4}+C$.
C. $\int x^2dx=x^3+C$.
D. $\int 3^{x}dx=3x+C$.
E. $\int\sqrt{1+x^2}dx=x\sqrt{1+x^2}+C$.

3.40 不定积分$\int x\sqrt{1-x^2}\mathrm{d}x=$ (   ).

A. $\sqrt{1-x^2}+C$.

B. $-\frac{1}{3}\sqrt{(1-x^2)^3}+C$.

C. $x\sqrt{1-x^2}+C$.

D. $-\frac{1}{3}x\sqrt{(1-x^2)^3}+C$.

E. $\frac{1}{2}x^2\sqrt{1-x^2}+C$.

3.41 不定积分$\int \sin x\cos x\mathrm{d}x=$ (   ).

A. $\frac{1}{2}\sin^2 x+C$.

B. $\frac{1}{2}\sin^2 2x+C$.

C. $-\frac{1}{4}\cos^2 2x+C$.

D. $-\frac{1}{2}\cos^2 x+C$.

E. $-\frac{1}{2}\cos^2 2x+C$.

3.42 $\int\left(\frac{x}{4+x^2}\right)'\mathrm{d}x=$ (   ).

A. $\frac{1}{2}\ln(4+x^2)+C$.

B. $\frac{x}{4+x^2}+C$.

C. $\ln(4+x^2)+C$.

D. $\frac{1}{2}\arctan\frac{x}{2}+C$.

E. $\ln(\frac{x^2}{4+x^2})+C$.

3.43 不定积分$\int(\sec^2 x+1)\mathrm{d}x=$ (   ).

A. $\sec x+x$.

B. $\sec x+x+C$.

C. $\tan x+x$.

D. $\tan x+x+C$.

E. $\tan x-x+C$.

3.44 $\int \mathrm{e}^{\sin x}\sin 2x\mathrm{d}x=$ (   ).

A. $2\mathrm{e}^x(x-1)+C$.

B. $2\mathrm{e}^x(x+1)+C$.

C. $\mathrm{e}^{\sin x}(\sin x-1)+C$.

D. $\mathrm{e}^{\sin x}(\sin x+1)+C$.

E. $2\mathrm{e}^{\sin x}(\sin x-1)+C$.

3.45 设$\int f(x+1)\mathrm{d}x=\cos x+C$,则 $f(x)=$ (   ).

A. $\sin(x-1)$.

B. $-\sin(x-1)$.

C. $\sin(x+1)$.

D. $-\sin(x+1)$.

E. 以上都不对.

3.46 若$\int f(x)\mathrm{d}x=x^2+C$,则$\int xf(1-x^2)\mathrm{d}x=$ (   ).

A. $2(1-x^2)^2+C$.

B. $-2(1-x^2)^2+C$.

C. $x^2-\frac{1}{2}x^4+C$.

D. $x^2+\frac{1}{2}x^4+C$.

E. $\frac{1}{2}(1-x^2)^2+C$.

3.47 设 $f(x)$ 的一个原函数为 x^3，则 $\int xf(1-x^2)\mathrm{d}x=$ (　　).

A. $(1-x^2)^3+C$.　　B. $-\frac{1}{2}(1-x^2)^3+C$.　　C. $-\frac{1}{6}(1-x^2)^3+C$.

D. x^3+C.　　E. $-x^3+C$.

3.48 设 $f(x)$ 是 $(-\infty,+\infty)$ 上的连续函数，$F(x)$ 是 $f(x)$ 的一个原函数，则下列命题正确的是(　　).

A. 当 $f(x)$ 是奇函数时，$F(x)$ 必是偶函数.

B. 当 $f(x)$ 是偶函数时，$F(x)$ 必是奇函数.

C. 当 $f(x)$ 是有界函数时，$F(x)$ 必是有界函数.

D. 当 $f(x)$ 是周期函数时，$F(x)$ 必是周期函数.

E. 当 $f(x)$ 是单调增函数时，$F(x)$ 必是单调增函数.

3.49 $\int_0^1 \mathrm{e}^x\mathrm{d}x=$ (　　).

A. 1.　　B. -1.　　C. $\mathrm{e}-1$.　　D. $1-\mathrm{e}$.　　E. 0.

3.50 $\int_1^2 \frac{\mathrm{d}x}{2x-1}=$ (　　).

A. $\ln 3$.　　B. $2\ln 3$.　　C. $-2\ln 3$.　　D. $\frac{1}{2}\ln 3$.　　E. $-\frac{1}{2}\ln 3$.

3.51 $\int_0^{\frac{\pi}{2}} \cos x\mathrm{d}x=$ (　　).

A. $\frac{\pi}{2}$.　　B. 1.　　C. 0.　　D. -1.　　E. $-\frac{\pi}{2}$.

3.52 $\int_{-\frac{\pi}{2}}^{\frac{\pi}{2}} \sin x\mathrm{d}x=$ (　　).

A. 2　　B. 1.　　C. 0.　　D. -1.　　E. -2.

3.53 $\int_1^5 \mathrm{e}^{\sqrt{2x-1}}\mathrm{d}x=$ (　　).

A. e^3.　　B. $2\mathrm{e}^3$.　　C. $3\mathrm{e}^3$.

D. $4\mathrm{e}^4$.　　E. $5\mathrm{e}^4$.

3.54 已知 $\int_{-1}^3 f(x)\mathrm{d}x=3$，$\int_0^3 f(x)\mathrm{d}x=2$，则 $\int_0^{-1} f(x)\mathrm{d}x=$ (　　).

A. 2　　B. 1.　　C. 0.

D. -1.　　E. -2.

3.55 对于区间$[a,b]$上给定的连续函数$f(x)$,定积分$\int_a^b f(x)dx$是(　　).

A. $f(x)$的一个原函数.　　B. $f(x)$的全体原函数.　　C. 确定的常数.

D. 任意的常数.　　E. 以上都不正确.

3.56 已知$\frac{e^x}{x}$是$f(x)$的一个原函数,则$\int_0^1 x^2 f(x)dx=$(　　).

A. 1.　　B. $e-2$.　　C. $2-e$.　　D. $2+e$.　　E. $-2-e$.

3.57 设$f(x)$有一个原函数$\frac{\sin x}{x}$,则$\int_{\frac{\pi}{2}}^{\pi} xf'(x)dx=$(　　).

A. $\frac{4}{\pi}-1$.　　B. $\frac{4}{\pi}+1$.　　C. 1.　　D. $\frac{2}{\pi}-1$.　　E. $\frac{2}{\pi}+1$.

3.58 设函数$y=f(x)$在$[a,b](a<b)$上连续,则由$y=f(x),y=0,x=a,x=b$所围成平面区域的面积为(　　).

A. $S=\int_a^b f(x)dx$.　　B. $S=\left|\int_a^b f(x)dx\right|$.　　C. $S=\int_a^b |f(x)|dx$.

D. $S=\pi\int_a^b |f(x)|dx$.　　E. $S=\pi\int_a^b f^2(x)dx$.

3.59 设在区间$[a,b]$上$f(x)>0,f'(x)<0,f''(x)>0$.记

$$S_1=\int_a^b f(x)dx, S_2=f(b)(b-a), S_3=\frac{1}{2}[f(a)+f(b)](b-a),$$

则(　　).

A. $S_1<S_2<S_3$.　　B. $S_2<S_1<S_3$.　　C. $S_3<S_1<S_2$.

D. $S_1<S_3<S_2$.　　E. $S_2<S_3<S_1$.

3.60 如图,曲线段的方程为$y=f(x)$,函数在区间$[0,a]$上有连续导数,则定积分$\int_0^a xf'(x)dx$等于(　　).

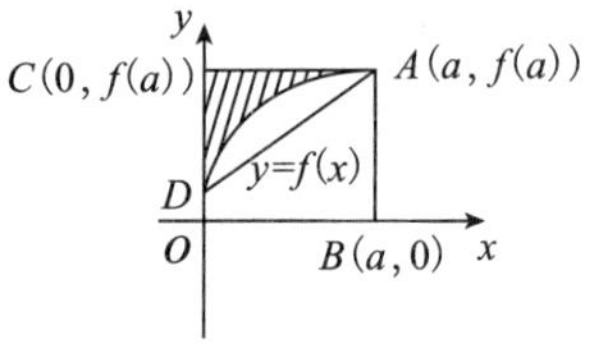

题3.60图

A. 曲边梯形$ABOD$面积.

B. 梯形$ABOD$面积.

C. 曲边三角形ACD面积.

D. 三角形ACD面积.

E. 以上都不正确.

3.61 $\int_{-1}^{1}\sqrt{1-x^2}dx=$(　　).

A. π.　　B. $\frac{3\pi}{4}$.　　C. $\frac{\pi}{2}$.　　D. $\frac{\pi}{4}$.　　E. 1.

3.62 $\int_{-a}^{a}\sqrt{a^2-x^2}\,dx=$（　　）.

A. $\frac{\pi a^2}{4}$.　　B. $\frac{\pi a^2}{2}$.　　C. $\frac{3\pi a^2}{4}$.　　D. πa^2.　　E. 0.

3.63 设 $f(x)$ 为连续函数，且 $f(x)=\frac{1}{1+x^2}+x^3\int_0^1 f(x)\,dx$，则 $\int_0^1 f(x)\,dx=$（　　）.

A. $\frac{\pi}{3}$.　　B. $\frac{\pi}{2}$.　　C. π.　　D. $\frac{3}{2}\pi$.　　E. $\frac{2}{3}\pi$.

3.64 设 $f(x)=e^x+x^3\int_0^1 f(x)\,dx$，则 $\int_0^1 f(x)\,dx=$（　　）.

A. 0.　　B. $\frac{4}{3}(e-1)$.　　C. $\frac{4}{3}$.　　D. $\frac{4}{3}e$.　　E. e.

3.65 设曲线 $y^2=4-x$ 与 y 轴所围部分的面积为（　　）.

A. $\int_{-2}^{2}(4-y^2)\,dy$.　　B. $\int_0^2(4-y^2)\,dy$.　　C. $2\int_0^2\sqrt{4-x}\,dx$.

D. $\int_0^4\sqrt{4-x}\,dx$.　　E. $\int_{-4}^{4}\sqrt{4-x}\,dx$.

3.66 曲线 $y=\sqrt{2x-x^2}$ 与直线 $y=\frac{1}{\sqrt{3}}x$ 围成的平面图形的面积为（　　）.

A. $2\int_{\frac{\pi}{6}}^{\frac{\pi}{2}}\cos^2\theta\,d\theta$.　　B. $2\int_{\frac{\pi}{6}}^{\frac{\pi}{2}}\cos\theta\,d\theta$.　　C. $2\int_0^{\frac{\pi}{6}}\sin\theta\,d\theta$.

D. $2\int_0^{\frac{\pi}{6}}\sin^2\theta\,d\theta$.　　E. 以上都不正确.

3.67 设 $f(x)=x^3+x$，则 $\int_{-2}^{2}f(x)\,dx=$（　　）.

A. 0.　　B. 4.　　C. 8.

D. $\int_0^2 f(x)\,dx$.　　E. $2\int_0^2 f(x)\,dx$.

3.68 $\int_{-1}^{1}(\sin x+1)\,dx=$（　　）.

A. -2.　　B. -1.　　C. 0.　　D. 1.　　E. 2.

3.69 $\int_{-\frac{\pi}{2}}^{\frac{\pi}{2}}|\sin x|\,dx=$（　　）.

A. 0.　　B. 1.　　C. 2.　　D. $\frac{\pi}{2}$.　　E. π.

3.70 $\int_{-\frac{\pi}{2}}^{\frac{\pi}{2}} \sin^{99} x\mathrm{d}x =$ (　　).

A. 0.　　B. -1.　　C. 1.　　D. $-\frac{1}{2}\pi$.　　E. $\frac{1}{2}\pi$.

3.71 下列定积分的值等于零的是(　　).

A. $\int_{-1}^{1} x^2\mathrm{d}x$.　　B. $\int_{-1}^{1} x^2\cos x\mathrm{d}x$.　　C. $\int_{-1}^{1} x^2\sin x\mathrm{d}x$.

D. $\int_{-1}^{1} x\sin x\mathrm{d}x$.　　E. $\int_{-1}^{1} \sqrt{1-x^2}\cos x\mathrm{d}x$.

3.72 $\int_{-\pi}^{\pi} \frac{x\cos x}{1+x^2}\mathrm{d}x =$ (　　).

A. 0.　　B. -1.　　C. 1.　　D. -2.　　E. 2.

3.73 $\int_{-1}^{1} (\mathrm{e}^{\cos x}\sin x + \sqrt{1-x^2})\mathrm{d}x =$ (　　).

A. $\frac{\pi}{2}$.　　B. π.　　C. $2(\mathrm{e}-\mathrm{e}^{\cos 1})+\frac{\pi}{2}$.

D. $2(\mathrm{e}-\mathrm{e}^{\cos 1})+\pi$.　　E. $\frac{\pi}{2}-2\mathrm{e}^{\cos 1}$.

3.74 $\int_{-1}^{1} (x+\sqrt{1-x^2})^2\mathrm{d}x =$ (　　).

A. 0.　　B. 1.　　C. 2.　　D. $\frac{\pi}{4}$.　　E. $\frac{\pi}{2}$.

3.75 下列各式中正确的是(　　).

A. $\int_{-\pi}^{\pi} |\sin x|\mathrm{d}x = \int_{-\pi}^{\pi} \sin|x|\mathrm{d}x$.　　B. $\left|\int_{-\pi}^{\pi} \sin x\mathrm{d}x\right| = \int_{-\pi}^{\pi} \sin|x|\mathrm{d}x$.

C. $\int_{-\pi}^{\pi} |\sin x|\mathrm{d}x = \left|\int_{-\pi}^{\pi} \sin x\mathrm{d}x\right|$.　　D. $\left|\int_{-\pi}^{\pi} \sin x\mathrm{d}x\right| = \int_{-\pi}^{\pi} |\cos x|\mathrm{d}x$.

E. 以上都不对.

3.76 下列式子中正确的是(　　).

A. $\int_0^1 \mathrm{e}^x\mathrm{d}x < \int_0^1 \mathrm{e}^{x^2}\mathrm{d}x$.　　B. $\int_0^1 \mathrm{e}^x\mathrm{d}x > \int_0^1 \mathrm{e}^{x^2}\mathrm{d}x$.　　C. $\int_0^1 \mathrm{e}^{\sqrt{x}}\mathrm{d}x < \int_0^1 \mathrm{e}^x\mathrm{d}x$.

D. $\int_0^1 \mathrm{e}^{x^2}\mathrm{d}x < \int_0^1 \mathrm{e}^{x^3}\mathrm{d}x$.　　E. 以上都不对.

3.77 设 $I = \int_0^{\frac{\pi}{4}} \ln\sin x\mathrm{d}x$，$J = \int_0^{\frac{\pi}{4}} \ln\cos x\mathrm{d}x$，则 I,J 的大小关系是(　　).

A. $I<J$.　　B. $I>J$.　　C. $I\leqslant J$.　　D. $I\geqslant J$.　　E. 不能确定.

3.78 设 $I_1=\int_0^{\frac{\pi}{4}}\frac{\tan x}{x}\mathrm{d}x, I_2=\int_0^{\frac{\pi}{4}}\frac{x}{\tan x}\mathrm{d}x$,则(　　).

A. $I_1>I_2>\frac{\pi}{4}$.　　B. $\frac{\pi}{4}>I_1>I_2$.　　C. $I_1>\frac{\pi}{4}>I_2$.

D. $I_2>I_1>\frac{\pi}{4}$.　　E. $\frac{\pi}{4}>I_2>I_1$.

3.79 设函数 $f(x)$ 与 $g(x)$ 在 $[0,1]$ 上连续,且 $f(x)\leqslant g(x)$,则对任何 $c\in(0,1)$,有(　　).

A. $\int_{\frac{1}{2}}^{c}f(t)\mathrm{d}t\geqslant\int_{\frac{1}{2}}^{c}g(t)\mathrm{d}t$.　　B. $\int_{\frac{1}{2}}^{c}f(t)\mathrm{d}t\leqslant\int_{\frac{1}{2}}^{c}g(t)\mathrm{d}t$.　　C. $\int_{c}^{1}f(t)\mathrm{d}t\geqslant\int_{c}^{1}g(t)\mathrm{d}t$.

D. $\int_{c}^{1}f(t)\mathrm{d}t\leqslant\int_{c}^{1}g(t)\mathrm{d}t$.　　E. 以上都不对.

3.80 设 $I_1=\int_0^{\frac{\pi}{2}}\sin^4 x\mathrm{d}x, I_2=\int_0^{\frac{\pi}{2}}\cos^3 x\mathrm{d}x$,则(　　).

A. $I_2<I_1<1$.　　B. $I_1<I_2<1$.　　C. $I_2<1<I_1$.

D. $I_1<1<I_2$.　　E. $1<I_1<I_2$.

3.81 设 $I=\int_0^{\frac{\pi}{4}}\ln(\sin x)\mathrm{d}x, J=\int_0^{\frac{\pi}{4}}\ln(\cot x)\mathrm{d}x, K=\int_0^{\frac{\pi}{4}}\ln(\cos x)\mathrm{d}x$,则 I,J,K 的大小关系为(　　).

A. $I<J<K$.　　B. $J<K<I$.　　C. $I<K<J$.

D. $J<I<K$.　　E. $K<J<I$.

3.82 设 a 为正实数,$I=\int_0^a\ln(1+x)\mathrm{d}x, J=\int_0^a(\mathrm{e}^x-1)\mathrm{d}x, K=\int_0^a\frac{x}{1+x}\mathrm{d}x$,则(　　).

A. $I<J<K$.　　B. $J<K<I$.

C. $K<I<J$.　　D. $I<K<J$.

E. I,K,J 的大小关系与 a 的取值有关.

3.83 设 $M=\int_{-\frac{\pi}{2}}^{\frac{\pi}{2}}\frac{(1+x)^2}{1+x^2}\mathrm{d}x, N=\int_{-\frac{\pi}{2}}^{\frac{\pi}{2}}\frac{1+x}{\mathrm{e}^x}\mathrm{d}x, K=\int_{-\frac{\pi}{2}}^{\frac{\pi}{2}}(1+\sqrt{\cos x})\mathrm{d}x$,则(　　).

A. $M>N>K$.　　B. $M>K>N$.　　C. $K>M>N$.

D. $K>N>M$.　　E. $N>K>M$.

3.84 设 $M=\int_{-\frac{\pi}{2}}^{\frac{\pi}{2}}\frac{\sin x}{1+x^2}\cos^4 x\mathrm{d}x, N=\int_{-\frac{\pi}{2}}^{\frac{\pi}{2}}(\sin^3 x+\cos^4 x)\mathrm{d}x, P=\int_{-\frac{\pi}{2}}^{\frac{\pi}{2}}(x^2\sin^3 x-\cos^4 x)\mathrm{d}x$,则有(　　).

A. $N<P<M$.　　B. $M<P<N$.　　C. $N<M<P$.

D. $P<N<M$.　　E. $P<M<N$.

3.85 函数 $f(x)=x^2$ 在闭区间[1,3]上的平均值为(　　).

A. 5.　　B. $\frac{13}{3}$.　　C. 4.　　D. $-\frac{11}{3}$.　　E. $-\frac{13}{3}$.

3.86 $\int_{-1}^{1} e^{|x|}dx=$(　　).

A. $2(e-1)$.　　B. 2.　　C. $-2e$.　　D. $-2(e-1)$.　　E. 0.

3.87 $\int_{-1}^{2}\max\{1,x,x^2\}dx=$(　　).

A. $\frac{13}{3}$.　　B. $\frac{14}{3}$.　　C. $\frac{11}{2}$.　　D. 5.　　E. 9.

3.88 定积分 $\int_{\frac{1}{2}}^{2}|\ln x|dx=$(　　).

A. $\int_{\frac{1}{2}}^{1}\ln x dx+\int_{1}^{2}\ln x dx$.　　B. $-\int_{\frac{1}{2}}^{1}\ln x dx+\int_{1}^{2}\ln x dx$.　　C. 0.

D. $-\int_{\frac{1}{2}}^{1}\ln x dx-\int_{1}^{2}\ln x dx$.　　E. $\int_{\frac{1}{2}}^{1}\ln x dx-\int_{1}^{2}\ln x dx$.

3.89 设函数 $f(x)=\begin{cases}xe^{x^2}, & -\frac{1}{2}\leqslant x<\frac{1}{2},\\ -1, & x\geqslant\frac{1}{2},\end{cases}$ 则 $\int_{-\frac{1}{2}}^{\frac{3}{2}}f(x)dx=$(　　).

A. -2.　　B. -1.　　C. 0.　　D. 1.　　E. 2.

3.90 已知 $f(x)=\begin{cases}x^2, & 0\leqslant x<1,\\ 1, & 1\leqslant x\leqslant 2,\end{cases}$ 设 $F(x)=\int_{1}^{x}f(t)dt\ (0\leqslant x\leqslant 2)$，则 $F(x)$ 为(　　).

A. $\begin{cases}\frac{1}{3}x^3, & 0\leqslant x<1,\\ x, & 1\leqslant x\leqslant 2.\end{cases}$　　B. $\begin{cases}\frac{1}{3}x^3-\frac{1}{3}, & 0\leqslant x<1,\\ x, & 1\leqslant x\leqslant 2.\end{cases}$

C. $\begin{cases}\frac{1}{3}x^3, & 0\leqslant x<1,\\ x-1, & 1\leqslant x\leqslant 2.\end{cases}$　　D. $\begin{cases}\frac{1}{3}x^3-\frac{1}{3}, & 0\leqslant x<1,\\ x-1, & 1\leqslant x\leqslant 2.\end{cases}$

E. $\begin{cases}\frac{1}{3}x^3+\frac{1}{3}, & 0\leqslant x<1,\\ x-1, & 1\leqslant x\leqslant 2.\end{cases}$

3.91 设 $f(x)$ 在区间 $[a,b]$ 上连续，$\Phi(x)=\int_{a}^{x}f(t)dt\ (a\leqslant x\leqslant b)$，则 $\Phi(x)$ 是 $f(x)$ 的(　　).

A. 不定积分.　　B. 一个原函数.　　C. 全体原函数.

D. 在 $[a,b]$ 上的定积分.　　E. 确定的常数.

3.92 设函数 $f(x)$ 连续，$\Phi(x)=\int_x^a tf(t)\mathrm{d}t$，则 $\Phi'(x)=($　　$)$.

A. $xf(x)$.　　B. $-xf(x)$.　　C. $af(x)$.
D. $-af(x)$.　　E. $-xf(a)$.

3.93 已知 $F(x)$ 是 $f(x)$ 的一个原函数，则 $\int_a^x f(t+a)\mathrm{d}t=($　　$)$.

A. $F(x)-F(a)$.　　B. $F(t)-F(a)$.　　C. $F(x+a)$.
D. $F(x+a)-F(x-a)$.　　E. $F(x+a)-F(2a)$.

3.94 $\left(\int_0^x \cos^2 t\mathrm{d}t\right)'=($　　$)$.

A. $\cos^2 t$.　　B. $\cos^2 x$.　　C. $\sin 2x$.　　D. $\sin^2 t$.　　E. $\sin^2 x$.

3.95 $\frac{\mathrm{d}}{\mathrm{d}x}\int_0^{x^2}\sin t\mathrm{d}t=($　　$)$.

A. $\sin x$.　　B. $\sin x^2$.　　C. $\sin^2 x$.　　D. $2x\sin x^2$.　　E. $2x\cos x^2$.

3.96 $\frac{\mathrm{d}}{\mathrm{d}x}\int_0^x \sin(at^2+b)\mathrm{d}t=($　　$)$.

A. $\cos(ax^2+b)$.　　B. $\cos(at^2+b)$.　　C. $\sin(ax^2+b)$.
D. $\sin(at^2+b)$.　　E. $\sin(ax^2+b)\mathrm{d}t$.

3.97 设 $x>0$，则函数 $F(x)=\int_x^1 \frac{\sin t}{t}\mathrm{d}t$ 的导数为(　　).

A. $\frac{\sin x}{x}$.　　B. $\frac{\cos x}{x}$.　　C. 0.　　D. $-\frac{\sin x}{x}$.　　E. $-\frac{\cos x}{x}$.

3.98 设函数 $f(x)=\int_{x^2}^0 x\cos t^2\mathrm{d}t$，则 $f'(x)=($　　$)$.

A. $-2x^2\cos x^4$.　　B. $-2x^3\cos x^4$.　　C. $\int_{x^2}^0 \cos t^2\mathrm{d}t-2x^2\cos x^4$.

D. $\int_0^{x^2} x\cos t^2\mathrm{d}t-2x^2\cos x^4$.　　E. $\int_{x^2}^0 x\cos t^2\mathrm{d}t-2x^2\cos x^4$.

3.99 设 $f(x)$ 在 $(-\infty,+\infty)$ 内连续，则 $\frac{\mathrm{d}}{\mathrm{d}x}\int_0^{x^2} f(t)\mathrm{d}t=($　　$)$.

B. $2xf(x)$.　　B. $f(x^2)$.　　C. $2xf(x^2)$.　　D. $f'(x^2)$.　　E. $2xf'(x^2)$.

3.100 设 $\int_1^x f(t)\mathrm{d}t=a^{2x}-a^2$，$f(x)$ 为连续函数，则 $f(x)$ 等于(　　).

A. $2a^{2x}$.　　B. $a^{2x}\ln a$.　　C. $2xa^{2x-1}$.　　D. $2a^{2x}\ln a$.　　E. $2xa^{2x}\ln a$.

3.101 若$\int_0^x f(t)\mathrm{d}t = \mathrm{e}^{2x}-1$，则 $f(x)=$（　　）.

A. e^{2x}.　　B. $2\mathrm{e}^{2x}$.　　C. $2x\mathrm{e}^{2x-1}$.　　D. $2x\mathrm{e}^{2x}$.　　E. $2x^2\mathrm{e}^{2x}$.

3.102 设函数 $f(x)=\int_0^{2x}\mathrm{e}^{t^2}\mathrm{d}t$，则 $f'(x)=$（　　）.

A. e^{2x^2}.　　B. e^{4x^2}.　　C. $2\mathrm{e}^{4x^2}$.　　D. $2x\mathrm{e}^{4x^2}$.　　E. $4x\mathrm{e}^{4x^2}$.

3.103 设 $f(x)$ 连续，$F(x)=\int_0^{x^2}f(t^2)\mathrm{d}t$，则 $F'(x)$ 等于（　　）.

A. $f(x^4)$.　　B. $x^2f(x^4)$.　　C. $2x^2f(x^4)$.　　D. $2xf(x^4)$.　　E. $2xf(x^2)$.

3.104 $\int_1^{x+1}f(t)\mathrm{d}t = x\mathrm{e}^{x+1}$，则 $f(x)=$（　　）.

A. $x\mathrm{e}^x$.　　B. $x\mathrm{e}^x+1$.　　C. $x\mathrm{e}^{x+1}$.　　D. $(x+1)\mathrm{e}^x$.　　E. $(x+1)\mathrm{e}^{x+1}$.

3.105 设$\int_0^x f(t^2)\mathrm{d}t = 2x^3$，则$\int_0^1 f(x)\mathrm{d}x$（　　）.

A. 1.　　B. 2.　　C. 3.　　D. 4.　　E. 6.

3.106 $\int_0^x f(t)\mathrm{d}t = x^4$，则$\int_0^4 \frac{1}{\sqrt{x}}f(\sqrt{x})\mathrm{d}x=$（　　）.

A. 8.　　B. 16.　　C. 32.　　D. 256.　　E. 512.

3.107 设连续函数 $f(x)$ 满足$\int_0^{2x}f(t)\mathrm{d}t = x^2$，则 $f(1)=$（　　）.

A. 0.　　B. 1.　　C. 2.　　D. $\frac{1}{4}$.　　E. $\frac{1}{2}$.

3.108 设 $f(x)$ 在$[0,+\infty)$上连续，且$\int_0^x f(t)\mathrm{d}t = x(1+\cos x)$，则 $f\left(\frac{\pi}{2}\right)=$（　　）.

A. $1-\frac{\pi}{2}$.　　B. $\frac{\pi}{2}$.　　C. $1+\frac{\pi}{2}$.　　D. $1-\pi$.　　E. π.

3.109 设 $F(x)=\int_0^x \frac{\sin t}{t}\mathrm{d}t$，则 $F'(0)=$（　　）.

A. 0.　　B. 1.　　C. 2.　　D. 3.　　E. 4.

3.110 设 $f(x)=\int_0^x \sin t\mathrm{d}t$，则 $f\left(f\left(\frac{\pi}{2}\right)\right)$等于（　　）.

A. -1.　　B. 1.　　C. $-\cos 1$.

D. $1-\cos 1$.　　E. 以上都不正确.

3.111 设 $F(x)=\int_0^{\sin x}\ln(1+t)$，则 $F'(x)=($ $)$.

A. $\ln(1+x)$.
B. $\ln(1+\sin x)$.
C. $\sin x\cdot\ln(1+\sin x)$.
D. $\cos x\cdot\ln(1+\sin x)$.
E. $\sin x\cdot\ln(1+\cos x)$.

3.112 $\frac{\mathrm{d}}{\mathrm{d}x}\int_{2x}^{\ln x}\ln(1+t)\mathrm{d}t=($ $)$.

A. $\frac{1}{x}\ln(1+\ln x)+2\ln(1+2x)$.
B. $\frac{1}{x}\ln(1+\ln x)-2\ln(1+2x)$.
C. $\frac{1}{x}\ln(1+\ln x)-\ln(1+2x)$.
D. $\ln(1+\ln x)-2\ln(1+2x)$.
E. $\ln(1+\ln x)+2\ln(1+2x)$.

3.113 设 $f(x)$ 为连续函数，且 $F(x)=\int_{\frac{1}{x}}^{\ln x}f(t)\mathrm{d}t$，则 $F'(x)$ 等于( ).

A. $\frac{1}{x}f(\ln x)+\frac{1}{x^2}f\left(\frac{1}{x}\right)$.
B. $f(\ln x)+f\left(\frac{1}{x}\right)$.
C. $\frac{1}{x}f(\ln x)-\frac{1}{x^2}f\left(\frac{1}{x}\right)$.
D. $f(\ln x)-f\left(\frac{1}{x}\right)$.
E. $\frac{1}{x}f(\ln x)+f\left(\frac{1}{x}\right)$.

3.114 设 $f(x)$ 是连续函数，且 $F(x)=\int_x^{e^{-x}}f(t)\mathrm{d}t$，则 $F'(x)$ 等于( ).

A. $-e^{-x}f(e^{-x})-f(x)$.
B. $-e^{-x}f(e^{-x})+f(x)$.
C. $e^{-x}f(e^{-x})-f(x)$.
D. $e^{-x}f(e^{-x})+f(x)$.
E. 以上都不正确.

3.115 设函数 $f(x)$ 连续，$F(x)=\int_{\cos x}^{\sin x}f(t)\mathrm{d}t$，则 $F'(x)=($ $)$.

A. $f(\sin x)-f(\cos x)$.
B. $f(\sin x)+f(\cos x)$.
C. $f(\sin x)\cos x-f(\cos x)\sin x$.
D. $f(\sin x)\cos x+f(\cos x)\sin x$.
E. 以上都不正确.

3.116 设 $f(x)$ 为已知连续函数，$I=t\int_0^{\frac{s}{t}}f(tx)\mathrm{d}x$，其中 $s>0,t>0$，则 I 的值( ).

A. 依赖于 s 和 t.
B. 依赖于 s,t,x.
C. 依赖于 t 和 x，不依赖于 s.
D. 依赖于 t，不依赖于 s.
E. 依赖于 s，不依赖于 t.

3.117 设函数 $f(x)$ 满足 $f''(x)-2f'(x)=\int_x^{x+1}e^{-kt}\mathrm{d}t$，且 $f'(a)=0$，则 $f(x)$ 在 $x=a$ 处( ).

A. 取得极大值.
B. 取得极小值.
C. 没有极值.
D. 是否取得极值与 k 有关.
E. 以上都不正确.

3.118 函数 $f(x)=\int_0^x e^{-u}\cos u\,du$ 在闭区间 $[0,\pi]$ 上的最小值和最大值依次为(　　).

A. $f(0),f(\pi)$.　　B. $f(\pi),f(0)$.　　C. $f(0),f(\frac{\pi}{2})$.

D. $f(\pi),f(\frac{\pi}{2})$.　　E. $f(\frac{\pi}{2}),f(\pi)$.

3.119 反常积分 $\int_1^{+\infty}\frac{1}{x^2}dx=$ (　　).

A. -1.　　B. 1.　　C. 2.　　D. 3.　　E. ∞.

3.120 $\int_0^{+\infty}\frac{1}{1+x^2}dx=$ (　　).

A. $\frac{\pi}{2}$.　　B. $-\frac{\pi}{2}$.　　C. $+\infty$.　　D. $-\infty$.　　E. π.

3.121 $\int_e^{+\infty}\frac{\ln x}{x^2}dx=$ (　　).

A. $\frac{1}{e}$.　　B. $\frac{2}{e}$.　　C. $\frac{1+e}{e^2}$.　　D. $\frac{1}{e^2}$.　　E. $\frac{2}{e^2}$.

3.122 下列反常积分收敛的是(　　).

A. $\int_{-1}^{1}\frac{1}{x}dx$.　　B. $\int_{-1}^{1}\frac{1}{\sin x}dx$.　　C. $\int_{-1}^{1}\frac{1}{(2x+1)}dx$.

D. $\int_{-1}^{1}\frac{1}{x^2}dx$.　　E. $\int_{-1}^{1}\frac{1}{\sqrt{1+x^2}}dx$.

3.123 下列反常积分收敛的是(　　).

A. $\int_0^1\frac{dx}{x^2}$.　　B. $\int_0^1\frac{dx}{x}$.　　C. $\int_0^1\frac{dx}{\sqrt{x}}$.

D. $\int_0^1\frac{dx}{1-x}$.　　E. $\int_0^1\frac{dx}{1-x^2}$.

3.124 下列反常积分中收敛的是(　　).

A. $\int_0^{+\infty}e^x dx$.　　B. $\int_0^{+\infty}\sin x\,dx$.　　C. $\int_0^{+\infty}\frac{1}{x^2}dx$.

D. $\int_0^1\frac{1}{\sqrt{1-x^2}}dx$.　　E. $\int_{-\infty}^{+\infty}\frac{x}{1+x^2}dx$.

3.125 下列反常积分收敛的是(　　).

A. $\int_e^{+\infty}\frac{dx}{\ln x}$.　　B. $\int_e^{+\infty}\frac{\ln x}{x}dx$.　　C. $\int_e^{+\infty}\frac{dx}{x\ln x}$.

D. $\int_e^{+\infty}\frac{dx}{x(\ln x)^2}$.　　E. $\int_e^{+\infty}\frac{dx}{x\sqrt{\ln x}}$.

3.126 下列反常积分发散的是( ).

A. $\int_{-1}^{1}\frac{1}{\sin x}dx$. B. $\int_{-1}^{1}\frac{1}{\sqrt{1-x^2}}dx$. C. $\int_{0}^{+\infty}e^{-x^2}dx$.

D. $\int_{2}^{+\infty}\frac{1}{x\ln^2 x}dx$. E. $\int_{1}^{+\infty}\frac{1}{x^2}dx$.

3.127 下列反常积分收敛的是( ).

A. $\int_{1}^{+\infty}\cos x dx$. B. $\int_{1}^{+\infty}\sin x dx$. C. $\int_{1}^{+\infty}\ln x dx$.

D. $\int_{1}^{+\infty}\frac{1}{x^2}dx$. E. $\int_{1}^{+\infty}e^x dx$.

3.128 下列反常积分发散的是( ).

A. $\int_{1}^{+\infty}e^{-x}dx$. B. $\int_{1}^{+\infty}e^x dx$. C. $\int_{1}^{+\infty}\frac{1}{x^2}dx$.

D. $\int_{1}^{+\infty}\frac{1}{1+x^3}dx$. E. $\int_{1}^{+\infty}\frac{1}{x^3}dx$.

3.129 若反常积分$\int_{1}^{+\infty}x^{p-1}dx$ 收敛,则( ).

A. $p>1$. B. $p<1$. C. $p>0$. D. $p<0$. E. $p=0$.

3.130 若反常积分$\int_{1}^{+\infty}x^{2-p}dx$ 收敛,则( ).

A. $p>1$. B. $p<1$. C. $p=0$. D. $p>3$. E. $p<3$.

3.131 由曲线 $y=\sin^{\frac{3}{2}}x(0\leqslant x\leqslant\pi)$ 与 x 轴围成的平面图形绕 x 轴旋转而成的旋转体体积为( ).

A. $\frac{4}{3}$. B. $\frac{4}{3}\pi$. C. $\frac{2}{3}$. D. $\frac{2}{3}\pi$. E. $\frac{2}{3}\pi^2$.

第四章　多元函数的微分学

本章考点

一、多元函数的偏导数和全微分
二、多元隐函数的偏导数和全微分
三、多元函数的极值

4.1 二元函数 $f(x,y)=\ln(x-y)$ 的定义域为(　　).

A. $x-y>0$.　B. $x>0,y>0$.　C. $x<0,y<0$.
D. $x>0,y>0$ 及 $x<0,y<0$.　E. 以上都不对.

4.2 二元函数 $z=\sqrt{x^2+y^2-1}+\dfrac{1}{\sqrt{3-x^2-y^2}}$ 的定义域为(　　).

A. $\{(x,y)\mid x^2+y^2<3\}$.　B. $\{(x,y)\mid 1\leqslant x^2+y^2<3\}$.
C. $\{(x,y)\mid 1<x^2+y^2<3\}$.　D. $\{(x,y)\mid 1\leqslant x^2+y^2\leqslant 3\}$.
E. $\{(x,y)\mid 1<x^2+y^2\leqslant 3\}$.

4.3 设函数 $f(x,y)=2x+ye^{x-y}+\dfrac{x}{y}$,则 $f(2,1)=$(　　).

A. $6+e$.　B. $6+e^{-1}$.　C. 3.　D. $4+e$.　E. $4+e^{-1}$.

4.4 设函数 $f(x,y)=\dfrac{xy}{x-y}$,则 $f\left(\dfrac{1}{y},\dfrac{1}{x}\right)=$(　　).

A. $\dfrac{1}{y+x}$.　B. $\dfrac{x-y}{yx}$.　C. $\dfrac{1}{x-y}$.　D. $\dfrac{1}{y-x}$.　E. $\dfrac{x^2y^2}{x-y}$.

4.5 已知函数 $f(x+y,x-y)=\dfrac{x^2-y^2}{2xy}$,则 $f(x,y)=$(　　).

A. $\dfrac{4xy}{x^2-y^2}$.　B. $\dfrac{2xy}{x^2-y^2}$.　C. $\dfrac{xy}{x^2-y^2}$.　D. $\dfrac{xy}{2(x^2-y^2)}$.　E. $\dfrac{xy}{4(x^2-y^2)}$.

4.6 已知函数 $h(x,y)=x-y+f(x+y)$,且 $h(0,y)=y^2$,则 $f(x+y)$ 为(　　).

A. $y(y+1)$.　B. $y(y-1)$.　C. $(x+y)(x+y-1)$.
D. $(x+y)(x+y+1)$.　E. $(x+y+1)(x+y-1)$.

4.7 判断极限$\lim\limits_{\substack{x\to 0\\ y\to 0}}\frac{x}{x+y}=$( ).

A. 0. B. 1. C. -1. D. $\frac{1}{2}$. E. 不存在.

4.8 极限$\lim\limits_{\substack{x\to 2\\ y\to 0}}\frac{\sin(3xy)}{y}=$( ).

A. 0. B. 2. C. 3. D. 6. E. 不存在.

4.9 设函数$z=f(x,y)$在(x_0,y_0)某邻域内有定义,则$\left.\frac{\partial z}{\partial x}\right|_{(x_0,y_0)}=$( ).

A. $\lim\limits_{h\to 0}\frac{f(x+h,y)-f(x,y)}{h}$. B. $\lim\limits_{h\to 0}\frac{f(x+h,y+h)-f(x,y)}{h}$.

C. $\lim\limits_{h\to 0}\frac{f(x_0+h,y_0+h)-f(x_0,y_0)}{h}$. D. $\lim\limits_{h\to 0}\frac{f(x_0+h,y_0)-f(x_0,y_0)}{h}$.

E. $\lim\limits_{h\to 0}\frac{f(x_0,y_0+h)-f(x_0,y_0)}{h}$.

4.10 设函数$f(x,y)=\varphi(x)g(y)$在点(x_0,y_0)的某邻域内有定义,且存在一阶偏导数,则$f'_x(x_0,y_0)=$( ).

A. $\lim\limits_{h\to 0}\frac{f(x_0+h,y_0+h)-f(x_0,y_0)}{h}$. B. $\lim\limits_{h\to 0}\frac{f(x_0,y_0+h)-f(x_0,y_0)}{h}$.

C. $\lim\limits_{h\to 0}\frac{\varphi(x_0+h)-\varphi(x_0)}{h}$. D. $\lim\limits_{h\to 0}\frac{\varphi(x_0+h)-\varphi(x_0)}{h}g(y_0)$.

E. $\lim\limits_{h\to 0}\frac{\varphi(x_0+h)-\varphi(x_0)}{h}g(y)$.

4.11 设$f(x,y)=\begin{cases}\frac{x^2+2y^2}{x+y}, & (x,y)\neq(0,0),\\ 0, & (x,y)=(0,0),\end{cases}$则$f'_x(0,0)=$( ).

A. -1. B. 0. C. 1. D. 2. E. 不存在.

4.12 二元函数$f(x,y)=\begin{cases}\frac{xy}{x^2+y^3}, & (x,y)\neq(0,0),\\ 0, & (x,y)=(0,0),\end{cases}$在点$(0,0)$处( ).

A. 连续,偏导数存在. B. 连续,偏导数不存在. C. 不连续,偏导数存在.

D. 不连续,偏导数不存在. E. 以上都不对.

4.13 已知$f(x,y)=e^{\sqrt{x^2+y^4}}$,则( ).

A. $f'_x(0,0)$,$f'_y(0,0)$都存在. B. $f'_x(0,0)$不存在,$f'_y(0,0)$存在.

C. $f'_x(0,0)$存在,$f'_y(0,0)$不存在. D. $f'_x(0,0)$,$f'_y(0,0)$都不存在.

E. 在$(0,0)$可微.

4.14 设函数 $f(x,y)=e^{x-2y}$，则偏导数 $f'_y(3,1)=$（　　）.

A. e.　　B. 2e.　　C. e^{-2}.　　D. $-e$.　　E. $-2e$.

4.15 设二元函数 $f(x,y)=\dfrac{\sin xy}{y}$，则 $f'_y(0,3)=$（　　）.

A. 0.　　B. 1.　　C. 2.　　D. 3.　　E. 4.

4.16 已知 $z=y\ln(xy)$，则 $\dfrac{\partial z}{\partial x}=$（　　）.

A. $\dfrac{1}{x}$.　　B. $\dfrac{1}{y}$.　　C. $\dfrac{x}{y}$.　　D. $\dfrac{y}{x}$.　　E. $\dfrac{x}{y}-\dfrac{y}{x}$.

4.17 设 $z=1+xy-\sqrt{x^2+y^2}$，则 $\left.\dfrac{\partial z}{\partial x}\right|_{\substack{x=3\\y=4}}=$（　　）.

A. $\dfrac{1}{5}$.　　B. $\dfrac{2}{5}$.　　C. $\dfrac{3}{5}$.　　D. $\dfrac{7}{5}$.　　E. $\dfrac{17}{5}$.

4.18 设函数 $f(x,y)=\sqrt{x}\sin\dfrac{y}{x}$，则偏导数 $\left.\dfrac{\partial f}{\partial y}\right|_{(1,0)}=$（　　）.

A. -2.　　B. -1.　　C. 0.　　D. 1.　　E. 2.

4.19 设函数 $z=\dfrac{1}{1+x^2y^2}$，则偏导数 $\dfrac{\partial z}{\partial x}=$（　　）.

A. $\dfrac{2x^2y}{(1+x^2y^2)^2}$.　　B. $-\dfrac{2x^2y}{(1+x^2y^2)^2}$.　　C. $\dfrac{2xy^2}{(1+x^2y^2)^2}$.

D. $-\dfrac{2xy^2}{(1+x^2y^2)^2}$.　　E. $\dfrac{xy^2}{2(1+x^2y^2)^2}$.

4.20 设函数 $f(x,y)=x^y$，则 $f'_y(x,y)$ 为（　　）.

A. yx^{y-1}.　　B. $x^y\ln x$.　　C. $yx^{y-1}\ln x$.　　D. $x^y\ln y$.　　E. x^y.

4.21 设函数 $z=\ln(x^2+y^2)$，则 $\dfrac{\partial z}{\partial x}+\dfrac{\partial z}{\partial y}=$（　　）.

A. $\dfrac{2(x+y)}{x^2+y^2}$.　　B. $\dfrac{2(x-y)}{x^2+y^2}$.　　C. $\dfrac{x+y}{x^2+y^2}$.　　D. $\dfrac{x-y}{x^2+y^2}$.　　E. $\dfrac{x-y}{2(x^2+y^2)}$.

4.22 设 $f(x,y)=\dfrac{e^x}{x-y}$，则（　　）.

A. $f'_x-f'_y=0$.　　B. $f'_x+f'_y=0$.　　C. $f'_x-f'_y=f$.

D. $f'_x-f'_y=-f$.　　E. $f'_x+f'_y=f$.

4.23 已知函数 $f(u)$ 可导，设 $z=f(\sin y-\sin x)+xy$，则 $\left.\dfrac{\partial z}{\partial x}\right|_{(0,2\pi)}+\left.\dfrac{\partial z}{\partial y}\right|_{(0,2\pi)}=$（　　）.

A. 0.　　B. 2.　　C. $2\pi+2f'(0)$.　　D. $2\pi-2f'(0)$.　　E. 2π.

4.24 已知函数 $f(x-y,x+y)=x^2-y^2$，$z=f(x,y)$，则$\frac{\partial z}{\partial x}+\frac{\partial z}{\partial y}=$（　　）.

A. $2x-2y$.　B. $2x+2y$.　C. 0.　D. $x+y$.　E. $x-y$.

4.25 设 $f(x+y,xy)=x^2+y^2$，则$\frac{\partial f(x,y)}{\partial x}+\frac{\partial f(x,y)}{\partial y}=$（　　）.

A. $2x-2$.　B. $2x+2$.　C. 0.　D. $x-1$.　E. $x+1$.

4.26 设 $u=x^2+3xy-y^2$，则$\frac{\partial^2 u}{\partial x\partial y}=$（　　）.

A. -3.　B. -2.　C. 2.　D. 3.　E. 6.

4.27 设函数 $f(x,y)=\frac{xy}{x-y}$，则 $f''_{xx}(2,1)$，$f''_{xy}(2,1)$ 的值依次为（　　）.

A. $2,-4$.　B. $2,4$.　C. $-2,-4$.　D. $-2,4$.　E. 以上都不对.

4.28 若 $u=\sin(y+x)+\sin(y-x)$，则下列关系式中正确的是（　　）.

A. $\frac{\partial u}{\partial x}=\frac{\partial u}{\partial y}$.　B. $\frac{\partial u}{\partial x^2}=\frac{\partial u}{\partial y^2}$.　C. $\frac{\partial^2 u}{\partial x^2}=\frac{\partial^2 u}{\partial x\partial y}$.　D. $\frac{\partial^2 u}{\partial x^2}=\frac{\partial^2 u}{\partial y^2}$.　E. $\frac{\partial^2 u}{\partial x\partial y}=\frac{\partial^2 u}{\partial y^2}$.

4.29 设函数 $u(x,y)=\varphi(x+y)+\varphi(x-y)+\int_{x-y}^{x+y}\psi(t)\mathrm{d}t$，其中函数 φ 具有二阶导数，ψ 具有一阶导数，则必有（　　）.

A. $\frac{\partial^2 u}{\partial x^2}=-\frac{\partial^2 u}{\partial y^2}$.　B. $\frac{\partial^2 u}{\partial x^2}=\frac{\partial^2 u}{\partial y^2}$.　C. $\frac{\partial^2 u}{\partial x\partial y}=\frac{\partial^2 u}{\partial y^2}$.

D. $\frac{\partial^2 u}{\partial x\partial y}=-\frac{\partial^2 u}{\partial y^2}$.　E. $\frac{\partial^2 u}{\partial x\partial y}=\frac{\partial^2 u}{\partial x^2}$.

4.30 函数 $f(x,y)=x+y$ 的全微分为 $\mathrm{d}f(x,y)$（　　）.

A. 1.　B. 2.　C. 3.　D. $\mathrm{d}x+\mathrm{d}y$.　E. $\mathrm{d}x-\mathrm{d}y$.

4.31 设函数 $z=x^2y$，则全微分$\mathrm{d}z\big|_{(1,2)}=$（　　）.

A. $\mathrm{d}x+\mathrm{d}y$.　B. $2\mathrm{d}x+\mathrm{d}y$.　C. $\mathrm{d}x+2\mathrm{d}y$.　D. $4\mathrm{d}x+\mathrm{d}y$.　E. $\mathrm{d}x+4\mathrm{d}y$.

4.32 设函数 $z=x^2+xy+2y^2$，则全微分 $\mathrm{d}z\Big|_{(2,1)}=$（　　）.

A. $3\mathrm{d}x+6\mathrm{d}y$.　B. $6\mathrm{d}x+3\mathrm{d}y$.　C. $6\mathrm{d}x+5\mathrm{d}y$.　D. $5\mathrm{d}x+6\mathrm{d}y$.　E. $6\mathrm{d}x+6\mathrm{d}y$.

4.33 设函数 $z=\sin(2x+3y)$，则全微分 $\mathrm{d}z\Big|_{(0,0)}=$（　　）.

A. $\mathrm{d}x+\mathrm{d}y$.　B. $2\mathrm{d}x+2\mathrm{d}y$.　C. $3\mathrm{d}x+2\mathrm{d}y$.　D. $2\mathrm{d}x+3\mathrm{d}y$.　E. $3\mathrm{d}x+3\mathrm{d}y$

4.34 已知函数 $z=\mathrm{e}^{xy}$，则全微分 $\mathrm{d}z=$（　　）.

A. $\mathrm{e}^{xy}\mathrm{d}x$.　B. $(x+y)\mathrm{e}^{xy}$.　C. $x\mathrm{d}y+y\mathrm{d}x$.

D. $\mathrm{e}^{xy}(\mathrm{d}x+\mathrm{d}y)$.　E. $\mathrm{e}^{xy}(y\mathrm{d}x+x\mathrm{d}y)$.

4.35 设函数 $z=xe^y$，则全微分 $dz\Big|_{(2,1)}=$（　　）.

A. $edx+2edy$.　B. $2edx+edy$.　C. $edx+2dy$.　D. $2dx+edy$.　E. $2edx+dy$.

4.36 设函数 $z(x,y)=\dfrac{x}{y}$，则 $dz\Big|_{(1,1)}=$（　　）.

A. $dx-dy$.　B. $dx+dy$.　C. $2dx-dy$.　D. $dx-2dy$.　E. $dx+2dy$.

4.37 函数 $f(x,y)=\cos\dfrac{x}{y}$ 在点 $(\pi,2)$ 处的全微分为（　　）.

A. $-\dfrac{1}{4}(\pi dx+2dy)$.　B. $-\dfrac{1}{4}(2dx+\pi dy)$.　C. $-\dfrac{1}{4}(2dx-\pi dy)$.

D. $\dfrac{1}{4}(2dx+\pi dy)$.　E. $\dfrac{1}{4}(2dx-\pi dy)$.

4.38 函数 $z=\ln\dfrac{x}{y}$ 在点 $(2,2)$ 处的全微分 dz 为（　　）.

A. $-\dfrac{1}{2}dx-\dfrac{1}{2}dy$.　B. $\dfrac{1}{2}dx+\dfrac{1}{2}dy$.　C. $-\dfrac{1}{2}dx+\dfrac{1}{2}dy$.

D. $\dfrac{1}{2}dx-\dfrac{1}{2}dy$.　E. $dx+dy$.

4.39 已知函数 $z=(x-y^2)e^{1+xy}$，则 $dz\Big|_{(1,-1)}=$（　　）.

A. $dx+2dy$.　B. $2dx+dy$.　C. $-dx+2dy$.

D. $dx-2dy$.　E. $-dx-2dy$.

4.40 二元函数 $z=-x^3y+\cos 2y$ 的全微分 $dz=$（　　）.

A. $-3x^2ydx+(x^3+2\sin 2y)dy$.　B. $-3x^2ydx+(-x^3-2\sin 2y)dy$.

C. $-3x^2ydx+(-x^3+2\sin 2y)dy$.　D. $-3x^2ydx+(-x^3-\sin 2y)dy$.

E. $-3x^2ydx+(-x^3+\sin 2y)dy$.

4.41 下列表达式是某函数 $u(x,y)$ 的全微分的为（　　）.

A. $x^2ydx-xy^2dy$.　B. $x^2ydx+xy^2dy$.　C. $xdx+xydy$.

D. $ydx-xdy$.　E. $ydx+xdy$.

4.42 已知 $e^{x-y}dx-e^{x-y}dy$ 是某函数 $u(x,y)$ 的全微分，则 $u(x,y)=$（　　）.

A. e^{x+y}.　B. e^{x-y}.　C. $-e^{x-y}$.　D. e^{y-x}.　E. $-e^{y-x}$.

4.43 设 $f(x)$ 具有连续的一阶导数且 $3x^2y^2dx+yf(x)dy$ 是某函数 $u(x,y)$ 的全微分，则（　　）.

A. $f(x)=3x^2$.　B. $f(x)=6x^2$.　C. $f(x)=2x^3$.

D. $f(x)=3x^3$.　E. $f(x)=6x^3$.

4.44 函数 $z=f(x,y)$ 在点 (x_0,y_0) 处偏导数存在，则该函数在点 (x_0,y_0) 处必(　　).

A. 有定义.　B. 极限存在.　C. 连续.　D. 可微.　E. 以上都不对.

4.45 函数 $z=f(x,y)$ 在点 (x_0,y_0) 处连续是 $z=f(x,y)$ 在点 (x_0,y_0) 处存在一阶偏导数的(　　).

A. 充分条件.　B. 必要条件.　C. 充要条件.

D. 既非充分，又非必要条件.　E. 以上都不对.

4.46 $z=f(x,y)$ 在点 (x_0,y_0) 处下列陈述正确的是(　　).

A. 偏导数存在 $\Rightarrow$ 连续.　B. 可微 $\Leftrightarrow$ 偏导数存在.　C. 可微 $\Rightarrow$ 连续.

D. 可微 $\Leftrightarrow$ 偏导数连续.　E. 以上都不对.

4.47 函数 $f(x,y)=|x|+|y|$，在点 $(0,0)$ 处(　　).

A. 连续.　B. 间断.　C. 偏导数存在.

D. 可微.　E. 以上都不对.

4.48 设有三元方程 $xy-z\ln y+e^{xz}=1$，根据隐函数存在定理，存在点 $(0,1,1)$ 的一个邻域，在此邻域内该方程(　　).

A. 只能确定一个具有连续偏导数的隐函数 $x=x(y,z)$.

B. 只能确定一个具有连续偏导数的隐函数 $y=y(x,z)$.

C. 可确定两个具有连续偏导数的隐函数 $y=y(x,z)$ 和 $z=z(x,y)$.

D. 可确定两个具有连续偏导数的隐函数 $x=x(y,z)$ 和 $z=z(x,y)$.

E. 可确定两个具有连续偏导数的隐函数 $x=x(y,z)$ 和 $y=y(x,z)$.

4.49 设函数 $z=z(x,y)$ 由 $\sin(xyz)+(x^2+y^2-z)=0$ 确定，则 $\left.\frac{\partial z}{\partial y}\right|_{(0,1)}=$ (　　).

A. 0.　B. 1.　C. -1.　D. 2.　E. -2.

4.50 设 $F(x,y,z)=0$，且 F 具有连续的一阶偏导数，F'_x,F'_y,F'_z 均非零，则 $\frac{\partial z}{\partial x}\cdot\frac{\partial x}{\partial y}\cdot\frac{\partial y}{\partial z}=$ (　　).

A. -2.　B. -1.　C. 0.　D. 1.　E. 2.

4.51 设函数 $z=z(x,y)$ 由方程 $F\left(\frac{y}{x},\frac{z}{x}\right)=0$ 确定，其中 F 为可微函数，且 $F'_2\neq 0$，则 $x\frac{\partial z}{\partial x}+y\frac{\partial z}{\partial y}=$ (　　).

A. x.　B. z.　C. xz.　D. $-x$.　E. $-z$.

4.52 设函数 $f(x,y)$ 可微，且对任意的 x,y 都有 $\frac{\partial f(x,y)}{\partial x}>0$，$\frac{\partial f(x,y)}{\partial y}<0$，则使不等式 $f(x_1,y_1)<f(x_2,y_2)$ 成立的一个充分条件是(　　).

A. $x_1>x_2,y_1<y_2$.　B. $x_1>x_2,y_1>y_2$.　C. $x_1<x_2,y_1<y_2$.

D. $x_1<x_2,y_1>y_2$.　E. 以上都不对.

4.53 设函数 $f(x,y)=x^3y$，则点 $(0,0)$ 是 $f(x,y)$ 的(　　).

A. 间断点.　　B. 驻点.　　C. 极小值点.　　D. 极大值点.　　E. 以上都不对.

4.54 点 $(0,0)$ 是函数 $z=1-xy$ 的(　　).

A. 极小值点.　　B. 极大值点.　　C. 驻点.　　D. 间断点.　　E. 以上都不对.

4.55 函数 $z=x^3+y^3-3xy$，则(　　).

A. 点 $(1,1)$ 是函数的极大值点.　　B. 点 $(1,1)$ 是函数的极小值点.

C. 点 $(0,0)$ 是函数的极大值点.　　D. 点 $(0,0)$ 是函数的极小值点.

E. 点 $(0,0)$ 和点 $(1,1)$ 都不是极值点.

4.56 已知函数 $f(x,y)=x^2-3x^2y+y^3$，则(　　).

A. 点 $(0,0)$ 是 $f(x,y)$ 的驻点.　　B. $f\left(\frac{1}{3},\frac{1}{3}\right)$ 是 $f(x,y)$ 的极小值.

C. $f\left(\frac{1}{3},\frac{1}{3}\right)$ 是 $f(x,y)$ 的极大值.　　D. $f\left(-\frac{1}{3},\frac{1}{3}\right)$ 是 $f(x,y)$ 的极小值.

E. $f\left(-\frac{1}{3},\frac{1}{3}\right)$ 是 $f(x,y)$ 的极大值.

4.57 已知函数 $f(x,y)=x^8+y^8-2(x+y)^2$，则(　　).

A. $f(0,0)$ 是 $f(x,y)$ 的极小值.　　B. $f(0,0)$ 是 $f(x,y)$ 的极大值.

C. $f(1,1)$ 是 $f(x,y)$ 的极小值.　　D. $f(1,1)$ 是 $f(x,y)$ 的极大值.

E. $f(-1,-1)$ 是 $f(x,y)$ 的极大值.

4.58 设函数 $f(x,y)=a(x-y)-x^2-y^2$ 在点 $(2,-2)$ 处取到极值，则(　　).

A. $a=2$，$(2,-2)$ 为极大值点.　　B. $a=2$，$(2,-2)$ 为极小值点.

C. $a=4$，$(2,-2)$ 为极大值点.　　D. $a=4$，$(2,-2)$ 为极小值点.

E. $a=-4$，$(2,-2)$ 为极小值点.

4.59 已知函数 $f(x,y)$ 在点 $(0,0)$ 的某个邻域内连续，且 $\lim\limits_{\substack{x\to 0\\ y\to 0}}\frac{f(x,y)-xy}{(x^2+y^2)^2}=1$，则(　　).

A. 点 $(0,0)$ 不是 $f(x,y)$ 的极值点.

B. 点 $(0,0)$ 是 $f(x,y)$ 的极大值点.

C. 点 $(0,0)$ 是 $f(x,y)$ 的极小值点.

D. 点 $(0,0)$ 是 $f(x,y)$ 的极小值点或极大值点.

E. 根据所给条件无法判别点 $(0,0)$ 是否为 $f(x,y)$ 的极值点.

4.60 设二元函数 $z=f(x,y)$ 在 (x_0,y_0) 的某邻域内有连续的二阶偏导数，$f'_x(x_0,y_0)=f'_y(x_0,y_0)=0$，$f''_{xx}(x_0,y_0)>0$，$f''_{xy}(x_0,y_0)=0$，$f''_{yy}(x_0,y_0)>0$，则点 (x_0,y_0)(　　).

A. 是极小值点.　　B. 是极大值点.　　C. 不是极值点.

D. 是否为极值点需进一步判定.　　E. 是间断点.

线性代数

第一章　行列式

本章考点

一、行列式的定义
二、行列式的性质
三、余子式和代数余子式
四、行列式的计算
五、克拉默法则

1.1 行列式$\begin{vmatrix} 1 & -1 & 2 \\ -2 & 2 & -4 \\ 9 & 7 & 5 \end{vmatrix}$的值是（　　）.

A. -3.　　B. -1.　　C. 0.　　D. 1.　　E. 3.

1.2 设$A=\begin{pmatrix} 2 & 0 & 4 \\ 5 & 6 & 7 \\ 1 & 0 & 2 \end{pmatrix}$，则$|A|=$（　　）.

A. -2.　　B. -1.　　C. 0.　　D. 1.　　E. 2.

1.3 设$A=\begin{pmatrix} 0 & 3 & 2 \\ 0 & 3 & 0 \\ -2 & 5 & 7 \end{pmatrix}$，则$|A|=$（　　）.

A. -21.　　B. -12.　　C. 0.　　D. 12.　　E. 21.

1.4 设行列式$\begin{vmatrix} a_1 & a_2 \\ b_1 & b_2 \end{vmatrix}=k$，则$\begin{vmatrix} 2a_1 & 6a_2 \\ b_1 & 3b_2 \end{vmatrix}=$（　　）.

A. k.　　B. $2k$.　　C. $3k$.　　D. $4k$.　　E. $6k$.

1.5 设 2 阶行列式$\begin{vmatrix} a_{11} & a_{12} \\ a_{21} & a_{22} \end{vmatrix}=m$，则$\begin{vmatrix} a_{21} & a_{22} \\ a_{21}+2a_{11} & a_{22}+2a_{12} \end{vmatrix}=$（　　）.

A. $-2m$.　　B. $-m$.　　C. 0.　　D. m.　　E. $2m$.

1.6 已知 2 阶行列式 $\begin{vmatrix} a_1 & a_2 \\ b_1 & b_2 \end{vmatrix}=m$，$\begin{vmatrix} b_1 & b_2 \\ c_1 & c_2 \end{vmatrix}=n$，则 $\begin{vmatrix} b_1 & b_2 \\ a_1+c_1 & a_2+c_2 \end{vmatrix}=$（　　）.

A. $m-n$.　　B. $n-m$.　　C. mn.
D. $m+n$.　　E. $-(m+n)$.

1.7 设行列式 $\begin{vmatrix} a_{11} & a_{12} \\ a_{21} & a_{22} \end{vmatrix}=3$，则行列式 $\begin{vmatrix} a_{11} & 2a_{12}+5a_{11} \\ a_{21} & 2a_{22}+5a_{21} \end{vmatrix}=$（　　）.

A. -15.　　B. -6.　　C. 0.　　D. 6.　　E. 15.

1.8 已知 2 阶行列式 $\begin{vmatrix} a_1 & a_2 \\ b_1 & b_2 \end{vmatrix}=-2$，则 $\begin{vmatrix} -a_1+a_2 & 2a_2 \\ -b_1+b_2 & 2b_2 \end{vmatrix}=$（　　）.

A. -4.　　B. -2.　　C. 0.　　D. 2.　　E. 4.

1.9 设行列式 $\begin{vmatrix} a_1 & b_1 \\ a_2 & b_2 \end{vmatrix}=1$，$\begin{vmatrix} a_1 & c_1 \\ a_2 & c_2 \end{vmatrix}=-2$，则 $\begin{vmatrix} a_1 & b_1+c_1 \\ a_2 & b_2+c_2 \end{vmatrix}=$（　　）.

A. -3.　　B. -1.　　C. 0.　　D. 1.　　E. 3.

1.10 设行列式 $D_1=\begin{vmatrix} a_1 & b_1 \\ a_2 & b_2 \end{vmatrix}$，$D_2=\begin{vmatrix} a_1 & 2b_1-3a_1 \\ a_2 & 2b_2-3a_2 \end{vmatrix}$，则 $D_2=$（　　）.

A. $-2D_1$.　　B. $-D_1$.　　C. D_1.　　D. $2D_1$.　　E. $3D_1$.

1.11 已知 2 阶行列式 $\begin{vmatrix} -3a_2 & a_1+2a_2 \\ -3b_2 & b_1+2b_2 \end{vmatrix}=6$，则 $\begin{vmatrix} a_1 & a_2 \\ b_1 & b_2 \end{vmatrix}=$（　　）.

A. -6.　　B. -2.　　C. 0.　　D. 2.　　E. 6.

1.12 设 2 阶行列式 $\begin{vmatrix} -2a_1+a_2 & a_2 \\ -2b_1+b_2 & b_2 \end{vmatrix}=-2$，则 $\begin{vmatrix} a_1 & a_2 \\ b_1 & b_2 \end{vmatrix}=$（　　）.

A. -2.　　B. -1.　　C. 0.　　D. 1.　　E. 2.

1.13 已知 2 阶行列式 $\begin{vmatrix} a_1+a_2 & -2a_2 \\ b_1+b_2 & -2b_2 \end{vmatrix}=2$，则 $\begin{vmatrix} a_1 & a_2 \\ b_1 & b_2 \end{vmatrix}=$（　　）.

A. -2.　　B. -1.　　C. 0.　　D. 1.　　E. 2.

1.14 设行列式 $\begin{vmatrix} a_1 & b_1 \\ a_2 & b_2 \end{vmatrix}=1$，$\begin{vmatrix} a_1 & -c_1 \\ a_2 & -c_2 \end{vmatrix}=-1$，则行列式 $\begin{vmatrix} a_1 & b_1-c_1 \\ a_2 & b_2-c_2 \end{vmatrix}=$（　　）.

A. -2.　　B. -1.　　C. 0.　　D. 1.　　E. 2.

1.15 设 2 阶行列式 $\begin{vmatrix} 2a_{21} & 2a_{22} \\ a_{21}-a_{11} & a_{22}-a_{12} \end{vmatrix}=m$，则 $\begin{vmatrix} a_{11} & a_{12} \\ a_{21} & a_{22} \end{vmatrix}=$（　　）.

A. $-2m$.　　B. $-\dfrac{m}{2}$.　　C. m.　　D. $\dfrac{m}{2}$.　　E. $2m$.

1.16 设行列式 $\begin{vmatrix} a_1+a_2 & a_2-a_1 \\ b_1+b_2 & b_2-b_1 \end{vmatrix}=-2$，则 $\begin{vmatrix} a_1 & a_2 \\ b_1 & b_2 \end{vmatrix}=$（　　）.

A. -2.　B. -1.　C. 0.　D. 1.　E. 2.

1.17 设 2 阶行列式 $\begin{vmatrix} a_1 & a_2 \\ b_1 & b_2 \end{vmatrix}=-1$，则 $\begin{vmatrix} a_1+a_2 & a_1-a_2 \\ b_1+b_2 & b_1-b_2 \end{vmatrix}=$（　　）.

A. -2.　B. -1.　C. 0.　D. 1.　E. 2.

1.18 设行列式 $\begin{vmatrix} a_{11} & a_{12} & a_{13} \\ a_{21} & a_{22} & a_{23} \\ a_{31} & a_{32} & a_{33} \end{vmatrix}=4$，则行列式 $\begin{vmatrix} 2a_{11} & 2a_{12} & 2a_{13} \\ a_{21} & a_{22} & a_{23} \\ 3a_{31} & 3a_{32} & 3a_{33} \end{vmatrix}=$（　　）.

A. 6.　B. 12.　C. 24.　D. 36.　E. 48.

1.19 设行列式 $\begin{vmatrix} a_{11} & a_{12} & a_{13} \\ a_{21} & a_{22} & a_{23} \\ a_{31} & a_{32} & a_{33} \end{vmatrix}=2$，则 $\begin{vmatrix} -a_{11} & 2a_{12} & -3a_{13} \\ -a_{21} & 2a_{22} & -3a_{23} \\ -a_{31} & 2a_{32} & -3a_{33} \end{vmatrix}=$（　　）.

A. -12.　B. -6.　C. -3.　D. 6.　E. 12.

1.20 已知 $\begin{vmatrix} a_{11} & a_{12} & a_{13} \\ a_{21} & a_{22} & a_{23} \\ a_{31} & a_{32} & a_{33} \end{vmatrix}=M(M\neq 0)$，则行列式 $\begin{vmatrix} 2a_{11} & -2a_{12} & 2a_{13} \\ 2a_{31} & -2a_{32} & 2a_{33} \\ 2a_{21} & -2a_{22} & 2a_{23} \end{vmatrix}=$（　　）.

A. $-8M$.　B. $-4M$.　C. $-2M$.　D. $2M$.　E. $8M$.

1.21 设行列式 $\begin{vmatrix} a_{11} & a_{12} & a_{13} \\ a_{21} & a_{22} & a_{23} \\ a_{31} & a_{32} & a_{33} \end{vmatrix}=2$，则 $\begin{vmatrix} 3a_{11} & 3a_{12} & 3a_{13} \\ -a_{31} & -a_{32} & -a_{33} \\ a_{21}-a_{31} & a_{22}-a_{32} & a_{23}-a_{33} \end{vmatrix}=$（　　）.

A. -6.　B. -3.　C. 3.　D. 6.　E. 9.

1.22 若 $\begin{vmatrix} a_{11} & a_{12} & a_{13} \\ a_{21} & a_{22} & a_{23} \\ a_{31} & a_{32} & a_{33} \end{vmatrix}=1$，则 $\begin{vmatrix} a_{11} & a_{13}-3a_{12} & a_{13} \\ a_{21} & a_{23}-3a_{22} & a_{23} \\ a_{31} & a_{33}-3a_{32} & a_{33} \end{vmatrix}=$（　　）.

A. -3.　B. -2.　C. -1.　D. 1.　E. 2.

1.23 设行列式 $\begin{vmatrix} a_{11} & a_{12} & a_{13} \\ a_{21} & a_{22} & a_{23} \\ a_{31} & a_{32} & a_{33} \end{vmatrix}=m$，则 $\begin{vmatrix} a_{21} & a_{22} & a_{23} \\ a_{21}-2a_{11} & a_{22}-2a_{12} & a_{23}-2a_{13} \\ a_{31}+a_{11} & a_{32}+a_{12} & a_{33}+a_{13} \end{vmatrix}=$（　　）.

A. $-2m$.　B. $-m$.　C. m.　D. $2m$.　E. $3m$.

1.24 设 $\boldsymbol{\alpha}_1,\boldsymbol{\alpha}_2,\boldsymbol{\beta}_1,\boldsymbol{\beta}_2$ 是 3 维列向量，且行列式 $|\boldsymbol{\alpha}_1,\boldsymbol{\alpha}_2,\boldsymbol{\beta}_1|=m$，$|\boldsymbol{\alpha}_1,\boldsymbol{\beta}_2,\boldsymbol{\alpha}_2|=n$，则 $|\boldsymbol{\alpha}_1,\boldsymbol{\alpha}_2,\boldsymbol{\beta}_1+\boldsymbol{\beta}_2|=$（　　）.

A. $m-n$.　　B. $n-m$.　　C. mn.　　D. $m+n$.　　E. $-m-n$.

1.25 设 3 阶方阵 $\boldsymbol{A}=(\boldsymbol{\alpha}_1,\boldsymbol{\alpha}_2,\boldsymbol{\alpha}_3)$，其中 $\boldsymbol{\alpha}_i(i=1,2,3)$ 为 $\boldsymbol{A}$ 的列向量，若 $|\boldsymbol{B}|=|\boldsymbol{\alpha}_1+\boldsymbol{\alpha}_2,\boldsymbol{\alpha}_2,\boldsymbol{\alpha}_3|=6$，则 $|\boldsymbol{A}|=$（　　）.

A. -12.　　B. -6.　　C. 2.　　D. 6.　　E. 12.

1.26 已知 $\boldsymbol{A}=(\boldsymbol{\alpha},\boldsymbol{\gamma}_2,\boldsymbol{\gamma}_3,\boldsymbol{\gamma}_4)$，$\boldsymbol{B}=(\boldsymbol{\beta},\boldsymbol{\gamma}_2,\boldsymbol{\gamma}_3,\boldsymbol{\gamma}_4)$ 为 4 阶方阵，其中 $\boldsymbol{\alpha},\boldsymbol{\beta},\boldsymbol{\gamma}_2,\boldsymbol{\gamma}_3,\boldsymbol{\gamma}_4$ 均为 4 维列向量，且已知行列式 $|\boldsymbol{A}|=4$，$|\boldsymbol{B}|=1$，则 $|\boldsymbol{A}+\boldsymbol{B}|=$（　　）.

A. 5.　　B. 10.　　C. 20.　　D. 30.　　E. 40.

1.27 设 $\boldsymbol{A}=(\boldsymbol{\alpha}_1,\boldsymbol{\alpha}_2,\boldsymbol{\alpha}_3)$，其中 $\boldsymbol{\alpha}_i(i=1,2,3)$ 是 3 维列向量，若 $|\boldsymbol{A}|=1$，则 $|4\boldsymbol{\alpha}_1,2\boldsymbol{\alpha}_1-3\boldsymbol{\alpha}_2,\boldsymbol{\alpha}_3|=$（　　）.

A. -24.　　B. -12.　　C. -6.　　D. 12.　　E. 24.

1.28 设 $\boldsymbol{A}$ 为 3 阶矩阵，且 $|\boldsymbol{A}|=a\neq 0$，将 $\boldsymbol{A}$ 按列分块为 $\boldsymbol{A}=(\boldsymbol{\alpha}_1,\boldsymbol{\alpha}_2,\boldsymbol{\alpha}_3)$，若矩阵 $\boldsymbol{B}=(\boldsymbol{\alpha}_1+\boldsymbol{\alpha}_2,2\boldsymbol{\alpha}_2,\boldsymbol{\alpha}_3)$，则 $|\boldsymbol{B}|=$（　　）.

A. 0.　　B. a.　　C. $2a$.　　D. $3a$.　　E. $4a$.

1.29 设 $\boldsymbol{A}$ 为 3 阶矩阵，且 $|\boldsymbol{A}|=a\neq 0$，将 $\boldsymbol{A}$ 按列分块为 $\boldsymbol{A}=(\boldsymbol{\alpha}_1,\boldsymbol{\alpha}_2,\boldsymbol{\alpha}_3)$，若矩阵 $\boldsymbol{B}=(\boldsymbol{\alpha}_1+\boldsymbol{\alpha}_2,\boldsymbol{\alpha}_2+\boldsymbol{\alpha}_3,\boldsymbol{\alpha}_3+\boldsymbol{\alpha}_1)$，则 $|\boldsymbol{B}|=$（　　）.

A. 0.　　B. a.　　C. $2a$.　　D. $3a$.　　E. $4a$.

1.30 行列式 $\begin{vmatrix} k-1 & 2 \\ 2 & k-1 \end{vmatrix}\neq 0$ 的充分必要条件是（　　）.

A. $k\neq -1$.　　B. $k\neq 3$.　　C. $k\neq -1$ 且 $k\neq 3$.

D. $k\neq -1$ 或 $k\neq 3$.　　E. 以上都不正确.

1.31 设行列式 $D=\begin{vmatrix} 1 & 2 & 5 \\ 1 & 3 & -2 \\ 2 & 5 & a \end{vmatrix}=0$，则 $a=$（　　）.

A. 3.　　B. 2.　　C. 0.　　D. -2.　　E. -3.

1.32 设 a,b 为实数，且 $\begin{vmatrix} a & b & 0 \\ -b & a & 0 \\ -1 & 0 & -1 \end{vmatrix}=0$，则（　　）.

A. $a=0,b=0$.　　B. $a=1,b=0$.　　C. $a=-1,b=0$.

D. $a=0,b=1$.　　E. $a=1,b=1$.

1.33 4 阶行列式 $\begin{vmatrix} a_1 & 0 & 0 & b_1 \\ 0 & a_2 & b_2 & 0 \\ 0 & b_3 & a_3 & 0 \\ b_4 & 0 & 0 & a_4 \end{vmatrix}$ 的值等于(　　).

A. $a_1a_2a_3a_4-b_1b_2b_3b_4$.
B. $a_1a_2a_3a_4+b_1b_2b_3b_4$.
C. $(a_1a_2-b_1b_2)(a_3a_4-b_3b_4)$.
D. $(a_2a_3-b_2b_3)(a_1a_4-b_1b_4)$.
E. $(a_2a_3+b_2b_3)(a_1a_4+b_1b_4)$.

1.34 若行列式 $\begin{vmatrix} x & 3 & 1 \\ y & 0 & -2 \\ z & 2 & -1 \end{vmatrix}=1$,则 $\begin{vmatrix} x+2 & y-4 & z-2 \\ 3 & 0 & 2 \\ 1 & -2 & -1 \end{vmatrix}=$(　　).

A. -2.　B. -1.　C. 0.　D. 1.　E. 2.

1.35 设 $f(x)=\begin{vmatrix} 2 & 3 & 2 \\ -1 & 0 & x \\ 1 & 5 & 2 \end{vmatrix}=a_1x+a_0$,则 $a_0=$(　　).

A. -7.　B. -4.　C. 0.　D. 4.　E. 7.

1.36 行列式 $\begin{vmatrix} a_{11} & a_{12} & a_{13} \\ a_{21} & a_{22} & a_{23} \\ a_{31} & a_{32} & a_{33} \end{vmatrix}$ 中 a_{22} 的代数余子式为(　　).

A. $\begin{vmatrix} a_{22} & a_{23} \\ a_{32} & a_{33} \end{vmatrix}$.　B. $-\begin{vmatrix} a_{11} & a_{13} \\ a_{31} & a_{33} \end{vmatrix}$.　C. $\begin{vmatrix} a_{11} & a_{13} \\ a_{31} & a_{33} \end{vmatrix}$.　D. $-\begin{vmatrix} a_{21} & a_{22} \\ a_{31} & a_{32} \end{vmatrix}$.　E. $-\begin{vmatrix} a_{11} & a_{12} \\ a_{21} & a_{22} \end{vmatrix}$.

1.37 设行列式 $A=\begin{vmatrix} 2 & 0 & 8 \\ -3 & 1 & 5 \\ 2 & 9 & 7 \end{vmatrix}$,则代数余子式 $A_{12}=$(　　).

A. -31.　B. 31.　C. 0.　D. 11.　E. -11.

1.38 行列式 $\begin{vmatrix} -3 & 1 & 4 \\ 5 & 0 & 3 \\ 2 & -2 & 1 \end{vmatrix}$ 中元素 a_{13} 的代数余子式 $A_{13}=$(　　).

A. -40.　B. -10.　C. 9.　D. 10.　E. 40.

1.39 设矩阵 $\boldsymbol{A}=\begin{pmatrix} 1 & 2 & 3 \\ 4 & 5 & 6 \\ 7 & 0 & 9 \end{pmatrix}$,则 $\boldsymbol{A}^*$ 中位于第 2 行第 3 列的元素是(　　).

A. -14.　B. -6.　C. 6.　D. 12.　E. 14.

1.40 设矩阵$\boldsymbol{A}=\begin{pmatrix}1&2&0\\1&2&0\\0&0&3\end{pmatrix}$，则$\boldsymbol{A}^*$中位于第1行第2列的元素是（　　）.

A. -6.　　B. -3.　　C. 1.　　D. 3.　　E. 6.

1.41 计算行列式$\begin{vmatrix}3&0&-2&0\\2&10&5&0\\0&0&-2&0\\-2&3&-2&3\end{vmatrix}=$（　　）.

A. -180.　　B. -120.　　C. 0.　　D. 120.　　E. 180.

1.42 设3阶行列式$\begin{vmatrix}a_{11}&a_{12}&a_{13}\\a_{21}&a_{22}&a_{23}\\1&1&1\end{vmatrix}=2$，若元素$a_{ij}$的代数余子式为$A_{ij}(i,j=1,2,3)$，则$A_{31}+A_{32}+A_{33}=$（　　）.

A. -2.　　B. -1.　　C. 0.　　D. 1.　　E. 2.

1.43 4阶行列式$D=\begin{vmatrix}1&0&4&0\\2&-1&-1&2\\0&-6&0&0\\2&4&-1&2\end{vmatrix}$，则第四行各元素代数余子式之和，即$A_{41}+A_{42}+A_{43}+A_{44}=$（　　）.

A. -18.　　B. -12.　　C. -9.　　D. -6.　　E. -3.

1.44 设$D=\begin{vmatrix}x&0&0&-x\\1&x&2&-1\\1&2&3&4\\2&-x&0&x\end{vmatrix}$，$M_{3k}(k=1,2,3,4)$是$D$中第3行第$k$列元素的余子式. 令$f(x)=M_{31}+M_{32}+M_{34}$，则$f(-1)=$（　　）.

A. -2.　　B. -1.　　C. 0.　　D. 1.　　E. 2.

1.45 行列式$\begin{vmatrix}1&0&0\\0&1&0\\0&0&-2\end{vmatrix}$的所有元素的代数余子式之和是（　　）.

A. 0.　　B. -1.　　C. -2.　　D. -3.　　E. -4.

1.46 多项式$f(x)=\begin{vmatrix}x&-1&0\\2&2&3\\-2&5&4\end{vmatrix}$的常数项是（　　）.

A. -14.　　B. -7.　　C. 6.　　D. 7.　　E. 14.

1.47 多项式 $f(x)=\begin{vmatrix}1&2&3&x\\1&2&x&3\\1&x&2&3\\x&1&2&x\end{vmatrix}$ 中 x^4 与 x^3 的系数依次为(　　).

A. $-1,-1$.　B. $1,-1$.　C. $-1,1$.　D. $1,1$.　E. $1,2$.

1.48 设 $f(x)=\begin{vmatrix}x-2&x-1&x-2\\2x-2&2x-1&2x-2\\3x-2&3x-2&3x-5\end{vmatrix}$,则方程 $f(x)=0$ 的根的个数为(　　).

A. 0.　B. 1.　C. 2.　D. 3.　E. 以上都不正确.

1.49 齐次方程组 $\begin{cases}kx+ky+z=0,\\2x+ky+z=0,\\kx-2y+z=0\end{cases}$ 只有零解,则 k 的取值为(　　).

A. $k=2$ 或 $k=-2$.　B. $k\neq 2$.　C. $k\neq -2$.

D. $k\neq 2$ 且 $k\neq -2$.　E. 以上都不正确.

1.50 若方程组 $\begin{cases}kx+z=0,\\2x+ky+z=0,\\kx-2y+z=0\end{cases}$ 仅有零解,则 $k\neq$(　　).

A. -2.　B. -1.　C. 0.　D. 1.　E. 2.

1.51 若方程组 $\begin{cases}ax_1+2x_2-2x_3=0,\\-2x_1+x_3=0,\\-x_2+x_3=0\end{cases}$ 有无穷多解,则 $a=$(　　).

A. 1.　B. 0.　C. 3.　D. -1.　E. -3.

1.52 设齐次线性方程组 $\begin{cases}2x_1+x_2+x_3=0,\\kx_1+x_2+x_3=0,\\x_1-x_2+x_3=0\end{cases}$ 有非零解,则 $k=$(　　).

A. -2.　B. -1.　C. 0.　D. 1.　E. 2.

第二章　矩阵

本章考点

一、矩阵的加法、减法、数乘
二、矩阵的乘法和转置
三、方阵的性质
四、逆矩阵和伴随矩阵
五、矩阵的初等变换和秩数
六、简单的矩阵方程

2.1 设 $\boldsymbol{A}$ 为 n 阶方阵，则下列结论中不正确的是(　　).

A. $\boldsymbol{A}^{\mathrm{T}}\boldsymbol{A}$ 是对称矩阵.　　B. $\boldsymbol{A}\boldsymbol{A}^{\mathrm{T}}$ 是对称矩阵.　　C. $\boldsymbol{E}+\boldsymbol{A}^{\mathrm{T}}$ 是对称矩阵.
D. $\boldsymbol{A}+\boldsymbol{A}^{\mathrm{T}}$ 是对称矩阵.　　E. $\boldsymbol{E}+\boldsymbol{A}^{\mathrm{T}}\boldsymbol{A}$ 是对称矩阵.

2.2 设 $\boldsymbol{A}$ 是 $s\times n$ 矩阵($s\neq n$)，则以下关于矩阵 $\boldsymbol{A}$ 的叙述正确的是(　　).

A. $\boldsymbol{A}^{\mathrm{T}}\boldsymbol{A}$ 是 $s\times s$ 对称矩阵.　　B. $\boldsymbol{A}^{\mathrm{T}}\boldsymbol{A}=\boldsymbol{A}\boldsymbol{A}^{\mathrm{T}}$.　　C. $(\boldsymbol{A}^{\mathrm{T}}\boldsymbol{A})^{\mathrm{T}}=\boldsymbol{A}\boldsymbol{A}^{\mathrm{T}}$.
D. $\boldsymbol{A}\boldsymbol{A}^{\mathrm{T}}$ 是 $s\times s$ 对称矩阵.　　E. $(\boldsymbol{A}\boldsymbol{A}^{\mathrm{T}})^{\mathrm{T}}=\boldsymbol{A}^{\mathrm{T}}\boldsymbol{A}$.

2.3 $\boldsymbol{A}=\begin{pmatrix}0&a&0\\1&0&1\\b&c&0\end{pmatrix}$ 为反对称矩阵，则必有(　　).

A. $a=b=-1,c=0$.　　B. $a=b=0,c=-1$.　　C. $a=c=-1,b=0$.
D. $a=c=0,b=-1$.　　E. $b=c=-1,a=0$.

2.4 设 $\boldsymbol{A}$ 为 n 阶对称矩阵，$\boldsymbol{B}$ 为 n 阶反对称矩阵，则下列矩阵中为反对称矩阵的是(　　).

A. $\boldsymbol{AB}-\boldsymbol{BA}$.　　B. $\boldsymbol{AB}+\boldsymbol{BA}$.　　C. $\boldsymbol{AB}$.
D. $\boldsymbol{BA}$.　　E. $-\boldsymbol{AB}$.

2.5 若 $\boldsymbol{A}=\begin{pmatrix}1&0&x\\2&1&1\end{pmatrix}$，$\boldsymbol{B}=\begin{pmatrix}2&0&2\\4&2&y\end{pmatrix}$，且 $2\boldsymbol{A}=\boldsymbol{B}$，则(　　).

A. $x=1,y=2$.　　B. $x=2,y=1$.　　C. $x=1,y=1$.
D. $x=2,y=2$.　　E. 以上都不正确.

2.6 下列等式中，正确的是(　　).

A. $2\begin{pmatrix}1\\0\end{pmatrix}=2$.　　B. $2\begin{pmatrix}1&0&0\\0&2&1\end{pmatrix}=\begin{pmatrix}2&0&0\\0&0&1\end{pmatrix}$.　　C. $5\begin{pmatrix}1&0\\0&2\end{pmatrix}=10$.

D. $3\begin{pmatrix}1&2&3\\4&5&6\end{pmatrix}=\begin{pmatrix}3&5&9\\4&5&6\end{pmatrix}$.　　E. $-\begin{pmatrix}1&2&0\\0&-3&-5\end{pmatrix}=\begin{pmatrix}-1&-2&0\\0&3&5\end{pmatrix}$.

2.7 设矩阵 $\boldsymbol{\alpha}=\begin{pmatrix}1\\-1\end{pmatrix}$，$\boldsymbol{\beta}=\begin{pmatrix}1\\1\end{pmatrix}$，则 $\boldsymbol{\alpha\beta}^{\mathrm{T}}=$(　　).

A. 0.　　B. 2.　　C. $(1,-1)$.　　D. $\begin{pmatrix}1\\-1\end{pmatrix}$.　　E. $\begin{pmatrix}1&1\\-1&-1\end{pmatrix}$.

2.8 设 $\boldsymbol{A}$ 是 $k\times l$ 矩阵，$\boldsymbol{B}$ 是 $m\times n$ 矩阵，如果 $\boldsymbol{AC}^{\mathrm{T}}\boldsymbol{B}$ 有意义，则矩阵 $\boldsymbol{C}$ 的阶数为(　　).

A. $k\times m$.　　B. $k\times n$.　　C. $n\times k$.　　D. $m\times l$.　　E. $l\times m$.

2.9 设 $\boldsymbol{A}$ 是 n 阶方阵，$\boldsymbol{x}$ 是 $n\times 1$ 矩阵，则下列矩阵运算中正确的是(　　).

A. $\boldsymbol{x}^{\mathrm{T}}\boldsymbol{Ax}$.　　B. $\boldsymbol{xAx}$.　　C. $\boldsymbol{x}^{\mathrm{T}}\boldsymbol{A}^{\mathrm{T}}\boldsymbol{x}^{\mathrm{T}}$.　　D. $\boldsymbol{xAx}^{\mathrm{T}}$.　　E. $\boldsymbol{x}^{\mathrm{T}}\boldsymbol{Ax}^{\mathrm{T}}$.

2.10 设 $\boldsymbol{A},\boldsymbol{B}$ 为 n 阶方阵，满足等式 $\boldsymbol{AB}=\boldsymbol{O}$，则必有(　　).

A. $\boldsymbol{A}=\boldsymbol{O}$ 或 $\boldsymbol{B}=\boldsymbol{O}$.　　B. $\boldsymbol{A}+\boldsymbol{B}=\boldsymbol{O}$.　　C. $|\boldsymbol{A}|=0$ 或 $|\boldsymbol{B}|=0$.

D. $|\boldsymbol{A}|+|\boldsymbol{B}|=0$.　　E. $|\boldsymbol{A}|-|\boldsymbol{B}|=0$.

2.11 已知 $\boldsymbol{A},\boldsymbol{B},\boldsymbol{C}$ 是同阶方阵，下列说法错误的是(　　).

A. $\boldsymbol{A}+\boldsymbol{B}=\boldsymbol{B}+\boldsymbol{A}$.　　B. $(\boldsymbol{AB})\boldsymbol{C}=\boldsymbol{A}(\boldsymbol{BC})$.　　C. $(\boldsymbol{A}+\boldsymbol{B})\boldsymbol{C}=\boldsymbol{AC}+\boldsymbol{BC}$.

D. $\boldsymbol{A}(\boldsymbol{B}+\boldsymbol{C})=\boldsymbol{AB}+\boldsymbol{AC}$.　　E. $(\boldsymbol{AB})^2=\boldsymbol{A}^2\boldsymbol{B}^2$.

2.12 设 $\boldsymbol{A},\boldsymbol{B}$ 是任意的 n 阶方阵，下列命题正确的是(　　).

A. $(\boldsymbol{A}+\boldsymbol{B})^2=\boldsymbol{A}^2+2\boldsymbol{AB}+\boldsymbol{B}^2$.　　B. $(\boldsymbol{A}+\boldsymbol{B})(\boldsymbol{A}-\boldsymbol{B})=\boldsymbol{A}^2-\boldsymbol{B}^2$.

C. $(\boldsymbol{AB})^2=\boldsymbol{A}^2\boldsymbol{B}^2$.　　D. $(\boldsymbol{A}+\boldsymbol{E})(\boldsymbol{B}+\boldsymbol{E})=(\boldsymbol{B}+\boldsymbol{E})(\boldsymbol{A}+\boldsymbol{E})$.

E. $(\boldsymbol{A}-\boldsymbol{E})(\boldsymbol{A}+\boldsymbol{E})=(\boldsymbol{A}+\boldsymbol{E})(\boldsymbol{A}-\boldsymbol{E})$.

2.13 设 $\boldsymbol{A},\boldsymbol{B}$ 均为 n 阶矩阵，下列各式恒成立的是(　　).

A. $\boldsymbol{AB}=\boldsymbol{BA}$.　　B. $(\boldsymbol{AB})^{\mathrm{T}}=\boldsymbol{B}^{\mathrm{T}}\boldsymbol{A}^{\mathrm{T}}$.

C. $(\boldsymbol{A}+\boldsymbol{B})^2=\boldsymbol{A}^2+2\boldsymbol{AB}+\boldsymbol{B}^2$.　　D. $(\boldsymbol{A}+\boldsymbol{B})(\boldsymbol{A}-\boldsymbol{B})=\boldsymbol{A}^2-\boldsymbol{B}^2$.

E. $(\boldsymbol{A}+\boldsymbol{E})(\boldsymbol{B}+\boldsymbol{E})=(\boldsymbol{B}+\boldsymbol{E})(\boldsymbol{A}+\boldsymbol{E})$.

2.14 设 $\boldsymbol{A},\boldsymbol{B}$ 为 n 阶方阵，且 $\boldsymbol{A}^{\mathrm{T}}=-\boldsymbol{A}$，$\boldsymbol{B}^{\mathrm{T}}=\boldsymbol{B}$，则下列命题正确的是(　　).

A. $(\boldsymbol{A}+\boldsymbol{B})^{\mathrm{T}}=\boldsymbol{A}+\boldsymbol{B}$.　　B. $(\boldsymbol{A}+\boldsymbol{B})^{\mathrm{T}}=\boldsymbol{A}-\boldsymbol{B}$.　　C. $(\boldsymbol{AB})^{\mathrm{T}}=-\boldsymbol{AB}$.

D. $\boldsymbol{A}^2$ 是对称矩阵.　　E. $\boldsymbol{B}^2+\boldsymbol{A}$ 是对称阵.

2.15 设$\boldsymbol{A},\boldsymbol{B}$均为$n$阶矩阵，$(\boldsymbol{A}+\boldsymbol{B})(\boldsymbol{A}-\boldsymbol{B})=\boldsymbol{A}^2-\boldsymbol{B}^2$的充分必要条件是(　　).

A. $\boldsymbol{A}=\boldsymbol{O}$.　　B. $\boldsymbol{A}=\boldsymbol{E}$.　　C. $\boldsymbol{B}=\boldsymbol{O}$.　　D. $\boldsymbol{A}=\boldsymbol{B}$.　　E. $\boldsymbol{AB}=\boldsymbol{BA}$.

2.16 设$\boldsymbol{A},\boldsymbol{B}$均为$n$阶矩阵，$\boldsymbol{A}\neq\boldsymbol{O}$且$\boldsymbol{AB}=\boldsymbol{O}$，则下述结论必成立的是(　　).

A. $\boldsymbol{B}=\boldsymbol{O}$.　　B. $\boldsymbol{B}\neq\boldsymbol{O}$.　　C. $\boldsymbol{BA}=\boldsymbol{O}$.

D. $(\boldsymbol{A}+\boldsymbol{B})(\boldsymbol{A}-\boldsymbol{B})=\boldsymbol{A}^2-\boldsymbol{B}^2$.　　E. $(\boldsymbol{A}-\boldsymbol{B})^2=\boldsymbol{A}^2-\boldsymbol{BA}+\boldsymbol{B}^2$.

2.17 设n维行向量$\boldsymbol{\alpha}=\left(\frac{1}{2},0,\cdots,0,\frac{1}{2}\right)$，矩阵$\boldsymbol{A}=\boldsymbol{E}-\boldsymbol{\alpha}^{\mathrm{T}}\boldsymbol{\alpha}$，$\boldsymbol{B}=\boldsymbol{E}+2\boldsymbol{\alpha}^{\mathrm{T}}\boldsymbol{\alpha}$，其中$\boldsymbol{E}$为$n$阶单位矩阵，则$\boldsymbol{AB}=$(　　).

A. $\boldsymbol{O}$.　　B. $\boldsymbol{E}$.　　C. $-\boldsymbol{E}$.　　D. $\boldsymbol{E}+\boldsymbol{\alpha}^{\mathrm{T}}\boldsymbol{\alpha}$.　　E. $\boldsymbol{E}-\boldsymbol{\alpha}^{\mathrm{T}}\boldsymbol{\alpha}$.

2.18 设$\boldsymbol{A}$为n阶矩阵，如果$\boldsymbol{A}=\frac{1}{2}\boldsymbol{E}$，则$|\boldsymbol{A}|=$(　　).

A. $\frac{1}{2^{n+1}}$.　　B. $\frac{1}{2^n}$.　　C. $\frac{1}{2^{n-1}}$.　　D. $\frac{1}{2}$.　　E. 2.

2.19 设3阶方阵$\boldsymbol{A}$的行列式的值为2，则$\left|-\frac{1}{2}\boldsymbol{A}\right|=$(　　).

A. -1.　　B. $-\frac{1}{4}$.　　C. $\frac{1}{2}$.　　D. $\frac{1}{4}$.　　E. 1.

2.20 若$\boldsymbol{A}$为3阶方阵且$|\boldsymbol{A}^{-1}|=2$，则$|2\boldsymbol{A}|=$(　　).

A. $\frac{1}{4}$.　　B. $\frac{1}{2}$.　　C. 2.　　D. 4.　　E. 8.

2.21 设$\boldsymbol{A}$为3阶方阵，且$|\boldsymbol{A}|=2$，则$|-2\boldsymbol{A}|=$(　　).

A. -16.　　B. -4.　　C. 0.　　D. 4.　　E. 16.

2.22 设$\boldsymbol{A}$为2阶方阵，且$|\boldsymbol{A}|=4$，则$|-2\boldsymbol{A}|=$(　　).

A. -32.　　B. -8.　　C. 8.　　D. 16.　　E. 32.

2.23 设$\boldsymbol{A}$为3阶矩阵，且$|\boldsymbol{A}^{-1}|=3$，则$|-3\boldsymbol{A}|=$(　　).

A. -9.　　B. -1.　　C. 0.　　D. 1.　　E. 9.

2.24 已知$\boldsymbol{A}$是3阶矩阵，且$|\boldsymbol{A}|=-3$，$\boldsymbol{A}^{\mathrm{T}}$是$\boldsymbol{A}$的转置矩阵，则$\left|\frac{1}{2}\boldsymbol{A}^{\mathrm{T}}\right|=$(　　).

A. $\frac{3}{2}$.　　B. $-\frac{3}{2}$.　　C. $\frac{3}{4}$.　　D. $\frac{3}{8}$.　　E. $-\frac{3}{8}$.

2.25 设$\boldsymbol{A}$为3阶矩阵，$|\boldsymbol{A}|=1$，则$|-2\boldsymbol{A}^{\mathrm{T}}|=$(　　).

A. -8.　　B. -4.　　C. -2.　　D. 2.　　E. 8.

2.26 设 $\boldsymbol{A}$ 是 4 阶方阵，且 $|\boldsymbol{A}|=4$，则 $|4\boldsymbol{A}^{\mathrm{T}}|=$（　　）.

A. 4^2.　　B. 4^4.　　C. 4^5.　　D. 4^6.　　E. 4^7.

2.27 设矩阵 $\boldsymbol{A}$ 是 2 阶方阵，且 $|\boldsymbol{A}|=3$，则 $|5\boldsymbol{A}^{\mathrm{T}}|=$（　　）.

A. 3.　　B. 15.　　C. 25.　　D. 45.　　E. 75.

2.28 设 $\boldsymbol{A}$ 为 3 阶矩阵，且 $|\boldsymbol{A}|=3$，则 $|(-\boldsymbol{A})^{-1}|=$（　　）.

A. -3.　　B. $-\frac{1}{3}$.　　C. 0.　　D. $\frac{1}{3}$.　　E. 3.

2.29 设 $\boldsymbol{A}=\begin{pmatrix}1&0&-1\\3&5&0\\0&4&1\end{pmatrix}$，则 $|\boldsymbol{A}\boldsymbol{A}^{\mathrm{T}}|=$（　　）.

A. -49.　　B. -7.　　C. 7.　　D. 17.　　E. 49.

2.30 设 $\boldsymbol{A}$ 为 3 阶方阵，$\boldsymbol{B}$ 为 4 阶方阵，且行列式 $|\boldsymbol{A}|=1$，$|\boldsymbol{B}|=-2$，则行列式 $||\boldsymbol{B}|\boldsymbol{A}|$ 之值为（　　）.

A. -8.　　B. -2.　　C. 2.　　D. 4.　　E. 8.

2.31 已知 $\boldsymbol{A},\boldsymbol{B}$ 为 3 阶方阵，且 $|\boldsymbol{A}|=-3$，$|\boldsymbol{B}|=2$，则 $|2(\boldsymbol{A}^{\mathrm{T}}\boldsymbol{B}^{-1})^2|=$（　　）.

A. $-\frac{9}{2}$.　　B. $\frac{9}{2}$.　　C. 0.　　D. -18.　　E. 18.

2.32 设 $\boldsymbol{A}$ 和 $\boldsymbol{B}$ 均为 n 阶矩阵（$n>1$），m 是大于 1 的整数，则必有（　　）.

A. $(\boldsymbol{A}\boldsymbol{B})^{\mathrm{T}}=\boldsymbol{A}^{\mathrm{T}}\boldsymbol{B}^{\mathrm{T}}$.　　B. $(\boldsymbol{A}\boldsymbol{B})^m=\boldsymbol{A}^m\boldsymbol{B}^m$.　　C. $|\boldsymbol{A}\boldsymbol{B}^{\mathrm{T}}|=|\boldsymbol{A}^{\mathrm{T}}||\boldsymbol{B}^{\mathrm{T}}|$.

D. $|\boldsymbol{A}+\boldsymbol{B}|=|\boldsymbol{A}|+|\boldsymbol{B}|$.　　E. $|\boldsymbol{A}+\boldsymbol{B}|^2=(|\boldsymbol{A}|+|\boldsymbol{B}|)^2$

2.33 设 $\boldsymbol{A},\boldsymbol{B}$ 均为 n 阶方阵，则下列结论中正确的是（　　）.

A. 若 $|\boldsymbol{A}\boldsymbol{B}|=0$，则 $\boldsymbol{A}=\boldsymbol{O}$ 或 $\boldsymbol{B}=\boldsymbol{O}$.　　B. 若 $|\boldsymbol{A}\boldsymbol{B}|=0$，则 $|\boldsymbol{A}|=0$ 或 $|\boldsymbol{B}|=0$.

C. 若 $\boldsymbol{A}\boldsymbol{B}=\boldsymbol{O}$，则 $\boldsymbol{A}=\boldsymbol{O}$ 或 $\boldsymbol{B}=\boldsymbol{O}$.　　D. 若 $\boldsymbol{A}\boldsymbol{B}\neq\boldsymbol{O}$，则 $|\boldsymbol{A}|\neq 0$ 或 $|\boldsymbol{B}|\neq 0$.

E. 若 $|\boldsymbol{A}\boldsymbol{B}|\neq 0$，则 $|\boldsymbol{A}|\neq 0$ 或 $|\boldsymbol{B}|\neq 0$.

2.34 设矩阵 $\boldsymbol{A}=\begin{pmatrix}1&0&0\\0&\frac{1}{2}&0\\0&0&\frac{1}{3}\end{pmatrix}$，则 $\boldsymbol{A}^{-1}=$（　　）.

A. $\begin{pmatrix}0&0&1\\0&2&0\\3&0&0\end{pmatrix}$.　B. $\begin{pmatrix}0&0&3\\0&2&0\\1&0&0\end{pmatrix}$.　C. $\begin{pmatrix}0&0&\frac{1}{3}\\0&\frac{1}{2}&0\\1&0&0\end{pmatrix}$.　D. $\begin{pmatrix}1&0&0\\0&2&0\\0&0&3\end{pmatrix}$.　E. $\begin{pmatrix}3&0&0\\0&2&0\\0&0&1\end{pmatrix}$.

2.35 设矩阵 $\boldsymbol{A}=\begin{pmatrix}a & b\\ c & d\end{pmatrix}$，且 $ad-bc=1$，则 $\boldsymbol{A}^{-1}=$（　　）.

A. $\begin{pmatrix}d & -b\\ -c & a\end{pmatrix}$.　B. $\begin{pmatrix}d & -c\\ -b & a\end{pmatrix}$.　C. $\begin{pmatrix}d & c\\ b & a\end{pmatrix}$.　D. $\begin{pmatrix}a & -b\\ -c & d\end{pmatrix}$.　E. $\begin{pmatrix}a & -c\\ -b & d\end{pmatrix}$.

2.36 若矩阵 $\boldsymbol{A}$ 满足 $\boldsymbol{A}^2-5\boldsymbol{A}=\boldsymbol{E}$，则矩阵 $(\boldsymbol{A}-5\boldsymbol{E})^{-1}=$（　　）.

A. $\boldsymbol{A}-5\boldsymbol{E}$.　B. $\boldsymbol{A}+5\boldsymbol{E}$.　C. $\boldsymbol{A}$.　D. $-\boldsymbol{A}$.　E. $\boldsymbol{A}$ 或 $-\boldsymbol{A}$.

2.37 已知 $\boldsymbol{A}^2+\boldsymbol{A}+\boldsymbol{E}=\boldsymbol{O}$，则矩阵 $\boldsymbol{A}^{-1}=$（　　）.

A. $\boldsymbol{A}+\boldsymbol{E}$.　B. $\boldsymbol{A}-\boldsymbol{E}$.　C. $-\boldsymbol{A}-\boldsymbol{E}$.
D. $-\boldsymbol{A}+\boldsymbol{E}$.　E. $\boldsymbol{A}+\boldsymbol{E}$ 或 $-\boldsymbol{A}+\boldsymbol{E}$.

2.38 已知 $\boldsymbol{A}^2+\boldsymbol{A}-\boldsymbol{E}=\boldsymbol{O}$，则矩阵 $\boldsymbol{A}^{-1}=$（　　）.

A. $\boldsymbol{A}-\boldsymbol{E}$.　B. $-\boldsymbol{A}-\boldsymbol{E}$.　C. $\boldsymbol{A}+\boldsymbol{E}$.
D. $-\boldsymbol{A}+\boldsymbol{E}$.　E. $\boldsymbol{A}-\boldsymbol{E}$ 或 $-\boldsymbol{A}+\boldsymbol{E}$.

2.39 设矩阵 $\boldsymbol{A},\boldsymbol{B},\boldsymbol{C},\boldsymbol{X}$ 均为 n 阶方阵，且 $\boldsymbol{A},\boldsymbol{B}$ 可逆，$\boldsymbol{AXB}=\boldsymbol{C}$，则矩阵 $\boldsymbol{X}=$（　　）.

A. $\boldsymbol{A}^{-1}\boldsymbol{C}\boldsymbol{B}^{-1}$.　B. $\boldsymbol{B}^{-1}\boldsymbol{C}\boldsymbol{A}^{-1}$.　C. $\boldsymbol{C}\boldsymbol{A}^{-1}\boldsymbol{B}^{-1}$.　D. $\boldsymbol{C}\boldsymbol{B}^{-1}\boldsymbol{A}^{-1}$.　E. $\boldsymbol{B}^{-1}\boldsymbol{A}^{-1}\boldsymbol{C}$.

2.40 设矩阵 $\boldsymbol{A},\boldsymbol{B},\boldsymbol{X}$ 均为 n 阶方阵，且 $\boldsymbol{A},\boldsymbol{B}$ 可逆，若 $\boldsymbol{A}(\boldsymbol{X}-\boldsymbol{E})\boldsymbol{B}=\boldsymbol{B}$，则矩阵 $\boldsymbol{X}=$（　　）.

A. $\boldsymbol{E}+\boldsymbol{A}^{-1}$.　B. $\boldsymbol{E}+\boldsymbol{A}$.　C. $\boldsymbol{E}+\boldsymbol{B}^{-1}$.　D. $\boldsymbol{E}+\boldsymbol{B}$.　E. $\boldsymbol{E}+\boldsymbol{B}\boldsymbol{A}^{-1}\boldsymbol{B}^{-1}$.

2.41 设 $\boldsymbol{A},\boldsymbol{B}$ 均为 n 阶可逆矩阵，则必有（　　）.

A. $\boldsymbol{A}+\boldsymbol{B}$ 可逆.　B. $\boldsymbol{AB}$ 可逆.　C. $\boldsymbol{A}-\boldsymbol{B}$ 可逆.
D. $\boldsymbol{AB}+\boldsymbol{BA}$ 可逆.　E. $\boldsymbol{AB}-\boldsymbol{BA}$ 可逆.

2.42 设 n 阶矩阵 $\boldsymbol{A},\boldsymbol{B},\boldsymbol{C}$ 满足 $\boldsymbol{ABC}=\boldsymbol{E}$，则（　　）.

A. $\boldsymbol{A}^{-1}=\boldsymbol{B}^{-1}\boldsymbol{C}^{-1}$.　B. $\boldsymbol{A}^{-1}=\boldsymbol{C}^{-1}\boldsymbol{B}^{-1}$.　C. $\boldsymbol{B}^{-1}=\boldsymbol{CA}$.
D. $\boldsymbol{B}^{-1}=\boldsymbol{AC}$.　E. $\boldsymbol{B}^{-1}=\boldsymbol{C}^{-1}\boldsymbol{A}^{-1}$.

2.43 设 $\boldsymbol{A},\boldsymbol{B},\boldsymbol{C}$ 均为 n 阶方阵，满足 $\boldsymbol{ABC}=\boldsymbol{E}$，则必有（　　）.

A. $\boldsymbol{ACB}=\boldsymbol{E}$.　B. $\boldsymbol{CBA}=\boldsymbol{E}$.　C. $\boldsymbol{BCA}=\boldsymbol{E}$.　D. $\boldsymbol{BAC}=\boldsymbol{E}$.　E. 以上都不正确.

2.44 设 $\boldsymbol{A},\boldsymbol{B},\boldsymbol{C}$ 均为 n 阶方阵，$\boldsymbol{AB}=\boldsymbol{BA}$，$\boldsymbol{AC}=\boldsymbol{CA}$，则 $\boldsymbol{ABC}=$（　　）.

A. $\boldsymbol{ACB}$.　B. $\boldsymbol{CAB}$.　C. $\boldsymbol{CBA}$.　D. $\boldsymbol{BCA}$.　E. 以上都不正确.

2.45 设 $\boldsymbol{A},\boldsymbol{B},\boldsymbol{X},\boldsymbol{Y}$ 都是 n 阶方阵，则下面等式正确的是（　　）.

A. 若 $\boldsymbol{A}^2=\boldsymbol{O}$，则 $\boldsymbol{A}=\boldsymbol{O}$.　B. $(\boldsymbol{AB})^2=\boldsymbol{A}^2\boldsymbol{B}^2$.　C. 若 $\boldsymbol{AX}=\boldsymbol{AY}$，则 $\boldsymbol{X}=\boldsymbol{Y}$.
D. 若 $\boldsymbol{A}^{\mathrm{T}}\boldsymbol{X}=\boldsymbol{A}^{\mathrm{T}}\boldsymbol{Y}$，则 $\boldsymbol{X}=\boldsymbol{Y}$.　E. 若 $\boldsymbol{A}+\boldsymbol{X}=\boldsymbol{B}$，则 $\boldsymbol{X}=\boldsymbol{B}-\boldsymbol{A}$.

2.46 设 $\boldsymbol{A}$ 是 n 阶矩阵,$\boldsymbol{O}$ 是 n 阶零矩阵,且 $\boldsymbol{A}^2-\boldsymbol{E}=\boldsymbol{O}$,则必有(　　).

A. $\boldsymbol{A}=\boldsymbol{A}^{-1}$.　　B. $\boldsymbol{A}=-\boldsymbol{E}$.　　C. $\boldsymbol{A}=\boldsymbol{E}$.

D. $\boldsymbol{A}=\boldsymbol{E}$ 或 $\boldsymbol{A}=-\boldsymbol{E}$.　　E. $|\boldsymbol{A}|=1$.

2.47 设 $\boldsymbol{A}$ 为 n 阶可逆阵,则下列恒成立的是(　　).

A. $(2\boldsymbol{A})^{-1}=2\boldsymbol{A}^{-1}$.　　B. $(2\boldsymbol{A})^{-1}=\frac{1}{2}\boldsymbol{A}^{\mathrm{T}}$.　　C. $(2\boldsymbol{A}^{-1})^{\mathrm{T}}=(2\boldsymbol{A}^{\mathrm{T}})^{-1}$.

D. $[(\boldsymbol{A}^{-1})^{-1}]^{\mathrm{T}}=[(\boldsymbol{A}^{\mathrm{T}})^{-1}]^{-1}$.　　E. $[(\boldsymbol{A}^{\mathrm{T}})^{\mathrm{T}}]^{-1}=[(\boldsymbol{A}^{-1})^{-1}]^{\mathrm{T}}$.

2.48 设 $\boldsymbol{A}$ 为 3 阶矩阵,$\boldsymbol{E}$ 为 3 阶单位矩阵,且 $(\boldsymbol{A}-\boldsymbol{E})^{-1}=\boldsymbol{A}^2+\boldsymbol{A}+\boldsymbol{E}$,则 $|\boldsymbol{A}|=$(　　).

A. 0.　　B. 1.　　C. 2.　　D. 4.　　E. 8.

2.49 设 $\boldsymbol{A},\boldsymbol{B}$ 均为 n 阶可逆矩阵,且 $\boldsymbol{C}=\begin{pmatrix}\boldsymbol{O}&\boldsymbol{B}\\\boldsymbol{A}&\boldsymbol{O}\end{pmatrix}$,则 $\boldsymbol{C}^{-1}=$(　　).

A. $\begin{pmatrix}\boldsymbol{B}^{-1}&\boldsymbol{O}\\\boldsymbol{O}&\boldsymbol{A}^{-1}\end{pmatrix}$. B. $\begin{pmatrix}\boldsymbol{O}&\boldsymbol{B}^{-1}\\\boldsymbol{A}^{-1}&\boldsymbol{O}\end{pmatrix}$. C. $\begin{pmatrix}\boldsymbol{O}&\boldsymbol{A}^{-1}\\\boldsymbol{B}^{-1}&\boldsymbol{O}\end{pmatrix}$. D. $\begin{pmatrix}\boldsymbol{A}^{-1}&\boldsymbol{O}\\\boldsymbol{O}&\boldsymbol{B}^{-1}\end{pmatrix}$. E. 以上都不正确.

2.50 设 $\boldsymbol{A}=\begin{pmatrix}1&2\\3&4\end{pmatrix}$,则 $|2\boldsymbol{A}^*|=$(　　).

A. -8.　　B. -4.　　C. 2.　　D. 4.　　E. 8.

2.51 设 $\boldsymbol{A}$ 为 2 阶可逆矩阵,若 $\boldsymbol{A}^{-1}=\begin{pmatrix}1&3\\2&5\end{pmatrix}$,则 $\boldsymbol{A}^*=$(　　).

A. $\begin{pmatrix}-1&-3\\-2&-5\end{pmatrix}$.　B. $\begin{pmatrix}1&3\\2&5\end{pmatrix}$.　C. $\begin{pmatrix}5&-3\\-2&1\end{pmatrix}$.　D. $\begin{pmatrix}-5&3\\2&-1\end{pmatrix}$.　E. $\begin{pmatrix}-5&-3\\-2&-1\end{pmatrix}$.

2.52 矩阵 $\begin{bmatrix}0&0&a\\0&b&0\\c&0&0\end{bmatrix}$ 的伴随矩阵为(　　).

A. $\begin{bmatrix}0&0&-a\\0&-b&0\\-c&0&0\end{bmatrix}$.　B. $\begin{bmatrix}0&0&-bc\\0&-ac&0\\-ab&0&0\end{bmatrix}$.　C. $\begin{bmatrix}0&0&-ab\\0&-ac&0\\-bc&0&0\end{bmatrix}$.

D. $\begin{bmatrix}0&0&-bc\\0&ac&0\\-ab&0&0\end{bmatrix}$.　E. $\begin{bmatrix}0&0&-ab\\0&ac&0\\-bc&0&0\end{bmatrix}$.

2.53 设矩阵 $\boldsymbol{A}^*=\begin{pmatrix}-2&0\\0&3\end{pmatrix}$,则 $\boldsymbol{A}^{-1}=$(　　).

A. $\begin{bmatrix}-\frac{1}{2}&0\\0&\frac{1}{3}\end{bmatrix}$. B. $\begin{bmatrix}\frac{1}{3}&0\\0&-\frac{1}{2}\end{bmatrix}$. C. $\begin{bmatrix}-\frac{1}{3}&0\\0&\frac{1}{2}\end{bmatrix}$. D. $\begin{bmatrix}\frac{1}{2}&0\\0&-\frac{1}{3}\end{bmatrix}$. E. $\begin{bmatrix}0&-\frac{1}{2}\\\frac{1}{3}&0\end{bmatrix}$.

2.54 设 $\boldsymbol{A}^* = \begin{pmatrix} 0 & 2 \\ -3 & 0 \end{pmatrix}$，则 $\boldsymbol{A}^{-1} = $（　　）.

A. $\begin{pmatrix} 0 & \frac{1}{3} \\ -\frac{1}{2} & 0 \end{pmatrix}$. B. $\begin{pmatrix} 0 & -\frac{1}{2} \\ \frac{1}{3} & 0 \end{pmatrix}$. C. $\begin{pmatrix} 0 & \frac{1}{2} \\ -\frac{1}{3} & 0 \end{pmatrix}$. D. $\begin{pmatrix} 0 & -\frac{1}{3} \\ \frac{1}{2} & 0 \end{pmatrix}$. E. 以上都不对.

2.55 设矩阵 $\boldsymbol{A}$ 的伴随矩阵 $\boldsymbol{A}^* = \begin{pmatrix} 1 & 2 \\ 3 & 4 \end{pmatrix}$，则 $\boldsymbol{A}^{-1} = $（　　）.

A. $-\frac{1}{2}\begin{pmatrix} 4 & -3 \\ -2 & 1 \end{pmatrix}$.　　B. $-\frac{1}{2}\begin{pmatrix} 1 & 2 \\ 3 & 4 \end{pmatrix}$.　　C. $\frac{1}{2}\begin{pmatrix} 1 & 2 \\ 3 & 4 \end{pmatrix}$.

D. $-\frac{1}{2}\begin{pmatrix} 4 & 2 \\ 3 & 1 \end{pmatrix}$.　　E. $\begin{pmatrix} 4 & -2 \\ -3 & 1 \end{pmatrix}$.

2.56 设 $\boldsymbol{A},\boldsymbol{B}$ 均为 n 阶方阵，则必有（　　）.

A. $|\boldsymbol{A}+\boldsymbol{B}| = |\boldsymbol{A}| + |\boldsymbol{B}|$.　　B. $\boldsymbol{AB} = \boldsymbol{BA}$.

C. $(\boldsymbol{AB})^{\mathrm{T}} = \boldsymbol{A}^{\mathrm{T}}\boldsymbol{B}^{\mathrm{T}}$.　　D. $|\boldsymbol{AB}| = |\boldsymbol{BA}|$.

E. $(\boldsymbol{A}+\boldsymbol{B})^{-1} = \boldsymbol{A}^{-1} + \boldsymbol{B}^{-1}$.

2.57 设 $\boldsymbol{A},\boldsymbol{B}$ 为 n 阶可逆阵，则下列等式成立的是（　　）.

A. $(\boldsymbol{AB})^{-1} = \boldsymbol{A}^{-1}\boldsymbol{B}^{-1}$.　　B. $(\boldsymbol{A}+\boldsymbol{B})^{-1} = \boldsymbol{A}^{-1} + \boldsymbol{B}^{-1}$.

C. $|(\boldsymbol{AB})^{-1}| = \frac{1}{|\boldsymbol{AB}|}$.　　D. $|(\boldsymbol{A}+\boldsymbol{B})^{-1}| = |\boldsymbol{A}^{-1}| + |\boldsymbol{B}^{-1}|$.

E. $|\boldsymbol{A}+\boldsymbol{B}|^{-1} = |\boldsymbol{A}|^{-1} + |\boldsymbol{B}|^{-1}$.

2.58 设 $\boldsymbol{A},\boldsymbol{B}$ 均为 n 阶方阵，则下面各项正确的是（　　）.

A. 若 $|\boldsymbol{AB}| = 0$，则 $|\boldsymbol{A}| = 0$ 或 $|\boldsymbol{B}| = 0$.　　B. 若 $\boldsymbol{AB} = \boldsymbol{O}$，则 $\boldsymbol{A} = \boldsymbol{O}$ 或 $\boldsymbol{B} = \boldsymbol{O}$.

C. $\boldsymbol{A}^2 - \boldsymbol{B}^2 = (\boldsymbol{A}-\boldsymbol{B})(\boldsymbol{A}+\boldsymbol{B})$.　　D. $(\boldsymbol{A}+\boldsymbol{B})^2 = \boldsymbol{A}^2 + 2\boldsymbol{AB} + \boldsymbol{B}^2$.

E. 若 $\boldsymbol{A},\boldsymbol{B}$ 均可逆，则 $(\boldsymbol{AB})^{-1} = \boldsymbol{A}^{-1}\boldsymbol{B}^{-1}$.

2.59 设 $\boldsymbol{A},\boldsymbol{B},\boldsymbol{A}+\boldsymbol{B},\boldsymbol{A}^{-1}+\boldsymbol{B}^{-1}$ 均为 n 阶可逆矩阵，则 $(\boldsymbol{A}^{-1}+\boldsymbol{B}^{-1})^{-1}$ 等于（　　）.

A. $\boldsymbol{A}^{-1}+\boldsymbol{B}^{-1}$.　　B. $\boldsymbol{A}+\boldsymbol{B}$.　　C. $\boldsymbol{A}(\boldsymbol{A}+\boldsymbol{B})^{-1}\boldsymbol{B}$.

D. $\boldsymbol{B}(\boldsymbol{A}+\boldsymbol{B})^{-1}\boldsymbol{A}$.　　E. $(\boldsymbol{A}+\boldsymbol{B})^{-1}$.

2.60 下列矩阵中，是初等矩阵的是（　　）.

A. $\begin{pmatrix} 1 & 1 & 1 \\ 0 & 1 & 0 \\ 0 & 0 & 1 \end{pmatrix}$. B. $\begin{pmatrix} 1 & 0 & 0 \\ 0 & 2 & 0 \\ 0 & 0 & 2 \end{pmatrix}$. C. $\begin{pmatrix} 1 & 0 & 8 \\ 0 & 1 & 0 \\ 0 & 0 & 1 \end{pmatrix}$. D. $\begin{pmatrix} 1 & 0 & 8 \\ 0 & 1 & 8 \\ 0 & 0 & 1 \end{pmatrix}$. E. $\begin{pmatrix} 0 & 0 & 0 \\ 0 & 2 & 0 \\ 0 & 0 & 1 \end{pmatrix}$.

2.61 下列矩阵中**不是**初等矩阵的是（　　）.

A. $\begin{pmatrix} 1 & 0 & 1 \\ 0 & 1 & 0 \\ 0 & 0 & 0 \end{pmatrix}$. B. $\begin{pmatrix} 0 & 0 & 1 \\ 0 & 1 & 0 \\ 1 & 0 & 0 \end{pmatrix}$. C. $\begin{pmatrix} 1 & 0 & 0 \\ 0 & 3 & 0 \\ 0 & 0 & 1 \end{pmatrix}$. D. $\begin{pmatrix} 1 & 0 & 0 \\ 0 & 1 & 0 \\ 2 & 0 & 1 \end{pmatrix}$. E. $\begin{pmatrix} 1 & 0 & 0 \\ 0 & 1 & -2 \\ 0 & 0 & 1 \end{pmatrix}$.

2.62 设 $\boldsymbol{A}$ 为 3 阶方阵，$\boldsymbol{P}=\begin{pmatrix}1&0&0\\2&1&0\\0&0&1\end{pmatrix}$，则用 $\boldsymbol{P}$ 左乘 $\boldsymbol{A}$，相当于将 $\boldsymbol{A}$（　　）.

A. 第 1 行的 2 倍加到第 2 行.　　B. 第 1 列的 2 倍加到第 2 列.

C. 第 2 行的 2 倍加到第 1 行.　　D. 第 2 列的 2 倍加到第 1 列.

E. 以上都不正确.

2.63 已知 $\boldsymbol{A}=\begin{pmatrix}a_{11}&a_{12}&a_{13}\\a_{21}&a_{22}&a_{23}\\a_{31}&a_{32}&a_{33}\end{pmatrix}$，$\boldsymbol{B}=\begin{pmatrix}a_{11}&3a_{12}&a_{13}\\a_{21}&3a_{22}&a_{23}\\a_{31}&3a_{32}&a_{33}\end{pmatrix}$，$\boldsymbol{P}=\begin{pmatrix}1&0&0\\0&3&0\\0&0&1\end{pmatrix}$，

$\boldsymbol{Q}=\begin{pmatrix}1&0&0\\3&1&0\\0&0&1\end{pmatrix}$，则 $\boldsymbol{B}=$（　　）.

A. $\boldsymbol{PA}$.　　B. $\boldsymbol{AP}$.　　C. $\boldsymbol{QA}$.　　D. $\boldsymbol{AQ}$.　　E. $\boldsymbol{PAQ}$.

2.64 设 $\boldsymbol{A}=\begin{pmatrix}a_{11}&a_{12}&a_{13}\\a_{21}&a_{22}&a_{23}\\a_{31}&a_{32}&a_{33}\end{pmatrix}$，$\boldsymbol{B}=\begin{pmatrix}a_{21}&a_{22}&a_{23}\\a_{11}&a_{12}&a_{13}\\a_{31}+a_{11}&a_{32}+a_{12}&a_{33}+a_{13}\end{pmatrix}$，$\boldsymbol{P}_1=\begin{pmatrix}0&1&0\\1&0&0\\0&0&1\end{pmatrix}$，

$\boldsymbol{P}_2=\begin{pmatrix}1&0&0\\0&1&0\\1&0&1\end{pmatrix}$，则必有（　　）.

A. $\boldsymbol{AP}_1\boldsymbol{P}_2=\boldsymbol{B}$.　　B. $\boldsymbol{AP}_2\boldsymbol{P}_1=\boldsymbol{B}$.　　C. $\boldsymbol{P}_1\boldsymbol{P}_2\boldsymbol{A}=\boldsymbol{B}$.

D. $\boldsymbol{P}_2\boldsymbol{P}_1\boldsymbol{A}=\boldsymbol{B}$.　　E. $\boldsymbol{P}_2\boldsymbol{AP}_1=\boldsymbol{B}$.

2.65 设 $\boldsymbol{A}=\begin{pmatrix}a_{11}&a_{12}&a_{13}&a_{14}\\a_{21}&a_{22}&a_{23}&a_{24}\\a_{31}&a_{32}&a_{33}&a_{34}\\a_{41}&a_{42}&a_{43}&a_{44}\end{pmatrix}$，$\boldsymbol{B}=\begin{pmatrix}a_{14}&a_{13}&a_{12}&a_{11}\\a_{24}&a_{23}&a_{22}&a_{21}\\a_{34}&a_{33}&a_{32}&a_{31}\\a_{44}&a_{43}&a_{42}&a_{41}\end{pmatrix}$，$\boldsymbol{P}_1=\begin{pmatrix}0&0&0&1\\0&1&0&0\\0&0&1&0\\1&0&0&0\end{pmatrix}$，

$\boldsymbol{P}_2=\begin{pmatrix}1&0&0&0\\0&0&1&0\\0&1&0&0\\0&0&0&1\end{pmatrix}$，其中 $\boldsymbol{A}$ 可逆，则 $\boldsymbol{B}^{-1}$ 等于（　　）.

A. $\boldsymbol{A}^{-1}\boldsymbol{P}_1\boldsymbol{P}_2$.　　B. $\boldsymbol{A}^{-1}\boldsymbol{P}_2\boldsymbol{P}_1$.　　C. $\boldsymbol{P}_1\boldsymbol{A}^{-1}\boldsymbol{P}_2$.　　D. $\boldsymbol{P}_1\boldsymbol{P}_2\boldsymbol{A}^{-1}$.　　E. $\boldsymbol{P}_2\boldsymbol{A}^{-1}\boldsymbol{P}_1$.

2.66 设 $\boldsymbol{A}$ 为 3 阶矩阵，将 $\boldsymbol{A}$ 的第 2 行与第 3 行互换得到矩阵 $\boldsymbol{B}$，再将 $\boldsymbol{B}$ 的第 1 列的 (-2) 倍加到第 3 列得到单位矩阵 $\boldsymbol{E}$，则 $\boldsymbol{A}=$（　　）.

A. $\begin{pmatrix}1&2&0\\0&0&1\\0&1&0\end{pmatrix}$.　B. $\begin{pmatrix}1&-2&0\\0&0&1\\0&1&0\end{pmatrix}$.　C. $\begin{pmatrix}1&0&-2\\0&0&1\\0&1&0\end{pmatrix}$.　D. $\begin{pmatrix}1&0&2\\0&0&1\\0&1&0\end{pmatrix}$.　E. $\begin{pmatrix}0&0&1\\1&2&0\\0&1&0\end{pmatrix}$.

2.67 设 $\boldsymbol{A}$ 是 3 阶方阵，将 $\boldsymbol{A}$ 的第 1 列与第 2 列交换得 $\boldsymbol{B}$，再把 $\boldsymbol{B}$ 的第 2 列加到第 3 列得 $\boldsymbol{C}$，则满足 $\boldsymbol{AQ}=\boldsymbol{C}$ 的可逆矩阵 $\boldsymbol{Q}$ 为(　　).

A. $\begin{bmatrix}0&1&0\\1&0&0\\1&0&1\end{bmatrix}$.　B. $\begin{bmatrix}0&1&0\\1&0&1\\0&0&1\end{bmatrix}$.　C. $\begin{bmatrix}0&1&0\\1&0&0\\0&1&1\end{bmatrix}$.　D. $\begin{bmatrix}0&1&1\\1&0&0\\0&0&1\end{bmatrix}$.　E. $\begin{bmatrix}0&1&0\\1&0&0\\0&0&1\end{bmatrix}$.

2.68 设 $\boldsymbol{A}$ 为 $n(n\geqslant 2)$ 阶可逆矩阵，交换 $\boldsymbol{A}$ 的第 1 行与第 2 行得矩阵 $\boldsymbol{B}$，$\boldsymbol{A}^*$ 与 $\boldsymbol{B}^*$ 分别为 $\boldsymbol{A},\boldsymbol{B}$ 的伴随矩阵，则(　　).

A. 交换 $\boldsymbol{A}^*$ 的第 1 列与第 2 列得 $\boldsymbol{B}^*$.　B. 交换 $\boldsymbol{A}^*$ 的第 1 行与第 2 行得 $\boldsymbol{B}^*$.

C. 交换 $\boldsymbol{A}^*$ 的第 1 列与第 2 列得 $-\boldsymbol{B}^*$.　D. 交换 $\boldsymbol{A}^*$ 的第 1 行与第 2 行得 $-\boldsymbol{B}^*$.

E. 以上都不对.

2.69 设 $\boldsymbol{A}$ 为 3 阶矩阵，将 $\boldsymbol{A}$ 的第 3 行乘以 $\frac{1}{2}$ 得到单位矩阵 $\boldsymbol{E}$，则 $|\boldsymbol{A}|=$(　　).

A. -2.　B. $-\frac{1}{2}$.　C. 1.　D. $\frac{1}{2}$.　E. 2.

2.70 设 $\boldsymbol{A}$ 为 2 阶矩阵，将 $\boldsymbol{A}$ 的第 1 行与第 2 行互换得到矩阵 $\boldsymbol{B}$，再将 $\boldsymbol{B}$ 的第 1 列加到第 2 列得到单位矩阵，则 $\boldsymbol{A}^{-1}=$(　　).

A. $\begin{pmatrix}1&1\\1&0\end{pmatrix}$.　B. $\begin{pmatrix}1&1\\0&1\end{pmatrix}$.　C. $\begin{pmatrix}0&1\\1&1\end{pmatrix}$.　D. $\begin{pmatrix}1&0\\1&1\end{pmatrix}$.　E. $\begin{pmatrix}1&1\\1&1\end{pmatrix}$.

2.71 设 $\boldsymbol{A}$ 为 2 阶矩阵，将 $\boldsymbol{A}$ 的第 1 行与第 2 行互换得到矩阵 $\boldsymbol{B}$，再将 $\boldsymbol{B}$ 的第 2 行加到第 1 行得到矩阵 $\boldsymbol{C}$，则满足 $\boldsymbol{PA}=\boldsymbol{C}$ 的可逆矩阵 $\boldsymbol{P}=$(　　).

A. $\begin{pmatrix}1&1\\1&0\end{pmatrix}$.　B. $\begin{pmatrix}1&1\\0&1\end{pmatrix}$.　C. $\begin{pmatrix}0&1\\1&1\end{pmatrix}$.　D. $\begin{pmatrix}1&0\\1&1\end{pmatrix}$.　E. $\begin{pmatrix}1&1\\1&1\end{pmatrix}$.

2.72 设 $\boldsymbol{A}$ 为 3 阶矩阵，将 $\boldsymbol{A}$ 的第 2 列与第 3 列互换得到矩阵 $\boldsymbol{B}$，再将 $\boldsymbol{B}$ 的第 1 列的 (-2) 倍加到第 3 列得到单位矩阵 $\boldsymbol{E}$，则 $\boldsymbol{A}^{-1}=$(　　).

A. $\begin{bmatrix}1&2&0\\0&0&1\\0&1&0\end{bmatrix}$.　B. $\begin{bmatrix}1&-2&0\\0&0&1\\0&1&0\end{bmatrix}$.　C. $\begin{bmatrix}1&0&-2\\0&0&1\\0&1&0\end{bmatrix}$.　D. $\begin{bmatrix}1&0&2\\0&0&1\\0&1&0\end{bmatrix}$.　E. $\begin{bmatrix}0&1&0\\1&0&-2\\0&0&1\end{bmatrix}$.

2.73 设 $\boldsymbol{A}$ 为 2 阶可逆矩阵，$\boldsymbol{A}^*$ 为 $\boldsymbol{A}$ 的伴随矩阵，将 $\boldsymbol{A}$ 的第一行乘以 -1 得到矩阵 $\boldsymbol{B}$，则(　　).

A. $\boldsymbol{A}^{-1}$ 的第一行乘以 -1 得到矩阵 $\boldsymbol{B}^{-1}$.　B. $\boldsymbol{A}^{-1}$ 的第一列乘以 -1 得到矩阵 $\boldsymbol{B}^{-1}$.

C. $\boldsymbol{A}^*$ 的第一行乘以 -1 得到矩阵 $\boldsymbol{B}^*$.　D. $\boldsymbol{A}^*$ 的第一列乘以 -1 得到矩阵 $\boldsymbol{B}^*$.

E. 以上都不正确.

2.74 设 $\boldsymbol{A}$ 为 n 阶方阵，将 $\boldsymbol{A}$ 的第 1 列与第 2 列交换得到方阵 $\boldsymbol{B}$，若 $|\boldsymbol{A}|\neq|\boldsymbol{B}|$，则必有(　　).

A. $|\boldsymbol{A}|=0$.　B. $|\boldsymbol{A}+\boldsymbol{B}|\neq 0$.　C. $|\boldsymbol{A}|\neq 0$.

D. $|\boldsymbol{A}-\boldsymbol{B}|\neq 0$.　E. $|\boldsymbol{A}-\boldsymbol{B}|=0$.

2.75 已知矩阵 $\boldsymbol{X}$ 满足 $\boldsymbol{X}\begin{pmatrix}-2 & 3\\ -1 & 2\end{pmatrix}=\begin{pmatrix}0 & 1\\ 1 & 0\\ 0 & 1\end{pmatrix}$，则 $\boldsymbol{X}$ 的第二行是(　　).

A. $(0\quad 1)$.　B. $(1\quad 0)$.　C. $(-1\quad 2)$.　D. $(-1\quad 1)$.　E. $(-2\quad 3)$.

2.76 已知矩阵 $\boldsymbol{A}=\begin{pmatrix}1 & 0 & 0\\ 0 & 2 & 0\\ 0 & 0 & 3\end{pmatrix}$，$\boldsymbol{B}=\begin{pmatrix}1 & 1 & 0\\ 1 & 2 & 2\\ 0 & 1 & 3\end{pmatrix}$. 设 $\boldsymbol{C}=\boldsymbol{B}\boldsymbol{A}^{-1}$，则矩阵 $\boldsymbol{C}$ 中位于第三行第二列位置的元素是(　　).

A. 1.　B. 2.　C. 3.　D. $\frac{1}{2}$.　E. $\frac{1}{3}$.

2.77 设矩阵 $\boldsymbol{A}=\begin{pmatrix}2 & 1\\ -1 & 2\end{pmatrix}$，$\boldsymbol{E}$ 为单位矩阵，$\boldsymbol{B}\boldsymbol{A}=\boldsymbol{B}+2\boldsymbol{E}$，则 $\boldsymbol{B}=$(　　).

A. $\begin{pmatrix}-1 & 1\\ 1 & 1\end{pmatrix}$.　B. $\begin{pmatrix}1 & -1\\ 1 & 1\end{pmatrix}$.　C. $\begin{pmatrix}1 & 1\\ -1 & 1\end{pmatrix}$.　D. $\begin{pmatrix}1 & 1\\ 1 & -1\end{pmatrix}$.　E. $\begin{pmatrix}1 & 1\\ 1 & 1\end{pmatrix}$.

2.78 已知 $\boldsymbol{A}$ 是一个 3×4 矩阵，下列命题正确的是(　　).

A. 若矩阵 $\boldsymbol{A}$ 中所有 3 阶子式都为 0，则 $r(\boldsymbol{A})=2$.

B. 若 $\boldsymbol{A}$ 中存在 2 阶子式不为 0，则 $r(\boldsymbol{A})=2$.

C. 若 $r(\boldsymbol{A})=2$，则 $\boldsymbol{A}$ 中所有 3 阶子式都为 0.

D. 若 $r(\boldsymbol{A})=2$，则 $\boldsymbol{A}$ 中所有 2 阶子式都不为 0.

E. 若 $r(\boldsymbol{A})=1$，则 $\boldsymbol{A}$ 中任意两行对应元素成比例.

2.79 已知 $\boldsymbol{A}$ 的一个 k 阶子式不等于 0，则 $r(\boldsymbol{A})$ 满足(　　).

A. $r(\boldsymbol{A})>k$.　B. $r(\boldsymbol{A})\geqslant k$.　C. $r(\boldsymbol{A})=k$.　D. $r(\boldsymbol{A})\leqslant k$.　E. $r(\boldsymbol{A})<k$.

2.80 设 $\boldsymbol{A}$ 是 n 阶方阵，其秩 $r<n$，那么在 $\boldsymbol{A}$ 的 n 个列向量中(　　).

A. 必有 r 个列向量线性无关.

B. 任意 r 个列向量均线性无关.

C. 任意 r 个列向量均构成极大无关向量组.

D. 任意一个列向量均可由其他 r 个列向量线性表示.

E. 以上都不正确.

2.81 已知 $\boldsymbol{A}$ 是 $m\times n$ 的实矩阵，其秩 $r<\min\{m,n\}$，则该矩阵(　　).

A. 没有等于零的 $r-1$ 阶子式，至少有一个不为零的 r 阶子式.

B. 有不为零的 r 阶子式，所有 $r+1$ 阶子式全为零.

C. 有等于零的 r 阶子式，没有不等于零的 $r+1$ 阶子式.

D. 所有 r 阶子式不等于零，所有 $r+1$ 阶子式全为零.

E. 以上都不正确.

2.82 矩阵 $\boldsymbol{A}=\begin{pmatrix}1 & -1 & 1 & 1\\ 1 & 1 & 0 & 2\\ 0 & -2 & -1 & -1\end{pmatrix}$ 的秩是(　　).

A. 4.　　B. 3.　　C. 2.　　D. 1.　　E. 0.

2.83 设 $\boldsymbol{A}=\begin{pmatrix}1 & 2 & 3\\ 1 & 1 & 1\\ 0 & 2 & 1\\ 0 & 0 & 3\end{pmatrix}$，则 $r(\boldsymbol{A}^{\mathrm{T}})=$(　　).

A. 0.　　B. 1.　　C. 2.　　D. 3.　　E. 4.

2.84 设 4 阶方阵 $\boldsymbol{A}$ 的元素均为 3，则 $r(\boldsymbol{A})=$(　　).

A. 0.　　B. 1.　　C. 2.　　D. 3.　　E. 4.

2.85 设矩阵 $\boldsymbol{A}=\begin{pmatrix}1 & 1 & 3 & 1\\ 0 & 2 & -1 & 4\\ 0 & 0 & 0 & 5\\ 0 & 0 & 0 & 0\end{pmatrix}$，则 $r(\boldsymbol{A})=$(　　).

A. 0.　　B. 1.　　C. 2.　　D. 3.　　E. 4.

2.86 设 $\boldsymbol{A}=\begin{pmatrix}1 & 1 & 1\\ 2 & 2 & t\\ 3 & 4 & 5\end{pmatrix}$，且 $\boldsymbol{A}$ 的秩 $r(\boldsymbol{A})=2$，则 $t=$(　　).

A. 2.　　B. 1.　　C. 0.　　D. -1.　　E. -2.

2.87 设矩阵 $\boldsymbol{A}=\begin{pmatrix}a & b & b\\ b & a & b\\ b & b & a\end{pmatrix}$ 的秩为 2，则(　　).

A. $a\neq b$ 且 $a+2b=0$.　　B. $a\neq b$ 且 $a+2b\neq 0$.　　C. $a=b$ 或 $a-2b=0$.

D. $a=b$ 且 $a+2b\neq 0$.　　E. $a=b$ 或 $a+2b=0$.

2.88 设矩阵 $\boldsymbol{A}=\begin{pmatrix}1 & 1 & 0 & 0\\ 2 & 2 & 0 & 0\\ 3 & 3 & 3 & 0\\ 4 & 4 & 4 & 0\end{pmatrix}$，那么 $\boldsymbol{A}$ 矩阵的列向量组的秩为(　　).

A. 4.　　B. 3.　　C. 2.　　D. 1.　　E. 0.

2.89 已知矩阵 $\boldsymbol{A}=\begin{pmatrix}1 & 1 & 2 & k & 3\\ 2 & 3 & 5 & 5 & 4\\ 2 & 2 & 3 & 1 & 4\\ 1 & 0 & 1 & 1 & 5\end{pmatrix}$，且秩 $r(\boldsymbol{A})=3$，则常数 $k=$(　　).

A. 2.　　B. -2.　　C. 0.　　D. 1.　　E. -1.

2.90 设$n(n\geqslant 3)$阶矩阵$\boldsymbol{A}=\begin{pmatrix}1&a&a&\cdots&a\\a&1&a&\cdots&a\\a&a&1&\cdots&a\\\vdots&\vdots&\vdots&&\vdots\\a&a&a&\cdots&1\end{pmatrix}$,若矩阵$\boldsymbol{A}$的秩为$n-1$,则$a$必为(　　).

A. 1.　　B. $\frac{1}{1-n}$.　　C. -1.　　D. $\frac{1}{n-1}$.　　E. $\frac{1}{n}$.

2.91 设向量$\boldsymbol{\alpha}=(1,2,3,4)^{\mathrm{T}}$,矩阵$\boldsymbol{A}=\boldsymbol{\alpha}\boldsymbol{\alpha}^{\mathrm{T}}$,则$r(\boldsymbol{A})=$(　　).

A. 0.　　B. 1.　　C. 2.　　D. 3.　　E. 4.

2.92 设$\boldsymbol{\alpha}=(a_1,a_2,a_3)^{\mathrm{T}}$,$\boldsymbol{\beta}=(b_1,b_2,b_3)^{\mathrm{T}}$,其中$a_1,a_2,a_3$不全为0,且$b_1,b_2,b_3$不全为0,则$\boldsymbol{\alpha}\boldsymbol{\beta}^{\mathrm{T}}$的秩为(　　).

A. 0.　　B. 1.　　C. 2.　　D. 3.　　E. 不确定.

2.93 设$\boldsymbol{A}$为3阶矩阵,且$r(\boldsymbol{A})=2$,$\boldsymbol{B}=\begin{pmatrix}1&0&3\\0&1&0\\0&0&1\end{pmatrix}$,则$r(\boldsymbol{AB})=$(　　).

A. 0.　　B. 1.　　C. 2.　　D. 3.　　E. 不确定.

2.94 设$\boldsymbol{A},\boldsymbol{B}$为4阶非零矩阵,且$\boldsymbol{AB}=\boldsymbol{O}$,若$r(\boldsymbol{A})=3$,则$r(\boldsymbol{B})=$(　　).

A. 0.　　B. 1.　　C. 2.　　D. 3.　　E. 4.

2.95 设$\boldsymbol{A},\boldsymbol{B}$为5阶非零矩阵,且$\boldsymbol{AB}=\boldsymbol{O}$(　　).

A. 若$r(\boldsymbol{A})=1$,则$r(\boldsymbol{B})=4$.　　B. 若$r(\boldsymbol{A})=2$,则$r(\boldsymbol{B})=3$.

C. 若$r(\boldsymbol{A})=3$,则$r(\boldsymbol{B})=2$.　　D. 若$r(\boldsymbol{A})=4$,则$r(\boldsymbol{B})=1$.

E. 以上都不正确.

2.96 已知$\boldsymbol{Q}=\begin{pmatrix}1&2&3\\2&4&t\\3&6&9\end{pmatrix}$,$\boldsymbol{P}$为3阶非零矩阵,且满足$\boldsymbol{PQ}=\boldsymbol{O}$,则(　　).

A. $t=6$时,$\boldsymbol{P}$的秩必为1.　　B. $t=6$时,$\boldsymbol{P}$的秩必为2.

C. $t\neq 6$时,$\boldsymbol{P}$的秩必为1.　　D. $t\neq 6$时,$\boldsymbol{P}$的秩必为2.

E. $t=6$时,$\boldsymbol{P}$的秩不确定.

2.97 已知$\boldsymbol{A}$是2阶可逆矩阵,则下列矩阵中与$\boldsymbol{A}$等价的是(　　).

A. $\begin{pmatrix}1&1\\1&1\end{pmatrix}$.　　B. $\begin{pmatrix}1&1\\0&0\end{pmatrix}$.　　C. $\begin{pmatrix}0&0\\1&1\end{pmatrix}$.　　D. $\begin{pmatrix}1&0\\0&0\end{pmatrix}$.　　E. $\begin{pmatrix}1&0\\0&1\end{pmatrix}$.

2.98 已知 $\boldsymbol{A}$ 是 3 阶可逆矩阵，则下列矩阵中与 $\boldsymbol{A}$ 等价的是(　　).

A. $\begin{pmatrix}1&0&0\\0&0&0\\0&0&0\end{pmatrix}$. B. $\begin{pmatrix}1&0&0\\0&1&0\\0&0&0\end{pmatrix}$. C. $\begin{pmatrix}1&0&0\\0&0&0\\0&0&1\end{pmatrix}$. D. $\begin{pmatrix}0&0&0\\0&1&0\\0&0&1\end{pmatrix}$. E. $\begin{pmatrix}0&0&1\\0&1&0\\1&0&0\end{pmatrix}$.

2.99 设 $\boldsymbol{A}$ 是 n 阶方阵，且 $\boldsymbol{AB}=\boldsymbol{AC}$，则由(　　)可得出 $\boldsymbol{B}=\boldsymbol{C}$.

A. $|\boldsymbol{A}|\neq 0$.　　B. $\boldsymbol{A}\neq\boldsymbol{O}$.　　C. $r(\boldsymbol{A})<n$.

D. $r(\boldsymbol{A})\leqslant n$.　　E. $\boldsymbol{A}$ 为任意 n 阶矩阵.

2.100 设 $\boldsymbol{A}$ 为 $m\times n$ 矩阵，$\boldsymbol{C}$ 是 n 阶可逆矩阵，$\boldsymbol{A}$ 的秩为 r_1，$\boldsymbol{B}=\boldsymbol{AC}$ 的秩为 r，则(　　).

A. $r>r_1$.　　B. $r=r_1$.　　C. $r<r_1$.

D. $r\neq r_1$.　　E. r 与 r_1 的关系不能确定.

2.101 设 $\boldsymbol{A}$ 是 $m\times n$ 矩阵，$\boldsymbol{B}$ 是 $n\times m$ 矩阵，$m>n$，则必有(　　).

A. $|\boldsymbol{AB}|=0$.　B. $|\boldsymbol{AB}|\neq 0$.　C. $|\boldsymbol{BA}|=0$.　D. $|\boldsymbol{BA}|\neq 0$.　E. 以上都不正确.

2.102 $\boldsymbol{A}$ 为 n 阶方阵，下面各项正确的是(　　).

A. $|-\boldsymbol{A}|=-|\boldsymbol{A}|$.　　B. 若 $|\boldsymbol{A}|\neq 0$，则 $\boldsymbol{Ax}=\boldsymbol{0}$ 有非零解.

C. 若 $\boldsymbol{A}^2=\boldsymbol{A}$，则 $\boldsymbol{A}=\boldsymbol{E}$.　　D. 若 $\boldsymbol{A}^2=\boldsymbol{A}$，则 $\boldsymbol{A}=\boldsymbol{E}$ 或 $\boldsymbol{A}=\boldsymbol{O}$.

E. 若 $r(\boldsymbol{A})<n$，则 $|\boldsymbol{A}|=0$.

2.103 设 $\boldsymbol{A}$ 为 4 阶矩阵，且 $r(\boldsymbol{A})=3$，则 $r(\boldsymbol{A}^*)=$(　　).

A. 0.　　B. 1.　　C. 2.　　D. 3.　　E. 4.

2.104 设 6 阶方阵 $\boldsymbol{A}$ 的秩为 4，则 $\boldsymbol{A}$ 的伴随矩阵 $\boldsymbol{A}^*$ 的秩为(　　).

A. 0.　　B. 2.　　C. 3.　　D. 4.　　E. 5.

2.105 设矩阵 $\boldsymbol{A}=(\boldsymbol{\alpha}_1,\boldsymbol{\alpha}_2,\boldsymbol{\alpha}_3)$，其中 $\boldsymbol{\alpha}_i(i=1,2,3)$ 是 3 维列向量，$\boldsymbol{B}=\begin{pmatrix}1&2&-1&0\\-1&1&0&2\\2&1&3&-1\end{pmatrix}$，则 $\boldsymbol{AB}$ 的第 4 列是(　　).

A. $\boldsymbol{\alpha}_1-\boldsymbol{\alpha}_2+2\boldsymbol{\alpha}_3$.　　B. $2\boldsymbol{\alpha}_1+\boldsymbol{\alpha}_2+\boldsymbol{\alpha}_3$.　　C. $-\boldsymbol{\alpha}_1+3\boldsymbol{\alpha}_3$.

D. $2\boldsymbol{\alpha}_2-\boldsymbol{\alpha}_3$.　　E. 以上都不正确.

第三章　线性方程组的解

本章考点

一、齐次方程组的解
二、非齐次方程组的解
三、线性方程组解的结构和性质

3.1 设 $\boldsymbol{A}$ 为 5 阶矩阵，且 $r(\boldsymbol{A})=1$，则齐次线性方程组 $\boldsymbol{Ax}=\boldsymbol{0}$ 基础解系中向量的个数为（　　）.

A. 4.　　B. 3.　　C. 1.　　D. 2.　　E. 0.

3.2 若 $\boldsymbol{A}$ 为 6 阶方阵，齐次线性方程组 $\boldsymbol{Ax}=\boldsymbol{0}$ 的基础解系中解向量的个数为 2，则 $r(\boldsymbol{A})=$（　　）.

A. 1.　　B. 2.　　C. 3.　　D. 4.　　E. 5.

3.3 齐次线性方程组 $\begin{cases}x_1+x_3+x_4=0,\\x_2-x_3+2x_4=0\end{cases}$ 的基础解系所含解向量的个数为（　　）.

A. 0.　　B. 1.　　C. 2.　　D. 3.　　E. 4.

3.4 齐次线性方程组 $\begin{cases}x_1+2x_2+3x_3=0,\\-x_2+x_3-x_4=0\end{cases}$ 的基础解系所含解向量的个数为（　　）.

A. 0.　　B. 1.　　C. 2.　　D. 3.　　E. 4.

3.5 4 元齐次线性方程组 $\begin{cases}2x_2-x_3-x_4=0,\\x_1+x_2+x_3=0,\\x_1+3x_2-x_4=0\end{cases}$ 的基础解系所含解向量的个数为（　　）.

A. 0.　　B. 1.　　C. 2.　　D. 3.　　E. 4.

3.6 齐次方程 $x_1+x_2+x_3+x_4+x_5=0$ 的基础解系所含解向量个数是（　　）.

A. 0.　　B. 1.　　C. 2.　　D. 3.　　E. 4.

3.7 设$\boldsymbol{A}$为4×5矩阵,若$\boldsymbol{\alpha}_1,\boldsymbol{\alpha}_2,\boldsymbol{\alpha}_3$为线性方程组$\boldsymbol{A}^{\mathrm{T}}\boldsymbol{x}=\boldsymbol{0}$的基础解系,则$r(\boldsymbol{A})=$(　　).

A. 5.　　B. 4.　　C. 3.　　D. 2.　　E. 1.

3.8 已知齐次线性方程组$\boldsymbol{A}\boldsymbol{x}=\boldsymbol{0}$只有零解,且$\boldsymbol{A}=\begin{pmatrix}1&1&0\\2&3&1\\1&a&1\end{pmatrix}$,则$a\neq$(　　).

A. 2.　　B. 1.　　C. 0.　　D. -1.　　E. -2.

3.9 设线性方程组$\begin{cases}2x_1+x_2+x_3=0,\\kx_1+x_2+x_3=0,\\x_1-x_2+x_3=0\end{cases}$有非零解,则$k$的值为(　　).

A. -2.　　B. -1.　　C. 0.　　D. 1.　　E. 2.

3.10 设齐次线性方程组$\begin{cases}2x_1-x_2+x_3=0,\\x_1-x_2-x_3=0,\\\lambda x_1+x_2+x_3=0\end{cases}$有非零解,则$\lambda$为(　　).

A. -2.　　B. -1.　　C. 0.　　D. 1.　　E. 2.

3.11 设矩阵$\boldsymbol{A}=\begin{pmatrix}1&-2&2\\-2&6&a\\3&0&-6\end{pmatrix}$.若齐次线性方程组$\boldsymbol{A}\boldsymbol{x}=\boldsymbol{0}$有非零解,则(　　).

A. $a=-8$,且$\boldsymbol{A}\boldsymbol{x}=\boldsymbol{0}$的解向量组的秩为1.

B. $a=-8$,且$\boldsymbol{A}\boldsymbol{x}=\boldsymbol{0}$的解向量组的秩为2.

C. $a=8$,且$\boldsymbol{A}\boldsymbol{x}=\boldsymbol{0}$的解向量组的秩为1.

D. $a=8$,且$\boldsymbol{A}\boldsymbol{x}=\boldsymbol{0}$的解向量组的秩为2.

E. $\boldsymbol{A}\boldsymbol{x}=\boldsymbol{0}$的解向量组的秩不能确定.

3.12 齐次线性方程组$\boldsymbol{A}_{m\times n}\boldsymbol{x}=\boldsymbol{0}$有非零解时,它的基础解系中所含向量的个数等于(　　).

A. $r(\boldsymbol{A})$.　　B. $n-r(\boldsymbol{A})$.　　C. $r(\boldsymbol{A})-n$.　　D. $n+r(\boldsymbol{A})$.　　E. $n-r(\boldsymbol{A})+1$.

3.13 设$\boldsymbol{A}$为n阶方阵,$r(\boldsymbol{A})<n$,下列关于齐次线性方程组$\boldsymbol{A}\boldsymbol{x}=\boldsymbol{0}$的叙述正确的是(　　).

A. $\boldsymbol{A}\boldsymbol{x}=\boldsymbol{0}$只有零解.

B. $\boldsymbol{A}\boldsymbol{x}=\boldsymbol{0}$只有唯一非零解.

C. $\boldsymbol{A}\boldsymbol{x}=\boldsymbol{0}$无解.

D. $\boldsymbol{A}\boldsymbol{x}=\boldsymbol{0}$的基础解系含$r(\boldsymbol{A})$个解向量.

E. $\boldsymbol{A}\boldsymbol{x}=\boldsymbol{0}$的基础解系含$n-r(\boldsymbol{A})$个解向量.

3.14 设 $\boldsymbol{A}$ 为 $m\times n$ 矩阵，且 $m<n$，则齐次方程组 $\boldsymbol{Ax}=\boldsymbol{0}$ 必(　　).

A. 无解.　　B. 只有唯一零解.　　C. 只有唯一非零解.

D. 有无穷多非零解.　　E. 不能确定.

3.15 设 $\boldsymbol{A}$ 为 $m\times n$ 矩阵，$m\neq n$，则齐次线性方程组 $\boldsymbol{Ax}=\boldsymbol{0}$ 只有零解的充分必要条件是 $\boldsymbol{A}$ 的秩(　　).

A. 小于 m.　　B. 等于 m.　　C. 小于 n.　　D. 等于 n.　　E. 大于 n.

3.16 设 $\boldsymbol{A}$ 是 n 阶方阵，若对任意的 n 维列向量 $\boldsymbol{x}$ 均满足 $\boldsymbol{Ax}=\boldsymbol{0}$，则(　　).

A. $\boldsymbol{A}=\boldsymbol{O}$.　　B. $\boldsymbol{A}=\boldsymbol{E}$.　　C. $r(\boldsymbol{A})=n$.　　D. $r(\boldsymbol{A})\neq 0$.　　E. $0<r(\boldsymbol{A})<n$.

3.17 要使 $\boldsymbol{\xi}_1=\begin{pmatrix}1\\0\\2\end{pmatrix}$，$\boldsymbol{\xi}_2=\begin{pmatrix}0\\1\\-1\end{pmatrix}$ 都是线性方程组 $\boldsymbol{Ax}=\boldsymbol{0}$ 的解，只要系数矩阵 $\boldsymbol{A}$ 为(　　).

A. $(-2\quad 1\quad 1)$.　　B. $\begin{pmatrix}2&0&-1\\0&1&1\end{pmatrix}$.　　C. $\begin{pmatrix}-1&0&2\\0&1&-1\end{pmatrix}$.

D. $\begin{pmatrix}2&0&-1\\-1&0&2\end{pmatrix}$.　　E. $\begin{pmatrix}0&1&-1\\4&-2&-2\\0&1&1\end{pmatrix}$.

3.18 若线性方程组 $\begin{cases}x_1-2x_2+3x_3=1,\\2x_1-4x_2+kx_3=3\end{cases}$ 无解，则 $k=$(　　).

A. 6.　　B. 4.　　C. 3.　　D. 2.　　E. 1.

3.19 方程组 $\begin{cases}x_1+x_2+x_3=1,\\3x_1+3x_2+4x_3=2,\\2x_1+2x_2+2x_3=2\end{cases}$ 的解的情况为(　　).

A. 唯一的零解.　　B. 唯一的非零解.　　C. 无解.

D. 无穷解.　　E. 不确定.

3.20 已知线性方程组 $\begin{cases}x_1+x_2+x_3=4,\\x_1+ax_2+x_3=3,\\2x_1+2ax_2=4\end{cases}$ 无解，则数 $a=$(　　).

A. 1.　　B. $\dfrac{1}{2}$.　　C. 0.　　D. $-\dfrac{1}{2}$.　　E. -1.

3.21 设线性方程组 $\begin{pmatrix}a&1&1\\1&a&1\\1&1&a\end{pmatrix}\begin{pmatrix}x_1\\x_2\\x_3\end{pmatrix}=\begin{pmatrix}1\\1\\-2\end{pmatrix}$ 有无穷多个解，则 $a=$(　　).

A. -2.　　B. -1.　　C. 0.　　D. 1.　　E. 2.

3.22 设矩阵$\boldsymbol{A}=\begin{pmatrix}1&-1&0&0\\0&1&-1&0\\0&0&1&-1\\-1&0&0&a\end{pmatrix}$，$\boldsymbol{\beta}=\begin{pmatrix}1\\2\\3\\b\end{pmatrix}$. 若线性方程组$\boldsymbol{Ax}=\boldsymbol{\beta}$无解，则(　　).

A. $a=1,b\neq-6$.　　B. $a\neq1,b\neq-6$.　　C. $a=1,b=-6$.
D. $a\neq1,b=-6$.　　E. $a\neq1,b=6$.

3.23 非齐次线性方程组$\boldsymbol{A}_{m\times n}\boldsymbol{x}=\boldsymbol{b}$有非零解时，它的基础解系中所含线性无关的解向量的个数等于(　　).

A. $r(\boldsymbol{A})$.　　B. $n-r(\boldsymbol{A})$.　　C. $r(\boldsymbol{A})-n$.　　D. $n+r(\boldsymbol{A})$.　　E. $n-r(\boldsymbol{A})+1$.

3.24 设$\boldsymbol{\alpha}_1,\boldsymbol{\alpha}_2$是非齐次线性方程组$\boldsymbol{Ax}=\boldsymbol{b}$的两个解向量，则下列向量中为方程组$\boldsymbol{Ax}=\boldsymbol{b}$解的是(　　).

A. $\boldsymbol{\alpha}_1-\boldsymbol{\alpha}_2$.　　B. $\boldsymbol{\alpha}_1+\boldsymbol{\alpha}_2$.　　C. $\frac{1}{2}\boldsymbol{\alpha}_1-\frac{1}{2}\boldsymbol{\alpha}_2$.　　D. $\frac{1}{2}\boldsymbol{\alpha}_1+\frac{1}{2}\boldsymbol{\alpha}_2$.　　E. $\frac{1}{2}\boldsymbol{\alpha}_1+\frac{1}{3}\boldsymbol{\alpha}_2$.

3.25 设$\boldsymbol{\eta}_1,\boldsymbol{\eta}_2$是非齐次线性方程组$\boldsymbol{Ax}=\boldsymbol{b}$的两个不同的解，则(　　).

A. $\boldsymbol{\eta}_1+\boldsymbol{\eta}_2$是$\boldsymbol{Ax}=\boldsymbol{b}$的解.　　B. $\boldsymbol{\eta}_1-\boldsymbol{\eta}_2$是$\boldsymbol{Ax}=\boldsymbol{b}$的解.
C. $3\boldsymbol{\eta}_1-2\boldsymbol{\eta}_2$是$\boldsymbol{Ax}=\boldsymbol{b}$的解.　　D. $2\boldsymbol{\eta}_1-3\boldsymbol{\eta}_2$是$\boldsymbol{Ax}=\boldsymbol{b}$的解.
E. 以上都不正确.

3.26 设$\boldsymbol{\alpha}$是非齐次线性方程组$\boldsymbol{Ax}=\boldsymbol{b}$的解，$\boldsymbol{\beta}$是其导出组$\boldsymbol{Ax}=\boldsymbol{0}$的解，则以下结论正确的是(　　).

A. $\boldsymbol{\alpha}+\boldsymbol{\beta}$是$\boldsymbol{Ax}=\boldsymbol{0}$的解.　　B. $\boldsymbol{\alpha}-\boldsymbol{\beta}$是$\boldsymbol{Ax}=\boldsymbol{0}$的解.　　C. $\boldsymbol{\beta}-\boldsymbol{\alpha}$是$\boldsymbol{Ax}=\boldsymbol{0}$的解.
D. $\boldsymbol{\beta}-\boldsymbol{\alpha}$是$\boldsymbol{Ax}=\boldsymbol{b}$的解.　　E. $\boldsymbol{\beta}+\boldsymbol{\alpha}$是$\boldsymbol{Ax}=\boldsymbol{b}$的解.

3.27 设$\boldsymbol{\alpha}$是齐次方程组$\boldsymbol{Ax}=\boldsymbol{0}$的解，$\boldsymbol{\beta}_1,\boldsymbol{\beta}_2$是对应非齐次方程组$\boldsymbol{Ax}=\boldsymbol{b}$的解，则$\boldsymbol{Ax}=\boldsymbol{b}$一定有一个解是(　　).

A. $\boldsymbol{\beta}_1+\boldsymbol{\beta}_2$.　　B. $\boldsymbol{\beta}_1-\boldsymbol{\beta}_2$.　　C. $\boldsymbol{\alpha}+\boldsymbol{\beta}_1+\boldsymbol{\beta}_2$.　　D. $\boldsymbol{\alpha}+\boldsymbol{\beta}_1-\boldsymbol{\beta}_2$.　　E. $\frac{1}{3}\boldsymbol{\beta}_1+\frac{2}{3}\boldsymbol{\beta}_2-\boldsymbol{\alpha}$.

3.28 设$\boldsymbol{\alpha}_1,\boldsymbol{\alpha}_2,\boldsymbol{\alpha}_3$是4元非齐次线性方程组$\boldsymbol{Ax}=\boldsymbol{b}$的3个解向量，已知$r(\boldsymbol{A})=3$，$\boldsymbol{\alpha}_1=(1,2,3,4)^{\mathrm{T}}$，$\boldsymbol{\alpha}_2+\boldsymbol{\alpha}_3=(0,1,2,3)^{\mathrm{T}}$，$c$为任意常数，则方程组$\boldsymbol{Ax}=\boldsymbol{b}$的通解可表示为(　　).

A. $(0,1,2,3)^{\mathrm{T}}+c(1,1,1,1)^{\mathrm{T}}$.　　B. $(1,2,3,4)^{\mathrm{T}}+c(1,1,1,1)^{\mathrm{T}}$.
C. $(1,2,3,4)^{\mathrm{T}}+c(0,1,2,3)^{\mathrm{T}}$.　　D. $(1,2,3,4)^{\mathrm{T}}+c(2,3,4,5)^{\mathrm{T}}$.
E. $(1,2,3,4)^{\mathrm{T}}+c(3,4,5,6)^{\mathrm{T}}$.

3.29 设3元线性方程组$\boldsymbol{Ax}=\boldsymbol{b}$，已知$r(\boldsymbol{A})=r(\boldsymbol{A},\boldsymbol{b})=2$，其两个解$\boldsymbol{\eta}_1,\boldsymbol{\eta}_2$满足$\boldsymbol{\eta}_1+\boldsymbol{\eta}_2=(-1,0,1)^{\mathrm{T}}$，$\boldsymbol{\eta}_1-\boldsymbol{\eta}_2=(-3,2,-1)^{\mathrm{T}}$，$k$为任意常数，则方程组$\boldsymbol{Ax}=\boldsymbol{b}$的通解为(　　).

A. $\frac{1}{2}(-1,0,1)^{\mathrm{T}}+k(-3,2,-1)^{\mathrm{T}}$.　　B. $\frac{1}{2}(-3,2,-1)^{\mathrm{T}}+k(-1,0,1)^{\mathrm{T}}$.
C. $(-1,0,1)^{\mathrm{T}}+k(-3,2,-1)^{\mathrm{T}}$.　　D. $(-3,2,-1)^{\mathrm{T}}+k(-1,0,1)^{\mathrm{T}}$.
E. 以上都不正确.

3.30 设 $\boldsymbol{A}$ 为 3 阶矩阵，且 $r(\boldsymbol{A}) = 2$，若 $\boldsymbol{\alpha}_1,\boldsymbol{\alpha}_2$ 为齐次线性方程组 $\boldsymbol{Ax} = \boldsymbol{0}$ 的两个不同的解. k 为任意常数，则方程组 $\boldsymbol{Ax} = \boldsymbol{0}$ 的通解为(　　).

A. $k\boldsymbol{\alpha}_1$.　　B. $k\boldsymbol{\alpha}_2$.　　C. $k(\boldsymbol{\alpha}_1 + \boldsymbol{\alpha}_2)$.

D. $k(\boldsymbol{\alpha}_1 - \boldsymbol{\alpha}_2)$.　　E. 以上都不正确.

3.31 设 4 阶矩阵 $\boldsymbol{A}$ 的秩为 3，$\boldsymbol{\eta}_1,\boldsymbol{\eta}_2$ 为非齐次线性方程组 $\boldsymbol{Ax} = \boldsymbol{b}$ 的两个不同的解，c 为任意常数，则该方程组的通解为(　　).

A. $\boldsymbol{\eta}_1 + c\boldsymbol{\eta}_2$.　　B. $\boldsymbol{\eta}_1 + c\dfrac{\boldsymbol{\eta}_1 - \boldsymbol{\eta}_2}{2}$.　　C. $\dfrac{\boldsymbol{\eta}_1 - \boldsymbol{\eta}_2}{2} + c\boldsymbol{\eta}_1$.

D. $\boldsymbol{\eta}_1 + c\dfrac{\boldsymbol{\eta}_1 + \boldsymbol{\eta}_2}{2}$.　　E. $\dfrac{\boldsymbol{\eta}_1 + \boldsymbol{\eta}_2}{2} + c\boldsymbol{\eta}_1$.

3.32 设 $\boldsymbol{\eta}_1,\boldsymbol{\eta}_2$ 是线性方程组 $\boldsymbol{Ax} = \boldsymbol{\beta}$ 的两个不同解，$\boldsymbol{\xi}_1,\boldsymbol{\xi}_2$ 是导出组 $\boldsymbol{Ax} = \boldsymbol{0}$ 的一个基础解系，c_1,c_2 是两个任意常数，则 $\boldsymbol{Ax} = \boldsymbol{\beta}$ 的通解是(　　).

A. $\boldsymbol{\xi}_1 + \boldsymbol{\xi}_2 + \boldsymbol{\eta}_1$.　　B. $c_1\boldsymbol{\xi}_1 + c_2(\boldsymbol{\xi}_1 - \boldsymbol{\xi}_2) + \dfrac{\boldsymbol{\eta}_1 - \boldsymbol{\eta}_2}{2}$.

C. $c_1\boldsymbol{\xi}_1 + c_2(\boldsymbol{\xi}_1 \quad \boldsymbol{\xi}_2) + \dfrac{\boldsymbol{\eta}_1 + \boldsymbol{\eta}_2}{2}$.　　D. $c_1\boldsymbol{\xi}_1 + c_2(\boldsymbol{\eta}_1 - \boldsymbol{\eta}_2) + \dfrac{\boldsymbol{\eta}_1 - \boldsymbol{\eta}_2}{2}$.

E. $c_1\boldsymbol{\xi}_1 + c_2(\boldsymbol{\eta}_1 - \boldsymbol{\eta}_2) + \dfrac{\boldsymbol{\eta}_1 + \boldsymbol{\eta}_2}{2}$.

3.33 n 阶矩阵 $\boldsymbol{A}$ 可逆的充要条件是(　　).

A. $\boldsymbol{A}$ 是非零矩阵.　　B. $\boldsymbol{A}$ 的行向量线性相关.

C. $\boldsymbol{A}$ 的列向量线性相关.　　D. 非齐次线性方程组 $\boldsymbol{Ax} = \boldsymbol{\beta}$ 有解.

E. 齐次线性方程组 $\boldsymbol{Ax} = \boldsymbol{0}$ 仅有零解.

3.34 设 $\boldsymbol{A}$ 为 $m \times n$ 矩阵，$\boldsymbol{A}$ 的秩为 r，则(　　).

A. $r < m$ 时，$\boldsymbol{Ax} = \boldsymbol{0}$ 必有非零解.　　B. $r = m$ 时，$\boldsymbol{Ax} = \boldsymbol{0}$ 必有非零解.

C. $r > m$ 时，$\boldsymbol{Ax} = \boldsymbol{0}$ 必有非零解.　　D. $r = n$ 时，$\boldsymbol{Ax} = \boldsymbol{0}$ 必有非零解.

E. $r < n$ 时，$\boldsymbol{Ax} = \boldsymbol{0}$ 必有非零解.

3.35 设有非齐次线性方程组 $\boldsymbol{Ax} = \boldsymbol{b}$，其中 $\boldsymbol{A}$ 为 $m \times n$ 矩阵，且 $r(\boldsymbol{A}) = r_1$，$r(\boldsymbol{A},\boldsymbol{b}) = r_2$，则下列结论中正确的是(　　).

A. 若 $r_1 = m$，则 $\boldsymbol{Ax} = \boldsymbol{0}$ 有非零解.　　B. 若 $r_1 = n$，则 $\boldsymbol{Ax} = \boldsymbol{0}$ 仅有零解.

C. 若 $r_2 = m$，则 $\boldsymbol{Ax} = \boldsymbol{b}$ 有无穷多解.　　D. 若 $r_2 = n$，则 $\boldsymbol{Ax} = \boldsymbol{b}$ 有唯一解.

E. 以上都不正确.

3.36 设非齐次线性方程组 $\boldsymbol{Ax} = \boldsymbol{b}$，下列结论正确的为(　　).

A. $\boldsymbol{Ax} = \boldsymbol{0}$ 仅有零解，则 $\boldsymbol{Ax} = \boldsymbol{b}$ 有唯一解.

B. $\boldsymbol{Ax} = \boldsymbol{0}$ 有非零解，则 $\boldsymbol{Ax} = \boldsymbol{b}$ 有无穷多组解.

C. $\boldsymbol{Ax} = \boldsymbol{0}$ 有非零解，则 $\boldsymbol{Ax} = \boldsymbol{b}$ 无解.

D. $\boldsymbol{Ax} = \boldsymbol{b}$ 有无穷多组解，则 $\boldsymbol{Ax} = \boldsymbol{0}$ 有非零解.

E. $\boldsymbol{Ax} = \boldsymbol{b}$ 有唯一解，则 $\boldsymbol{Ax} = \boldsymbol{0}$ 有非零解.

第四章　向量的线性关系

本章考点

一、向量的线性表示

二、向量的线性相关无关

三、线性关系的基本定理

四、向量组的极大线性无关组和向量组的秩数

4.1 已知向量$2\boldsymbol{\alpha}+\boldsymbol{\beta}=(1,-2,-2,-1)^T$，$3\boldsymbol{\alpha}+2\boldsymbol{\beta}=(1,-4,-3,0)^T$，则$\boldsymbol{\alpha}+\boldsymbol{\beta}=($　　$)$.

A. $(0,-2,-1,1)^T$.　　B. $(-2,0,-1,1)^T$.　　C. $(-2,0,1,-1)^T$.

D. $(1,-1,-2,0)^T$.　　E. $(2,-6,-5,-1)^T$.

4.2 设向量$\boldsymbol{\alpha}_1=(-1,4)^T$，$\boldsymbol{\alpha}_2=(1,-2)^T$，$\boldsymbol{\alpha}_3=(3,-8)^T$，若有常数$a,b$使$\boldsymbol{\alpha}_3=a\boldsymbol{\alpha}_1-b\boldsymbol{\alpha}_2$，则(　　).

A. $a=-1,b=-2$.　　B. $a=-1,b=2$.　　C. $a=1,b=-2$.

D. $a=1,b=2$.　　E. 以上都不正确.

4.3 设向量组$\boldsymbol{\alpha}=(1,0,0)^T$，$\boldsymbol{\beta}=(0,1,0)^T$，下列向量中可以表为$\boldsymbol{\alpha},\boldsymbol{\beta}$线性组合的是(　　).

A. $(2,1,0)^T$.　　B. $(2,1,1)^T$.　　C. $(2,0,1)^T$.

D. $(0,1,1)^T$.　　E. $(0,-1,2)^T$.

4.4 设向量组$\boldsymbol{\alpha}_1=(2,0,0)^T$，$\boldsymbol{\alpha}_2=(0,0,-1)^T$，则下列向量中可以由$\boldsymbol{\alpha}_1,\boldsymbol{\alpha}_2$线性表示的是(　　).

A. $(-1,2,0)^T$.　　B. $(-1,-1,-1)^T$.　　C. $(0,-1,-1)^T$.

D. $(-1,-1,0)^T$.　　E. $(-1,0,-1)^T$.

4.5 设k为实数，向量$\boldsymbol{\alpha}_1=(2,1,1)^T$，$\boldsymbol{\alpha}_2=(4,k,2)^T$，$\boldsymbol{\alpha}_3=(6,3,k)^T$，$\boldsymbol{\beta}=(2k,2,0)^T$. 若向量$\boldsymbol{\beta}$可由$\boldsymbol{\alpha}_1,\boldsymbol{\alpha}_2,\boldsymbol{\alpha}_3$线性表示，但表示式不唯一，则$k=($　　$)$.

A. -2　　B. -1.　　C. 0.

D. 2.　　E. 3.

4.6 设向量 $\boldsymbol{\beta}=(2,1,b)^{\mathrm{T}}$ 可以向量组 $\boldsymbol{\alpha}_1=(1,1,1)^{\mathrm{T}}$，$\boldsymbol{\alpha}_2=(2,3,a)^{\mathrm{T}}$ 线性表出，则数 a，b 满足关系式(　　).

A. $a-b=4$.　　B. $a-b=0$.　　C. $a+b=4$.

D. $a+b=0$.　　E. $a+b=-4$.

4.7 设向量组 $\boldsymbol{\alpha}=(1,0,1)^{\mathrm{T}}$，$\boldsymbol{\beta}=(1,-1,0)^{\mathrm{T}}$，$\boldsymbol{\gamma}=(1,0,-k)^{\mathrm{T}}$ 线性相关，则 $k=$(　　).

A. 0.　　B. -1.　　C. 1.　　D. -2.　　E. 2.

4.8 若向量组 $\boldsymbol{\alpha}=(1,k,2)^{\mathrm{T}}$，$\boldsymbol{\beta}=(1,1,1)^{\mathrm{T}}$，$\boldsymbol{\gamma}=(0,k,2)^{\mathrm{T}}$ 线性相关，则 $k=$(　　).

A. 4.　　B. 2.　　C. 1.　　D. -2.　　E. -4.

4.9 设 k 为实数. 如果向量组 $\boldsymbol{\alpha},\boldsymbol{\beta},\boldsymbol{\gamma}$ 线性无关，而向量组 $\boldsymbol{\alpha}+2\boldsymbol{\beta},2\boldsymbol{\beta}+k\boldsymbol{\gamma},\boldsymbol{\alpha}+3\boldsymbol{\gamma}$ 线性相关，那么 $k=$(　　).

A. -3.　　B. -2.　　C. 0.　　D. 2.　　E. 3.

4.10 设向量组 $\boldsymbol{\alpha}_1,\boldsymbol{\alpha}_2,\boldsymbol{\alpha}_3$ 线性无关，下列向量组中线性无关的是(　　).

A. $\boldsymbol{\alpha}_1,\boldsymbol{\alpha}_2,\boldsymbol{\alpha}_1+\boldsymbol{\alpha}_3$.　　B. $\boldsymbol{\alpha}_1,\boldsymbol{\alpha}_2,2\boldsymbol{\alpha}_1-3\boldsymbol{\alpha}_2$.　　C. $\boldsymbol{\alpha}_2,2\boldsymbol{\alpha}_3,2\boldsymbol{\alpha}_2+\boldsymbol{\alpha}_3$.

D. $\boldsymbol{\alpha}_1-\boldsymbol{\alpha}_2,\boldsymbol{\alpha}_2-\boldsymbol{\alpha}_3,\boldsymbol{\alpha}_3-\boldsymbol{\alpha}_1$.　　E. $\boldsymbol{\alpha}_1+\boldsymbol{\alpha}_2,\boldsymbol{\alpha}_2-\boldsymbol{\alpha}_3,\boldsymbol{\alpha}_1+2\boldsymbol{\alpha}_2-\boldsymbol{\alpha}_3$.

4.11 设向量组 $\boldsymbol{\alpha}_1,\boldsymbol{\alpha}_2,\boldsymbol{\alpha}_3$ 线性无关，则下列向量组中线性无关的是(　　).

A. $\boldsymbol{\alpha}_1,2\boldsymbol{\alpha}_2,3\boldsymbol{\alpha}_3$.　　B. $\boldsymbol{\alpha}_1,2\boldsymbol{\alpha}_1,\boldsymbol{\alpha}_2-\boldsymbol{\alpha}_3$.

C. $\boldsymbol{\alpha}_1-\boldsymbol{\alpha}_2,\boldsymbol{\alpha}_2-\boldsymbol{\alpha}_3,\boldsymbol{\alpha}_3-\boldsymbol{\alpha}_1$.　　D. $\boldsymbol{\alpha}_1+\boldsymbol{\alpha}_2,\boldsymbol{\alpha}_2-\boldsymbol{\alpha}_3,\boldsymbol{\alpha}_3+\boldsymbol{\alpha}_1$.

E. $\boldsymbol{\alpha}_1+\boldsymbol{\alpha}_2,\boldsymbol{\alpha}_2-\boldsymbol{\alpha}_3,\boldsymbol{\alpha}_1+2\boldsymbol{\alpha}_2-\boldsymbol{\alpha}_3$.

4.12 设向量组 $\boldsymbol{\alpha}_1,\boldsymbol{\alpha}_2,\boldsymbol{\alpha}_3$ 线性无关，则下列向量组中线性无关的是(　　).

A. $\boldsymbol{\alpha}_1-\boldsymbol{\alpha}_2,\boldsymbol{\alpha}_2-\boldsymbol{\alpha}_3,\boldsymbol{\alpha}_3-\boldsymbol{\alpha}_1$.　　B. $\boldsymbol{\alpha}_1+\boldsymbol{\alpha}_2,\boldsymbol{\alpha}_2-\boldsymbol{\alpha}_3,\boldsymbol{\alpha}_3+\boldsymbol{\alpha}_1$.

C. $\boldsymbol{\alpha}_1+\boldsymbol{\alpha}_2,\boldsymbol{\alpha}_2+\boldsymbol{\alpha}_3,\boldsymbol{\alpha}_3+\boldsymbol{\alpha}_1$.　　D. $\boldsymbol{\alpha}_1-\boldsymbol{\alpha}_2,\boldsymbol{\alpha}_2+\boldsymbol{\alpha}_3,\boldsymbol{\alpha}_3+\boldsymbol{\alpha}_1$.

E. $\boldsymbol{\alpha}_1+2\boldsymbol{\alpha}_2+\boldsymbol{\alpha}_3,2\boldsymbol{\alpha}_1+\boldsymbol{\alpha}_2-\boldsymbol{\alpha}_3,-\boldsymbol{\alpha}_1+\boldsymbol{\alpha}_2+2\boldsymbol{\alpha}_3$.

4.13 设向量组 $\boldsymbol{\alpha}_1,\boldsymbol{\alpha}_2,\boldsymbol{\alpha}_3$ 线性无关，则下列向量组中线性无关的是(　　).

A. $\boldsymbol{\alpha}_1+\boldsymbol{\alpha}_2,\boldsymbol{\alpha}_2-\boldsymbol{\alpha}_3,\boldsymbol{\alpha}_3+\boldsymbol{\alpha}_1$.　　B. $\boldsymbol{\alpha}_1+\boldsymbol{\alpha}_2,\boldsymbol{\alpha}_2+\boldsymbol{\alpha}_3,\boldsymbol{\alpha}_3-\boldsymbol{\alpha}_1$.　　C. $\boldsymbol{\alpha}_1-\boldsymbol{\alpha}_2,\boldsymbol{\alpha}_2-\boldsymbol{\alpha}_3,\boldsymbol{\alpha}_3-\boldsymbol{\alpha}_1$.

D. $\boldsymbol{\alpha}_1+\boldsymbol{\alpha}_2,\boldsymbol{\alpha}_2-\boldsymbol{\alpha}_3,\boldsymbol{\alpha}_3-\boldsymbol{\alpha}_1$.　　E. 以上都不正确.

4.14 设向量组 $\boldsymbol{\alpha}_1=(1,2)^{\mathrm{T}}$，$\boldsymbol{\alpha}_2=(0,2)^{\mathrm{T}}$，$\boldsymbol{\beta}=(4,2)^{\mathrm{T}}$，则(　　).

A. $\boldsymbol{\alpha}_1,\boldsymbol{\alpha}_2,\boldsymbol{\beta}$ 线性无关.

B. $\boldsymbol{\beta}$ 不能由 $\boldsymbol{\alpha}_1,\boldsymbol{\alpha}_2$ 线性表示.

C. $\boldsymbol{\beta}$ 可由 $\boldsymbol{\alpha}_1,\boldsymbol{\alpha}_2$ 线性表示，但表示法不唯一.

D. $\boldsymbol{\beta}$ 可由 $\boldsymbol{\alpha}_1,\boldsymbol{\alpha}_2$ 线性表示，表示法唯一.

E. 以上都不正确.

4.15 设 $\boldsymbol{\alpha}_1=(1,0,0)^{\mathrm{T}}$，$\boldsymbol{\alpha}_2=(2,0,0)^{\mathrm{T}}$，$\boldsymbol{\alpha}_3=(1,1,0)^{\mathrm{T}}$，则（　　）.

A. $\boldsymbol{\alpha}_1,\boldsymbol{\alpha}_2,\boldsymbol{\alpha}_3$ 线性无关.
B. $\boldsymbol{\alpha}_3$ 可由 $\boldsymbol{\alpha}_1,\boldsymbol{\alpha}_2$ 线性表示.
C. $\boldsymbol{\alpha}_1$ 可由 $\boldsymbol{\alpha}_2,\boldsymbol{\alpha}_3$ 线性表示.
D. $r(\boldsymbol{\alpha}_1,\boldsymbol{\alpha}_2,\boldsymbol{\alpha}_3)=1$.
E. $r(\boldsymbol{\alpha}_1,\boldsymbol{\alpha}_2,\boldsymbol{\alpha}_3)=3$.

4.16 设向量组 $\boldsymbol{\alpha}_1,\boldsymbol{\alpha}_2,\boldsymbol{\alpha}_3$ 线性相关，$\boldsymbol{\alpha}_1,\boldsymbol{\alpha}_2,\boldsymbol{\alpha}_4$ 线性无关，则有（　　）.

A. $\boldsymbol{\alpha}_1$ 必可由 $\boldsymbol{\alpha}_2,\boldsymbol{\alpha}_3,\boldsymbol{\alpha}_4$ 线性表出.
B. $\boldsymbol{\alpha}_2$ 必可由 $\boldsymbol{\alpha}_1,\boldsymbol{\alpha}_3,\boldsymbol{\alpha}_4$ 线性表出.
C. $\boldsymbol{\alpha}_3$ 必可由 $\boldsymbol{\alpha}_1,\boldsymbol{\alpha}_2,\boldsymbol{\alpha}_4$ 线性表出.
D. $\boldsymbol{\alpha}_4$ 必可由 $\boldsymbol{\alpha}_1,\boldsymbol{\alpha}_2,\boldsymbol{\alpha}_3$ 线性表出.
E. 以上都不正确.

4.17 设向量组 $\boldsymbol{\alpha}_1,\boldsymbol{\alpha}_2,\boldsymbol{\alpha}_3$ 线性无关，$\boldsymbol{\alpha}_1,\boldsymbol{\alpha}_2,\boldsymbol{\alpha}_4$ 线性相关，则下列结论中错误的是（　　）.

A. $\boldsymbol{\alpha}_1,\boldsymbol{\alpha}_2$ 线性无关.
B. $\boldsymbol{\alpha}_2,\boldsymbol{\alpha}_3$ 线性无关.
C. $\boldsymbol{\alpha}_4$ 可由 $\boldsymbol{\alpha}_1,\boldsymbol{\alpha}_2$ 线性表出.
D. $\boldsymbol{\alpha}_1,\boldsymbol{\alpha}_2,\boldsymbol{\alpha}_3,\boldsymbol{\alpha}_4$ 线性相关.
E. $\boldsymbol{\alpha}_1,\boldsymbol{\alpha}_2,\boldsymbol{\alpha}_3,\boldsymbol{\alpha}_4$ 线性无关.

4.18 已知向量组 $\boldsymbol{\alpha}_1,\boldsymbol{\alpha}_2,\boldsymbol{\alpha}_3$ 线性无关，$\boldsymbol{\alpha}_1,\boldsymbol{\alpha}_2,\boldsymbol{\alpha}_3,\boldsymbol{\beta}$ 线性相关，则（　　）.

A. $\boldsymbol{\alpha}_1$ 必能由 $\boldsymbol{\alpha}_2,\boldsymbol{\alpha}_3,\boldsymbol{\beta}$ 线性表出.
B. $\boldsymbol{\alpha}_2$ 必能由 $\boldsymbol{\alpha}_1,\boldsymbol{\alpha}_3,\boldsymbol{\beta}$ 线性表出.
C. $\boldsymbol{\alpha}_3$ 必能由 $\boldsymbol{\alpha}_1,\boldsymbol{\alpha}_2,\boldsymbol{\beta}$ 线性表出.
D. $\boldsymbol{\beta}$ 必能由 $\boldsymbol{\alpha}_1,\boldsymbol{\alpha}_2,\boldsymbol{\alpha}_3$ 线性表出.
E. 以上都不正确.

4.19 下列命题中错误的是（　　）.

A. 只含有一个零向量的向量组线性相关.
B. 由一个非零列向量组成的向量组线性相关.
C. 两个成比例的列向量组组成的向量组线性相关.
D. 由 $n+1$ 个 n 维列向量组成的向量组线性相关.
E. 由 n 个 n 维列向量组成的向量组线性相关的充要条件是向量组对应的行列式为零.

4.20 设向量组 $\boldsymbol{\alpha}_1,\boldsymbol{\alpha}_2,\cdots,\boldsymbol{\alpha}_s(s\geqslant 2)$ 线性相关，则 $\boldsymbol{\alpha}_1,\boldsymbol{\alpha}_2,\cdots,\boldsymbol{\alpha}_s$ 中（　　）.

A. 必有一个零向量.
B. 必有两个向量对应元素成比例.
C. 任意两个向量对应元素成比例.
D. 存在一个向量可由其余向量线性表出.
E. 每个向量均可由其余向量线性表出.

4.21 设 $\boldsymbol{\alpha}_1,\boldsymbol{\alpha}_2,\cdots,\boldsymbol{\alpha}_k$ 是 n 维列向量，则 $\boldsymbol{\alpha}_1,\boldsymbol{\alpha}_2,\cdots,\boldsymbol{\alpha}_k$ 线性无关的充分必要条件是（　　）.

A. 向量组 $\boldsymbol{\alpha}_1,\boldsymbol{\alpha}_2,\cdots,\boldsymbol{\alpha}_k$ 中任意两个向量线性无关.
B. 存在一组数 $l_1,l_2,\cdots,l_k$，使得 $l_1\boldsymbol{\alpha}_1+l_2\boldsymbol{\alpha}_2+\cdots+l_k\boldsymbol{\alpha}_k\neq\mathbf{0}$.
C. 存在一组不全为 0 的数 $l_1,l_2,\cdots,l_k$，使得 $l_1\boldsymbol{\alpha}_1+l_2\boldsymbol{\alpha}_2+\cdots+l_k\boldsymbol{\alpha}_k\neq\mathbf{0}$.
D. 向量组 $\boldsymbol{\alpha}_1,\boldsymbol{\alpha}_2,\cdots,\boldsymbol{\alpha}_k$ 中存在一个向量不能由其余向量线性表示.
E. 向量组 $\boldsymbol{\alpha}_1,\boldsymbol{\alpha}_2,\cdots,\boldsymbol{\alpha}_k$ 中任意一个向量都不能由其余向量线性表示.

4.22 设 $\boldsymbol{\alpha}_1,\boldsymbol{\alpha}_2,\boldsymbol{\alpha}_3,\boldsymbol{\alpha}_4$ 都是3维列向量，则必有(　　).

A. $\boldsymbol{\alpha}_1,\boldsymbol{\alpha}_2,\boldsymbol{\alpha}_3,\boldsymbol{\alpha}_4$ 线性无关.
B. $\boldsymbol{\alpha}_1,\boldsymbol{\alpha}_2,\boldsymbol{\alpha}_3,\boldsymbol{\alpha}_4$ 线性相关.
C. $\boldsymbol{\alpha}_1$ 可由 $\boldsymbol{\alpha}_2,\boldsymbol{\alpha}_3,\boldsymbol{\alpha}_4$ 线性表示.
D. $\boldsymbol{\alpha}_1$ 不可由 $\boldsymbol{\alpha}_2,\boldsymbol{\alpha}_3,\boldsymbol{\alpha}_4$ 线性表示.
E. 向量组 $\boldsymbol{\alpha}_1,\boldsymbol{\alpha}_2$ 与 $\boldsymbol{\alpha}_3,\boldsymbol{\alpha}_4$ 等价.

4.23 设 $\boldsymbol{\alpha}_1,\boldsymbol{\alpha}_2,\boldsymbol{\alpha}_3,\boldsymbol{\alpha}_4,\boldsymbol{\alpha}_5$ 是4维向量，则(　　).

A. $\boldsymbol{\alpha}_1,\boldsymbol{\alpha}_2,\boldsymbol{\alpha}_3,\boldsymbol{\alpha}_4,\boldsymbol{\alpha}_5$ 一定线性无关.
B. $\boldsymbol{\alpha}_1,\boldsymbol{\alpha}_2,\boldsymbol{\alpha}_3,\boldsymbol{\alpha}_4,\boldsymbol{\alpha}_5$ 一定线性相关.
C. $\boldsymbol{\alpha}_5$ 一定可以由 $\boldsymbol{\alpha}_1,\boldsymbol{\alpha}_2,\boldsymbol{\alpha}_3,\boldsymbol{\alpha}_4$ 线性表出.
D. $\boldsymbol{\alpha}_1$ 一定可以由 $\boldsymbol{\alpha}_2,\boldsymbol{\alpha}_3,\boldsymbol{\alpha}_4,\boldsymbol{\alpha}_5$ 线性表出.
E. $\boldsymbol{\alpha}_1$ 一定不可以由 $\boldsymbol{\alpha}_2,\boldsymbol{\alpha}_3,\boldsymbol{\alpha}_4,\boldsymbol{\alpha}_5$ 线性表出.

4.24 设 $\boldsymbol{A}$ 为 $m\times n$ 矩阵，则齐次线性方程组 $\boldsymbol{Ax}=\boldsymbol{0}$ 仅有零解的充分条件是(　　).

A. $\boldsymbol{A}$ 的列向量线性无关.
B. $\boldsymbol{A}$ 的列向量线性相关.
C. $\boldsymbol{A}$ 的行向量线性无关.
D. $\boldsymbol{A}$ 的行向量线性相关.
E. 以上都不正确.

4.25 设向量组 $\boldsymbol{\alpha}_1=\begin{pmatrix}1\\1\\1\end{pmatrix},\boldsymbol{\alpha}_2=\begin{pmatrix}1\\-1\\3\end{pmatrix},\boldsymbol{\alpha}_3=\begin{pmatrix}2\\6\\-k\end{pmatrix},\boldsymbol{\alpha}_4=\begin{pmatrix}-2\\0\\-2k\end{pmatrix}$ 的秩为2，则 $k=$(　　).

A. 0.　　B. 1.　　C. 2.　　D. 3.　　E. 4.

4.26 向量组 $\boldsymbol{\alpha}_1=\begin{pmatrix}1\\2\\0\end{pmatrix},\boldsymbol{\alpha}_2=\begin{pmatrix}2\\4\\0\end{pmatrix},\boldsymbol{\alpha}_3=\begin{pmatrix}3\\6\\0\end{pmatrix},\boldsymbol{\alpha}_4=\begin{pmatrix}4\\9\\0\end{pmatrix}$ 的极大线性无关组为(　　).

A. $\boldsymbol{\alpha}_1,\boldsymbol{\alpha}_2$.　　B. $\boldsymbol{\alpha}_1,\boldsymbol{\alpha}_3$.　　C. $\boldsymbol{\alpha}_1,\boldsymbol{\alpha}_4$.　　D. $\boldsymbol{\alpha}_2,\boldsymbol{\alpha}_3$.　　E. $\boldsymbol{\alpha}_1,\boldsymbol{\alpha}_2,\boldsymbol{\alpha}_3$.

4.27 设 $\boldsymbol{A}$ 为3阶方阵，则 $|\boldsymbol{A}|=0$ 的充分必要条件是(　　).

A. $r(\boldsymbol{A})=2$.
B. $r(\boldsymbol{A})\neq 2$.
C. $\boldsymbol{A}$ 的列向量组线性无关.
D. $\boldsymbol{A}$ 的行向量组线性相关.
E. $\boldsymbol{A}$ 中有两行对应元素成比例.

4.28 设向量组 $\boldsymbol{\alpha}_1,\boldsymbol{\alpha}_2,\boldsymbol{\alpha}_3$ 的秩为2，则 $\boldsymbol{\alpha}_1,\boldsymbol{\alpha}_2,\boldsymbol{\alpha}_3$ 中(　　).

A. 必有一个零向量.
B. 任意两个向量都线性无关.
C. 任意两个向量对应元素成比例.
D. 存在一个向量可由其余向量线性表出.
E. 每个向量均可由其余向量线性表出.

4.29 设 $\boldsymbol{\alpha}_1=\begin{pmatrix}1\\2\\1\end{pmatrix},\boldsymbol{\alpha}_2=\begin{pmatrix}-1\\1\\2\end{pmatrix}$，可以由 $\boldsymbol{\beta}_1=\begin{pmatrix}1\\0\\a\end{pmatrix},\boldsymbol{\beta}_2=\begin{pmatrix}0\\1\\b\end{pmatrix}$ 线性表示，则(　　).

A. $a=1,b=1$.　　B. $a=1,b=-1$.　　C. $a=-1,b=1$.
D. $a=-1,b=-1$.　　E. 以上都不正确.

4.30 设向量组$\boldsymbol{\alpha}_1,\boldsymbol{\alpha}_2,\boldsymbol{\alpha}_3$与向量组$\boldsymbol{\alpha}_1,\boldsymbol{\alpha}_2$等价,则(　　).

A. $\boldsymbol{\alpha}_1,\boldsymbol{\alpha}_2$线性相关.
B. $\boldsymbol{\alpha}_1,\boldsymbol{\alpha}_2$线性无关.
C. $\boldsymbol{\alpha}_1,\boldsymbol{\alpha}_2,\boldsymbol{\alpha}_3$线性相关.
D. $\boldsymbol{\alpha}_1,\boldsymbol{\alpha}_2,\boldsymbol{\alpha}_3$线性无关.
E. 以上都不正确.

4.31 设线性无关的向量组$\boldsymbol{\alpha}_1,\boldsymbol{\alpha}_2,\boldsymbol{\alpha}_3,\boldsymbol{\alpha}_4$可由向量组$\boldsymbol{\beta}_1,\boldsymbol{\beta}_2,\cdots,\boldsymbol{\beta}_s$线性表示,则必有(　　).

A. $s\geqslant 4$.
B. $s\leqslant 4$.
C. $\boldsymbol{\beta}_1,\boldsymbol{\beta}_2,\cdots,\boldsymbol{\beta}_s$线性相关.
D. $\boldsymbol{\beta}_1,\boldsymbol{\beta}_2,\cdots,\boldsymbol{\beta}_s$线性无关.
E. $r(\boldsymbol{\beta}_1,\boldsymbol{\beta}_2,\cdots,\boldsymbol{\beta}_s)=4$.

4.32 设向量组$\boldsymbol{\alpha}_1,\boldsymbol{\alpha}_2,\cdots,\boldsymbol{\alpha}_s$可由向量组$\boldsymbol{\beta}_1,\boldsymbol{\beta}_2,\cdots,\boldsymbol{\beta}_t$线性表出,下列结论中正确的是(　　).

A. 若$s>t$,则$\boldsymbol{\alpha}_1,\boldsymbol{\alpha}_2,\cdots,\boldsymbol{\alpha}_s$线性相关.
B. 若$\boldsymbol{\beta}_1,\boldsymbol{\beta}_2,\cdots,\boldsymbol{\beta}_t$线性无关,则$s>t$.
C. 若$s>t$,则$\boldsymbol{\beta}_1,\boldsymbol{\beta}_2,\cdots,\boldsymbol{\beta}_t$线性相关.
D. 若$\boldsymbol{\alpha}_1,\boldsymbol{\alpha}_2,\cdots,\boldsymbol{\alpha}_s$线性无关,则$s>t$.
E. 以上都不正确.

4.33 若向量组$\boldsymbol{\alpha}_1,\boldsymbol{\alpha}_2,\cdots,\boldsymbol{\alpha}_s$可由向量组$\boldsymbol{\beta}_1,\boldsymbol{\beta}_2,\cdots,\boldsymbol{\beta}_t$线性表出,则必有(　　).

A. $s\leqslant t$.
B. $s>t$.
C. $r(\boldsymbol{\alpha}_1,\boldsymbol{\alpha}_2,\cdots,\boldsymbol{\alpha}_s)\leqslant r(\boldsymbol{\beta}_1,\boldsymbol{\beta}_2,\cdots,\boldsymbol{\beta}_t)$.
D. $r(\boldsymbol{\alpha}_1,\boldsymbol{\alpha}_2,\cdots,\boldsymbol{\alpha}_s)>r(\boldsymbol{\beta}_1,\boldsymbol{\beta}_2,\cdots,\boldsymbol{\beta}_t)$.
E. $r(\boldsymbol{\alpha}_1,\boldsymbol{\alpha}_2,\cdots,\boldsymbol{\alpha}_s)<r(\boldsymbol{\beta}_1,\boldsymbol{\beta}_2,\cdots,\boldsymbol{\beta}_t)$.

4.34 设向量组$\boldsymbol{\alpha}_1,\boldsymbol{\alpha}_2,\cdots,\boldsymbol{\alpha}_s$可由向量组$\boldsymbol{\beta}_1,\boldsymbol{\beta}_2,\cdots,\boldsymbol{\beta}_t$线性表出,下列结论中正确的是(　　).

A. 若$s\leqslant t$,则$\boldsymbol{\alpha}_1,\boldsymbol{\alpha}_2,\cdots,\boldsymbol{\alpha}_s$必线性相关.
B. 若$s\leqslant t$,则$\boldsymbol{\alpha}_1,\boldsymbol{\alpha}_2,\cdots,\boldsymbol{\alpha}_s$必线性无关.
C. 若$s\leqslant t$,则$\boldsymbol{\beta}_1,\boldsymbol{\beta}_2,\cdots,\boldsymbol{\beta}_t$必线性相关.
D. 若$\boldsymbol{\beta}_1,\boldsymbol{\beta}_2,\cdots,\boldsymbol{\beta}_t$线性无关,则$s\leqslant t$.
E. 若$\boldsymbol{\alpha}_1,\boldsymbol{\alpha}_2,\cdots,\boldsymbol{\alpha}_s$线性无关,则$s\leqslant t$.

概率论

第一章　随机事件与概率

本章考点

一、随机事件的关系及运算
二、古典概型
三、概率的定义及性质
四、条件概率和乘法公式
五、全概率公式与贝叶斯公式
六、事件的独立性
七、n 重伯努利试验

1.1 同时抛掷 3 枚硬币，设事件 A 表示“至少 2 枚出现正面”，则事件 $\overline{A}$ 表示(　　).

A. 至少 1 枚出现正面.　　B. 至多 2 枚出现正面.　　C. 至少 1 枚出现反面.
D. 至少 2 枚出现反面.　　E. 至少 1 枚出现正面且至多 2 枚出现正面.

1.2 设 A 表示“甲种商品畅销，乙种商品滞销”，则其对立事件 $\overline{A}$ 表示(　　).

A. 甲种商品滞销，乙种商品畅销.　　B. 甲种商品畅销，乙种商品畅销.
C. 甲种商品滞销，乙种商品滞销.　　D. 甲种商品滞销或乙种商品畅销.
E. 以上都不正确.

1.3 设甲、乙两人进行象棋比赛，考虑事件 $A=\{$甲胜乙负$\}$，则 $\overline{A}$ 为(　　).

A. {甲负}.　　B. {乙胜}.　　C. {甲乙平局}.　　D. {乙负}.　　E. {甲负或平局}.

1.4 某人射击三次，以 A_i 表示事件“第 i 次击中目标”$(i=1,2,3)$，则 $A_1\cup A_2\cup A_3$ 表示(　　).

A. “恰好击中目标一次”.　　B. “至少击中目标一次”.
C. “至多击中目标一次”.　　D. “恰好击中目标两次”.
E. “三次都击中目标”.

1.5 抛硬币三次，以 A_i 表示事件“第 i 次出现正面”$(i=1,2,3)$，则 $A_1A_2A_3$ 表示(　　).

A. “恰好出现正面一次”.　　B. “至少出现正面一次”.
C. “至多出现正面一次”.　　D. “至少出现正面两次”.
E. “三次都出现正面”.

1.6 设 A,B,C 为三个随机事件，则 A,B 中至少有一个发生而 C 不发生可表示为(　　).

A. $A \cup B \cup \overline{C}$.　　B. $AB\overline{C}$.　　C. $(AB) \cup \overline{C}$.

D. $(A \cup B)\overline{C}$.　　E. $A \cup (B\overline{C})$.

1.7 设 A,B,C 表示三个随机事件，则事件 A,B,C 恰有一个发生可表示为(　　).

A. $\overline{AB} \cup \overline{AC} \cup \overline{BC}$.　　B. $A\overline{B}\,\overline{C} \cup \overline{A}B\overline{C} \cup \overline{A}\,\overline{B}C$.　　C. $\overline{A} \cup \overline{B} \cup \overline{C}$.

D. $A \cup B \cup C$.　　E. ABC.

1.8 设 A,B,C 为三事件，下列命题成立的个数是(　　).

(1)“A,B,C 都不发生或全发生”可表示为 $ABC \cup \overline{ABC}$；

(2)“A,B,C 中不多于一个发生”可表示为 $1-ABC$；

(3)“A,B,C 中不多于一个发生”可表示为$\overline{ABC}$；

(4)“A,B,C 中至少有两个发生”可表示为 $AB \cup BC \cup AC$.

A. 0 个.　　B. 1 个.　　C. 2 个.　　D. 3 个.　　E. 4 个.

1.9 对于任意事件 A 和 B，与 $A \cup B = B$ 表达的含义不一样的式子是(　　).

A. $A = \varnothing$.　　B. $A \subset B$.　　C. $\overline{B} \subset \overline{A}$.

D. $A\overline{B} = \varnothing$.　　E. $\overline{A}B \neq \varnothing$.

1.10 设 A 与 B 为任意两个事件，则 $(A \cup B)A =$ (　　).

A. A.　　B. B.　　C. AB.

D. $\overline{A}B$.　　E. $A \cup B$.

1.11 设 A,B 为随机事件，且 $A \subset B$，则$\overline{A \cup B}$ 等于(　　).

A. $\overline{A}$.　　B. $\overline{B}$.　　C. $\overline{AB}$.

D. $\overline{A}\,\overline{B}$.　　E. $\overline{A} \cup \overline{B}$.

1.12 设 A,B,C 为三个随机事件，则$(\overline{A \cup B})C =$ (　　).

A. $\overline{A}\,\overline{B}C$.　　B. ABC.　　C. $\overline{A}\,\overline{B} \cup C$.

D. $(\overline{A} \cup \overline{B})C$.　　E. $\overline{A} \cup \overline{B} \cup C$.

1.13 设 A 与 B 为任意两个事件，则以下结论成立的是(　　).

A. $(A \cup B) - B = A$.　　B. $(A \cup B) - B = B$.　　C. $(A \cup B) - B = AB$.

D. $(A \cup B) - B = A \cup B$.　　E. $(A \cup B) - B = A - B$.

1.14 设 A 与 B 为任意两个事件，则以下结论成立的是(　　).

A. $(A \cap B) - B = A$.　　B. $(A \cap B) - B = B$.　　C. $(A \cap B) - B = AB$.

D. $(A \cap B) - B = \varnothing$.　　E. $(A \cap B) - B = \Omega$.

1.15 下列关系式中成立的个数为(　　).

(1)$A-(B-C)=(A-B)\cup C$.

(2)$(A\cup B)-B=A$.

(3)$(A-B)\cup B=A$.

(4)AB 与 $A\overline{B}$ 互不相容.

A. 0 个.　　B. 1 个.　　C. 2 个.　　D. 3 个.　　E. 4 个.

1.16 下列关系式中成立的个数为(　　).

(1)$A\cup B=(A\overline{B})\cup B$.

(2)$(\overline{A\cup B})C=\overline{A}\,\overline{B}\,\overline{C}$.

(3) 若 $A\subset B$,则 $A=AB$.

(4) 若 $AB=\varnothing$,且 $C\subset A$,则 $BC=\varnothing$.

A. 0 个.　　B. 1 个.　　C. 2 个.　　D. 3 个.　　E. 4 个.

1.17 抛掷一枚均匀硬币 3 次,恰好有 1 次正面向上的概率是(　　).

A. $\frac{1}{8}$.　　B. $\frac{1}{6}$.　　C. $\frac{3}{8}$.　　D. $\frac{1}{4}$.　　E. $\frac{1}{2}$.

1.18 8 件产品中有 3 件次品,从中不放回抽取产品,每次 1 件,则第 2 次抽到次品的概率为(　　).

A. $\frac{1}{40}$.　　B. $\frac{15}{28}$.　　C. $\frac{3}{8}$.　　D. $\frac{3}{4}$.　　E. $\frac{5}{8}$.

1.19 掷一枚不均匀硬币,正面朝上的概率为$\frac{2}{3}$,将此硬币连掷 4 次,则恰好 3 次正面朝上的概率是(　　).

A. $\frac{4}{81}$.　　B. $\frac{8}{81}$.　　C. $\frac{8}{27}$.　　D. $\frac{32}{81}$.　　E. $\frac{3}{4}$.

1.20 投掷两枚骰子,它们点数之和等于 7 的概率为(　　).

A. $\frac{1}{6}$.　　B. $\frac{1}{3}$.　　C. $\frac{1}{11}$.　　D. $\frac{2}{11}$.　　E. $\frac{7}{36}$.

1.21 一袋中有 4 只球,编号为 1,2,3,4,从袋中一次取出 2 只球,用 X 表示取出的 2 只球的最大号码数,则 $P\{X=4\}=$(　　).

A. 0.4.　　B. 0.5.　　C. 0.6.　　D. 0.7.　　E. 0.8.

1.22 一袋中有 10 个球,分别标有号码 1 到 10,现任选 3 只,记下取出球的号码,则最小号码为 5 的概率为(　　).

A. $\frac{1}{5}$.　　B. $\frac{1}{4}$.　　C. $\frac{2}{5}$.　　D. $\frac{3}{5}$.　　E. $\frac{1}{12}$.

1.23 将2封信随机地投入4个邮筒中，则前面2个邮筒没有投信的概率为（　　）.

A. $\frac{2^2}{4^2}$.　B. $\frac{C_2^1}{C_4^2}$.　C. $\frac{2!}{A_4^2}$.　D. $\frac{C_2^1}{4!}$.　E. $\frac{2!}{4!}$.

1.24 在区间(0,10]中任意取出一个整数，则它与4之和大于10的概率为（　　）.

A. $\frac{1}{5}$.　B. $\frac{2}{5}$.　C. $\frac{3}{5}$.　D. $\frac{4}{5}$.　E. $\frac{1}{12}$.

1.25 两人相约九点到十点在某地会面，先到者等候另一个人20分钟，过时离去，则两人会面的概率为（　　）.

A. $\frac{1}{3}$.　B. $\frac{2}{3}$.　C. $\frac{4}{9}$.　D. $\frac{5}{9}$.　E. $\frac{7}{10}$.

1.26 若事件A和B同时出现的概率$P(AB)=0$，则（　　）.

A. A和B相互独立.　B. A和B互不相容（互斥）.　C. AB是不可能事件.

D. AB未必是不可能事件.　E. $P(A)=0$或$P(B)=0$.

1.27 已知$P(A)=0.75$，$P(B)=0.25$，则事件A与B的关系是（　　）.

A. 互相独立.　B. 互逆.　C. 互不相容.　D. $A\supset B$.　E. 不能确定.

1.28 设$P(A)=0.4$，$P(A\cup B)=0.7$，若A与B互不相容，则$P(B)=$（　　）.

A. 0.3.　B. 0.4.　C. 0.5.　D. 0.6.　E. 0.7.

1.29 对于任意两事件A，B，有$P(A-B)=$（　　）.

A. $P(A)$.　B. $P(A)-P(B)$.

C. $P(A)-P(B)+P(AB)$.　D. $P(A)-P(AB)$.

E. $P(A)+P(\overline{B})-P(A\overline{B})$.

1.30 设事件A与事件B互不相容，则（　　）.

A. $P(\overline{A}\,\overline{B})=0$.　B. $P(AB)=P(A)P(B)$.　C. $P(A)=1-P(B)$.

D. $P(A\cup B)=1$.　E. $P(\overline{A}\cup\overline{B})=1$.

1.31 设随机事件A与B互不相容，则下列结论中肯定正确的是（　　）.

A. $\overline{A}$与$\overline{B}$互不相容.　B. $\overline{A}$与$\overline{B}$相容.

C. $P(AB)=P(A)P(B)$.　D. $P(A-B)=P(A)$.

E. $P(A-B)=P(B)$.

1.32 当事件A与B同时发生时，事件C必发生，则（　　）.

A. $P(C)\leqslant P(A)+P(B)-1$.　B. $P(C)\geqslant P(A)+P(B)-1$.

C. $P(C)=P(A)+P(B)-1$.　D. $P(C)=P(AB)$.

E. $P(C)=P(A\cup B)$.

1.33 设 A,B,C 为 3 个随机事件，且 $P(A)=P(B)=P(C)=\frac{1}{4}$，$P(AB)=P(BC)=\frac{1}{16}$，$P(AC)=0$，则 A,B,C 至少有一个发生的概率为(　　).

A. $\frac{1}{16}$.　　B. $\frac{1}{8}$.　　C. $\frac{1}{4}$.　　D. $\frac{3}{4}$.　　E. $\frac{5}{8}$.

1.34 一批产品中有 50% 不合格品，而合格品中一等品占 60%，从这批产品中任取一件，则该产品是一等品的概率为(　　).

A. 0.2.　　B. 0.3.　　C. 0.6.　　D. 0.8.　　E. 1.

1.35 设 $P(A)=0.6$，$P(B)=0.3$，$P(A\mid B)=0.5$，则 $P(B\mid A)=$(　　).

A. 0.18.　　B. 0.25.　　C. 0.3.　　D. 0.5.　　E. 0.75.

1.36 设 A 与 B 满足 $P(A)=0.6$，$P(B)=0.5$，$P(A\mid B)=0.8$，则 $P(A\cup B)=$(　　).

A. 0.7.　　B. 0.8.　　C. 0.6.　　D. 0.5.　　E. 0.4.

1.37 已知 $P(A)=\frac{1}{4}$，$P(B\mid A)=\frac{1}{3}$，$P(A\mid B)=\frac{1}{2}$，则 $P(A\cup B)=$(　　).

A. $\frac{1}{4}$.　　B. $\frac{1}{3}$.　　C. $\frac{1}{12}$.　　D. $\frac{1}{2}$.　　E. $\frac{2}{3}$.

1.38 设 A,B 为两个随机事件，且 $P(A)>0$，则 $P(A\cup B\mid A)=$(　　).

A. 0.　　B. $P(A)$.　　C. $P(B)$.　　D. $P(AB)$.　　E. 1.

1.39 设 A,B 为随机事件，且 $P(B)>0$，$P(A\mid B)=1$，则必有(　　).

A. $P(A\cup B)>P(A)$.　　B. $P(A\cup B)>P(B)$.　　C. $P(A\cup B)=P(A)$.

D. $P(A\cup B)=P(B)$.　　E. $P(A\cup B)=P(AB)$.

1.40 设 A,B 是两个随机事件，且 $0<P(A)<1$，$P(B)>0$，$P(B\mid A)=P(B\mid\overline{A})$，则必有(　　).

A. $P(A)=P(B)$.　　B. $P(A\mid B)=P(\overline{A}\mid B)$.　　C. $P(A\mid B)\neq P(\overline{A}\mid B)$.

D. $P(AB)=P(A)P(B)$.　　E. $P(AB)\neq P(A)P(B)$.

1.41 设 A,B 是两个随机事件，且 $A\subset B$，$P(A)>0$，$P(B)>0$，则(　　).

A. $P(A+B)=P(A)+P(B)$.　　B. $P(AB)=P(A)\cdot P(B)$.

C. $P(B\mid A)=1$.　　D. $P(A-B)=P(A)-P(B)$.

E. 以上都不对.

1.42 设 A,B 是两个随机事件，且 $A\subset B$，$0<P(A)<1$，则(　　).

A. $P(\overline{AB})=1-P(B)$.　　B. $P(\overline{A}\,\overline{B})=1-P(B)$.　　C. $P(B\mid A)=P(B)$.

D. $P(B\mid\overline{A})=P(B)$.　　E. $P(AB)=P(B)$.

1.43 设 A,B 为任意两个事件，且 $A\subset B,P(B)>0$，则下列选项必然成立的是(　　).

A. $P(A)<P(A\mid B)$.　　B. $P(A)\leqslant P(A\mid B)$.　　C. $P(A)=P(A\mid B)$.

D. $P(A)>P(A\mid B)$.　　E. $P(A)\geqslant P(A\mid B)$.

1.44 设 A,B 是两个随机事件，且 $P(A)=0.7,P(B)=0.5$，则条件概率 $P(B\mid A)$ 的最大值与最小值分别为(　　).

A. $\frac{3}{7}$ 与 $\frac{1}{7}$.　　B. $\frac{4}{7}$ 与 $\frac{1}{7}$.　　C. $\frac{5}{7}$ 与 $\frac{1}{7}$.　　D. $\frac{4}{7}$ 与 $\frac{2}{7}$.　　E. $\frac{5}{7}$ 与 $\frac{2}{7}$.

1.45 已知 $0<P(B)<1,A_1,A_2$ 互不相容，且 $P[(A_1+A_2)\mid B]=P(A_1\mid B)+P(A_2\mid B)$，则下列选项成立的是(　　).

A. $P(A_1+A_2)=P(A_1)+P(A_2)$.

B. $P[(A_1+A_2)\mid \overline{B}]=P(A_1\mid \overline{B})+P(A_2\mid \overline{B})$.

C. $P(A_1B+A_2B)=P(A_1B)+P(A_2B)$.

D. $P(A_1+A_2)=P(A_1\mid B)+P(A_2\mid B)$.

E. $P(B)=P(A_1)P(B\mid A_1)+P(A_2)P(B\mid A_2)$.

1.46 设 $0<P(A)<1,0<P(B)<1,P(A\mid B)+P(\overline{A}\mid \overline{B})=1$，则(　　).

A. 事件 A 和 B 互不相容.　　B. 事件 A 和 B 互相对立.　　C. 事件 A 和 B 不独立.

D. 事件 A 和 B 相互独立.　　E. 以上都不对.

1.47 设 A 与 B 互为对立事件，且 $P(A)>0,P(B)>0$，下列关系式中成立的个数为(　　).

(1)$P(\overline{B}\mid A)=0$　　(2)$P(A\mid B)=0$　　(3)$P(AB)=0$　　(4)$P(A\cup B)=1$

A. 0.　　B. 1.　　C. 2.　　D. 3.　　E. 4.

1.48 袋中有 $n-1$ 个白球，1 个红球，依次从袋中随机地无放回取球，则第二次取到红球的概率为(　　).

A. $\frac{1}{n}$.　　B. $\frac{2}{n}$.　　C. $\frac{n-2}{n}$.　　D. $\frac{n-1}{n}$.　　E. 不确定.

1.49 一批产品中有一、二、三等品各占 60%，30%，10%，从中随意取出一件产品，结果不是三等品，则取到的是一等品的概率为(　　).

A. $\frac{1}{3}$.　　B. $\frac{1}{2}$.　　C. $\frac{2}{3}$.　　D. $\frac{3}{5}$.　　E. $\frac{4}{5}$.

1.50 设事件 A,B 相互独立，$P(A)=0.4,P(B)=0.5$，则 $P(A\cup B)=$(　　).

A. 0.1.　　B. 0.2.　　C. 0.6.　　D. 0.7.　　E. 0.9.

1.51 设事件 A,B 相互独立，$P(A)=0.2,P(B)=0.5$，则 $P(\overline{A}\,\overline{B})=$(　　).

A. 0.1.　　B. 0.2.　　C. 0.4.　　D. 0.6.　　E. 0.7.

1.52 设事件 A,B 相互独立，且 $P(A)>0,P(B)>0$，则(　　).

A. $P(A)+P(B)=P(A\cup B)$.　　B. A,B 互不相容.

C. $AB=\varnothing$.　　D. $A\cup B=\Omega$.

E. $P(AB)>0$.

1.53 甲、乙、丙三人独立射击的命中率分别为 0.5，0.6，0.7，则三人都未命中的概率为(　　).

A. 0.21.　　B. 0.14.　　C. 0.09.　　D. 0.06.　　E. 0.35.

1.54 若 $P(A)=P(B)=P(C)=0.4$，且 A,B,C 相互独立，则 $P(A+B+C)=$(　　).

A. 0.064.　　B. 0.216.　　C. 0.784.　　D. 0.936.　　E. 1.

1.55 设 $P(A)>0,P(B)>0$，则由 A 与 B 相互独立不能推出(　　).

A. $P(A\mid B)=P(A)$.　　B. $P(B\mid \overline{A})=P(B)$.　　C. $P(A\overline{B})=P(A)P(\overline{B})$.

D. $P(AB)=P(A)P(B)$.　　E. $P(\overline{A}\cup\overline{B})=P(\overline{A})+P(\overline{B})$.

1.56 设 A,B 互为对立事件，$0<P(B)<1$，则下列等式中错误的是(　　).

A. $P(A\mid B)+P(A\mid\overline{B})=1$.　　B. $P(\overline{A}\mid B)+P(A\mid\overline{B})=0$.

C. $P(A\mid B)+P(\overline{A}\mid B)=1$.　　D. $P(A\mid\overline{B})+P(\overline{A}\mid B)=2$.

E. $P(A\mid B)+P(\overline{A}\mid\overline{B})=2$.

1.57 设 A,B,C 是三个相互独立的随机事件，且 $0<P(C)<1$，则在下列给定的四对事件中相互不独立的是(　　).

A. $\overline{A+B}$ 与 C.　　B. $A-B$ 与 C.　　C. $\overline{A-B}$ 与 $\overline{C}$.

D. $\overline{AC}$ 与 C.　　E. $\overline{AB}$ 与 $\overline{C}$.

1.58 设 A,B,C 是三个相互独立的随机事件，则下列等式中错误的是(　　).

A. $A+B$ 与 C 必相互独立.　　B. AB 与 C 必相互独立.　　C. $A-B$ 与 AB 必相互独立.

D. $A-B$ 与 C 必相互独立.　　E. $A-B$ 与 $A-C$ 可能独立.

1.59 设有四张卡片分别标有数字 1，2，3，4，记事件 A 为取到 1 或 2，事件 B 为取到 1 或 3，事件 C 为取到 1 或 4，则下列等式中错误的是(　　).

A. $P(AB)=P(A)P(B)$.　　B. $P(A\overline{B})=P(A)P(\overline{B})$.

C. $P(BC)=P(B)P(C)$.　　D. $P(AC)=P(A)P(C)$.

E. $P(ABC)=P(A)P(B)P(C)$.

1.60 设 A,B,C 三个事件两两独立，则 A,B,C 相互独立的充分必要条件是(　　).

A. A 与 BC 独立.　　B. AB 与 $A\cup C$ 独立.　　C. $A\cup B$ 与 AC 独立.

D. AB 与 AC 独立.　　E. $A\cup B$ 与 $A\cup C$ 独立.

1.61 将一枚硬币独立地掷两次，引进事件：$A_1=\{$掷第一次出现正面$\}$，$A_2=\{$掷第二次出现正面$\}$，$A_3=\{$正，反面各出现一次$\}$，$A_4=\{$正面出现两次$\}$，则事件(　　).

A. A_1,A_2,A_3 相互独立.　　B. A_2,A_3,A_4 相互独立.　　C. A_1,A_2,A_3 两两独立.

D. A_2,A_3,A_4 两两独立.　　E. 以上都不正确.

1.62 若某产品的合格率为 0.6，某人检查 5 只产品，则恰有两只次品的概率是(　　).

A. $0.6^2\cdot 0.4^3$.　　B. $0.6^3\cdot 0.4^2$.　　C. $C_5^2\cdot 0.6^2\cdot 0.4^3$.

D. $C_5^3\cdot 0.6\cdot 0.4^4$.　　E. $C_5^2\cdot 0.6^3\cdot 0.4^2$.

1.63 设一批产品有 1000 个，其中 50 个次品，从中随机有放回地选取 500 个产品，X 表示抽到次品的个数，则 $P\{X=3\}=$(　　).

A. $\frac{C_{50}^3 C_{950}^{497}}{C_{1000}^{500}}$.　　B. $\frac{A_{50}^3 A_{950}^{497}}{A_{1000}^{500}}$.　　C. $C_{500}^3\ 0.05^3\ 0.95^{497}$.

D. $\frac{3}{500}$.　　E. $0.05^3\ 0.95^{497}$.

1.64 设某人连续向一目标射击，每次命中目标的概率为 0.6，他连续射击直到命中为止，则射击次数为 3 的概率是(　　).

A. 0.6^3.　　B. $0.6^2\cdot 0.4$.　　C. $0.6\cdot 0.4^2$.

D. $C_4^2\cdot 0.4^2\cdot 0.6$.　　E. $C_4^2\cdot 0.4\cdot 0.6^2$.

1.65 一个篮球运动员的投篮命中率为 0.45，以 X 表示首次投中时累计已投篮的次数，则 $P\{X=3\}=$(　　).

A. 0.45^3.　　B. $0.45^2\cdot 0.55$.　　C. $0.55^2\cdot 0.45$.

D. $C_3^2\cdot 0.55^2\cdot 0.45$.　　E. $C_3^1\cdot 0.55\cdot 0.45^2$.

1.66 某人每次射击命中目标的概率为 $p(0<p<1)$，他向目标连续射击，则第一次未中第二次命中的概率为(　　).

A. p^2.　　B. $(1-p)^2$.　　C. $1-2p$.

D. $p(1-p)$.　　E. $2p(1-p)$.

1.67 某人向同一目标独立重复射击，每次射击命中目标的概率为 $p(0<p<1)$，则此人第 4 次射击恰好第 2 次命中目标的概率为(　　).

A. $3p(1-p)^2$.　　B. $6p(1-p)^2$.　　C. $p^2(1-p)^2$.

D. $3p^2(1-p)^2$.　　E. $6p^2(1-p)^2$.

1.68 设每次试验成功的概率为 $p(0<p<1)$，则在 3 次重复试验中至少成功一次的概率为(　　).

A. $(1-p)^3$.　　B. $1-p^3$.

C. $1-(1-p)^3$.　　D. $(1-p)^3+p(1-p)^2+p^2(1-p)$.

E. $(1-p)^3+3p(1-p)^2+3p^2(1-p)$.

第二章　一维随机变量及其分布

本章考点

一、离散型随机变量及其分布律
二、0－1分布、二项式分布、泊松分布
三、分布函数的定义及其性质
四、连续型随机变量及其概率密度
五、均匀分布、指数分布、正态分布
六、离散型随机变量函数的概率分布
七、连续型随机变量函数的概率分布

2.1 设离散型随机变量 X 的分布律为

X	0	1	2
P	0.2	a	0.5

则常数 $a=$（　　）.

A. 0.1.　　B. 0.2.　　C. 0.3.　　D. 0.4.　　E. 0.5.

2.2 设离散型随机变量 X 的分布律为

X	0	1	2
P	a	$\frac{1}{2}$	$\frac{1}{4}$

则常数 $a=$（　　）.

A. $\frac{1}{8}$.　　B. $\frac{1}{6}$.　　C. $\frac{1}{4}$.　　D. $\frac{1}{3}$.　　E. $\frac{1}{2}$.

2.3 设随机变量 X 的分布律为

X	x_1	x_2	…	x_n
P	$\frac{k}{(n+1)^2}$	$\frac{2k}{(n+1)^2}$	…	$\frac{nk}{(n+1)^2}$

则 $k=$（　　）.

A. 1.　　B. 2.　　C. $n+1$.　　D. $\frac{n+1}{2n}$.　　E. $\frac{2(n+1)}{n}$.

2.4 下列数列$\{a_n\}(n \geqslant 2)$能成为离散型随机变量X的分布律的是(　　).

A. $a_n = \dfrac{1}{n}$.　　B. $a_n = \dfrac{1}{n(n-1)}$.　　C. $a_n = \dfrac{1}{n(n+1)}$.

D. $a_n = \dfrac{1}{n(n-2)}$.　　E. $a_n = \dfrac{1}{n^2}$.

2.5 若$c\left(\dfrac{2}{3}\right)^{k-1}, k = 1,2,\cdots$可以成为某一离散型随机变量的分布律，则常数$c$等于(　　).

A. $\dfrac{1}{3}$.　　B. $\dfrac{1}{2}$.　　C. $-\dfrac{1}{3}$.　　D. $-\dfrac{1}{2}$.　　E. $\dfrac{2}{3}$.

2.6 以下数列中，可以成为某一离散型随机变量的分布律是(　　).

A. $\dfrac{1}{3}\left(\dfrac{2}{3}\right)^{k-1}, k = 1,2,\cdots$.　　B. $\left(\dfrac{1}{2}\right)^{k}, k = 0,1,2,\cdots$.

C. $\dfrac{1}{3}\left(-\dfrac{2}{3}\right)^{k-1}, k = 0,1,2,\cdots$.　　D. $\dfrac{5}{3}\left(-\dfrac{2}{3}\right)^{k}, k = 1,2,\cdots$.

E. $\dfrac{1}{2},\dfrac{1}{2},\dfrac{1}{2},\dfrac{1}{2},\cdots$.

2.7 某射手对目标进行独立射击，直到击中为止，设每次击中的概率为$\dfrac{2}{3}$，X表示击中目标前的射击次数，则X的分布律为(　　).

A. $P\{X = k\} = C_n^k\left(\dfrac{2}{3}\right)^{k}\left(\dfrac{1}{3}\right)^{n-k}, k = 0,1,2,\cdots$.

B. $P\{X = k\} = \dfrac{\lambda^k}{k!}e^{-\lambda}, \lambda > 0, k = 0,1,2,\cdots$.

C. $P\{X = k\} = \left(\dfrac{2}{3}\right)\left(\dfrac{1}{3}\right)^{k}, k = 0,1,2,\cdots$.

D. $P\{X = k\} = \left(\dfrac{2}{3}\right)\left(\dfrac{1}{3}\right)^{k}, k = 1,2,\cdots$.

E. $P\{X = k\} = \left(\dfrac{2}{3}\right)^{2}\left(\dfrac{1}{3}\right)^{k}, k = 0,1,2,\cdots$.

2.8 离散型随机变量X的分布函数为$F(x) = \begin{cases} 0, & x < -1, \\ 0.2, & -1 \leqslant x < 0, \\ 0.6, & 0 \leqslant x < 2, \\ 1, & x \geqslant 2, \end{cases}$则$X$的分布律为(　　).

A.

X	-1	0	2
P	0.4	0.4	0.2

B.

X	-1	0	2
P	0.2	0.4	0.4

C.

X	-1	0
P	0.2	0.8

D.

X	0	2
P	0.2	0.8

E.

X	-1	2
P	0.2	0.8

2.9 设随机变量的分布律是

X	0	1	2	3
P	0.1	0.2	a	0.5

则 $P\{1 \leqslant X < 3\} =$ (　　).

A. 0.2.　B. 0.4.　C. 0.5.　D. 0.7.　E. 0.9.

2.10 如下函数中，不能作为随机变量 X 的分布函数的是(　　).

A. $F_1(x) = \begin{cases} 0, & x < 0, \\ \dfrac{x^2}{4}, & 0 \leqslant x < 2, \\ 1, & x \geqslant 2. \end{cases}$　B. $F_2(x) = \begin{cases} 0, & x < 0, \\ \dfrac{1}{3}, & 0 \leqslant x < 1, \\ 1, & x \geqslant 1. \end{cases}$

C. $F_3(x) = \begin{cases} 0, & x < 0, \\ 1 - e^{-x}, & x \geqslant 0. \end{cases}$　D. $F_4(x) = \begin{cases} e^x, & x \leqslant 0, \\ 1, & x > 0. \end{cases}$

E. $F_5(x) = \begin{cases} 0, & x < 0, \\ \dfrac{\ln(1+x)}{1+x}, & x \geqslant 0. \end{cases}$

2.11 设连续型随机变量 X 的分布函数是 $F(x)$，则以下描述错误的是(　　).

A. $F(-\infty) = 0$.　B. $F(+\infty) = 1$.　C. $F(x)$ 是连续函数.

D. $F(x)$ 是单调不减的函数.　E. $F(x)$ 是可导函数.

2.12 设连续型随机变量 X 的分布函数为 $F(x)$，则以下描述正确的是(　　).

A. $F(1) = 1$.　B. $F(0) = \dfrac{1}{2}$.　C. $F(-\infty) = 0$.

D. $F(+\infty) = +\infty$.　E. $F(0) = 0$.

2.13 随机变量 X 的分布函数为 $F(x)$，则下列结论中一定成立的是(　　).

A. $F(x)$ 不是连续函数，就是阶梯函数.

B. 若 $x_1 < x_2$，则 $F(x_1) < F(x_2)$.

C. 若存在 c，使 $F(c) \neq 0$，则 X 是离散型变量.

D. $\lim\limits_{\Delta x \to 0^+} F(x - \Delta x) = F(x)$

E. $\lim\limits_{\Delta x \to 0^+} F(x + \Delta x) = F(x)$.

2.14 已知 $F_1(x)$ 和 $F_2(x)$ 是分布函数，则下述函数一定是分布函数的是(　　).

A. $F_1(x) + F_2(x)$.　B. $\dfrac{1}{2}F_1(x) + \dfrac{1}{2}F_2(x)$.　C. $\dfrac{1}{2}F_1(x) - \dfrac{1}{2}F_2(x)$.

D. $\dfrac{1}{2}F_1(x) + \dfrac{1}{3}F_2(x)$.　E. $\dfrac{1}{3}F_1(x) + \dfrac{1}{3}F_2(x)$.

2.15 设$F_1(x)$与$F_2(x)$分别为随机变量X_1与X_2的分布函数，为了使$F(x)=aF_1(x)-bF_2(x)$是某一随机变量的分布函数，在下列各组值中应取（　　）.

A. $a=\frac{3}{5},b=-\frac{2}{5}$.　　B. $a=\frac{2}{3},b=\frac{2}{3}$.　　C. $a=-\frac{1}{2},b=\frac{3}{2}$.

D. $a=\frac{1}{2},b=-\frac{3}{2}$.　　E. $a=\frac{3}{5},b=\frac{2}{5}$.

2.16 已知X_1和X_2是相互独立的随机变量，分布函数分别为$F_1(x)$和$F_2(x)$，则下列选项一定是某一随机变量分布函数的为（　　）.

A. $F_1(x)+F_2(x)$.　　B. $F_1(x)-F_2(x)$.　　C. $F_1(x)\cdot F_2(x)$.

D. $\frac{F_1(x)}{F_2(x)}$.　　E. $\frac{F_2(x)}{F_1(x)}$.

2.17 设连续型随机变量X的分布函数为$F(x)=\begin{cases}1-ae^{-2x}, & x\geqslant 0,\\ 0, & x<0,\end{cases}$则$a=$（　　）.

A. -1.　　B. 1.　　C. 2.

D. $\frac{1}{2}$.　　E. -2.

2.18 设函数$F(x)=\begin{cases}0, & x<0,\\ \frac{x}{2}, & 0\leqslant x<1,\\ 1, & x\geqslant 1.\end{cases}$则有（　　）.

A. $F(x)$是某随机变量的分布函数.　　B. $F(x)$不是任何随机变量的分布函数.

C. $F(x)$为离散型随机变量的分布函数.　　D. $F(x)$为连续性随机变量的分布函数.

E. $F(x)$为混合型随机变量的分布函数.

2.19 设随机变量X的分布律为

X	0	1	2
P	0.3	0.5	0.2

其分布函数为$F(x)$，则$F(3)=$（　　）.

A. 0.　　B. 0.3.　　C. 0.5.　　D. 0.8.　　E. 1.

2.20 设随机变量X的分布函数$F(x)=\begin{cases}0, & x<0,\\ \frac{1}{2}, & 0\leqslant x<1,\\ 1-e^{-x}, & x\geqslant 1,\end{cases}$则$P\{X=1\}=$（　　）.

A. 0.　　B. $\frac{1}{2}$.　　C. $\frac{1}{2}-e^{-1}$.

D. $1-e^{-\frac{1}{2}}$.　　E. $1-e^{-1}$.

2.21 随机变量 X 和 Y 服从相同的分布，则(　　).

A. 必有 $X=Y$.

B. 对任意实数 a，有 $P\{X\leqslant a\}=P\{Y\leqslant a\}$.

C. 事件 $P\{X\leqslant a\}$ 与事件 $P\{Y\leqslant a\}$ 相互独立.

D. 只对某些实数 a，事件 $\{X\leqslant a\}$ 与事件 $P\{Y\leqslant a\}$ 相互独立.

E. 事件 $P\{X\leqslant a\}$ 与事件 $P\{Y\leqslant a\}$ 不相互独立.

2.22 设随机变量 X 的概率密度函数为 $f(x)$，则下列结论中肯定正确的是(　　).

A. $f(x)\geqslant 0$.　　B. $f(+\infty)=1$.　　C. $f(-\infty)=0$.

D. $f(x)\leqslant 1$.　　E. $0\leqslant f(x)\leqslant 1$.

2.23 若函数 $y=f(x)$ 为随机变量 X 的概率密度，则一定成立的是(　　).

A. $f(x)$ 的定义域为$[0,1]$.　　B. $f(x)$ 的值域为$[0,1]$.

C. $f(x)$ 非负.　　D. $f(x)$ 在$(-\infty,+\infty)$内连续.

E. $f(x)$ 在$(-\infty,+\infty)$单调增.

2.24 设随机变量 X 的概率密度 $f(x)$ 满足 $f(1+x)=f(1-x)$，且$\int_0^2 f(x)\mathrm{d}x=0.6$，则 $P\{X<0\}=$(　　).

A. 0.1.　　B. 0.15.　　C. 0.2.　　D. 0.25.　　E. 0.3.

2.25 设随机变量 X 的密度函数为 $\varphi(x)$，且 $\varphi(-x)=\varphi(x)$，$F(x)$ 是 X 的分布函数，则对任意实数 a，有(　　).

A. $F(-a)=1-\int_0^a\varphi(x)\mathrm{d}x$.　　B. $F(-a)=\dfrac{1}{2}-\int_0^a\varphi(x)\mathrm{d}x$.

C. $F(-a)=\dfrac{1}{2}+\int_0^a\varphi(x)\mathrm{d}x$.　　D. $F(-a)=F(a)$.

E. $F(-a)=2F(a)-1$.

2.26 设随机变量 X 的概率密度为 $f(x)=\begin{cases}\sin x, & 0\leqslant x\leqslant b,\\ 0, & 其他,\end{cases}$ 则区间端点 b 为(　　).

A. $\dfrac{\pi}{2}$.　　B. 0.　　C. $\dfrac{\pi}{2}$.　　D. π.　　E. $\dfrac{3\pi}{2}$.

2.27 设随机变量 X 的概率密度为 $f(x)=\begin{cases}\dfrac{a}{x^2}, & x\geqslant 2,\\ 0, & 其他,\end{cases}$ 则 $a=$(　　).

A. 0.5.　　B. 1.　　C. 2.　　D. $\ln 2$.　　E. $\dfrac{1}{\ln 2}$.

2.28 已知连续型随机变量 X 的概率密度为 $f(x)=\begin{cases}\frac{1}{3}, & 0\leqslant x\leqslant 1,\\ \frac{2}{9}, & 3\leqslant x\leqslant 6,\\ 0, & 其他,\end{cases}$ 若存在 k 使得 $P\{X\geqslant k\}=\frac{2}{3}$，则常数 k 的取值范围是（　　）.

A. $[1,2]$.　　B. $[1,3]$.　　C. $[1,4]$.　　D. $[1,5]$.　　E. $[1,6]$.

2.29 设随机变量 X 的概率密度为 $f_X(x)$，令 $Y=-2X$，则 Y 的概率密度 $f_Y(y)=$（　　）.

A. $f_X\left(-\frac{y}{2}\right)$.　　B. $f_X\left(\frac{y}{2}\right)$.　　C. $\frac{1}{2}f_X\left(-\frac{y}{2}\right)$.

D. $\frac{1}{2}f_X\left(\frac{y}{2}\right)$.　　E. $2f_X(-2y)$.

2.30 已知随机变量 X 的概率密度为 $f_X(x)$，令 $Y=2X$，则 Y 的概率密度 $f_Y(y)$ 是（　　）.

A. $\int_{-\infty}^{\frac{y}{2}}f_X(x)\mathrm{d}x$.　　B. $\frac{1}{2}f_X(\frac{y}{2})$.　　C. $\int_{-\infty}^{y}f_X(x)\mathrm{d}x$.

D. $\frac{1}{2}f_X(y)$.　　E. $\int_{-\infty}^{y}f_X(\frac{x}{2})\mathrm{d}x$.

2.31 设随机变量 $X\sim B(3,0.7)$，则 $P\{X\leqslant 2\}=$（　　）.

A. 0.343.　　B. 0.049.　　C. 0.657.　　D. 0.027.　　E. 0.973.

2.32 设随机变量 X 的概率密度函数为 $f(x)=\begin{cases}2x, & 0<x<1,\\ 0, & 其他,\end{cases}$ 以 Y 表示对 X 的三次独立重复观察中事件 $\left\{X\leqslant\frac{1}{2}\right\}$ 出现的次数，则 $P\{Y=2\}=$（　　）.

A. $\frac{3}{64}$.　　B. $\frac{9}{64}$.　　C. $\frac{3}{16}$.　　D. $\frac{1}{4}$.　　E. $\frac{9}{16}$.

2.33 设随机变量 X 服从参数为 2 的泊松分布，则 $P\{X=2\}=$（　　）.

A. e^{-1}.　　B. $2\mathrm{e}^{-1}$.　　C. e^{-2}.　　D. $2\mathrm{e}^{-2}$.　　E. 0.5.

2.34 设随机变量 $X\sim U(0,2)$，其分布函数为 $F(x)$，则 $F(1)=$（　　）.

A. 0.5.　　B. 0.25.　　C. 0.　　D. 0.1.　　E. 1.

2.35 已知随机变量 X 服从 $(1,a)$ 上的均匀分布，若概率 $P\left\{X<\frac{2a}{3}\right\}=\frac{1}{2}$，则 $a=$（　　）.

A. 1.　　B. 2.　　C. 3.　　D. 4.　　E. 5.

2.36 设随机变量 X 的密度函数为 $f(x)=\begin{cases} ke^{-\frac{x}{2}}, & x>0, \\ 0, & 其他, \end{cases}$ 则 $k=$（　　）.

A. 1.　　B. $\frac{1}{2}$.　　C. $\frac{1}{3}$.　　D. $\frac{1}{4}$.　　E. $\frac{1}{5}$.

2.37 设随机变量 X 服从正态分布 $N(1,3)$，若 $P\{X\leqslant a\}=0.5$，则 a 的值是（　　）.

A. -1.　　B. 1.　　C. 0.　　D. 3.　　E. -3.

2.38 设 $X\sim N(2,9)$，若常数满足 $P\{X\geqslant c\}=P\{X<c\}$，则 $c=$（　　）.

A. 0.　　B. 2.　　C. 3.　　D. 4.　　E. 9.

2.39 随机变量 X 服从正态分布 $N(3,6^2)$，$P\{3<X<4\}=0.2$，则 $P\{X\geqslant 2\}=$（　　）.

A. 0.2.　　B. 0.3.　　C. 0.6.　　D. 0.7.　　E. 0.8.

2.40 设随机变量 X 的概率密度为 $f(x)=\frac{1}{\sqrt{2\pi}}e^{\frac{(-1+2x-x^2)}{2}}(-\infty<x<+\infty)$，则 X 服从（　　）.

A. 正态分布.　　B. 指数分布.　　C. 泊松分布.　　D. 均匀分布.　　E. 几何分布.

2.41 设随机变量 X 的概率密度为 $f(x)=\frac{1}{2\sqrt{\pi}}e^{-\frac{(x+3)^2}{4}}(-\infty<x<+\infty)$，则服从标准正态分布 $N(0,1)$ 的随机变量是（　　）.

A. $\frac{X+3}{2}$.　　B. $\frac{X+3}{\sqrt{2}}$.　　C. $-\frac{X+3}{2}$.　　D. $\frac{X-3}{2}$.　　E. $\frac{X-3}{\sqrt{2}}$.

2.42 设随机变量 X 的概率密度为 $f(x)=\frac{1}{2\sqrt{2\pi}}e^{\frac{(-1+2x-x^2)}{8}}$，则 X 服从（　　）.

A. $N(-1,2)$.　　B. $N(1,2)$.　　C. $N(1,4)$.　　D. $N(1,8)$.　　E. $N(1,16)$.

2.43 设随机变量 X 的概率密度为 $f(x)=ke^{-\frac{1}{2}x^2+x}$，则 $k=$（　　）.

A. $e^{-\frac{1}{4}}$.　　B. $e^{-\frac{1}{2}}$.　　C. $\frac{1}{\sqrt{2\pi}}e^{-\frac{1}{2}}$.　　D. $\frac{1}{\sqrt{2\pi}}e^{-\frac{1}{4}}$.　　E. $\frac{1}{\sqrt{\pi}}e^{\frac{1}{4}}$.

2.44 设随机变量 X 服从正态分布 $N(\mu,\sigma^2)$，则概率 $P\{|X-\mu|\leqslant\sigma\}$（　　）.

A. 随着 σ 的增加而增加.　　B. 随着 σ 的减少而增加.　　C. 随着 μ 的增加而增加.

D. 随着 μ 的减少而增加.　　E. 保持不变.

2.45 已知随机变量 X 服从正态分布 $N(\mu,4^2)$，随机变量 Y 服从正态分布 $N(\mu,5^2)$，设 $p_1=P\{X\leqslant\mu-4\}$，$p_2=P\{Y\geqslant\mu+5\}$，则（　　）.

A. $p_1<p_2$.　　B. $p_1>p_2$.　　C. $p_1=p_2$.

D. $p_1\neq p_2$.　　E. 不能确定 p_1，p_2 的大小.

2.46 设 $X \sim N(0,1)$，$Y = 2X+1$，则 $Y \sim$（　　）.

A. $N(0,1)$.　　B. $N(2,4)$.　　C. $N(1,4)$.　　D. $N(1,1)$.　　E. $N(1,2)$.

2.47 设随机变量 $X \sim N(1,1)$，概率密度为 $f(x)$，分布函数为 $F(x)$，则下列正确的是（　　）.

A. $P\{X \leqslant 0\} = P\{X \geqslant 0\}$.

B. $P\{X \leqslant 1\} = P\{X \geqslant 1\}$.

C. $f(x) = f(-x)$，$x \in \mathbf{R}$.

D. $f(x) = 1 - f(-x)$，$x \in \mathbf{R}$.

E. $F(x) = 1 - F(-x)$，$x \in \mathbf{R}$.

2.48 设随机变量 X 的概率密度为 $f(x) = \begin{cases} a\sin x, & 0 \leqslant x \leqslant \frac{\pi}{2}, \\ 0, & \text{其他}, \end{cases}$ 则常数 $a =$（　　）.

A. 3.　　B. 2.　　C. 1.　　D. 0.　　E. -1.

2.49 设随机变量 X 的概率密度为 $f(x) = \begin{cases} \cos x, & a \leqslant x \leqslant \frac{\pi}{2}, \\ 0, & \text{其他}, \end{cases}$ 则常数 $a =$（　　）.

A. 3.　　B. 2.　　C. 1.　　D. 0.　　E. -1.

2.50 设随机变量 X 的概率密度为 $f(x) = \begin{cases} \cos x, & a \leqslant x \leqslant b, \\ 0, & \text{其他}, \end{cases}$ 则区间 $[a,b]$ 为（　　）.

A. $\left[-\frac{\pi}{2}, \frac{\pi}{2}\right]$.　　B. $\left[0, \frac{\pi}{2}\right]$.　　C. $[0,\pi]$.　　D. $\left[\frac{\pi}{2}, \pi\right]$.　　E. $[\pi, 2\pi]$.

第三章　二维随机变量及其分布

本章考点

一、二维随机变量及其分布函数
二、二维离散型随机变量的分布律和边缘分布律
三、二维连续型随机变量的概率密度和边缘概率密度
四、二维离散型随机变量的独立性
五、二维连续型随机变量的独立性
六、二维随机变量函数的分布

3.1 设(X,Y)的联合分布律是

X \ Y	1	2	3
0	0.25	0.16	0.11
1	0.23	0.13	0.12

则$P\{X<1,Y<3\}=$(　　).

A. 0.12.　　B. 0.16.　　C. 0.25.　　D. 0.41.　　E. 0.48.

3.2 设二维随机变量(X,Y)的联合分布函数为$F(x,y)$，则以下结论中错误的是(　　).

A. $F(-\infty,-\infty)=0$.　　B. $F(-\infty,y)=0$.　　C. $F(x,-\infty)=0$.

D. $F(-\infty,+\infty)=0$.　　E. $F(-\infty,+\infty)=1$.

3.3 设二维连续型随机变量(X,Y)的联合分布函数为$F(x,y)$，概率密度为$f(x,y)$，则以下结论中错误的是(　　).

A. $F(x,y)=\int_{-\infty}^{+\infty}\mathrm{d}x\int_{-\infty}^{+\infty}f(x,y)\mathrm{d}y$.　　B. $F(x,y)=\int_{-\infty}^{x}\mathrm{d}x\int_{-\infty}^{y}f(x,y)\mathrm{d}y$.

C. $F(-\infty,-\infty)=0$.　　D. $F(+\infty,+\infty)=1$.

E. $\dfrac{\partial^2F(x,y)}{\partial x\partial y}=f(x,y)$.

3.4 设二维随机变量(X,Y)的联合概率密度为$f(x,y)$，则$P\{X<Y\}=$(　　).

A. $\int_{y}^{+\infty}\mathrm{d}x\int_{x}^{+\infty}f(x,y)\mathrm{d}y$.　　B. $\int_{-\infty}^{y}\mathrm{d}x\int_{x}^{+\infty}f(x,y)\mathrm{d}y$.　　C. $\int_{-\infty}^{+\infty}\mathrm{d}y\int_{x}^{y}f(x,y)\mathrm{d}x$.

D. $\int_{-\infty}^{+\infty}\mathrm{d}x\int_{x}^{y}f(x,y)\mathrm{d}y$.　　E. $\int_{-\infty}^{+\infty}\mathrm{d}x\int_{x}^{+\infty}f(x,y)\mathrm{d}y$.

3.5 设二维随机变量(X,Y)的概率密度函数为$f(x,y)$，则$P\{X>1\}=($　　$)$.

A. $\int_{-\infty}^{1}\mathrm{d}x\int_{-\infty}^{+\infty}f(x,y)\mathrm{d}y$.　　B. $\int_{1}^{+\infty}\mathrm{d}x\int_{-\infty}^{+\infty}f(x,y)\mathrm{d}y$.

C. $\int_{1}^{+\infty}\mathrm{d}x\int_{1}^{+\infty}f(x,y)\mathrm{d}y$.　　D. $\int_{-\infty}^{1}f(x,y)\mathrm{d}x$.

E. $\int_{1}^{+\infty}f(x,y)\mathrm{d}x$.

3.6 设任意二维随机变量(X,Y)的联合概率密度为$f(x,y)$，两个边缘概率密度函数分别为$f_X(x)$和$f_Y(y)$，则以下结论正确的是(　　).

A. $f(x,y)=f_X(x)f_Y(y)$.　　B. $f(x,y)=f_X(x)+f_Y(y)$.

C. $\int_{-\infty}^{+\infty}f(x,y)\mathrm{d}x=f_X(x)$.　　D. $\int_{-\infty}^{+\infty}f_X(x)\mathrm{d}x=0$.

E. $\int_{-\infty}^{+\infty}f_X(x)\mathrm{d}x=1$.

3.7 设任意二维随机变量(X,Y)的两个边缘概率密度函数分别为$f_X(x)$和$f_Y(y)$，则以下结论正确的是(　　).

A. $\int_{-\infty}^{+\infty}f_X(x)\mathrm{d}x=0$.　　B. $\int_{-\infty}^{+\infty}f_X(x)\mathrm{d}x=1$.　　C. $\int_{-\infty}^{+\infty}f_Y(y)\mathrm{d}x=0$.

D. $\int_{-\infty}^{+\infty}f_Y(y)\mathrm{d}x=\frac{1}{2}$.　　E. $\int_{-\infty}^{+\infty}f_Y(y)\mathrm{d}x=1$.

3.8 设两个随机变量X与Y相互独立同分布，且$P\{X=-1\}=P\{Y=-1\}=\frac{1}{2}$，$P\{X=1\}=P\{Y=1\}=\frac{1}{2}$，则下列各式中成立的是(　　).

A. $P\{X=Y\}=\frac{1}{2}$.　　B. $P\{X=Y\}=1$.　　C. $P\{X+Y=0\}=\frac{1}{4}$.

D. $P\{XY=1\}=\frac{1}{4}$.　　E. $P\{XY=-1\}=\frac{1}{4}$.

3.9 设随机变量X和Y相互独立，它们的分布律分别为

X	0	1
P	0.7	0.3

Y	0	1
P	0.3	0.7

则概率$P\{X\neq Y\}=($　　$)$.

A. 0.21.　　B. 0.42.　　C. 0.48.　　D. 0.52.　　E. 0.58.

3.10 设二维随机变量(X,Y)的概率分布为

X \ Y	0	1	2
0	0.1	0.2	0.3
1	0.2	0.1	0.1

则$P\{XY=0\}=($　　$)$.

A. 0.1.　　B. 0.18.　　C. 0.2.　　D. 0.8.　　E. 0.9.

3.11 设随机变量 X,Y 相互独立，且有相同的分布律，X 的分布律为

X	0	1
P	0.6	0.4

则下列各式中错误的是(　　).

A. $P\{X=Y\}=0.52$.　B. $P\{X+Y=1\}=0.48$.　C. $P\{X+Y=0\}=0.36$.

D. $P\{XY=1\}=0.16$.　E. $P\{X+Y=2\}=0.36$.

3.12 设二维随机变量 X,Y 的分布律为

$Y \backslash X$	1	2	3
1	$\frac{1}{10}$	$\frac{2}{10}$	$\frac{2}{10}$
2	$\frac{3}{10}$	$\frac{1}{10}$	$\frac{1}{10}$

则 $P\{XY=2\}=$(　　).

A. $\frac{1}{10}$.　B. $\frac{1}{5}$.　C. $\frac{3}{10}$.　D. $\frac{1}{2}$.　E. $\frac{3}{5}$.

3.13 设随机变量 X,Y 相互独立，且有相同的分布律，X 的分布律为

X	0	1
P	0.5	0.5

设 $Z=\max\{X,Y\}$，则 $P\{Z=1\}=$(　　).

A. 0.25.　B. 0.5.　C. 0.65.　D. 0.75.　E. 1.

3.14 设二维随机变量 (X,Y) 的概率分布为

$X \backslash Y$	0	1
0	0.4	a
1	b	0.1

已知随机事件 $\{X=0\}$ 与 $\{X+Y=1\}$ 相互独立，则(　　).

A. $a=0.2,b=0.3$.　B. $a=0.4,b=0.1$.　C. $a=0.3,b=0.2$.

D. $a=0.1,b=0.4$.　E. $a=0.25,b=0.25$.

3.15 设随机变量 $X_i \sim \begin{pmatrix} -1 & 0 & 1 \\ \frac{1}{4} & \frac{1}{2} & \frac{1}{4} \end{pmatrix}(i=1,2)$，且满足 $P\{X_1X_2=0\}=1$，则 $P\{X_1=X_2\}$ 等于(　　).

A. 0.　B. $\frac{1}{4}$.　C. $\frac{1}{2}$.　D. $\frac{3}{4}$.　E. 1.

3.16 设随机变量 X,Y 相互独立，且 X,Y 分别服从参数为 1，2 的泊松分布，则 $P\{2X+Y=2\}=($　　$)$.

A. e^{-3}.　　B. $2e^{-3}$.　　C. $3e^{-3}$.　　D. $4e^{-3}$.　　E. 1.

3.17 设随机变量 X 与 Y 相互独立，且服从区间 $(0,1)$ 上的均匀分布，则 $P\{X^2+Y^2\leqslant 1\}=($　　$)$.

A. $\frac{1}{8}$.　　B. $\frac{1}{4}$.　　C. $\frac{1}{2}$.　　D. $\frac{\pi}{8}$.　　E. $\frac{\pi}{4}$.

3.18 设两个相互独立的随机变量 X 和 Y 分别服从正态分布 $N(0,1)$ 和 $N(1,1)$，则(　　).

A. $P\{X+Y\leqslant 0\}=\frac{1}{2}$.　　B. $P\{X+Y\leqslant 1\}=\frac{1}{2}$.　　C. $P\{X-Y\leqslant 0\}=\frac{1}{2}$.

D. $P\{X-Y\leqslant 1\}=\frac{1}{2}$.　　E. $P\{X=Y\}=1$.

3.19 设二维随机变量 (X,Y) 的联合密度函数为

$$f(x,y)=\begin{cases} cx, & 0<x<1,0<y<1, \\ 0, & \text{其他}, \end{cases}$$

则常数 $c=($　　$)$.

A. 1.　　B. 2.　　C. 3.　　D. 4.　　E. 5

3.20 设二维随机变量 (X,Y) 的联合密度函数为

$$f(x,y)=\begin{cases} cx^3y, & 0<x<1,0<y<1, \\ 0, & \text{其他}, \end{cases}$$

则 $c=($　　$)$.

A. 1.　　B. 2.　　C. 4.　　D. 6.　　E. 8

3.21 设二维随机变量 (X,Y) 的联合密度函数为

$$f(x,y)=\begin{cases} c, & 0\leqslant x\leqslant 1,y\geqslant 0,x\geqslant y, \\ 0, & \text{其他}, \end{cases}$$

则常数 $c=($　　$)$.

A. $\frac{1}{4}$.　　B. $\frac{1}{3}$.　　C. $\frac{1}{2}$.　　D. 1.　　E. 2.

第四章　随机变量的数字特征

本章考点

一、离散型随机变量的数学期望
二、连续型随机变量的数学期望
三、二维随机变量的数学期望
四、数学期望的性质
五、方差的概念
六、常见随机变量的方差
七、方差的性质
八、协方差
九、相关系数

4.1 设随机变量 X 的分布律为

X	-1	1	2	3
P	0.2	0.1	0.3	0.4

则 $E(X)=$（　　）.

A. 2.5.　　B. 2.1.　　C. 1.9.　　D. 1.7.　　E. 1.5.

4.2 设随机变量 X 的分布律为

X	-1	0	1	2
P	0.2	0.1	a	0.4

则 $E(2X+1)=$（　　）.

A. 4.8.　　B. 3.4.　　C. 2.8.　　D. 1.4.　　E. 0.8.

4.3 设随机变量 X 的分布为

X	-2	-1	0	1	2
P	0.1	0.3	0.2	0.3	0.1

则 $D(X-0.7)=$（　　）.

A. 0.　　B. 0.7.　　C. 1.4.　　D. 2.1.　　E. 3.5.

4.4 设随机变量 X 的概率分布为 $P\{X=-2\}=\frac{1}{2}$，$P\{X=1\}=a$，$P\{X=3\}=b$. 若 $E(X)=0$，则 $D(X)=$（　　）.

A. 1　　B. 2.　　C. 3.　　D. $\frac{7}{2}$.　　E. $\frac{9}{2}$.

4.5 设随机变量 $X\sim B(10,0.6)$，则有 $D(X)=$（　　）.

A. 10.　　B. 6.　　C. 2.4.　　D. 0.6.　　E. 0.4.

4.6 已知军训打靶对目标进行10次独立射击，假设每次打靶射击命中率相同，若命中靶子次数的方差为2.1，则每次命中靶子的概率等于（　　）.

A. 0.2.　　B. 0.3.　　C. 0.4.　　D. 0.5.　　E. 0.6.

4.7 已知 $X\sim B(n,p)$，且 $E(X)=8$，$D(X)=4.8$，则 $n=$（　　）.

A. 8　　B. 16.　　C. 18.　　D. 20.　　E. 24.

4.8 设随机变量 X 服从二项分布 $B(n,p)$，且 $E(X)=2.4$，$D(X)=1.44$，则二项分布的参数 n,p 分别为（　　）.

A. $n=4,p=0.6$.　　B. $n=6,p=0.4$.　　C. $n=8,p=0.3$.

D. $n=3,p=0.8$.　　E. $n=24,p=0.1$.

4.9 设随机变量 X 与 Y 相互独立，且 X,Y 分别服从参数为1，4的泊松分布，则 $D(X-Y)=$（　　）.

A. -5.　　B. -3.　　C. -1.　　D. 3.　　E. 5.

4.10 设随机变量 X 服从参数为2的泊松分布，$Z=3X-2$，则随机变量 Z 的期望 $E(Z)$ 和方差 $D(Z)$ 分别为（　　）.

A. $-\frac{1}{2},\frac{9}{4}$.　　B. $\frac{1}{2},\frac{3}{4}$.　　C. 4，6.　　D. 4，16.　　E. 4，18.

4.11 设随机变量 X 服从参数为 λ 的泊松分布，若 $E[(X-1)(X-2)]=1$，则参数 $\lambda=$（　　）.

A. -3.　　B. -1.　　C. 1.　　D. 2.　　E. 3.

4.12 设随机变量 X 的概率密度为 $f(x)=\begin{cases}2x, & 0<x<1,\\ 0, & \text{其他},\end{cases}$ 则 $E(3X)=$（　　）.

A. 0.　　B. 1.　　C. 2.　　D. 3.　　E. 4.

4.13 设随机变量 X,Y 相互独立，若 $D(X)=2,D(Y)=4$，则 $D(2X-Y)=$（　　）.

A. 12.　　B. 8.　　C. 6.　　D. 4.　　E. 0.

4.14 设随机变量 X,Y 相互独立，若 $D(X)=4,D(Y)=2$，则 $D(3X-2Y)=$（　　）.

A. 8.　　B. 16.　　C. 28.　　D. 32.　　E. 44.

4.15 设 $E(X^2)=8,D(X)=4$，则 $E(2X)=$（　　）.

A. 1.　　B. 2.　　C. 3.　　D. 4.　　E. 6.

4.16 设随机变量 X 的分布函数为 $F(x)=0.3\Phi(x)+0.7\Phi\left(\frac{x-1}{2}\right)$，其中 $\Phi(x)$ 为标准正态分布函数，则 $E(X)=$（　　）.

A. 0.　　B. 0.2.　　C. 0.3.　　D. 0.7.　　E. 1.

4.17 设 X 是一随机变量，且 $E(X^2)$ 存在，则一定有（　　）.

A. $E(X)\geqslant 0$.　　B. $E(X^2)>0$.　　C. $D(X)\geqslant 0$.

D. $E^2(X)\geqslant E(X^2)$.　　E. $E(X^2)\geqslant E(X)$.

4.18 设 X 是一随机变量，$E(X)=\mu,D(X)=\sigma^2$（$\mu,\sigma>0$，是常数），则对任意常数 c，必有（　　）.

A. $E(X-c)^2=E(X^2)-c^2$.　　B. $E(X-c)^2=E(X^2)-\mu^2$.

C. $E(X-c)^2=E(X-\mu)^2$.　　D. $E(X-c)^2<E(X-\mu)^2$.

E. $E(X-c)^2\geqslant E(X-\mu)^2$.

4.19 设随机变量 X 在 $[a,b]$ 上服从均匀分布，$E(X)=3,D(X)=\frac{4}{3}$，则 $[a,b]$ 为（　　）.

A. $[0,6]$.　　B. $[1,5]$.　　C. $[2,4]$.

D. $[-3,3]$.　　E. $[2,6]$.

4.20 设 X 服从区间 $[0,2]$ 上的均匀分布，则 $\frac{D(X)}{[E(X)]^2}=$（　　）.

A. $\frac{1}{2}$.　　B. $\frac{1}{3}$.　　C. $\frac{1}{4}$.　　D. $\frac{1}{6}$　　E. $\frac{1}{12}$.

4.21 设随机变量 X 服从参数为 λ 的指数分布，若 $E(X^2)=72$，则参数 $\lambda=$（　　）.

A. 6.　　B. 3.　　C. 1.　　D. $\frac{1}{3}$.　　E. $\frac{1}{6}$.

4.22 设随机变量 X 服从参数为 1 的指数分布,随机变量 $Y=2X^2+1$,则 $E(Y)=$(　　).

A. -5.　　B. -3.　　C. 0.　　D. 3.　　E. 5.

4.23 设随机变量 X,Y 相互独立,$X\sim B(16,0.25)$,Y 服从参数为 9 的泊松分布,则 $D(X+2Y+1)=$(　　).

A. -14.　　B. 13.　　C. 23.　　D. 40.　　E. 39.

4.24 设 $X\sim U(1,4)$,$Y\sim E(2)$,则 $E(X+Y-1)=$(　　).

A. 0.　　B. 1.　　C. 2.　　D. 3.　　E. 4.

4.25 设随机变量 X 服从参数为 λ 的指数分布,则 $P\{X>\sqrt{D(X)}\}=$(　　).

A. $\frac{1}{2c}$　　B. $\frac{1}{e}$.　　C. $\frac{2}{e}$.　　D. $\frac{3}{e}$.　　E. 1.

4.26 已知随机变量 $X\sim N(\mu,\sigma^2)$,且 $E(2X+1)=5$,则 $\mu=$(　　).

A. -2.　　B. -1.　　C. 0.　　D. 2.　　E. 1.

4.27 设随机变量 $X\sim N(1,4)$,则 $D(2X+1)=$(　　).

A. 16.　　B. 9.　　C. 8.　　D. 5.　　E. 4.

4.28 设随机变量 $X\sim N(1,4)$,$Y\sim U(0,4)$,且 X,Y 相互独立,则 $D(2X-3Y)=$(　　).

A. 4.　　B. 8.　　C. 18.　　D. 28.　　E. 52.

4.29 设随机变量 X 与 Y 相互独立,且它们分别在区间 $[-1,3]$ 和 $[2,4]$ 上服从均匀分布,则 $E(XY)=$(　　).

A. 3.　　B. 6.　　C. 9.

D. 10.　　E. 12.

4.30 设随机变量 X 和 Y 独立同分布,$X\sim N(\mu,\sigma^2)$,则(　　).

A. $2X\sim N(2\mu,2\sigma^2)$.　　B. $-2Y\sim N(-2\mu,2\sigma^2)$.　　C. $2X-Y\sim N(\mu,5\sigma^2)$.

D. $X+2Y\sim N(3\mu,3\sigma^2)$.　　E. $X-2Y\sim N(3\mu,5\sigma^2)$.

4.31 设 $X\sim N(1,1)$,$Y\sim N(0,1)$,且 X 和 Y 相互独立,则 $2X-Y\sim$(　　).

A. $N(2,3)$.　　B. $N(2,5)$.　　C. $N(2,1)$.

D. $N(-2,1)$.　　E. $N(1,5)$.

4.32 设随机变量 X 与 Y 相互独立，且 $X \sim N(-1,2)$，$Y \sim N(1,3)$，则 $Z = X + 2Y$ 仍是正态分布，且有(　　).

A. $Z \sim N(1,8)$.　　B. $Z \sim N(1,14)$.　　C. $Z \sim N(1,22)$.

D. $Z \sim N(1,40)$.　　E. $Z \sim N(3,14)$.

4.33 设随机变量 $X \sim N(0,9)$，$Y \sim N(0,4)$，且 X 与 Y 相互独立，则 $D(2X-Y) =$(　　).

A. 13.　　B. 14.　　C. 22.　　D. 32.　　E. 40.

4.34 设随机变量 X 和 Y 相互独立，且都服从参数为 λ 的泊松分布，则 $X+Y$ 与 $2X$ 的关系是(　　).

A. 有相同的分布.　　B. 有相同的密度.　　C. 有相同的数学期望.

D. 有相同的方差.　　E. 以上均不成立.

4.35 设随机变量 X，Y 相互独立，且 $X \sim N(4,4)$，$Y \sim U(0,2)$，则 $E(XY) =$(　　).

A. 16.　　B. 8.　　C. 4.　　D. 2.　　E. 1.

4.36 设 X 服从区间 $\left(-\frac{\pi}{2},\frac{\pi}{2}\right)$ 上的均匀分布，$Y = \sin X$，则(　　).

A. $E(X) = \frac{2}{\pi}, E(Y) = 0$.　　B. $E(X) = 0, E(Y) = \frac{2}{\pi}$.

C. $E(X) = 0, E(XY) = 0$.　　D. $E(X) = 0, E(XY) = \frac{2}{\pi}$.

E. $E(X) = 0, E(XY) = 2$.

4.37 对于任意两个随机变量 X 和 Y，若 $E(XY) = E(X)E(Y)$，则(　　).

A. $D(XY) = D(X)D(Y)$.　　B. $D(X+Y) = D(X)+D(Y)$.

C. X 和 Y 独立.　　D. X 和 Y 不独立.

E. X 和 Y 相关.

4.38 设随机变量 X 和 Y 的方差存在且不等于 0，则 $D(X+Y) = D(X)+D(Y)$ 是 X 和 Y(　　).

A. 不相关的充分条件，但不是必要条件.

B. 独立的充分条件，但不是必要条件.

C. 不相关的充分必要条件.

D. 独立的充分必要条件.

E. 当 $\rho_{XY} = 0$ 时，X 和 Y 独立.

4.39 对任意两个随机变量 X 和 Y，由 $D(X+Y)=D(X)+D(Y)$ 可以推断(　　).

A. X 和 Y 相关.　　B. X 和 Y 不相关.　　C. X 和 Y 独立.

D. X 和 Y 不独立.　　E. X 和 Y 的相关系数等于 -1.

4.40 随机变量 X 和 Y 的协方差 $\mathrm{Cov}(X,Y)=0$ 是 X 和 Y(　　).

A. 不相关的充分条件，但非必要条件.

B. 不相关的必要条件，但非充分条件.

C. 不相关的充要条件.

D. 独立的充分条件，但非必要条件.

E. 独立的充要条件.

4.41 设随机变量 X 与 Y 不相关，则以下结论中错误的是(　　).

A. $E(X+Y)=E(X)+E(Y)$.　　B. $D(X+Y)=D(X)+D(Y)$.

C. $E(XY)=E(X)E(Y)$.　　D. $D(XY)=D(X)D(Y)$.

E. $\mathrm{Cov}(X,Y)=0$.

4.42 设 (X,Y) 为二维连续型随机变量，则 X 与 Y 不相关的充分必要条件是(　　).

A. X 与 Y 相互独立.　　B. $E(X+Y)=E(X)+E(Y)$.

C. $E(XY)=E(X)E(Y)$.　　D. $(X,Y)\sim N(\mu_1,\mu_2;\sigma_1^2,\sigma_2^2;0)$.

E. $D(XY)=D(X)D(Y)$.

4.43 设随机变量 X 和 Y 都服从正态分布，则以下结论正确的是(　　).

A. $X+Y$ 服从正态分布.　　B. $X-Y$ 服从正态分布.

C. X 和 Y 不相关与独立等价.　　D. (X,Y) 一定服从二维正态分布.

E. (X,Y) 不一定服从二维正态分布.

4.44 设随机变量 X 和 Y 都服从正态分布，且相互独立，则 $Z=X+Y$(　　).

A. 服从正态分布.　　B. 服从指数分布.　　C. 服从均匀分布.

D. 服从泊松分布.　　E. 不一定服从正态分布.

4.45 设二维随机变量 (X,Y) 服从二维正态分布，则随机变量 $\xi=X+Y$ 与 $\eta=X-Y$ 不相关的充分必要条件为(　　).

A. $E(X)=E(Y)$.

B. $E(X^2)=E(Y^2)$.

C. $E(X)+D(X)=E(Y)+D(Y)$.

D. $E(X^2)-[E(X)]^2=E(Y^2)-[E(Y)]^2$.

E. $E(X^2)+[E(X)]^2=E(Y^2)+[E(Y)]^2$.

4.46 已知 X 和 Y 的协方差 $\mathrm{Cov}(X,Y)=-\frac{1}{2}$，则 $\mathrm{Cov}(-2X,Y)=$（　　）.

A. -1　　B. $-\frac{1}{2}$.　　C. 0.　　D. $\frac{1}{2}$.　　E. 1.

4.47 设 (X,Y) 为二维随机变量，且 $\mathrm{Cov}(X,Y)=-0.5$，$E(XY)=-0.3$，$E(X)=1$，则 $E(Y)=$（　　）.

A. -1.　　B. -0.2.　　C. 0.　　D. 0.2.　　E. 0.4.

4.48 若 $D(X)=D(Y)=1$，则 $\rho_{XY}=$（　　）.

A. $\frac{D(X+Y)}{2}-1$.　　B. $D(X)+D(Y)$.

C. $E\{[X-E(X)][Y-E(Y)]\}$.　　D. $E(XY)^2-[E(XY)]^2$.

E. $E\{[X-E(X)]^2[Y-E(Y)]^2\}$.

4.49 设 (X,Y) 为二维随机变量，且 $D(X)>0$，$D(Y)>0$，ρ 为 X 和 Y 的相关系数，则 $\mathrm{Cov}(X,Y)=$（　　）.

A. $\rho\cdot\sqrt{D(X)}\cdot\sqrt{D(Y)}$　　B. $\rho\cdot D(X)\cdot D(Y)$.　　C. $E(X)\cdot E(Y)$.

D. $D(X)\cdot D(Y)$.　　E. $E(XY)$.

4.50 设随机变量 X,Y 的方差分别是 $D(X)=25$，$D(Y)=36$，相关系数 $\rho_{XY}=0.4$，则 $D(X-Y)=$（　　）.

A. 85.　　B. 61.　　C. 37.　　D. 24.　　E. 12.

4.51 设随机变量 X 和 Y 的方差分别为 4 和 1，且 X 和 Y 的相关系数 $\rho_{XY}=0.5$，则 $D(3X-2Y)=$（　　）.

A. 4.　　B. 8.　　C. 16.　　D. 28.　　E. 34.

4.52 设二维随机变量 $(X,Y)\sim N(\mu_1,\mu_2;\sigma_1^2,\sigma_2^2;\rho)$，且 X 与 Y 相互独立，则（　　）.

A. $\rho\neq 0$.　　B. $\rho=1$.　　C. $\rho=0$.

D. $\rho=-1$.　　E. $\rho=2$.

4.53 设随机变量 $(X,Y)\sim N(1,2;1,4;0)$，则 $E(XY)=$（　　）.

A. 4.　　B. 3.　　C. 2.　　D. 1.　　E. 0.

4.54 设随机变量 $(X,Y)\sim N(1,1;4,9;\frac{1}{2})$，则 $\mathrm{Cov}(X,Y)=$（　　）.

A. 0.5.　　B. 3.　　C. 6.　　D. 18.　　E. 36.

4.55 设随机变量$(X,Y) \sim N(1,-1;1,4;0)$，则有$D(X+Y)=($　　$)$.

A. 5.　　B. 4.　　C. 3.　　D. 1.　　E. 0.

4.56 设随机变量X和Y独立同分布，记$U=X-Y, V=X+Y$，则随机变量U与V必然(　　).

A. 不独立.　　B. 独立.　　C. 相关系数不为零.

D. 相关系数为零.　　E. 以上都不正确.

4.57 随机变量X和Y的相关系数$\rho=0$是X和Y(　　).

A. 不相关的充分条件，但非必要条件.

B. 不相关的必要条件，但非充分条件.

C. 不相关的充要条件.

D. 独立的充分条件，但非必要条件.

E. 独立的充要条件.

4.58 设随机变量$(X,Y) \sim N(0,0;2,2;0)$，$\Phi(x)$为标准正态分布函数，则下列结论错误的是(　　).

A. X与Y相互独立.

B. X与Y都服从$N(0,2)$.

C. $\mathrm{Cov}(X,Y)=0$.

D. (X,Y)的分布函数是$\Phi(x)\Phi(y)$.

E. X与Y不相关.

参考答案

高等数学

第一章　函数、极限、连续

1.1 【答案】 E

【解析】由题设 $e^{\frac{\ln x}{2}} = e^{\ln\sqrt{x}} = \sqrt{x}$.

1.2 【答案】 B

【解析】由题设$(e^x)^2 = e^{2x}$. 选 B. 因为 $e^{\sqrt{x^2}} = e^{|x|}$,故 E 不正确.

1.3 【答案】 D

【解析】两个函数相同是指它们对应法则相同,定义域相等. 由题设知 $g(x) = \sqrt{x^2} = |x|$ 与 $f(x) = |x|$ 对应法则相同. $f(x)$ 的定义域为 $\mathbf{R}$,$g(x)$ 的定义域为 $\mathbf{R}$,相等,故两函数相同.

1.4 【答案】 A

【解析】由题设 $y = \ln x^2 = \ln|x|^2 = 2\ln|x|$ 对应法则相同,定义域都为$(-\infty,0)\cup(0,+\infty)$.

1.5 【答案】 D

【解析】$y = \arctan x$ 值域$\left(-\frac{\pi}{2},\frac{\pi}{2}\right)$.

1.6 【答案】 D

【解析】$y = \dfrac{1}{2+\sqrt{2-x}}$ 的定义域$\begin{cases}2+\sqrt{2-x}\neq 0,\\ 2-x\geqslant 0,\end{cases}$解得 $x\leqslant 2$.

1.7 【答案】 C

【解析】$y = \log_2(x^2-9)$ 的定义域 $x^2-9>0$,即 $x>3$ 或 $x<-3$.

1.8 【答案】 C

【解析】$y = \ln(x^2-4)$ 的定义域 $x^2-4>0$,即 $x>2$ 或 $x<-2$.

1.9 【答案】 E

【解析】$f(x)$ 定义域$\begin{cases}x>0,\\ 1-x>0,\end{cases}$即 $0<x<1$.

1.10 【答案】 B

【解析】y 的定义域 $\begin{cases}5-x\geqslant 0,\\ x-1>0,\end{cases}$ 即 $1<x\leqslant 5$.

1.11 【答案】D

【解析】y 的定义域 $\begin{cases}x-4>0,\\ x^2-16\geqslant 0,\end{cases}$ 即 $x>4$.

1.12 【答案】D

【解析】y 的定义域 $\begin{cases}2-x\geqslant 0,\\ x\neq 0,\end{cases}$ 即 $x\leqslant 2$ 且 $x\neq 0$.

1.13 【答案】C

【解析】$f(x)$ 的定义域 $\begin{cases}x-\dfrac{1}{2}\geqslant 0,\\ x^4-1\neq 0,\\ -1\leqslant x\leqslant 1,\end{cases}$ 即 $\dfrac{1}{2}\leqslant x<1$.

1.14 【答案】D

【解析】$f(x)$ 的定义域 $\begin{cases}-1\leqslant \dfrac{1-3x}{2}\leqslant 1,\\ 3-5x>0,\end{cases}$ 即 $-\dfrac{1}{3}\leqslant x<\dfrac{3}{5}$.

1.15 【答案】D

【解析】y 的定义域 $\begin{cases}\dfrac{1}{x-1}>0,\\ \ln\dfrac{1}{x-1}\geqslant 0,\\ x+2\geqslant 0,\end{cases}$ 即 $1<x\leqslant 2$,

1.16 【答案】C

【解析】$f(x)$ 的定义域 $\begin{cases}x-1\geqslant 0,\\ |x|>0,\\ \ln|x|\neq 0\end{cases}$ 即 $x>1$.

1.17 【答案】E

【解析】$f(x)$ 的定义域为 $(-\infty,0)\cup[0,+\infty)$ 即 $-\infty<x<+\infty$,

1.18 【答案】E

【解析】$f(x)$ 的定义域为 $(-1,1)\cup[1,3]$,即 $-1<x\leqslant 3$.
故 $f(x-2)$ 定义域为 $-1<x-2\leqslant 3$,即 $1<x\leqslant 5$.

1.19 【答案】C

【解析】$f(x)$ 的定义域为 $0\leqslant x\leqslant 1$,则 $f(2x-1)$ 定义域为 $0\leqslant 2x-1\leqslant 1$,即 $\dfrac{1}{2}\leqslant x\leqslant 1$.

1.20 【答案】A

【解析】$f(x)$ 的定义域为 $0\leqslant x\leqslant 1$,则 $g(x)$ 的定义域为 $\begin{cases}0\leqslant x+\dfrac{1}{3}\leqslant 1,\\ 0\leqslant x-\dfrac{1}{3}\leqslant 1,\end{cases}$ 即 $\dfrac{1}{3}\leqslant x\leqslant \dfrac{2}{3}$.

1.21 【答案】 E

【解析】 $f(x)$ 的定义域为 $(-\infty,0)\cup(0,+\infty)$，则 $f(0)$ 无定义.

1.22 【答案】 B

【解析】 由题设 $\varphi(x^2)=(x^2)^2+1=x^4+1$.

1.23 【答案】 B

【解析】 设 $x+2=t$，则 $x=t-2$，故 $f(t)=(t-2)^2$，即 $f(x)=(x-2)^2$.

1.24 【答案】 C

【解析】 设 $x+1=t$，则 $x=t-1$，故

$$f(t)=(t-1)^2+(t-1)=t^2-t.$$

即 $f(x)=x^2-x$.

1.25 【答案】 A

【解析】 由题设 $f(x)$ 的定义域 $(-\infty,+\infty)$ 则

$$\begin{aligned}f(-x)&=\ln[\sqrt{1+(-x)^2}-(-x)]=\ln(\sqrt{1+x^2}+x)\\&=\ln\left(\frac{1}{\sqrt{1+x^2}-x}\right)=-\ln(\sqrt{1+x^2}-x)=-f(x).\end{aligned}$$

故 $f(x)$ 是奇函数.

1.26 【答案】 A

【解析】 $f(x)$ 的定义域 $(-\infty,+\infty)$，且

$$f(-x)=\frac{(-x)^9\cdot\cos^4(-x)}{2022+\sin^8(-6x)+|\sin(-x)|}=\frac{-x^9\cos^4 x}{2022+\sin^8 6x+|\sin x|}=-f(x).$$

故 $f(x)$ 是奇函数.

1.27 【答案】 B

【解析】 $f(x)$ 的定义域 $(-\infty,+\infty)$，且

$$f(-x)=[2+\cos(-x)][1+(-x)^2]=(2+\cos x)(1+x^2)=f(x).$$

故 $f(x)$ 是偶函数.

1.28 【答案】 C

【解析】 $f(x)$ 的定义域 $(-\infty,+\infty)$，且

$$f(-x)=(-x)^5-7\cos(-9x)=-x^5-7\cos 9x\neq f(x)\neq -f(x).$$

则 $f(x)$ 非奇非偶，且 $f(x)$ 无界.

1.29 【答案】 D

【解析】 $f(x)$ 的定义域 $(-\infty,+\infty)$，且

$$f(-x)=\cos^2(-x)-\sin^2(-x)=\cos^2 x-\sin^2 x=f(x).$$

故 $f(x)$ 是偶函数.

1.30 【答案】 B

【解析】 $f(x)=\dfrac{e^x-e^{-x}}{2}$ 的定义域 $(-\infty,+\infty)$，且

$$f(-x)=\frac{e^{-x}-e^x}{2}=-\frac{e^x-e^{-x}}{2}=-f(x).$$

故 $f(x)$ 是奇函数.

1.31 【答案】 A

【解析】 $f(x)=x\sin x$ 定义域 $(-\infty,+\infty)$，且

$$f(-x)=-x\cdot\sin(-x)=x\sin x=f(x).$$

故 $f(x)$ 是偶函数.

1.32 【答案】 C

【解析】 $f(x)=\dfrac{2^x-1}{2^x+1}$ 的定义域为 $(-\infty,+\infty)$，且

$$f(-x)=\frac{2^{-x}-1}{2^{-x}+1}=\frac{\dfrac{1}{2^x}-1}{\dfrac{1}{2^x}+1}=\frac{1-2^x}{1+2^x}=-f(x).$$

故 $f(x)$ 是奇函数.

1.33 【答案】 D

【解析】 $f(x)=2^x+2^{-x}$ 的定义域 $(-\infty,+\infty)$，且

$$f(-x)=2^{-x}+2^x=f(x).$$

故 $f(x)$ 是偶函数.

1.34 【答案】 C

【解析】 $f(x)=\ln\dfrac{x+5}{x-5}$ 定义域为 $(-\infty,-5)\cup(5,+\infty)$

$$f(-x)=\ln\frac{-x+5}{-x-5}=\ln\frac{x-5}{x+5}=-\ln\frac{x+5}{x-5}=-f(x).$$

故 $f(x)$ 是奇函数.

1.35 【答案】 E

【解析】 $f(x)$ 定义域 $(-\infty,+\infty)$，且

$$f(-x)=\sin(-x)+\cos(-x)=-\sin x+\cos x.$$

$f(x)=\sin x+\cos x=\sqrt{2}\sin\left(x+\dfrac{\pi}{4}\right)$，周期 $T=2\pi$.

1.36 【答案】 B

【解析】 $f(x)$ 定义域 $(-\infty,+\infty)$，且

$$f(-x)=-x\cdot|-x|-\sin(-x)=-x|x|+\sin x=-f(x).$$

故 $f(x)$ 是奇函数.

1.37 【答案】 D

【解析】 $f(x)$ 的定义域 $(-\infty,+\infty)$，则由 $f(-x)=f(x)$，得

$$3^{-x}+a\cdot3^x=3^x+a\cdot3^{-x},$$

解得 $a=1$.

1.38 【答案】 A

【解析】 $f(x)$ 定义域 $(-\infty,+\infty)$，则

$$f(-x)=-x+a\sin(-x)=-x-a\sin x=-f(x).$$

故 $f(x)$ 是奇函数.

1.39 【答案】 B

【解析】由题设 $f(-x)=-f(x)$，且 $f(x)$ 在 $(-\infty,+\infty)$ 可导，则
$(-x)'f'(-x)=-f'(x)$，即 $f'(-x)=f'(x)$，
故 $f'(x)$ 为偶函数.

1.40 【答案】 D

【解析】$f(x)=\ln(3x-1)$ 的定义域 $\left(\frac{1}{3},+\infty\right)$，定义域的两端都是趋向无穷的，则在 $(1,3)$ 内有界.

1.41 【答案】 D

【解析】$f(x)=\ln x$ 在 $(0,+\infty)$ 无界.

1.42 【答案】 B

【解析】$f(x)$ 的定义域 $(-\infty,0)\cup(0,+\infty)$，且

$$f(-x)=\frac{\sin(-x)}{-x}=\frac{\sin x}{x}=f(x).$$

又由于 $|f(x)|=\left|\frac{\sin x}{x}\right|\leqslant 1$. 即 $f(x)$ 为有界偶函数.

1.43 【答案】 C

【解析】$f(x)$ 定义域 $(-\infty,+\infty)$，且当 $n\to\infty$ 时，有

$f\left(2n\pi+\frac{\pi}{2}\right)=\left(2n\pi+\frac{\pi}{2}\right)\sin\left(2n\pi+\frac{\pi}{2}\right)=2n\pi+\frac{\pi}{2}\to\infty.$

$f(2n\pi)=2n\pi\cdot\sin(2n\pi)=0$. 故 $f(x)$ 在 $(-\infty,+\infty)$ 无界.

1.44 【答案】 B

【解析】$f(x)=x$，则 $x\to+\infty$，$f(x)=x\to\infty$，故 $f(x)$ 在 $(0,+\infty)$ 无界.

1.45 【答案】 D

【解析】$f(x)=\sin(x+1)$ 的周期 $T=2\pi$.

1.46 【答案】 A

【解析】$y=3\sin\left(2x+\frac{\pi}{3}\right)$ 最小正周期 $T=\frac{2\pi}{2}=\pi$.

1.47 【答案】 B

【解析】$y=7\cos\left(3x+\frac{\pi}{4}\right)$ 的最小正周期 $T=\frac{2\pi}{3}$.

1.48 【答案】 D

【解析】$y=\tan 2x$ 的最小正周期 $T=\frac{\pi}{2}$.

1.49 【答案】 C

【解析】$y=\sin x\cos x=\frac{1}{2}\sin 2x$ 的最小正周期 $T=\frac{2\pi}{2}=\pi$.

1.50 【答案】 B

【解析】 由题设 $f(x+4)=f(x)$，则 $f(6)=f(2+4)=f(2)=4$.

1.51 【答案】 D

【解析】 $y=\sin\frac{1}{x}$ 定义域 $(-\infty,0)\cup(0,+\infty)$，又由于 $\left|\sin\frac{1}{x}\right|\leqslant 1$，故 $y=\sin\frac{1}{x}$ 有界.

1.52 【答案】 E

【解析】 $f(x)=x\ln x$ 在 $(0,+\infty)$ 无界.

1.53 【答案】 E

【解析】 由题设

$$f(-x)=|-x\cdot\sin(-x)|\cdot e^{\cos(-x)}=|x\sin x|\cdot e^{\cos x}=f(x).$$

故 $f(x)$ 是偶函数.

1.54 【答案】 C

【解析】 当 $x\to n\pi+\frac{\pi}{2}$ 时，$f(x)\to\infty$，故 $f(x)$ 无界.

1.55 【答案】 E

【解析】 $f(\sqrt{x})=\frac{\sin\sqrt{x}}{1+x}$.

1.56 【答案】 C

【解析】 由题设 $f(g(x))=\frac{g^2(x)}{3}=\frac{1}{3}\sin^2 3x$.

1.57 【答案】 A

【解析】 由题设 $f(g(x))=\ln g(x)+1=\ln(\sqrt{x}+1)+1$.

1.58 【答案】 D

【解析】 由题设 $f\left(\frac{1}{x}\right)=\left(\frac{1}{x}\right)^3-\left(\frac{1}{x}\right)^2-1=\frac{1-x-x^3}{x^3}$.

1.59 【答案】 D

【解析】 由题设 $f\left(x+\frac{1}{x}\right)=\left(x+\frac{1}{x}\right)^2-2$.

设 $x+\frac{1}{x}=t$，则 $f(t)=t^2-2$，再令 $t=x-\frac{1}{x}$，则

$f\left(x-\frac{1}{x}\right)=\left(x-\frac{1}{x}\right)^2-2=x^2+\frac{1}{x^2}-4$.

1.60 【答案】 E

【解析】 由题设

$$\varphi(\varphi(x))=\begin{cases}1, & |\varphi(x)|\leqslant 1,\\ 0, & |\varphi(x)|>1.\end{cases}$$

又由于 $|\varphi(x)|\leqslant 1$，则 $\varphi(\varphi(x))=1$.

1.61 【答案】 E

【解析】 由题设 $g(0)=-4<0$，故 $f(g(0))=f(-4)=(-4)^2=16$.

1.62 【答案】 D

【解析】 由题设

$$f(-x)=\begin{cases}(-x)^2, & -x\leqslant 0\\(-x)^2-x, & -x>0\end{cases}=\begin{cases}x^2, & x\geqslant 0,\\x^2-x, & x<0.\end{cases}$$

1.63 【答案】 D

【解析】 由题设

当 $x<0$ 时，$f(x)=x^2>0$，则 $g(f(x))=g(x^2)=x^2+2$.

当 $x\geqslant 0$ 时，$f(x)=-x\leqslant 0$，则 $g(f(x))=g(-x)=2+x$.

1.64 【答案】 D

【解析】 由 $y=2x$，得 $x=\frac{y}{2}$，即反函数 $y=\frac{x}{2}$.

1.65 【答案】 A

【解析】 由题设 $f\left(\frac{1}{x}\right)=1+\frac{1}{x}$，设 $\frac{1}{x}=t$，则 $f(t)=1+t$.

则 $y=f(x)=x+1$，则 $x=y-1$，反函数为 $y=x-1$.

1.66 【答案】 A

【解析】 由题设 $y=\frac{1-2x}{1+2x}$，则 $x=\frac{1-y}{2(1+y)}$，故函数 $y=f(x)=\frac{1-x}{2(1+x)}$.

1.67 【答案】 B

【解析】 $\lim\limits_{n\to\infty}a_n=A\Rightarrow\{a_n\}$ 有界. 故 $\{a_n\}$ 有界是 $\lim\limits_{n\to\infty}a_n=A$ 的必要条件.

1.68 【答案】 A

【解析】 由题设 $\lim\limits_{n\to\infty}\frac{n}{n+1}=\lim\limits_{n\to\infty}\frac{1}{1+\frac{1}{n}}=1$.

1.69 【答案】 B

【解析】 由题设

$$\lim_{n\to\infty}x_{2n}=\lim_{n\to\infty}\frac{1}{2n}=0,$$

$$\lim_{n\to\infty}x_{2n-1}=\lim_{n\to\infty}\frac{(2n-1)^2+\sqrt{(2n-1)}}{(2n-1)}=+\infty.$$

故 $n\to\infty$ 时，x_n 无界.

1.70 【答案】 B

【解析】 由题设 $\{x_n\}$ 收敛，$\{y_n\}$ 发散，则 $\{x_n+y_n\}$ 一定发散.

反证法：假设 $\{x_n+y_n\}$ 收敛，则 $y_n=x_n+y_n-x_n$ 收敛，矛盾.

1.71 【答案】 D

【解析】 由题设

$$\lim_{n\to\infty}\frac{n^5-1}{(n^3+1)(3n^2+2n+1)}=\lim_{n\to\infty}\frac{n^5-1}{3n^5+2n^4+n^3+3n^2+2n+1}$$

$$=\lim_{n\to\infty}\frac{1-\frac{1}{n^5}}{3+\frac{2}{n}+\frac{1}{n^2}+\frac{3}{n^3}+\frac{2}{n^4}+\frac{1}{n^5}}=\frac{1}{3}.$$

1.72 【答案】 C

【解析】 $\lim_{n\to\infty}\frac{7n^4-6n^3+5n^2-4n+3}{(n+7)(2n+6)(3n+5)(n-4)}=\lim_{n\to\infty}\frac{7-\frac{6}{n}+\frac{5}{n^2}-\frac{4}{n^3}+\frac{3}{n^4}}{\left(1+\frac{7}{n}\right)\left(2+\frac{6}{n}\right)\left(3+\frac{5}{n}\right)\left(1-\frac{4}{n}\right)}$

$$=\frac{7}{2\times 3}=\frac{7}{6}.$$

1.73 【答案】 A

【解析】 $\lim_{n\to\infty}\left(\frac{1}{n}\sin n-n\sin\frac{1}{n}\right)=\lim_{n\to\infty}\left(\frac{1}{n}\sin n-\frac{\sin\frac{1}{n}}{\frac{1}{n}}\right)=0-1=-1.$

1.74 【答案】 E

【解析】 $\sum_{n=1}^{\infty}(\sqrt{n+1}-\sqrt{n})=\lim_{n\to\infty}\sum_{k=1}^{n}(\sqrt{k+1}-\sqrt{k})$

$$=\lim_{n\to\infty}(\sqrt{2}-1+\sqrt{3}-\sqrt{2}+\cdots+\sqrt{n+1}-\sqrt{n})$$

$$=\lim_{n\to\infty}(\sqrt{n+1}-1)=+\infty.$$

1.75 【答案】 D

【解析】 由题设$\lim\limits_{n\to\infty}x_ny_n=0$.

当 $n\to\infty$ 时，若$\frac{1}{x_n}\to 0$，则 $x_n\to\infty$. 故 $y_n\to 0$.

1.76 【答案】 E

【解析】 题设 $y_n\leqslant x_n\leqslant z_n$，及$\lim\limits_{n\to\infty}(z_n-y_n)=0$ 不能推出$\lim\limits_{n\to\infty}z_n$，$\lim\limits_{n\to\infty}y_n$ 存在，也就不能推出$\lim\limits_{n\to\infty}x_n$ 存在.

1.77 【答案】 A

【解析】 $\lim_{x\to\infty}\frac{\sin 2x}{x}=\lim_{x\to\infty}\frac{1}{x}\cdot\sin 2x=0.$

1.78 【答案】 D

【解析】 $\lim_{x\to 0}\frac{\sin^2 kx}{x^2}=\lim_{x\to 0}\frac{k^2x^2}{x^2}=k^2.$

1.79 【答案】 B

【解析】 $\lim_{x\to 0}\frac{\sin 3x}{\tan 2x}=\lim_{x\to 0}\frac{3x}{2x}=\frac{3}{2}.$

1.80 【答案】 B

【解析】 $\lim\limits_{x\to 0}\dfrac{\sin x}{x}=1.$

1.81 【答案】 C

【解析】 $\lim\limits_{x\to 0}f(x)=\lim\limits_{x\to 0}x\cdot\sin\dfrac{1}{x}=0$ 且 $x\neq 0.$

1.82 【答案】 B

【解析】 $\lim\limits_{n\to\infty}\ln\left(1-\dfrac{1}{2n}\right)^n=\lim\limits_{n\to\infty}n\ln\left(1-\dfrac{1}{2n}\right)=\lim\limits_{n\to\infty}n\cdot\left(-\dfrac{1}{2n}\right)=-\dfrac{1}{2}.$

1.83 【答案】 E

【解析】 由题设

$$\lim_{x\to\infty}\left(1+\frac{1}{2x}\right)^{bx}=\lim_{x\to\infty}\left(1+\frac{1}{2x}\right)^{2x\cdot\frac{1}{2x}\cdot bx}=e^{\frac{b}{2}}=e^2.$$

则 $b=4.$

1.84 【答案】 C

【解析】 $\lim\limits_{n\to\infty}\left(1+\dfrac{2}{n}\right)^n=\lim\limits_{n\to\infty}\left(1+\dfrac{2}{n}\right)^{\frac{n}{2}\cdot\frac{2}{n}\cdot n}=e^2.$

1.85 【答案】 A

【解析】 $\lim\limits_{x\to\infty}\left(1-\dfrac{k}{x}\right)^x=\lim\limits_{x\to\infty}\left(1+\dfrac{-k}{x}\right)^{-\frac{x}{k}\cdot\frac{-k}{x}\cdot x}=e^{-k}=e^2.$

则 $k=-2.$

1.86 【答案】 D

【解析】 $\lim\limits_{x\to 0}(1+2x)^{\frac{1}{x}}=\lim\limits_{x\to 0}(1+2x)^{\frac{1}{2x}\cdot 2x\cdot\frac{1}{x}}=e^2=e^a$，则 $a=2.$

1.87 【答案】 B

【解析】 $\lim\limits_{n\to\infty}\left(\dfrac{1}{a^n}+\dfrac{1}{b^n}\right)^{\frac{1}{n}}=\lim\limits_{n\to\infty}\dfrac{1}{a}\left(1+\left(\dfrac{a}{b}\right)^n\right)^{\frac{1}{n}}=\lim\limits_{n\to\infty}\dfrac{1}{a}e^{\frac{1}{n}\ln\left(1+\left(\frac{a}{b}\right)^n\right)}$

$$=\lim_{n\to\infty}\frac{1}{a}e^{\frac{1}{n}\cdot\left(\frac{a}{b}\right)^n}=\frac{1}{a}\cdot e^0=\frac{1}{a}.$$

1.88 【答案】 D

【解析】 $\lim\limits_{x\to 0}\sin x=0$，故当 $x\to 0$ 时，$\sin x$ 是无穷小量.

1.89 【答案】 A

【解析】 $\lim\limits_{x\to 0}x\sin\dfrac{1}{x^2}=0.$ 故当 $x\to 0$ 时，$x\sin\dfrac{1}{x^2}$ 是无穷小量.

1.90 【答案】 A

【解析】 $\lim\limits_{x\to 0}\dfrac{1}{x}\sin x^2=\lim\limits_{x\to 0}\dfrac{x^2}{x}=0.$ 故当 $x\to 0$ 时，$\dfrac{1}{x}\sin x^2$ 是无穷小量.

1.91 【答案】 D

【解析】 $\lim\limits_{x\to0^+}x\sin\dfrac{1}{x}=0$. 当 $x\to0^+$ 时，$x\sin\dfrac{1}{x}$ 是无穷小.

1.92 【答案】 B

【解析】 $\lim\limits_{x\to\infty}\dfrac{\sin x}{x}=0$，当 $x\to\infty$ 时，$\dfrac{\sin x}{x}$ 是无穷小.

1.93 【答案】 E

【解析】 $\lim\limits_{x\to1}\ln x=0$，当 $x\to1$ 时，$\ln x$ 是无穷小.

1.94 【答案】 A

【解析】 $\lim\limits_{x\to0}\dfrac{\sin x}{x}=1$，故当 $x\to0$ 时，$\dfrac{\sin x}{x}$ 不是无穷小.

1.95 【答案】 E

【解析】 $\lim\limits_{n\to\infty}\dfrac{\sin\dfrac{1}{n^2}}{\dfrac{1}{n^2}}=1$.

1.96 【答案】 C

【解析】 $\lim\limits_{x\to0}\dfrac{\sin x-x^2}{x}=\lim\limits_{x\to0}\left(\dfrac{\sin x}{x}-x\right)=1-0=1$.

1.97 【答案】 E

【解析】 $\lim\limits_{x\to0}\dfrac{\tan x-x^3}{x}=\lim\limits_{x\to0}\left(\dfrac{\tan x}{x}-x^2\right)=1$.

1.98 【答案】 E

【解析】 $\lim\limits_{x\to0^+}\dfrac{\sqrt{1+x}-\sqrt{1-x}}{x}=\lim\limits_{x\to0^+}\dfrac{2x}{x(\sqrt{1+x}+\sqrt{1-x})}=1$.

1.99 【答案】 A

【解析】 由高阶无穷小量知，$\lim\limits_{x\to0}\dfrac{f(x)}{x^2}=0$.

1.100 【答案】 C

【解析】 $\lim\limits_{x\to0}\dfrac{1-\cos x}{x}=\lim\limits_{x\to0}\dfrac{\dfrac{1}{2}x^2}{x}=0$.

1.101 【答案】 C

【解析】 $\lim\limits_{x\to0}\dfrac{\sin x^2}{x}=\lim\limits_{x\to0}\dfrac{x^2}{x}=0$.

1.102 【答案】 B

【解析】 $\lim\limits_{x\to0}\dfrac{x-\sin x}{x^2}=\lim\limits_{x\to0}\dfrac{\dfrac{1}{3}x^3}{x^2}=0$.

1.103 【答案】 D

【解析】 当 $x\to 0$ 时，

$1-\cos x\sim \frac{1}{2}x^2$；$\sqrt{1-x^2}-1\sim -\frac{1}{2}x^2$；$x-\sin x\sim \frac{1}{3}x^3$.

$$\lim_{x\to 0}\frac{\int_0^x \ln(1+t)\mathrm{d}t}{x^2}=\lim_{x\to 0}\frac{\ln(1+x)}{2x}=\frac{1}{2}\text{，则}\int_0^x \ln(1+t)\mathrm{d}t\sim \frac{1}{2}x^2.$$

1.104 【答案】 E

【解析】 当 $x\to 0$ 时，$1-\cos x\sim \frac{1}{2}x^2$；$\ln(1-x^2)\sim -x^2$；$\sqrt{1-x^2}-1\sim -\frac{1}{2}x^2$；$x-\tan x\sim -\frac{1}{3}x^3$.

1.105 【答案】 A

【解析】 $\lim\limits_{x\to 0}\frac{f(x)}{g(x)}=\lim\limits_{x\to 0}\frac{\tan^2(2x)}{\sin x}=\lim\limits_{x\to 0}\frac{4x^2}{x}=0$.

1.106 【答案】 D

【解析】 $\lim\limits_{x\to 0}\frac{f(x)}{g(x)}=\lim\limits_{x\to 0}\frac{\ln(1+x^2)}{x^2}=\lim\limits_{x\to 0}\frac{x^2}{x^2}=1$.

1.107 【答案】 B

【解析】 $\lim\limits_{x\to 0}\frac{f(x)}{x}=\lim\limits_{x\to 0}\frac{2^x+3^x-2}{x}=\lim\limits_{x\to 0}\frac{2^x\cdot\ln 2+3^x\cdot\ln 3}{1}=\ln 6$.

1.108 【答案】 A

【解析】 $\lim\limits_{x\to 0}\frac{f(x)}{g(x)}=\lim\limits_{x\to 0}\frac{\mathrm{e}^{-x^2}-1+x^2}{x^2}=\lim\limits_{x\to 0}\frac{\mathrm{e}^{-x^2}\cdot(-2x)+2x}{2x}=\lim\limits_{x\to 0}(-\mathrm{e}^{-x^2}+1)=0$.

1.109 【答案】 B

【解析】 当 $x\to 0^+$ 时，

$$\alpha_1=x(\cos\sqrt{x}-1)\sim x\cdot\left(-\frac{1}{2}x\right)=-\frac{1}{2}x^2.$$

$$\alpha_2=\sqrt{x}\ln(1+\sqrt[3]{x})\sim\sqrt{x}\cdot\sqrt[3]{x}=x^{\frac{5}{6}}.$$

$$\alpha_3=\sqrt[3]{x+1}-1\sim\frac{1}{3}x.$$

1.110 【答案】 C

【解析】 当 $x\to 0^+$ 时，

$$f(x)=\sqrt{1+\sqrt{x}}-1\sim\frac{1}{2}\sqrt{x}.$$

$$g(x)=\ln\left(1+\frac{\sqrt{x}+x}{1-x}\right)\sim\frac{\sqrt{x}+x}{1-x}\sim\sqrt{x}+x\sim\sqrt{x}.$$

$$h(x)=\ln\left(1+\frac{\sqrt{x}-x}{1+x}\right)\sim\frac{\sqrt{x}-x}{1+x}\sim\sqrt{x}-x\sim\sqrt{x}.$$

$$w(x)=\ln\frac{\mathrm{e}^x-1}{\sqrt{x}}\to\infty.$$

1.111 【答案】 B,D(两个选项均正确)

【解析】 当 $x \to 1$ 时,$\lim\limits_{x \to 1} f(x) = \lim\limits_{x \to 1} \dfrac{1}{x^3 - 1} = \infty$.

1.112 【答案】 D

【解析】 当 $x \in (0,1)$ 时,$\left| \cos \dfrac{1}{x} \right| \leqslant 1$.

1.113 【答案】 D

【解析】 由题设知 $\alpha + \beta \to \infty$.

1.114 【答案】 B

【解析】 $\lim\limits_{x \to 0} \dfrac{f(x)}{g(x)} = \lim\limits_{x \to 0} \dfrac{\int_0^{\sin x} \sin t^2 \mathrm{d}t}{x^3 + x^4} = \lim\limits_{x \to 0} \dfrac{\int_0^{\sin x} \sin t^2 \mathrm{d}t}{x^3}$(当 $x \to 0$ 时,$x^3 + x^4 \sim x^3$)

$$= \lim_{x \to 0} \frac{\sin(\sin x)^2 \cdot \cos x}{3x^2} = \lim_{x \to 0} \frac{(\sin x)^2 \cdot \cos x}{3x^2} = \frac{1}{3}.$$

【注】 当 $\alpha(x) \to 0$ 时,$\sin \alpha(x) \sim \alpha(x)$. 此处 $\alpha(x) = (\sin x)^2$.

1.115 【答案】 B

【解析】 $\lim\limits_{x \to 0} \dfrac{f(x)}{g(x)} = \lim\limits_{x \to 0} \dfrac{\int_0^{1-\cos x} \sin t^2 \mathrm{d}t}{\frac{1}{5}x^5 + \frac{1}{6}x^6} = \lim\limits_{x \to 0} \dfrac{\int_0^{1-\cos x} \sin t^2 \mathrm{d}t}{\frac{1}{5}x^5}$

($x \to 0$ 时,$\frac{1}{5}x^5 + \frac{1}{6}x^6 \sim \frac{1}{5}x^5$)

$$= \lim_{x \to 0} \frac{\sin(1 - \cos x)^2 \cdot \sin x}{x^4} = \lim_{x \to 0} \frac{(1 - \cos x)^2 \cdot \sin x}{x^4}$$

$$= \lim_{x \to 0} \frac{\left(\frac{1}{2}x^2\right)^2 \cdot x}{x^4} = 0.$$

1.116 【答案】 C

【解析】 $\lim\limits_{x \to 0} \dfrac{(1 - \cos x)\ln(1 + x^2)}{x \cdot \sin x^n} = \lim\limits_{x \to 0} \dfrac{\frac{1}{2}x^2 \cdot x^2}{x \cdot x^n} = 0$,则 $4 > n + 1$.

$\lim\limits_{x \to 0} \dfrac{x\sin x^n}{\mathrm{e}^{x^2} - 1} = \lim\limits_{x \to 0} \dfrac{x \cdot x^n}{x^2} = 0$,则 $n + 1 > 2$.

故 $n = 2$.

1.117 【答案】 B

【解析】 $\lim\limits_{x \to 0} \dfrac{\int_0^x f(t)\sin t \mathrm{d}t}{\int_0^x t\varphi(t) \mathrm{d}t} = \lim\limits_{x \to 0} \dfrac{f(x)\sin x}{x\varphi(x)} = \lim\limits_{x \to 0} \dfrac{f(x)}{\varphi(x)} = 0.$

1.118 【答案】 C

【解析】 $\lim\limits_{x \to 0} \dfrac{F'(x)}{x^k} = \lim\limits_{x \to 0} \dfrac{\left[x^2 \int_0^x f(t)\mathrm{d}t - \int_0^x t^2 f(t)\mathrm{d}t\right]'}{x^k}$

$$=\lim_{x\to0}\frac{2x\int_0^x f(t)\mathrm{d}t+x^2f(x)-x^2f(x)}{x^k}$$

$$=\lim_{x\to0}\frac{2\int_0^x f(t)\mathrm{d}t}{x^{k-1}}=\lim_{x\to0}\frac{2f(x)}{(k-1)x^{k-2}}$$

$$=\lim_{x\to0}\frac{2f'(x)}{(k-1)(k-2)x^{k-3}}.$$

当 $k=3$ 时，是同阶无穷小.

1.119 【答案】 B

【解析】 $\lim\limits_{x\to-\infty}\mathrm{e}^x=0$.

1.120 【答案】 B

【解析】 $\lim\limits_{x\to\infty}\mathrm{e}^{\frac{1}{x}}=\mathrm{e}^0=1$.

1.121 【答案】 A

【解析】 $\lim\limits_{x\to0^+}\ln x=-\infty$.

1.122 【答案】 E

【解析】 $\lim\limits_{x\to0^+}f(x)=\lim\limits_{x\to0^+}\frac{x}{x}=1$，$\lim\limits_{x\to0^-}f(x)=\lim\limits_{x\to0^-}\frac{-x}{x}=-1$. 故 $\lim\limits_{x\to0}f(x)$ 不存在.

1.123 【答案】 D

【解析】 $\lim\limits_{x\to2}\frac{x+2}{x^2-4}=\lim\limits_{x\to2}\frac{1}{x-2}=\infty$.

1.124 【答案】 A

【解析】 $\lim\limits_{x\to1}\frac{x^2-2x+1}{x^2-1}=\lim\limits_{x\to1}\frac{(x-1)^2}{(x+1)(x-1)}=\lim\limits_{x\to1}\frac{x-1}{x+1}=0$.

1.125 【答案】 B

【解析】 $\lim\limits_{x\to1}\frac{2x^2+x+2}{-x^2+x+5}=\frac{5}{5}=1$.

1.126 【答案】 C

【解析】 $\lim\limits_{x\to3}\frac{x^2-9}{x^2-2x-3}=\lim\limits_{x\to3}\frac{(x-3)(x+3)}{(x-3)(x+1)}=\frac{6}{4}=\frac{3}{2}$.

1.127 【答案】 A

【解析】 $\lim\limits_{x\to\infty}\frac{3x^2-x+1}{2x^2+3x-1}=\lim\limits_{x\to\infty}\frac{3-\frac{1}{x}+\frac{1}{x^2}}{2+\frac{3}{x}-\frac{1}{x^2}}=\frac{3}{2}$.

1.128 【答案】 A

【解析】 $\lim\limits_{x\to\infty}\frac{3x^4+4x-1}{5x^6+2x^3+1}=\lim\limits_{x\to\infty}\frac{\frac{3}{x^2}+\frac{4}{x^5}-\frac{1}{x^6}}{5+\frac{2}{x^3}+\frac{1}{x^6}}=0$.

1.129 【答案】 A

【解析】$\lim\limits_{x\to 0}\dfrac{\sqrt{1+x}+\sqrt{1-x}-2}{x^2}=\lim\limits_{x\to 0}\dfrac{2+2\sqrt{1-x^2}-4}{x^2(\sqrt{1+x}+\sqrt{1-x}+2)}$

$$=\lim_{x\to 0}\frac{2(\sqrt{1-x^2}-1)}{x^2\cdot 4}=\lim_{x\to 0}\frac{2\cdot\left(-\frac{1}{2}x^2\right)}{4x^2}=-\frac{1}{4}.$$

1.130 【答案】 D

【解析】$\lim\limits_{x\to-\infty}\dfrac{\sqrt{4x^2+x-1}+x+1}{\sqrt{x^2+\sin x}}\overset{x=-t}{=\!=}\lim\limits_{t\to+\infty}\dfrac{\sqrt{4t^2-t-1}-t+1}{\sqrt{t^2-\sin t}}$

$$=\lim_{t\to+\infty}\frac{\sqrt{4-\frac{1}{t}-\frac{1}{t^2}}-1+\frac{1}{t}}{\sqrt{1-\frac{\sin t}{t^2}}}=\frac{2-1}{1}=1.$$

1.131 【答案】 B

【解析】$\lim\limits_{x\to 0}\dfrac{\arcsin x}{x}=1.$

1.132 【答案】 D

【解析】$\lim\limits_{x\to 1}\dfrac{\tan(x^2-1)}{x^3-1}=\lim\limits_{x\to 1}\dfrac{x^2-1}{x^3-1}=\lim\limits_{x\to 1}\dfrac{(x-1)(x+1)}{(x-1)(x^2+x+1)}=\dfrac{2}{3}.$

1.133 【答案】 E

【解析】$\lim\limits_{x\to-\infty}\arctan(x+1)=-\dfrac{\pi}{2}.$

1.134 【答案】 E

【解析】$\lim\limits_{x\to\infty}\dfrac{\arctan(x^3+1)}{x^5}=0.$

1.135 【答案】 A

【解析】$\lim\limits_{x\to\pi}\dfrac{\sin x}{\pi-x}=\lim\limits_{x\to\pi}\dfrac{\cos x}{-1}=1.$

1.136 【答案】 C

【解析】$\lim\limits_{x\to 0}\dfrac{x-\ln(x+1)}{x^2}=\lim\limits_{x\to 0}\dfrac{\frac{1}{2}x^2}{x^2}=\dfrac{1}{2}.$

1.137 【答案】 C

【解析】$\lim\limits_{x\to 0}\dfrac{1-\cos x}{e^x-1}=\lim\limits_{x\to 0}\dfrac{\frac{1}{2}x^2}{x}=0.$

1.138 【答案】 C

【解析】$\lim\limits_{x\to 0}\left(\dfrac{1}{x}-\dfrac{1}{e^x-1}\right)=\lim\limits_{x\to 0}\dfrac{e^x-1-x}{x(e^x-1)}=\lim\limits_{x\to 0}\dfrac{e^x-1-x}{x^2}$

$$= \lim_{x\to 0}\frac{e^x-1}{2x} = \lim_{x\to 0}\frac{x}{2x} = \frac{1}{2}.$$

1.139 【答案】 E

【解析】$\lim\limits_{x\to 1^+}\dfrac{x^2-1}{x-1}e^{\frac{1}{x-1}} = \lim\limits_{x\to 1^+}(x+1)e^{\frac{1}{x-1}} = +\infty$,

$\lim\limits_{x\to 1^-}\dfrac{x^2-1}{x-1}e^{\frac{1}{x-1}} = \lim\limits_{x\to 1^-}(x+1)e^{\frac{1}{x-1}} = 0$.

1.140 【答案】 C

【解析】$\lim\limits_{x\to 1}f(x) = \lim\limits_{x\to 1}x^2 = 1$.

1.141 【答案】 A

【解析】
$$\lim_{x\to 0^-}f(x) = \lim_{x\to 0^-}(3x+1) = 1,$$
$$\lim_{x\to 0^+}f(x) = \lim_{x\to 0^+}(1-2x) = 1.$$

故$\lim\limits_{x\to 0}f(x) = 1$.

1.142 【答案】 D

【解析】$\lim\limits_{x\to 0^-}f(x) = \lim\limits_{x\to 0^-}(2x-1) = -1$, $\lim\limits_{x\to 0^+}f(x) = \lim\limits_{x\to 0^+}x^2 = 0$. 则$\lim\limits_{x\to 0}f(x)$不存在.

1.143 【答案】 D

【解析】$\lim\limits_{x\to 0^-}f(x) = \lim\limits_{x\to 0^-}(3x^2+2) = 2$.

1.144 【答案】 C

【解析】$\lim\limits_{x\to 0}\dfrac{\int_0^x \sin t^2\,dt}{x^3} = \lim\limits_{x\to 0}\dfrac{\sin x^2\cdot 1}{3x^2} = \dfrac{1}{3}$.

1.145 【答案】 D

【解析】$\lim\limits_{x\to 0}\dfrac{\int_0^x \sin t\,dt}{\int_0^x \ln(1+t)\,dt} = \lim\limits_{x\to 0}\dfrac{\sin x}{\ln(1+x)} = \lim\limits_{x\to 0}\dfrac{x}{x} = 1$.

1.146 【答案】 A

【解析】$\lim\limits_{x\to 0}\dfrac{\int_0^{x^2}\sin t^2\,dt}{\sqrt{1+x^6}-1} = \lim\limits_{x\to 0}\dfrac{\int_0^{x^2}\sin t^2\,dt}{\frac{1}{2}x^6} = \lim\limits_{x\to 0}\dfrac{\sin x^4\cdot 2x}{3x^5} = \dfrac{2}{3} = a$.

1.147 【答案】 B

【解析】$\lim\limits_{x\to a}F(x) = \lim\limits_{x\to a}\dfrac{x^2\cdot\int_a^x f(t)\,dt}{x-a} = \lim\limits_{x\to a}\left[2x\int_a^x f(t)\,dt + x^2f(x)\right] = a^2f(a)$.

1.148 【答案】 E

【解析】由题设当 $x\to 0$ 时, $\sin 6x + xf(x) = o(x^3)$,

则 $f(x)=\dfrac{-\sin 6x}{x}+o(x^2)$，故

$$\lim_{x\to 0}\frac{f(x)}{x^2}=\lim_{x\to 0}\left[-\frac{\sin 6x}{x^3}+o(1)\right]=\infty.$$

1.149 【答案】 D

【解析】 $$\lim_{x\to 0}\frac{e^{\tan x}-e^{\sin x}}{x^n}=\lim_{x\to 0}\frac{e^{\sin x}(e^{\tan x-\sin x}-1)}{x^n}$$

$$=\lim_{x\to 0}\frac{e^{\sin x}(\tan x-\sin x)}{x^n}$$

$$=\lim_{x\to 0}\frac{\frac{1}{2}x^3}{x^n}=C\neq 0,$$

则 $n=3$.

1.150 【答案】 A

【解析】 $$\lim_{x\to 0}\frac{(1+ax^2)^{\frac{1}{3}}-1}{\cos x-1}=\lim_{x\to 0}\frac{\frac{1}{3}ax^2}{-\frac{1}{2}x^2}=-\frac{2}{3}a=1, a=-\frac{3}{2}.$$

1.151 【答案】 A

【解析】 $$\lim_{x\to 0}\frac{e^x-(ax^2+bx+1)}{x^2}=\lim_{x\to 0}\frac{1+x+\frac{1}{2!}x^2+o(x^2)-(ax^2+bx+1)}{x^2}$$

$$=\lim_{x\to 0}\frac{(1-b)x+\left(\frac{1}{2}-a\right)x^2+o(x^2)}{x^2}=0.$$

则 $a=\dfrac{1}{2}, b=1$.

1.152 【答案】 A

【解析】 $$\lim_{x\to 0}\frac{\ln(1+x)-(ax+bx^2)}{x^2}=\lim_{x\to 0}\frac{x-\frac{x^2}{2}+o(x^2)-(ax+bx^2)}{x^2}$$

$$=\lim_{x\to 0}\frac{(1-a)x-\left(\frac{1}{2}+b\right)x^2}{x^2}=2,$$

则 $a=1, b=-\dfrac{5}{2}$.

1.153 【答案】 A

【解析】 由题设 $\lim\limits_{x\to -1}\dfrac{x^2+ax+b}{x+1}=8$，则 $\lim\limits_{x\to -1}(x^2+ax+b)=0$，即 $1-a+b=0$.

1.154 【答案】 C

【解析】 $$\lim_{x\to\infty}\left(\frac{x^2}{x+1}-ax-b\right)=\lim_{x\to\infty}\frac{x^2-(ax+b)(x+1)}{x+1}$$

$$=\lim_{x\to\infty}\frac{(1-a)x^2-(a+b)x-b}{x+1}=0.$$

则 $a=1, a+b=0$,故 $a=1, b=-1$.

1.155 【答案】 A

【解析】$\lim\limits_{x\to 0}(\sqrt{1+2x}-ax-b)=0 \Rightarrow 1-b=0$,则 $b=1$.

$\lim\limits_{x\to 0}\dfrac{\sqrt{1+2x}-ax-1}{x}=\lim\limits_{x\to 0}\left(\dfrac{2}{2\sqrt{1+2x}}-a\right)=1-a=0$,故 $a=1, b=1$.

1.156 【答案】 D

【解析】$\lim\limits_{x\to 0}\left[\dfrac{1}{x}-\left(\dfrac{1}{x}-a\right)\mathrm{e}^x\right]=\lim\limits_{x\to 0}\dfrac{1-\mathrm{e}^x+ax\mathrm{e}^x}{x}=\lim\limits_{x\to 0}(-\mathrm{e}^x+a\mathrm{e}^x+ax\mathrm{e}^x)$
$=a-1=1,$

则 $a=2$.

1.157 【答案】 A

【解析】$\lim\limits_{x\to 0}(\mathrm{e}^x+ax^2+bx)^{\frac{1}{x^2}}=\lim\limits_{x\to 0}\mathrm{e}^{\frac{1}{x^2}\ln(1+\mathrm{e}^x+ax^2+bx-1)}$
$=\lim\limits_{x\to 0}\mathrm{e}^{\frac{\mathrm{e}^x+ax^2+bx-1}{x^2}}=\mathrm{e}^2.$

故 $\lim\limits_{x\to 0}\dfrac{\mathrm{e}^x+ax^2+bx-1}{x^2}=\lim\limits_{x\to 0}\dfrac{1+x+\dfrac{x^2}{2!}+o(x^2)+ax^2+bx-1}{x^2}$

$=\lim\limits_{x\to 0}\dfrac{\left(\dfrac{1}{2}+a\right)x^2+(b+1)x+o(x^2)}{x^2}=2,$

则 $a=\dfrac{3}{2}, b=-1$.

1.158 【答案】 D

【解析】$\mathrm{e}^x=1+x+\dfrac{x^2}{2!}+o(x^2)$

$\lim\limits_{x\to 0}\dfrac{a\tan x+b(1-\cos x)}{c\ln(1-2x)+d(1-\mathrm{e}^{-x^2})}$

$=\lim\limits_{x\to 0}\dfrac{a[x+o(x^3)]+b\left[\dfrac{x^2}{2!}+o(x^2)\right]}{c\left[-2x-\dfrac{(2x)^2}{2}+o(x^2)\right]+d[x^2+o(x^2)]}$

$=\lim\limits_{x\to 0}\dfrac{ax+\dfrac{b}{2}x^2+o(x^2)}{-2cx-(2c-d)x^2+o(x^2)}=2,$

则 $a=-4c$.

1.159 【答案】 D

【解析】由题设 $\lim\limits_{x\to 0}\dfrac{a\mathrm{e}^x+b\mathrm{e}^{-x}}{x}=1,$ 则

$\lim\limits_{x\to 0}(a\mathrm{e}^x+b\mathrm{e}^{-x})=a+b=0,$

$\lim\limits_{x\to 0}\dfrac{a\mathrm{e}^x+b\mathrm{e}^{-x}}{x}=\lim\limits_{x\to 0}\dfrac{a\mathrm{e}^x-b\mathrm{e}^{-x}}{1}=a-b=1.$

联立解得 $a=\frac{1}{2},b=-\frac{1}{2}$.

1.160 【答案】 A

【解析】 由题设

$$\lim_{x\to 0}\frac{f(x)}{g(x)}=\lim_{x\to 0}\frac{x-\sin ax}{x^2\ln(1-bx)}=\lim_{x\to 0}\frac{x-\sin ax}{-bx^3}=\lim_{x\to 0}\frac{1-a\cos ax}{-3bx^2}=1$$

则 $\lim\limits_{x\to 0}(1-a\cos ax)=1-a=0$,故 $a=1$.

当 $a=1$ 时,$\lim\limits_{x\to 0}\frac{1-\cos x}{-3bx^2}=\lim\limits_{x\to 0}\frac{\frac{1}{2}x^2}{-3bx^2}=-\frac{1}{6b}=1$,故 $b=-\frac{1}{6}$.

1.161 【答案】 C

【解析】 由题设

$$\begin{aligned}\lim_{x\to 0}\frac{f(x)}{cx^k}&=\lim_{x\to 0}\frac{3\sin x-\sin 3x}{cx^k}\\&=\lim_{x\to 0}\frac{3\left[x-\frac{1}{6}x^3+o(x^3)\right]-\left[3x-\frac{1}{6}(3x)^3+o(x^3)\right]}{cx^k}\\&=\lim_{x\to 0}\frac{4x^3+o(x^3)}{cx^k}=1.\end{aligned}$$

则 $k=3,c=4$.

1.162 【答案】 E

【解析】 $\lim\limits_{x\to 0}f(x)=\lim\limits_{x\to 0}\frac{1}{2}\sin x^2=0$,故 $f(x)$ 在 $x=0$ 处连续.

$$f'(0)=\lim_{x\to 0}\frac{f(x)-f(0)}{x-0}=\lim_{x\to 0}\frac{\frac{1}{2}\sin x^2-0}{x-0}=0.$$

故 $f(x)$ 在 $x=0$ 处可导.

1.163 【答案】 E

【解析】 $\lim\limits_{x\to 0}f(x)=\lim\limits_{x\to 0}\frac{\ln(1-2x)}{x}=\lim\limits_{x\to 0}\frac{-2x}{x}=-2$.

当 $f(0)=-2$ 时,$f(x)$ 在 $x=0$ 处连续.

1.164 【答案】 D

【解析】 $\lim\limits_{x\to 0}f(x)=\lim\limits_{x\to 0}\frac{\sin x}{x}=1,f(0)=a$.

当 $a=1$ 时,$f(x)$ 在 $x=0$ 处连续.

1.165 【答案】 D

【解析】 $\lim\limits_{x\to 0}f(x)=\lim\limits_{x\to 0}\frac{\sin kx}{x}=k,f(0)=4$.

故 $k=4$ 时,$f(x)$ 在 $x=0$ 处连续.

1.166 【答案】 D

【解析】 $f(0-0)=\lim\limits_{x\to 0^-}(x+3)=3,f(0)=3$.

$f(0+0)=\lim\limits_{x\to 0^+}\dfrac{\tan kx}{x}=k.$

故当 $k=3$ 时，$f(x)$ 在 $x=0$ 处连续.

1.167 【答案】 E

【解析】 $\lim\limits_{x\to 0}f(x)=\lim\limits_{x\to 0}(1+3x)^{\frac{1}{x}}=\lim\limits_{x\to 0}(1+3x)^{\frac{1}{3x}\cdot 3x\cdot\frac{1}{x}}=e^3.$

$f(0)=k$. 当 $k=e^3$ 时，$f(x)$ 在 $x=0$ 处连续.

1.168 【答案】 C

【解析】 $\lim\limits_{x\to 0}f(x)=\lim\limits_{x\to 0}\dfrac{e^x-1}{2x}=\lim\limits_{x\to 0}\dfrac{x}{2x}=\dfrac{1}{2},$

$f(0)=a$，当 $a=\dfrac{1}{2}$ 时，$f(x)$ 在 $x=0$ 处连续.

1.169 【答案】 C

【解析】 $f(2-0)=\lim\limits_{x\to 2^-}f(x)=\lim\limits_{x\to 2^-}(3x^2-4x+a)=4+a,$

$f(2)=b, f(2+0)=\lim\limits_{x\to 2^+}f(x)=\lim\limits_{x\to 2^+}(x+2)=4.$

当 $a=0,b=4$ 时，$f(x)$ 在 $x=2$ 处连续.

1.170 【答案】 B

【解析】 $\lim\limits_{x\to 2}f(x)=\lim\limits_{x\to 2}\dfrac{x^2-3x+2}{x-2}=\lim\limits_{x\to 2}\dfrac{(x-2)(x-1)}{x-2}=1.$

$f(2)=a$，当 $a=1$ 时，$f(x)$ 在 $x=2$ 处连续.

1.171 【答案】 E

【解析】 $\lim\limits_{x\to 0}f(x)=\lim\limits_{x\to 0}\dfrac{\sqrt{x+4}-2}{x}=\lim\limits_{x\to 0}\dfrac{x}{x(\sqrt{x+4}+2)}=\dfrac{1}{4}.$

$f(0)=k$，当 $k=\dfrac{1}{4}$ 时，$f(x)$ 在 $x=0$ 处连续.

1.172 【答案】 B

【解析】 $\lim\limits_{x\to 0}f(x)=\lim\limits_{x\to 0}x\cdot\sin\dfrac{1}{x}=0=f(0)$，$f(x)$ 在 $x=0$ 处连续，

$f'(0)=\lim\limits_{x\to 0}\dfrac{f(x)-f(0)}{x-0}=\lim\limits_{x\to 0}\dfrac{x\sin\frac{1}{x}-0}{x}$，不存在.

1.173 【答案】 B

【解析】 $f(0+0)=\lim\limits_{x\to 0^+}f(x)=\lim\limits_{x\to 0^+}\dfrac{1-\cos\sqrt{x}}{ax}=\lim\limits_{x\to 0^+}\dfrac{\frac{1}{2}x}{ax}=\dfrac{1}{2a}.$

$f(0)=b, f(0-0)=\lim\limits_{x\to 0^-}f(x)=\lim\limits_{x\to 0^-}b=b.$

当 $\dfrac{1}{2a}=b$ 时，$f(x)$ 在 $x=0$ 处连续.

1.174 【答案】 C

【解析】$f(0+0)=\lim\limits_{x\to0^+}f(x)=\lim\limits_{x\to0^+}\sin\dfrac{1}{x}$,不存在.

$f(0-0)=\lim\limits_{x\to0^-}f(x)=\lim\limits_{x\to0^-}x\sin\dfrac{1}{x}=0$.

1.175 【答案】 A

【解析】$f(x)=\ln x+\sin x$ 在 $x>0$ 时连续.

1.176 【答案】 A

【解析】由题设 $f(x)$ 的定义域 $x^2-1>0$,即 $x<-1$ 或 $x>1$,

则 $f(x)$ 在$(-\infty,-1)\cup(1,+\infty)$ 连续.

1.177 【答案】 C

【解析】$f(0-0)=\lim\limits_{x\to0^-}f(x)=\lim\limits_{x\to0^-}(x^2-1)=-1$,

$f(0+0)=\lim\limits_{x\to0^+}f(x)=\lim\limits_{x\to0^+}x=0$,$f(0)=0$,$x=0$ 是跳跃间断点,

$f(1-0)=\lim\limits_{x\to1^-}f(x)=\lim\limits_{x\to1^-}x=1$,$f(1+0)=\lim\limits_{x\to1^+}f(x)=\lim\limits_{x\to1^+}(2-x)=1$,

$f(1)=1$,故 $x=1$ 是连续点.

1.178 【答案】 B

【解析】当 $|x|>1$ 时,$f(x)=\lim\limits_{n\to\infty}\dfrac{1+x}{1+x^{2n}}=0$.

当 $x=1$ 时,$f(1)=1$,

当 $x=-1$ 时,$f(-1)=0$,

当 $|x|<1$ 时,$f(x)=\lim\limits_{n\to\infty}\dfrac{1+x}{1+x^{2n}}=1+x$,

$f(x)$ 图像如图,故 $x=1$ 是跳跃间断点.

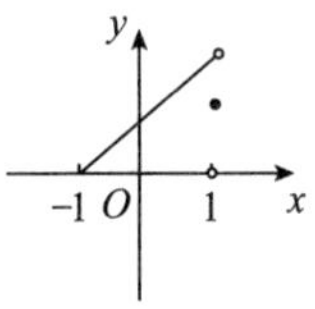

解 1.178 图

1.179 【答案】 C

【解析】设 $g(x)$ 的间断点为 x_0,则 $f(x)+g(x)$ 必有间断点 $x=x_0$.

1.180 【答案】 E

【解析】设 $\varphi(x)$ 的间断点为 x_0,则$\dfrac{\varphi(x)}{f(x)}$ 必有间断点 $x=x_0$.

1.181 【答案】 D

【解析】$\lim\limits_{x\to1}f(x)=\lim\limits_{x\to1}\dfrac{x^2-9}{x-1}=\infty$.故 $x=1$ 是无穷间断点.

1.182 【答案】 D

【解析】由题设,间断点为 $x=0$,$x^2-3x+2=0$,即 $x=0$,$x=1$,$x=2$.

1.183 【答案】 C

【解析】由题设间断点为 $x=0$,$x=1$,$x=-1$.

1.184 【答案】 E

【解析】
$$\lim_{x\to2}f(x)=\lim_{x\to2}\frac{x+1}{(x-2)(x-3)}=\infty,$$

$$\lim_{x\to 3}f(x)=\lim_{x\to 3}\frac{x+1}{(x-2)(x-3)}=\infty.$$

故 $x=2,x=3$ 是无穷间断点.

1.185 【答案】 E

【解析】 间断点为 $x=0,x=1,x=2$.

1.186 【答案】 E

【解析】 由题设 $x=0,x=1$ 是间断点.

1.187 【答案】 D

【解析】 由题设 $x=0,x=1$ 是间断点.

1.188 【答案】 B

【解析】 $\lim\limits_{x\to 1}f(x)=\lim\limits_{x\to 1}\dfrac{\sqrt{x}-1}{x-1}=\lim\limits_{x\to 1}\dfrac{\sqrt{x}-1}{(\sqrt{x}-1)(\sqrt{x}+1)}=\dfrac{1}{2}$,

故 $x=1$ 是 $f(x)$ 可去间断点.

1.189 【答案】 B

【解析】 $\lim\limits_{x\to 0}f(x)=\lim\limits_{x\to 0}\dfrac{e^x-1}{x}=\lim\limits_{x\to 0}\dfrac{x}{x}=1$. 故 $x=0$ 是 $f(x)$ 可去间断点.

1.190 【答案】 D

【解析】 间断点 $x=1,x=-1$,且

$\lim\limits_{x\to 1}f(x)=\lim\limits_{x\to 1}\dfrac{\arctan(x+1)}{(x+1)(x-1)}=\infty$,$x=1$ 是无穷间断点,

$\lim\limits_{x\to -1}f(x)=\lim\limits_{x\to -1}\dfrac{\arctan(x+1)}{(x+1)(x-1)}=-\dfrac{1}{2}$,$x=-1$ 是可去间断点.

1.191 【答案】 B

【解析】 由题设间断点为 $x=0,x=1,x=-1$,则

$\lim\limits_{x\to 0^+}f(x)=\lim\limits_{x\to 0^+}\dfrac{x(x-1)}{(x-1)(x+1)}\cdot\dfrac{\sqrt{x^2+1}}{|x|}=1$,

$\lim\limits_{x\to 0^-}f(x)=\lim\limits_{x\to 0^-}\dfrac{x(x-1)}{(x-1)(x+1)}\cdot\dfrac{\sqrt{x^2+1}}{|x|}=-1$,则 $x=0$ 是跳跃间断点,

$\lim\limits_{x\to 1}f(x)=\lim\limits_{x\to 1}\dfrac{x(x-1)}{(x-1)(x+1)}\cdot\dfrac{\sqrt{x^2+1}}{|x|}=\dfrac{\sqrt{2}}{2}$,$x=1$ 是可去间断点,

$\lim\limits_{x\to -1}f(x)=\lim\limits_{x\to -1}\dfrac{x(x-1)}{(x-1)(x+1)}\cdot\dfrac{\sqrt{x^2+1}}{|x|}=\infty$,$x=-1$ 是无穷间断点.

1.192 【答案】 E

【解析】 $f(0+0)=\lim\limits_{x\to 0^+}f(x)=\lim\limits_{x\to 0^+}\left(\dfrac{1}{x}+e^{\frac{\sin x}{x}}\right)=+\infty$.

$f(0-0)=\lim\limits_{x\to 0^-}f(x)=\lim\limits_{x\to 0^-}\left(\dfrac{1}{x}+e^{\frac{\sin x}{-x}}\right)=-\infty$.

故 $x=0$ 是无穷间断点.

1.193 【答案】 B

【解析】 由题设,间断点 $x=0,x=1$,

$f(0-0)=\lim\limits_{x\to 0^-}f(x)=\lim\limits_{x\to 0^-}\dfrac{\ln(-x)}{(1-x)}\cdot\sin x=\lim\limits_{x\to 0^-}x\ln(-x)=0,$

$f(0+0)=\lim\limits_{x\to 0^+}f(x)=\lim\limits_{x\to 0^+}\dfrac{\ln x}{(1-x)}\sin x=0$，$x=0$ 是可去间断点.

$f(1-0)=\lim\limits_{x\to 1^-}f(x)=\lim\limits_{x\to 1^-}\dfrac{\ln x}{1-x}\sin x=\lim\limits_{x\to 1^-}\dfrac{\ln x}{1-x}\sin 1=-\sin 1.$

$f(1+0)=\lim\limits_{x\to 1^+}f(x)=\lim\limits_{x\to 1^+}\dfrac{\ln x}{x-1}\sin x=\lim\limits_{x\to 1^-}\dfrac{\ln x}{x-1}\sin 1=\sin 1.$

$x=1$ 是跳跃间断点.

1.194 【答案】 C

【解析】 由题设 $\sin\pi x=0$，则 $x=k,k=0,\pm1,\pm2,\cdots$ 是间断点，可去间断点为极限存在的点，故应在 $x-x^3=0$ 的点 $x=0,x=\pm1$ 中去找.

$\lim\limits_{x\to 0}f(x)=\lim\limits_{x\to 0}\dfrac{x(1-x)(1+x)}{\sin\pi x}=\dfrac{1}{\pi}$，$x=0$ 是可去间断点.

$\lim\limits_{x\to 1}f(x)=\lim\limits_{x\to 1}\dfrac{x(1-x)(1+x)}{\sin\pi x}=\lim\limits_{x\to 1}\dfrac{2(1-x)}{\sin\pi x}=\lim\limits_{x\to 1}\dfrac{-2}{\pi\cos\pi x}=\dfrac{2}{\pi},$

$x=1$ 是可去间断点.

$\lim\limits_{x\to -1}f(x)=\lim\limits_{x\to -1}\dfrac{x(1-x)(1+x)}{\sin\pi x}=-\lim\limits_{x\to -1}\dfrac{2(1+x)}{\sin\pi x}=-\lim\limits_{x\to -1}\dfrac{2}{\pi\cos\pi x}=\dfrac{2}{\pi},$

$x=-1$ 是可去间断点.

1.195 【答案】 D

【解析】 由题设 $x=0,x=1$ 是间断点

$\lim\limits_{x\to 0}f(x)=\lim\limits_{x\to 0}\dfrac{1}{e^{\frac{x}{x-1}}-1}=\lim\limits_{x\to 0}\dfrac{1}{\dfrac{x}{x-1}}=\infty$，$x=0$ 是无穷间断点，即第二类间断点.

$\lim\limits_{x\to 1^+}f(x)=\lim\limits_{x\to 1^+}\dfrac{1}{e^{\frac{x}{x-1}}-1}=0,$

$\lim\limits_{x\to 1^-}f(x)=\lim\limits_{x\to 1^-}\dfrac{1}{e^{\frac{x}{x-1}}-1}=-1$，$x=1$ 是跳跃间断点，即第一类间断点.

1.196 【答案】 A

【解析】 由题设 $x=0,x=1,x=2$ 是间断点知

$\lim\limits_{x\to 1}f(x)=\lim\limits_{x\to 1}\dfrac{x\cdot\sin(x-2)}{x(x-1)(x-2)^2}=\infty$，$x=1$ 是无穷间断点，

$\lim\limits_{x\to 2}f(x)=\lim\limits_{x\to 2}\dfrac{x\cdot\sin(x-2)}{x(x-1)(x-2)^2}=\infty$，$x=2$ 是无穷间断点.

故选 A，不含无穷间断点或边界点.

第二章　一元函数的导数和微分

2.1 【答案】 E

【解析】 由导数定义 $f'(x_0)=\lim\limits_{\Delta x\to 0}\dfrac{f(x_0+\Delta x)-f(x_0)}{\Delta x}.$

2.2 【答案】E

【解析】$\lim\limits_{h\to 0}\dfrac{f(x_0-h)-f(x_0)}{-h}\cdot\dfrac{-h}{h}=f'(x_0)\cdot(-1)$.

2.3 【答案】E

【解析】$\lim\limits_{\Delta x\to 0}\dfrac{f(x_0-2\Delta x)-f(x_0)}{-2\Delta x}\cdot\dfrac{-2\Delta x}{\Delta x}=f'(x_0)(-2)$.

2.4 【答案】B

【解析】$\lim\limits_{\Delta x\to 0}\dfrac{f(1-\Delta x)-f(1)}{-\Delta x}\cdot\dfrac{-\Delta x}{\Delta x}=f'(1)\cdot(-1)=\dfrac{1}{2}$. 故 $f'(1)=-\dfrac{1}{2}$.

2.5 【答案】B

【解析】$\lim\limits_{h\to 0}\dfrac{f(x_0)-f(x_0-h)}{h}=f'(x_0)=2$.

2.6 【答案】B

【解析】$\lim\limits_{x\to 0}\dfrac{f(2-x)-f(2)}{-x}\cdot\dfrac{-x}{3x}=f'(2)\cdot\left(-\dfrac{1}{3}\right)=-1$.

2.7 【答案】A

【解析】$\lim\limits_{x\to 0}\dfrac{f(1)-f(1-x)}{x}\cdot\dfrac{x}{2x}=f'(1)\cdot\dfrac{1}{2}=-1$，故 $f'(1)=-2$.

2.8 【答案】B

【解析】$\lim\limits_{x\to 0}\dfrac{f(2x)-f(0)}{2x}\cdot\dfrac{2x}{x}=f'(0)\cdot 2$.

2.9 【答案】D

【解析】
$$\begin{aligned}\lim_{h\to 0}\frac{f(-2h)-f(h)}{3h}&=\lim_{h\to 0}\frac{f(-2h)-f(0)+f(0)-f(h)}{3h}\\&=\lim_{h\to 0}\left[\frac{f(-2h)-f(0)}{-2h}\cdot\frac{-2h}{3h}+\frac{f(0)-f(h)}{-h}\cdot\frac{-h}{3h}\right]\\&=f'(0)\left(-\frac{2}{3}\right)+f'(0)\left(-\frac{1}{3}\right)=-f'(0)=-6.\end{aligned}$$

2.10 【答案】C

【解析】$\lim\limits_{\Delta x\to 0}\dfrac{f(1+\Delta x)}{\Delta x}=\lim\limits_{\Delta x\to 0}\dfrac{f(1+\Delta x)-f(1)}{\Delta x}=f'(1)=2$.

2.11 【答案】B

【解析】$\lim\limits_{h\to\infty}hf\left(\dfrac{2}{h}\right)=\lim\limits_{h\to\infty}\dfrac{f\left(\dfrac{2}{h}\right)-f(0)}{\dfrac{2}{h}}\cdot\dfrac{\dfrac{2}{h}}{\dfrac{1}{h}}=f'(0)\cdot 2$.

2.12 【答案】B

【解析】$\lim\limits_{x\to 0}\dfrac{f(a+x)-f(a-x)}{x}=\lim\limits_{x\to 0}\dfrac{f(a+x)-f(a)+f(a)-f(a-x)}{x}$

$$= f'(a) + f'(a) = 2f'(a).$$

2.13 【答案】 A

【解析】 $\lim\limits_{h \to 0} \dfrac{(x+h)^2 - x^2}{h} = \lim\limits_{h \to 0} \dfrac{2xh + h^2}{h} = 2x.$

2.14 【答案】 E

【解析】 $\lim\limits_{\Delta x \to 0} \dfrac{f(x_0 + \Delta x) - f(x_0)}{\Delta x} = f'(x_0) = -\sin x_0.$

2.15 【答案】 B

【解析】 $\lim\limits_{x \to 0} \dfrac{x^2 f(x) - 2f(x^3)}{x^3} = \lim\limits_{x \to 0} \dfrac{x^2 f(x) - x^2 f(0) + 2f(0) - 2f(x^3)}{x^3}$

$$= \lim_{x \to 0} \frac{f(x) - f(0)}{x} + 2\lim_{x \to 0} \frac{f(0) - f(x^3)}{-x^3} \cdot \frac{-x^3}{x^3}$$

$$= f'(0) - 2f'(0) = -f'(0).$$

2.16 【答案】 E

【解析】 $f'(0) = \lim\limits_{x \to 0} \dfrac{f(x) - f(0)}{x - 0} = \lim\limits_{x \to 0} (x-1)(x+2)(x-3)(x+4) = 4!.$

2.17 【答案】 A

【解析】 $f'(0) = \lim\limits_{x \to 0} \dfrac{f(x) - f(0)}{x - 0} = \lim\limits_{x \to 0} \dfrac{(e^x - 1)(e^{2x} - 2)\cdots(e^{nx} - n)}{x}$

$$= \lim_{x \to 0} (e^{2x} - 2)(e^{3x} - 3)\cdots(e^{nx} - n)$$

$$= (-1)(-2)\cdots(-(n-1)) = (-1)^{n-1} \cdot (n-1)!.$$

2.18 【答案】 D

【解析】 由题设 $f(1 + \Delta x) = af(\Delta x)$，$f(1) = af(0)$，且

$$f'(1) = \lim_{\Delta x \to 0} \frac{f(1 + \Delta x) - f(1)}{\Delta x} = \lim_{\Delta x \to 0} \frac{af(\Delta x) - af(0)}{\Delta x}$$

$$= \lim_{\Delta x \to 0} a \cdot \frac{f(\Delta x) - f(0)}{\Delta x} = af'(0) = ab.$$

2.19 【答案】 B

【解析】 $f'(0) = \lim\limits_{x \to 0} \dfrac{f(x) - f(0)}{x - 0} = \lim\limits_{x \to 0} \dfrac{x^2 \cos \frac{1}{x}}{x} = 0.$

2.20 【答案】 D

【解析】 $f'(0) = \lim\limits_{x \to 0} \dfrac{f(x) - f(0)}{x} = \lim\limits_{x \to 0} \dfrac{\cos \sqrt{|x|} - 1}{x} = \lim\limits_{x \to 0} \dfrac{-\frac{1}{2}|x|}{x}$（不存在）.

2.21 【答案】 C

【解析】 $f'(x_0) = A$ 充要条件 $f'_+(x_0) = f'_-(x_0) = A.$

2.22 【答案】 D

【解析】$\lim\limits_{h\to 0}\dfrac{f(a)-f(a-h)}{h}=\lim\limits_{\Delta x\to 0}\dfrac{f(a+\Delta x)-f(a)}{\Delta x}=f'(a)$.

2.23 【答案】 E

【解析】$\lim\limits_{x\to 0}f(x)=\lim\limits_{x\to 0}(2\mid x\mid-1)=-1=f(0)$，$f(x)$ 在 $x=0$ 处连续.

$f'(0)=\lim\limits_{x\to 0}\dfrac{f(x)-f(0)}{x}=\lim\limits_{x\to 0}\dfrac{2\mid x\mid-1+1}{x}=\lim\limits_{x\to 0}\dfrac{2\mid x\mid}{x}$（不存在）

所以 $f(x)$ 在 $x=0$ 处不可导.

2.24 【答案】 E

【解析】$f'_+(0)=\lim\limits_{x\to 0^+}\dfrac{f(x)-f(0)}{x-0}=\lim\limits_{x\to 0^+}\dfrac{x^2-0}{x}=0$，

$f'_-(0)=\lim\limits_{x\to 0^-}\dfrac{f(x)-f(0)}{x-0}=\lim\limits_{x\to 0^-}\dfrac{x-0}{x}=1$.

故 $f(x)$ 在 $x=0$ 处不可导.

2.25 【答案】 B

【解析】$f'_+(1)=\lim\limits_{x\to 1^+}\dfrac{f(x)-f(1)}{x-1}=\lim\limits_{x\to 1^+}\dfrac{x^2-\dfrac{2}{3}}{x-1}=+\infty$，

$f'_-(1)=\lim\limits_{x\to 1^-}\dfrac{f(x)-f(1)}{x-1}=\lim\limits_{x\to 1^-}\dfrac{\dfrac{2}{3}x^3-\dfrac{2}{3}}{x-1}=2$.

2.26 【答案】 C

【解析】$f'_+(0)=\lim\limits_{x\to 0^+}\dfrac{f(x)-f(0)}{x-0}=\lim\limits_{x\to 0^+}\dfrac{\ln(1+x)-0}{x}=1$，

$f'_-(0)=\lim\limits_{x\to 0^-}\dfrac{f(x)-f(0)}{x-0}=\lim\limits_{x\to 0^-}\dfrac{x^2-0}{x}=0$.

2.27 【答案】 E

【解析】$f'_-(1)=\lim\limits_{x\to 1^-}\dfrac{f(x)-f(1)}{x-1}=\lim\limits_{x\to 1^-}\dfrac{x+b-(1+b)}{x-1}=1$，

$f'_+(1)=\lim\limits_{x\to 1^+}\dfrac{f(x)-f(1)}{x-1}=\lim\limits_{x\to 1^+}\dfrac{\ln(a+x^2)-(1+b)}{x-1}=1$，

则 $\ln(a+1)-(1+b)=0$.

又由于 $\lim\limits_{x\to 1^+}\dfrac{2x}{a+x^2}=1$，即 $\dfrac{2}{a+1}=1$，联立解得 $a=1$，$b=\ln 2-1$.

2.28 【答案】 A

【解析】$F'_+(0)=\lim\limits_{x\to 0^+}\dfrac{F(x)-F(0)}{x-0}=\lim\limits_{x\to 0^+}\dfrac{f(x)(1+\sin x)-f(0)}{x}$

$$=\lim_{x\to 0^+}\left[\frac{f(x)-f(0)}{x}+f(x)\cdot\frac{\sin x}{x}\right]=f'(0)+f(0),$$

$F'_-(0)=\lim\limits_{x\to 0^-}\dfrac{F(x)-F(0)}{x-0}=\lim\limits_{x\to 0^-}\dfrac{f(x)(1-\sin x)-f(0)}{x}$

$$=\lim_{x\to 0^-}\left[\frac{f(x)-f(0)}{x}-f(x)\cdot\frac{\sin x}{x}\right]=f'(0)-f(0),$$

若 $F'_+(0)=F'_-(0)\Leftrightarrow f(0)=-f(0)$，即 $f(0)=0$.

2.29 【答案】 C

【解析】$y=\sin\dfrac{\pi}{3}=C,y'=0$.

2.30 【答案】 C

【解析】$y=\cos\dfrac{\pi}{4}=C,y'=0$.

2.31 【答案】 C

【解析】$y=\sin\dfrac{\pi}{4}+\cos\dfrac{\pi}{4}=C,y'=0$.

2.32 【答案】 E

【解析】$\int_a^b\arctan x\mathrm{d}x$ 是 $\arctan x$ 在 $[a,b]$ 上的定积分，是个常数. $\dfrac{\mathrm{d}}{\mathrm{d}x}\int_a^b\arctan x\mathrm{d}x=0$.

2.33 【答案】 C

【解析】$\dfrac{\mathrm{d}y}{\mathrm{d}x}=5(3x+2)^4\cdot 3=15(3x+2)^4$.

2.34 【答案】 A

【解析】$f'(x)=\dfrac{-(1+x)-(1-x)}{(1+x)^2}=\dfrac{-2}{(1+x)^2}$，则 $f'(0)=-2$.

2.35 【答案】 E

【解析】$f'(x)=-12\cos x$，则 $f'\left(\dfrac{\pi}{2}\right)=0$.

2.36 【答案】 C

【解析】$f'(x)=\mathrm{e}^{2x-1}\cdot 2$，则 $f'(0)=\mathrm{e}^{-1}\cdot 2$.

2.37 【答案】 E

【解析】$f'(x)=\mathrm{e}^{1-2x}\cdot(-2)$，则 $f'(0)=\mathrm{e}\cdot(-2)$.

2.38 【答案】 A

【解析】$y'=\cos(x+2)$.

2.39 【答案】 E

【解析】$f'(x)=\dfrac{2x}{\sqrt{1-x^4}}$.

2.40 【答案】 E

【解析】$f'(x)=-\dfrac{2x}{\sqrt{1-x^4}}$.

2.41 【答案】 D

【解析】$(\arctan(-2x))' = \dfrac{-2}{1+4x^2}$.

2.42 【答案】 D

【解析】$f'(x) = \dfrac{2x}{1+x^4}$，则 $f'(1) = 1$.

2.43 【答案】 D

【解析】$y' = 2x\ln x + x^2 \cdot \dfrac{1}{x} = 2x\ln x + x$.

2.44 【答案】 E

【解析】$f'(x) = \dfrac{-\sin x}{\cos x} = -\tan x$.

2.45 【答案】 E

【解析】$\dfrac{\mathrm{d}y}{\mathrm{d}x} = \mathrm{e}^{\cos x} \cdot (-\sin x)$.

2.46 【答案】 A

【解析】$f'(x) = \mathrm{e}^{-2x} + x\mathrm{e}^{-2x} \cdot (-2)$.

2.47 【答案】 A

【解析】$f'(x) = \cos 2x - 2x\sin 2x$.

2.48 【答案】 E

【解析】$f'(x) = (\mathrm{e}^{x\ln x})' = \mathrm{e}^{x\ln x}(\ln x + 1) = x^x(\ln x + 1)$.

2.49 【答案】 D

【解析】$y' = f'(\cos x)(-\sin x)$.

2.50 【答案】 E

【解析】设 $\dfrac{1}{x} = t$，则 $f(t) = \dfrac{1}{t}$，故 $f(x) = \dfrac{1}{x}$，$f'(x) = -\dfrac{1}{x^2}$.

2.51 【答案】 D

【解析】
$$\lim_{\Delta x \to 0} \frac{f'(x_0 - 2\Delta x) - f'(x_0)}{\Delta x} = \lim_{\Delta x \to 0} \frac{f'(x_0 - 2\Delta x) - f'(x_0)}{-2\Delta x} \cdot \frac{-2\Delta x}{\Delta x} = f''(x_0)(-2).$$

2.52 【答案】 A

【解析】$f(x) = x^{12} + x^{11} + x^9$，故 $f^{(12)}(x) = 12!$.

2.53 【答案】 E

【解析】$y^{(n)} = a^x \cdot (\ln a)^n$.

2.54 【答案】 A

【解析】$f''(x) = 2f(x) \cdot f'(x) = 2f(x) \cdot [f(x)]^2 = 2[f(x)]^3$，

$f'''(x)=2\cdot3[f(x)]^2\cdot f'(x)=3![f(x)]^4$.

归纳得 $f^{(n)}(x)=n![f(x)]^{n+1}$.

2.55 【答案】 A

【解析】$f''(x)=e^{-f(x)}\cdot[-f'(x)]=e^{-f(x)}\cdot[-e^{-f(x)}]=-e^{-2f(x)}$.

$f'''(x)=-e^{-2f(x)}\cdot[-2f'(x)]=-e^{-2f(x)}\cdot[-2e^{-f(x)}]=2!e^{-3f(x)}$.

归纳得 $f^{(n)}(x)=(-1)^{n-1}\cdot(n-1)!e^{-nf(x)}$.

故 $f^{(n)}(0)=(-1)^{n-1}\cdot(n-1)!$.

2.56 【答案】 C

【解析】$f'(x)=2xe^x+x^2e^x$，$f''(x)=2e^x+2xe^x+2xe^x+x^2e^x$，则 $f''(0)=2$.

2.57 【答案】 E

【解析】$g(x)=x^4\cdot|x|$ 由导数定义知在 $x=0$ 处有 4 阶导数，故 $f(x)$ 在 $x=0$ 处 4 阶可导.

2.58 【答案】 D

【解析】设 $u=\dfrac{x-1}{x+1}$，则 $y=f(u)$，故

$$\frac{dy}{dx}=f'(u)\cdot\frac{du}{dx}=f'(u)\cdot\frac{x+1-(x-1)}{(x+1)^2}=f'(u)\frac{2}{(x+1)^2}.$$

$$\left.\frac{dy}{dx}\right|_{x=0}=f'(-1)\cdot2=\arctan(-1)^2\cdot2=\frac{\pi}{2}.$$

2.59 【答案】 D

【解析】$y'=2x-3$，则 $y'(2)=1$.

2.60 【答案】 E

【解析】$y'=3x^2$，则 $y'(1)=3$.

2.61 【答案】 B

【解析】切线的斜率等于 $f'(1)$，$\lim\limits_{x\to0}\dfrac{f(1)-f(1-x)}{x}=\lim\limits_{-x\to0}\dfrac{f(1+(-x))-f(1)}{-x}=f'(1)=-1$.

2.62 【答案】 A

【解析】$y'=4x-1$，则 $y'(1)=3$，故切线方程为 $y-1=3(x-1)$，即 $y=3x-2$.

2.63 【答案】 A

【解析】当 $x=1$ 时，$y=-1$，又由于 $y'=\dfrac{1}{3}(x-2)^{-\frac{2}{3}}$，则 $y'(1)=\dfrac{1}{3}$，

切线方程为 $y+1=\dfrac{1}{3}(x-1)$，即 $x-3y-4=0$.

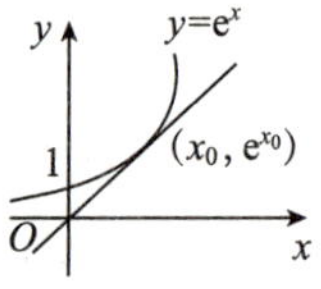

解 2.64 图

2.64 【答案】 E

【解析】设曲线上切点为(x_0,e^{x_0})则切线方程为

$$y-e^{x_0}=e^{x_0}(x-x_0)$$

将 $x=0, y=0$ 代入方程得 $-e^{x_0}=e^{x_0}(-x_0)$

解得 $x_0=1, y_0=e$，故切线方程为 $y=ex$.

2.65 【答案】 A

【解析】 $y'=\cos x$，则 $y'(0)=1$，切线方程为 $y-0=(x-0)$ 即 $y=x$.

2.66 【答案】 A

【解析】 $f'(x)=x^2+x+6$，则 $f'(0)=6$，切线方程为

$$y-1=6(x-0).$$

将 $y=0$ 代入得 $x=-\frac{1}{6}$，故与 x 轴交点坐标 $\left(-\frac{1}{6},0\right)$.

2.67 【答案】 A

【解析】 $y'=2x-1$，则 $y'(1)=1$，故法线斜率 $k=-\frac{1}{y'(1)}=-1$.

2.68 【答案】 E

【解析】 $y'=3\cos 3x-9x\sin 3x$，则 $y'(\pi)=-3$，

故在点 $(\pi,-3\pi)$ 处法线方程为 $y+3\pi=\frac{1}{3}(x-\pi)$，即 $x-3y-10\pi=0$.

2.69 【答案】 B

【解析】 $y'=2x$，则 $y'=2x=\tan\frac{\pi}{4}=1$，得 $x=\frac{1}{2}$.

故 $y\left(\frac{1}{2}\right)=\frac{1}{4}$，即在 $\left(\frac{1}{2},\frac{1}{4}\right)$ 处切线倾角为 $45°$.

2.70 【答案】 D

【解析】 $y'=2x-2$，则 $y'=2x-2=\tan\frac{\pi}{4}=1$，得 $x=\frac{3}{2}$.

$y\left(\frac{3}{2}\right)=\frac{9}{4}-3+4=\frac{13}{4}$，故 M 点坐标 $\left(\frac{3}{2},\frac{13}{4}\right)$.

2.71 【答案】 C

【解析】 $y'=3x^2-3$，则 $y'=3x^2-3=0$，得 $x=1$ 或 $x=-1$.

与 x 轴平行切点坐标为 $(1,-2)$ 或 $(-1,2)$.

2.72 【答案】 C

【解析】 $y'=2x-10$，则 $y'=2x-10=2$，解得 $x=6$.

故 $y(6)=36-60+1=-23$. 切点坐标为 $(6,-23)$.

2.73 【答案】 A

【解析】 $y'=-2x$，则 $y'=-2x=-2$，解得 $x=1$.

又由于 $y(1)=11$，则切线方程 $y-11=-2(x-1)$ 即 $2x+y-13=0$.

2.74 【答案】 E

【解析】 由题设 $y'(1)=3$，且 $y(1)=2$.

2.75 【答案】 B

【解析】当 $x=0$ 时，$y=2$. 对方程两边关于 x 求导，y 看作复合函数. 有

$y+xy'+1+y'=0$，则 $y'=-\dfrac{1+y}{x+1}$.

故 $y'(0)=-\dfrac{1+2}{0+1}=-3$.

2.76 【答案】 D

【解析】当 $x=0$ 时，$y=1$. 对方程两边关于 x 求导，y 看作复合函数. 有

$y^3+x\cdot 3y^2\cdot y'=y'$，则 $y'=\dfrac{y^3}{1-3xy^2}$. 故 $y'(0)=1$.

2.77 【答案】 D

【解析】当 $x=0$ 时，$y=1$. 对方程两边关于 x 求导，y 看作复合函数. 有

$y'-1=\mathrm{e}^{x(1-y)}[1-y+x\cdot(-y')]$，则 $y'=\dfrac{1+(1-y)\mathrm{e}^{x(1-y)}}{1+x\mathrm{e}^{x(1-y)}}$.

故 $y'(0)=1$.

2.78 【答案】 D

【解析】设该点坐标为 (a,a)，则 $2a^2+a^2=1$，故 $a=\dfrac{\sqrt{3}}{3}$ 或 $a=-\dfrac{\sqrt{3}}{3}$.

对椭圆方程两边关于 x 求导，y 看作复合函数.

$$4x+2y\cdot y'=0.$$

将 $x=y=\dfrac{\sqrt{3}}{3}$ 代入得 $y'\left(\dfrac{\sqrt{3}}{3}\right)=-2$.

将 $x=y=-\dfrac{\sqrt{3}}{3}$ 代入得 $y'\left(-\dfrac{\sqrt{3}}{3}\right)=-2$.

2.79 【答案】 E

【解析】将 $x=1,y=-1$ 代入 $y=x^2+ax+b$ 得 $-1=1+a+b$.

对 $2y=-1+xy^3$ 等式两边关于 x 求导，y 看作复合函数，则 $2y'=y^3+3xy^2\cdot y'$.

将 $x=1,y=-1$ 代入得 $y'(1)=1$.

则 $y'=2x+a$，$y'(1)=2+a=1$，联立解得 $a=-1$，$b=-1$.

2.80 【答案】 B

【解析】等式两边关于 x 求导，y 看作复合函数函数.

$$\cos(xy)(y+xy')+\frac{y'-1}{y-x}=1.$$

将 $x=0,y=1$ 代入得 $y'(0)=1$，故切线方程为 $y-1=(x-0)$，即 $y=x+1$.

2.81 【答案】 C

【解析】$f'(x_0)=\lim\limits_{\Delta x\to 0}\dfrac{\Delta y}{\Delta x}=\lim\limits_{\Delta x\to 0}\dfrac{2x_0\Delta x-3\Delta x+(\Delta x)^2}{\Delta x}=2x_0-3$.

2.82 【答案】 E

【解析】$\Delta y = 5(x+\Delta x)^2 - 5x^2 = 10x \cdot \Delta x + 5(\Delta x)^2$.

2.83 【答案】 A

【解析】$dy = y' dx = \frac{4x}{1+2x^2} dx, dy\Big|_{x=0} = 0dx = 0$.

2.84 【答案】 B

【解析】$dy = f'(x^2) \cdot 2x dx$，则 $dy\Big|_{x=-1} = f'(1) \cdot (-2) dx = - dx$.

2.85 【答案】 E

【解析】$dg = f'(\sin 2x) \cdot 2\cos 2x dx$，则 $dg\Big|_{x=0} = f'(0) \cdot 2dx = 2dx$.

2.86 【答案】 A

【解析】$dy = f'(e^x) e^x dx$.

2.87 【答案】 B

【解析】$dy = f'(\sin x) \cos x dx$.

2.88 【答案】 C

【解析】$d\cos x = - \sin x dx$.

2.89 【答案】 C

【解析】$d\left(\frac{-2}{x^2}\right) = - 2 \cdot (-2) \frac{1}{x^3} dx = \frac{4}{x^3} dx$.

2.90 【答案】 D

【解析】$dy = \frac{2x}{2\sqrt{1+x^2}} dx = \frac{x}{\sqrt{1+x^2}} dx$.

2.91 【答案】 B

【解析】$dy = \frac{2}{2x} dx = \frac{1}{x} dx$.

2.92 【答案】 B

【解析】$y = \frac{1}{2}[\ln(1+x) - \ln(1+x^2)]$，则 $dy = \frac{1}{2}\left(\frac{1}{1+x} - \frac{2x}{1+x^2}\right) dx$，故

$dy\Big|_{x=0} = \frac{1}{2}(1-0) dx = \frac{1}{2} dx$.

2.93 【答案】 D

【解析】$dy = - \sin(1+x^2) \cdot 2x dx$.

2.94 【答案】 C

【解析】$dy = \frac{\cos x \cdot x - \sin x}{x^2} dx$.

2.95 【答案】A

【解析】$f(x)$ 在 x_0 处可导，则 $f(x)$ 在 x_0 处连续.

2.96 【答案】D

【解析】驻点 x_0 满足 $f'(x_0)=0$.

2.97 【答案】D

【解析】$f'(x_0)=0$ 称 x_0 为驻点.

2.98 【答案】C

【解析】$f'(x_0)=0$，则 x_0 为驻点，不一定是极值点.

2.99 【答案】D

【解析】$y'=3x^2+2ax$，则 $y'(1)=3+2a=0$，解得 $a=-\dfrac{3}{2}$.

2.100 【答案】E

【解析】$f'(x)=e^{x^2+x}(2x+1)$，则 $f'(0)=1\neq 0$，

又由于 $f(x)$ 在 $x=0$ 邻域内连续可导，则 $x=0$ 不是极值点.

2.101 【答案】C

【解析】x_0 是 $f(x)$ 极值点必要条件 $f'(x_0)=0$ 或 $f'(x_0)$ 不存在.

2.102 【答案】C

【解析】由极值第二充分条件，$f'(x_0)=0$，$f''(x_0)\neq 0$，故 x_0 一定是极值点. 但无法判断是极大值，还是极小值.

2.103 【答案】C

【解析】$f'(x)=0$，则 $x=0$，$x=1$，$x=2$，$x=3$.

$f'(x)$ 在 $x=0$，$x=2$ 两侧异号，故 $f(x)$ 有 2 个极值点.

2.104 【答案】A

【解析】$f'(x)=\dfrac{4x}{1+2x^2}=0$，则 $x=0$.

当 $x<0$ 时，$f'(x)<0$；当 $x>0$ 时，$f'(x)>0$.

故 $f(x)$ 有唯一极小值 $f(0)$.

2.105 【答案】E

【解析】$f(x)$ 可微，且在 $x=x_0$ 处取极大值，则 $f'(x_0)=0$，

故 $f'_+(x_0)=f'_-(x_0)=0$.

2.106 【答案】B

【解析】$f'(x)=3x^2+12x+9=3(x+3)(x+1)$.

令 $f'(x)=0$，得 $x=-1$，$x=-3$.

又由于 $f'(x)$ 在 $x=-1$ 两侧左负右正，$f(-1)$ 是极小值.

2.107 【答案】 C

【解析】 $f'(x) = 12x^3 - 24x^2 = 12x^2(x-2)$.

令 $f'(x) = 0$,得 $x = 0$ 或 $x = 2$.

$f'(x)$ 在 $x = 2$ 两侧左负右正,故 $f(2)$ 是极小值.

2.108 【答案】 C

【解析】 $f'(x) = 2(3x-2)^{-\frac{1}{3}}$,得 $f'\left(\frac{2}{3}\right)$不存在.且 $f(x)$ 在$(-\infty,+\infty)$连续.$f'(x)$ 在 $x = \frac{2}{3}$ 两侧左负右正,故 $f\left(\frac{2}{3}\right)$是极小值.

2.109 【答案】 B

【解析】 $\lim\limits_{x\to a}\frac{f(x)-f(a)}{(x-a)^2} = -1$,则$\lim\limits_{x\to a}[f(x)-f(a)] = 0$,故$\lim\limits_{x\to a}f(x) = f(a)$.

又由于极限保号性,在 $x = a$ 小邻域内 $f(x) - f(a) \leqslant 0$,故 $f(x) \leqslant f(a)$,则 $f(a)$ 是极大值.

2.110 【答案】 D

【解析】 $\lim\limits_{x\to 0}\frac{f(x)}{1-\cos x} = 2$,则$\lim\limits_{x\to 0}f(x) = 0 = f(0)$.

又由于极限保号性,$f(x) \geqslant 0 = f(0)$,故 $f(0)$ 是极小值.

2.111 【答案】 E

【解析】 $F(x) = f(x)\cdot g(x)$ 在 $x = a$ 处极值与 $f(a)$ 与 $g(a)$ 正负有关.

2.112 【答案】 D

【解析】 $y' = 3x^2 + 2ax$,则 $y'(1) = 3 + 2a = 0$,解得 $a = -\frac{3}{2}$.

2.113 【答案】 C

【解析】 $f'(x) = -a\sin x + \cos 2x$,则 $f'\left(\frac{\pi}{2}\right) = -a - 1 = 0$,解得 $a = -1$.

2.114 【答案】 B

【解析】 $f'(x) = 3bx^2 - 3$,则 $f'(1) = 3b - 3 = 0$.

解得 $b = 1$,且 $f''(1) = 6 > 0$,故 $f(1)$ 是极小值.

2.115 【答案】 B

【解析】 $f'(x) = 2ax - 4$,则 $f'(2) = 4a - 4 = 0$,解得 $a = 1$.

2.116 【答案】 B

【解析】 $y' = 2x + a$,则 $y'(2) = 4 + a = 0$,解得 $a = -4$;又因为 $x = 2$ 时,$y = -3$,则 $-3 = 4 - 4\times 2 + b$,解得 $b = 1$.

2.117 【答案】 A

【解析】 $y' = -a\sin x - \sin 2x$,则 $y'\left(\frac{\pi}{2}\right) = -a\sin\frac{\pi}{2} - \sin 2\cdot\frac{\pi}{2} = -a = 0$,解得 $a =$

0.

2.118 【答案】 B

【解析】 $f'(x) = \sin x + x\cos x - \sin x = x\cos x$,

令 $f'(x) = 0$,得 $x = 0, x = k\pi + \frac{\pi}{2}, k = 0, \pm 1, \pm 2, \cdots$

$$f''(x) = \cos x - x\sin x.$$

则 $f''(0) = 1 > 0$,故 $f(0)$ 是极小值.

则 $f''\left(\frac{\pi}{2}\right) = -\frac{\pi}{2} < 0$,故 $f\left(\frac{\pi}{2}\right)$是极大值.

2.119 【答案】 D

【解析】 对 x 求导,y 看作复合函数.

$$y + xy' - 2x = 0.$$

令 $y' = 0$ 得 $y - 2x = 0$,与 $xy - x^2 = 1$ 联立得,$x = 1$ 或 $x = -1$.

2.120 【答案】 A

【解析】 对 x 求导,y 看作复合函数.

$$2xy^2 + x^2 \cdot 2y \cdot y' + y' = 0.$$

令 $y' = 0$ 得 $2xy^2 = 0$,与 $x^2y^2 + y = 1$ 联立,且 $y > 0$,

得 $x = 0, y = 1$.

2.121 【答案】 A

【解析】 由题设 $f'(x_0) = 0$,故 x_0 是驻点,将 $x = x_0$ 代入方程得

$$y''(x_0) = 2y'(x_0) - 4y(x_0) = 2f'(x_0) - 4f(x_0) = -4f(x_0) < 0.$$

故 $f(x)$ 在 x_0 处取极大值.

2.122 【答案】 C

【解析】 由题设 $f'(x_0) = 0$,故 x_0 是驻点,将 $x = x_0$ 代入方程得

$$y''(x_0) = -y'(x_0) + e^{\sin x_0} = -f'(x_0) + e^{\sin x_0} = e^{\sin x_0} > 0.$$

故 $f(x)$ 在 x_0 处取极小值.

2.123 【答案】 B

【解析】 $f(x)$ 在$(-\infty, +\infty)$,$f'(x) > 0$,故 $f(x)$ 单调增加.

2.124 【答案】 C

【解析】 $f(x)$ 在$[0,1]$连续,$(0,1)$ 可导,$f'(x) > 0$. 故 $f(1) > f(0)$.

2.125 【答案】 C

【解析】 设 $F(x) = \frac{1}{2}[f(x)]^2$,在$(-\infty, +\infty)$ 连续.

$$F'(x) = f(x) \cdot f'(x) > 0.$$

故 $F(x)$ 在$(-\infty, +\infty)$ 单调增,则

$\frac{1}{2}[f(0)]^2 < \frac{1}{2}[f(1)]^2$,故 $|f(0)| < |f(1)|$.

2.126 【答案】 D

【解析】$y'=2x$，则 $y'=2x>0$，故 $x>0$ 时单调增.

2.127 【答案】 C

【解析】$y'=3x^2-3=3(x+1)(x-1)$，则令 $y'=3(x+1)(x-1)<0$，得 $-1<x<1$ 时，$y(x)$ 单调减少.

2.128 【答案】 A

【解析】$y=e^{-x}$，则 $y'=-e^{-x}<0$，故 $y=e^{-x}$ 在 $(-\infty,+\infty)$ 单调减少.

2.129 【答案】 D

【解析】$f'(x)=\dfrac{1-\ln x}{x^2}$，则 $f'(x)=\dfrac{1-\ln x}{x^2}=0$，解得 $x=e$.

当 $0<x<e$ 时，$f'(x)>0$，故 $f(x)$ 单调增.

当 $x>e$ 时，$f'(x)<0$，故 $f(x)$ 单调减.

2.130 【答案】 A

【解析】$y'=1-\dfrac{1}{1+x^2}=\dfrac{x^2}{1+x^2}>0$.

故 y 在 $[-1,1]$ 上单调增.

2.131 【答案】 A

【解析】 当 $x>0$ 时，$y'=\dfrac{2x}{1+x^2}>0$，故 y 单调增加.

2.132 【答案】 A

【解析】$f'(x)=3^x\cdot\ln 3+3^{-x}\cdot\ln 3>0$，故 $f(x)$ 在 $(-\infty,+\infty)$ 单调增.

2.133 【答案】 A

【解析】 设 $F(x)=\dfrac{f(x)}{g(x)}$，则 $F'(x)=\dfrac{f'(x)g(x)-f(x)g'(x)}{g^2(x)}<0$，

故 $F(x)$ 单调减，当 $a<x<b$ 时，$\dfrac{f(b)}{g(b)}<\dfrac{f(x)}{g(x)}<\dfrac{f(a)}{g(a)}$.

又由于 $f(x)>0$，$g(x)>0$，故 $f(x)g(b)>f(b)g(x)$.

2.134 【答案】 A

【解析】 设 $F(x)=\dfrac{f'(x)}{x}$，$F(x)$ 在 $[0,a]$ 一阶可导，则

$$F'(x)=\frac{f''(x)\cdot x-f'(x)}{x^2}>0.$$

故 $F(x)=\dfrac{f'(x)}{x}$ 在 $(0,a)$ 上单调增.

2.135 【答案】 A

【解析】 由题设 $y'=3x^2$，$y''=6x=0$ 得 $x=0$，$y=0$，且 $y''=6x$ 在 $(0,0)$ 两侧异号，故拐点为 $(0,0)$.

2.136 【答案】 B

【解析】 由题设 $y' = 3x^2 - 6x, y'' = 6x - 6 = 0$，得 $x = 1, y = 0$.

$y'' = 6(x-1)$ 在 $x = 1$ 两侧异号，故 $(1,0)$ 是拐点.

2.137 【答案】 B

【解析】 由题设 $y' = 6x^2 + 14 > 0$，故 $y(x)$ 在 $(-\infty, +\infty)$ 单调增.

2.138 【答案】 D

【解析】 由题设 $y' = -3x^2 + 6x, y'' = -6x + 6 = -6(x-1) = 0$，得 $x = 1, y = 4$.

又由于 $y'' = -6(x-1)$ 在 $x = 1$ 两侧异号，故 $(1,4)$ 是拐点.

2.139 【答案】 A

【解析】 由题设 $y' = 3x^2 - 12x + 10, y'' = 6x - 12 = 6(x-2) = 0$ 得 $x = 2, y = 3$，且 y'' 在 $x = 2$ 两侧异号，故 $(2,3)$ 是拐点.

2.140 【答案】 C

【解析】 由题设，$y' = \cos x, y'' = -\sin x = 0$，解得 $x = \pi, y = 0$.

$y'' = -\sin x$ 在 $x = \pi$ 两侧异号，故拐点为 $(\pi, 0)$.

2.141 【答案】 C

【解析】 由题设，当 $x \in (a,b)$ 时，$f'(x) < 0$，则 $f(x)$ 单调减；$f''(x) < 0$，则 $f(x)$ 是凸的.

2.142 【答案】 C

【解析】 由题设 $f'(x) = 3x^2 - 3 = 3(x-1)(x+1), f''(x) = 6x$.

当 $x \in (0,1)$ 时，$f'(x) < 0$，故 $f(x)$ 单调减.

$f''(x) > 0$，故 $f(x)$ 是凹的.

2.143 【答案】 B

【解析】 由题设 $y' = e^{-x^2} \cdot (-2x)$，

$$y'' = -2e^{-x^2} + 4x^2 e^{-x^2} = 2e^{-x^2}(2x^2 - 1) < 0.$$

则 $-\dfrac{\sqrt{2}}{2} < x < \dfrac{\sqrt{2}}{2}$.

2.144 【答案】 E

【解析】 由题设，$f(x)$ 单调减且凸的.

$$\begin{cases} f'(x) = -2xe^{-x^2} < 0, \\ f''(x) = 2e^{-x^2}(2x^2 - 1) < 0, \end{cases} \text{解得 } 0 < x < \frac{\sqrt{2}}{2}.$$

2.145 【答案】 D

【解析】 由题设 $y' = e^{-\frac{x^2}{2}} - x^2 e^{-\frac{x^2}{2}} = (1 - x^2)e^{-\frac{x^2}{2}}$，

$$y'' = -2xe^{-\frac{x^2}{2}} + (1 - x^2)(-x)e^{-\frac{x^2}{2}} = x(x^2 - 3) \cdot e^{-\frac{x^2}{2}},$$

当 $x \in (0,1)$ 时，$y' > 0, y'' < 0$，故 $y(x)$ 单调增，凸的.

2.146 【答案】 C

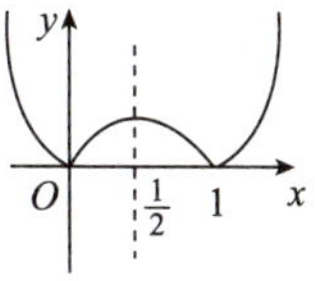

解 2.146 图

【解析】 由题设，结合图像，知

$x=0$ 是 $f(x)$ 的极值点，$(0,0)$ 是拐点.

2.147 【答案】 C

【解析】 由题设 $f(-x)=-f(x)$，故 $f(x)$ 是奇函数. 则当 $x\in(0,+\infty)$ 时，$f(x)$ 是单调增，且凹的.

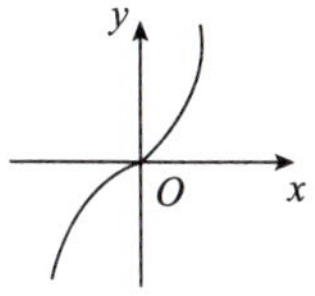

解 2.147 图

结合图像，当 $x\in(-\infty,0)$，$f(x)$ 是单调增，且凸的.

故 $f'(x)>0$，$f''(x)<0$.

2.148 【答案】 D

【解析】 由题设 $\lim\limits_{x\to0}\dfrac{f'(x)}{e^{2x}-1}=-3$，得 $\lim\limits_{x\to0}f'(x)=0=f'(0)$.

又由于 $\lim\limits_{x\to0}\dfrac{f'(x)}{e^{2x}-1}=\lim\limits_{x\to0}\dfrac{f'(x)}{2x}=\lim\limits_{x\to0}\dfrac{f'(x)-f'(0)}{x}\cdot\dfrac{x}{2x}=-3$，

得 $f''(0)=-6<0$. 故 $f(x)$ 在 $x=0$ 处取极大值.

2.149 【答案】 C

【解析】 由题设 $f''(x)+[f'(x)]^2=x$，将 $x=0$，$f'(0)$ 代入得 $f''(0)=0$.

对等式两边关于 x 求导得 $f'''(x)=1-2f'(x)\cdot f''(x)$，得 $f'''(0)=1\neq0$，

故 $(0,f(0))$ 是拐点.

2.150 【答案】 B

【解析】 $y=x^2-1$ 在 $[-2,2]$ 连续，$(-2,2)$ 可导，且 $y(-2)=y(2)$.

满足罗尔定理.

2.151 【答案】 E

【解析】 由题设 $f'(x)=2x$，则由拉格朗日中值定理

$$f(2)-f(1)=f'(\xi)(2-1),\xi\in(1,2),$$

故 $5-2=2\xi\cdot1$，得 $\xi=\dfrac{3}{2}$.

2.152 【答案】 D

【解析】 设 $f(x)=x(x+2)(x-2)$，则 $f(x)=0$ 解得 $x=0$，$x=-2$，$x=2$. 故有 3 个实根.

2.153 【答案】 C

【解析】 $f(x)$ 在 $[0,3]$ 连续，$(0,3)$ 可导，且 $f(0)=f(1)=f(3)=0$.

由罗尔定理得 $f'(\xi_1)=0,\xi_1\in(0,1)$；$f'(\xi_2)=0,\xi_2\in(1,3)$，且 $f'(x)$ 是二次多项式.

故 $f(x)$ 在 $(0,3)$ 内有 2 个实根.

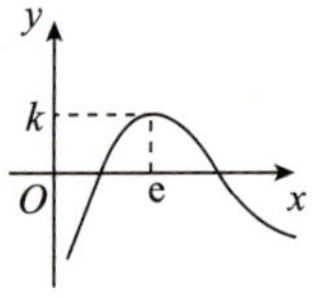

解 2.154 图

2.154 【答案】C

【解析】$f'(x)=\frac{1}{x}-\frac{1}{e}=0$，得 $x=e$.

x	$(0,e)$	e	$(e,+\infty)$
$f'(x)$	$+$	0	$-$
$f(x)$	↗	极大	↘

又由于 $f(0+0)=-\infty$，$f(e)=k>0$，$f(+\infty)=-\infty$，由零点定理 $f(x)$ 在 $(0,e)$ 和 $(e,+\infty)$ 各有1个实根.

2.155 【答案】C

【解析】设 $f(-x)=|-x|^{\frac{1}{4}}+|-x|^{\frac{1}{2}}-\cos(-x)=|x|^{\frac{1}{4}}+|x|^{\frac{1}{2}}-\cos x=f(x)$，则 $f(x)$ 是 $(-\infty,+\infty)$ 上的偶函数.

当 $0<x<\pi$ 时，$f(x)=x^{\frac{1}{4}}+x^{\frac{1}{2}}-\cos x$，则

$f'(x)=\frac{1}{4}x^{-\frac{3}{4}}+\frac{1}{2}x^{-\frac{1}{2}}+\sin x>0$，故 $f(x)$ 单调增.

又由于 $f(0)=-1$，$f(\pi)=\pi^{\frac{1}{4}}+\pi^{\frac{1}{2}}+1>0$.

根据零点定理，$f(x)$ 在 $(0,\pi)$ 上有1个实根.

当 $x\geqslant\pi$ 时，$f(x)=x^{\frac{1}{4}}+x^{\frac{1}{2}}-\cos x>0$. 故 $f(x)$ 无实根.

由对称性，$f(x)$ 在 $(-\infty,+\infty)$ 有2个实根.

2.156 【答案】B

【解析】由题设 $f'(x)=\ln(2+x^2)\cdot 2x=0$，则 $x=0$.

故 $f'(x)$ 有1个零点.

2.157 【答案】B

【解析】设 $F(x)=\int_a^x f(t)\mathrm{d}t+\int_b^x \frac{1}{f(t)}\mathrm{d}t$，$F(x)$ 在 $[a,b]$ 上连续，且 $f(x)>0$，

$$F'(x)=f(x)+\frac{1}{f(x)}\geqslant 2\sqrt{f(x)\cdot\frac{1}{f(x)}}=2.$$

则 $F(x)$ 在 $[a,b]$ 单调增，又由于

$$F(a)=\int_b^a \frac{1}{f(t)}\mathrm{d}t<0,F(b)=\int_a^b f(t)\mathrm{d}t>0.$$

由零点定理知 $F(x)$ 在 (a,b) 有1个实根.

2.158 【答案】B

【解析】$\lim\limits_{x\to\infty}y(x)=\lim\limits_{x\to\infty}\frac{3x-1}{x-1}=3$，故 $y=3$ 是水平渐近线.

2.159 【答案】B

【解析】$\lim\limits_{x\to\infty}y(x)=\lim\limits_{x\to\infty}\frac{x^2}{1+x+x^2}=1$，则 $y=1$ 是水平渐近线.

2.160 【答案】B

【解析】$\lim\limits_{x\to\infty}y(x)=\lim\limits_{x\to\infty}(e^{\frac{1}{x}}-1)=0$，故 $y=0$ 是水平渐近线.

2.161 【答案】B

【解析】$\lim\limits_{x\to1}y(x)=\lim\limits_{x\to1}\dfrac{x+1}{x-1}=\infty$，故 $x=1$ 是铅直渐近线.

2.162 【答案】B

【解析】$\lim\limits_{x\to1}y(x)=\lim\limits_{x\to1}\dfrac{2x^2}{(x-1)(x^2+x+1)}=\infty$，故 $x=1$ 是铅直渐近线.

2.163 【答案】A

【解析】$\lim\limits_{x\to-1}y(x)=\lim\limits_{x\to-1}\dfrac{e^x}{1+x}=\infty$，故 $x=-1$ 是铅直渐近线.

2.164 【答案】C

【解析】$\lim\limits_{x\to\infty}y(x)=\lim\limits_{x\to\infty}\dfrac{1}{(x-1)^2}=0$，则 $y=0$ 是水平渐近线.

$\lim\limits_{x\to1}y(x)=\lim\limits_{x\to1}\dfrac{1}{(x-1)^2}=\infty$，则 $x=1$ 是铅直渐近线.

故 $y(x)$ 有 2 条渐近线.

2.165 【答案】C

【解析】$\lim\limits_{x\to\infty}y(x)=\lim\limits_{x\to\infty}\dfrac{1}{1-x}=0$，则 $y=0$ 是水平渐近线，

$\lim\limits_{x\to1}y(x)=\lim\limits_{x\to1}\dfrac{1}{1-x}=\infty$，则 $x=1$ 是铅直渐近线.

故 $y(x)$ 有 2 条渐近线.

2.166 【答案】C

【解析】$\lim\limits_{x\to\infty}y(x)=\lim\limits_{x\to\infty}\dfrac{x^2+x}{x^2-1}=1$，则 $y=1$ 是水平渐近线，

$\lim\limits_{x\to1}y(x)=\lim\limits_{x\to1}\dfrac{x(x+1)}{(x+1)(x-1)}=\infty$，则 $x=1$ 是铅直渐近线.

$\lim\limits_{x\to-1}y(x)=\lim\limits_{x\to-1}\dfrac{x(x+1)}{(x+1)(x-1)}=\dfrac{1}{2}$，则 $x=-1$ 不是铅直渐近线.

故 $y(x)$ 有 2 条渐近线.

2.167 【答案】B

【解析】$\lim\limits_{x\to\infty}y(x)=\lim\limits_{x\to\infty}\dfrac{x}{3+x^2}=0$，则 $y=0$ 是水平渐近线.

2.168 【答案】E

【解析】$\lim\limits_{x\to\infty}y(x)=\lim\limits_{x\to\infty}\dfrac{1+e^{-x^2}}{1-e^{-x^2}}=1$，则 $y=1$ 是水平渐近线.

$\lim\limits_{x\to0}y(x)=\lim\limits_{x\to0}\dfrac{1+e^{-x^2}}{1-e^{-x^2}}=\infty$，则 $x=0$ 是铅直渐近线.

2.169 【答案】 A

【解析】 $\lim\limits_{x\to+\infty} y(x) = \lim\limits_{x\to+\infty} \dfrac{\sin\dfrac{1}{x}}{\dfrac{1}{x}} = 1$，则 $y=1$ 是右侧水平渐近线.

$\lim\limits_{x\to 0^+} y(x) = \lim\limits_{x\to 0^+} x\sin\dfrac{1}{x} = 0$，则 $x=0$ 不是铅直渐近线.

2.170 【答案】 E

【解析】 $\lim\limits_{x\to\infty} f(x) = \lim\limits_{x\to\infty} x\mathrm{e}^{\frac{1}{x^2}} = \infty$，无水平渐近线.

$\lim\limits_{x\to 0} f(x) = \lim\limits_{x\to 0} x\mathrm{e}^{\frac{1}{x^2}} \xlongequal{t=\frac{1}{x}} \lim\limits_{t\to\infty} \dfrac{\mathrm{e}^{t^2}}{t} = \lim\limits_{t\to\infty} \dfrac{\mathrm{e}^{t^2}\cdot 2t}{1} = \infty$，且 $f(x)=x\mathrm{e}^{\frac{1}{x^2}}$ 在 $x=0$ 处无定义，$x=0$ 是铅直渐近线.

$\lim\limits_{x\to\infty} \dfrac{f(x)}{x} = \lim\limits_{x\to\infty} \mathrm{e}^{\frac{1}{x^2}} = \mathrm{e}^0 = 1 = k$.

$\lim\limits_{x\to\infty}[f(x)-x] = \lim\limits_{x\to\infty}(x\mathrm{e}^{\frac{1}{x^2}} - x) \xlongequal{t=\frac{1}{x}} \lim\limits_{t\to 0} \dfrac{\mathrm{e}^{t^2}-1}{t} = \lim\limits_{t\to 0} \dfrac{t^2}{t} = 0 = b$.

故 $y=x$ 是斜渐近线.

2.171 【答案】 D

【解析】 $\lim\limits_{x\to+\infty} y(x) = \lim\limits_{x\to+\infty}\left[\dfrac{1}{x} + \ln(1+\mathrm{e}^x)\right] = +\infty$，无右侧水平渐近线.

$\lim\limits_{x\to-\infty} y(x) = \lim\limits_{x\to-\infty}\left[\dfrac{1}{x} + \ln(1+\mathrm{e}^x)\right] = 0$，$y=0$ 是左侧水平渐近线.

$\lim\limits_{x\to 0} y(x) = \lim\limits_{x\to 0}\left[\dfrac{1}{x} + \ln(1+\mathrm{e}^x)\right] = \infty$，$x=0$ 是铅直渐近线.

$\lim\limits_{x\to+\infty} \dfrac{y(x)}{x} = \lim\limits_{x\to+\infty}\left[\dfrac{1}{x^2} + \dfrac{\ln(1+\mathrm{e}^x)}{x}\right] = 1 = k$.

$\lim\limits_{x\to+\infty}[y(x)-x] = \lim\limits_{x\to+\infty}\left[\dfrac{1}{x} + \ln(1+\mathrm{e}^x) - x\right] = \lim\limits_{x\to+\infty} \ln\dfrac{1+\mathrm{e}^x}{\mathrm{e}^x} = 0 = b$.

$y=x$ 是右侧斜渐近线.

2.172 【答案】 C

【解析】 对于选项(C)，$\lim\limits_{x\to\infty} \dfrac{y(x)}{x} = \lim\limits_{x\to\infty} \dfrac{x+\sin\dfrac{1}{x}}{x} = \lim\limits_{x\to\infty}\left(1+\dfrac{1}{x}\sin\dfrac{1}{x}\right) = 1 = k$.

$\lim\limits_{x\to\infty}[y(x)-x] = \lim\limits_{x\to\infty}\left[x+\sin\dfrac{1}{x} - x\right] = 0 = b$.

$y=x$ 是斜渐近线.

2.173 【答案】 C

【解析】 $\lim\limits_{x\to+\infty} y(x) = \lim\limits_{x\to+\infty} \dfrac{x}{(\mathrm{e}^x-1)(x+2)} = 0$，$y=0$ 是右侧水平渐近线.

$\lim\limits_{x\to-\infty} y(x) = \lim\limits_{x\to-\infty} \dfrac{x}{(\mathrm{e}^x-1)(x+2)} = -1$，$y=-1$ 是左侧水平渐近线.

$\lim\limits_{x\to 0}y(x)=\lim\limits_{x\to 0}\dfrac{x}{(e^x-1)(x+2)}=\dfrac{1}{2}$，$x=0$ 不是铅直渐近线.

$\lim\limits_{x\to -2}y(x)=\lim\limits_{x\to -2}\dfrac{x}{(e^x-1)(x+2)}=\infty$，$x=-2$ 是铅直渐近线.

2.174 【答案】 C

【解析】 $\lim\limits_{x\to\infty}y(x)=\lim\limits_{x\to\infty}e^{\frac{1}{x^2}}\cdot\arctan\dfrac{x^2+x-1}{(x-1)(x+2)}=\dfrac{\pi}{4}$，$y=\dfrac{\pi}{4}$ 是水平渐近线.

$\lim\limits_{x\to 0}y(x)=\lim\limits_{x\to 0}e^{\frac{1}{x^2}}\cdot\arctan\dfrac{x^2+x-1}{(x-1)(x+2)}=\infty$，$x=0$ 是铅直渐近线.

$\lim\limits_{x\to 1^+}y(x)=\lim\limits_{x\to 1^+}e^{\frac{1}{x^2}}\cdot\arctan\dfrac{x^2+x-1}{(x-1)(x+2)}=e\cdot\dfrac{\pi}{2}$，

$\lim\limits_{x\to 1^-}y(x)=\lim\limits_{x\to 1^-}e^{\frac{1}{x^2}}\cdot\arctan\dfrac{x^2+x-1}{(x-1)(x+2)}=e\left(-\dfrac{\pi}{2}\right)$，$x=1$ 不是铅直渐近线.

同理 $x=-2$ 也不是铅直渐近线.

第三章 一元函数的积分学

3.1 【答案】 A

【解析】 由题设 $\int f(x)\mathrm{d}x=F(x)+2C$.

3.2 【答案】 A

【解析】 由题设 $f(x)=2\cos 2x$，则 $f(0)=2$.

3.3 【答案】 B

【解析】 由题设 $\int g(x)\mathrm{d}x=f(x)+C$.

3.4 【答案】 D

【解析】 $\int e^x f(e^x)\mathrm{d}x=\int f(e^x)\mathrm{d}e^x=F(e^x)+C$.

3.5 【答案】 B

【解析】 $\int e^{-x}f(e^{-x})\mathrm{d}x=-\int f(e^{-x})\mathrm{d}e^{-x}=-F(e^{-x})+C$.

3.6 【答案】 C

【解析】 $\int f(\sin x)\cos x\mathrm{d}x=\int f(\sin x)\mathrm{d}\sin x=F(\sin x)+C$.

3.7 【答案】 B

【解析】 $\int \sin x f(\cos x)\mathrm{d}x=-\int f(\cos x)\mathrm{d}\cos x=-F(\cos x)+C$.

3.8 【答案】 E

【解析】 由题设$\int f'(x)\mathrm{d}x$是$f'(x)$所有的原函数，$\int g'(x)\mathrm{d}x$是$g'(x)$所有的原函数.

且$f'(x)=g'(x)$，故$\int f'(x)\mathrm{d}x=\int g'(x)\mathrm{d}x$.

3.9 【答案】 D

【解析】 $\frac{\mathrm{d}}{\mathrm{d}x}\int f(x)\mathrm{d}x=f(x)$.

3.10 【答案】 B

【解析】 设$F(x)$是$f(x)$的一个原函数，则

$$\left[\int f(x)\mathrm{d}x\right]'=[F(x)+C]'=f(x).$$

3.11 【答案】 A

【解析】 由题设$\int f(x)\mathrm{d}x=x^2+C$，则$f(x)=(x^2+C)'=2x$，故$f'(x)=2$.

3.12 【答案】 A

【解析】 由题设$\int f(x)\mathrm{d}x=\ln|x|+C=\ln|ax|+C-\ln|a|$.

3.13 【答案】 C

【解析】 由题设$\int f(x)\mathrm{d}x=10^x+C$，则$f(x)=10^x\cdot\ln 10$，故$f'(x)=10^x\cdot(\ln 10)^2$.

3.14 【答案】 B

【解析】 由题设$\int 2^x\mathrm{d}x=f(x)+C$，故$f(x)=\frac{1}{\ln 2}2^x-C$.

又由于$f(0)=\frac{1}{\ln 2}$，则$C=0$，故$f(x)=\frac{2^x}{\ln 2}$.

3.15 【答案】 B

【解析】 由题设$f'(x)=\sin x$，则$f(x)=-\cos x+C_1$，

故$\int f(x)\mathrm{d}x=-\sin x+C_1x+C_2$，其中$C_1,C_2$是任意常数，故选 B.

3.16 【答案】 B

【解析】 由题设$\int f(x)\mathrm{d}x=\cos x+C$.

3.17 【答案】 E

【解析】 由题设$\int f(x)\mathrm{d}x=x+\frac{1}{x}+C_1$，则$f(x)=1-\frac{1}{x^2}$，故

$$\int xf(x)\mathrm{d}x=\int x\left(1-\frac{1}{x^2}\right)\mathrm{d}x=\frac{1}{2}x^2-\ln|x|+C.$$

3.18 【答案】E

【解析】由题设$\int f(x)\mathrm{d}x=\ln^2 x+C_1$，则 $f(x)=2\ln x\cdot\frac{1}{x}$.

$$\int xf'(x)\mathrm{d}x=\int x\mathrm{d}f(x)=xf(x)-\int f(x)\mathrm{d}x=2\ln x-\ln^2 x-C_1=2\ln x-\ln^2 x+C.$$

3.19 【答案】E

【解析】由题设$\int \ln x\mathrm{d}x=x\ln x-\int x\cdot \mathrm{d}\ln x=x\ln x-x+C$.

3.20 【答案】A

【解析】由题设$\int f(x)\mathrm{d}x=\sin x+C$，则 $f(x)=\cos x$. 故

$$\lim_{h\to 0}\frac{f(x)-f(x+h)}{h}=\lim_{h\to 0}\frac{f(x)-f(x+h)}{-h}\cdot\frac{-h}{h}=f'(x)(-1)=\sin x.$$

3.21 【答案】B

【解析】$f(x)=(2\mathrm{e}^{\frac{x}{2}}+C)'=2\mathrm{e}^{\frac{x}{2}}\cdot\frac{1}{2}=\mathrm{e}^{\frac{x}{2}}$.

3.22 【答案】E

【解析】$f(x)=\left(2\sin\frac{x}{2}+C\right)'=2\cos\frac{x}{2}\cdot\frac{1}{2}=\cos\frac{x}{2}$.

3.23 【答案】C

【解析】$f(x)=\left(\frac{\ln x}{x}+C\right)'=\frac{1-\ln x}{x^2}$.

3.24 【答案】C

【解析】$f(x)=(\sin x^2+C)'=\cos x^2\cdot 2x$.

3.25 【答案】B

【解析】$f(x)\mathrm{e}^{x^2}=(\mathrm{e}^{x^2}+C)'=\mathrm{e}^{x^2}\cdot 2x$，故 $f(x)=2x$.

3.26 【答案】A

【解析】由题设$\int f(x)\mathrm{d}x=\sin x+C$，则 $f(x)=(\sin x+C)'=\cos x$.

$$\int xf(x)\mathrm{d}x=\int x\cos x\mathrm{d}x=\int x\mathrm{d}\sin x=x\sin x-\int \sin x\mathrm{d}x=x\sin x+\cos x+C.$$

3.27 【答案】B

【解析】由题设$\int f(x)\mathrm{d}x=\sin x+C$，则 $f(x)=(\sin x+C)'=\cos x$，

$$\begin{aligned}\int xf'(x)\mathrm{d}x&=\int x\mathrm{d}f(x)=xf(x)-\int f(x)\mathrm{d}x\\&=x\cos x-\sin x+C.\end{aligned}$$

3.28 【答案】 B

【解析】 由题设$\int f(x)\mathrm{d}x = x\ln x + C$，则 $f(x) = (x\ln x + C)' = \ln x + 1$，

$$\int xf'(x)\mathrm{d}x = \int x\mathrm{d}f(x) = xf(x) - \int f(x)\mathrm{d}x$$
$$= x(\ln x + 1) - x\ln x + C = x + C.$$

3.29 【答案】 B

【解析】 设 $F(x)$ 是 $f(x)$ 的一个原函数.

$\int f(x)\mathrm{d}x = F(x) + C$，$\mathrm{d}[\int f(x)\mathrm{d}x] = \mathrm{d}[F(x) + C] = f(x)\mathrm{d}x$.

3.30 【答案】 B

【解析】$\int \mathrm{d}(x^2 + 1) = \int 2x\mathrm{d}x = x^2 + C$.

3.31 【答案】 B

【解析】$\mathrm{d}\left(\int a^{-2x}\mathrm{d}x\right) = a^{-2x}\mathrm{d}x$.

3.32 【答案】 B

【解析】$\int \mathrm{d}\arcsin x = \arcsin x + C$.

3.33 【答案】 C

【解析】$\int \mathrm{d}(\ln x + \sin x) = \ln x + \sin x + C$.

3.34 【答案】 B

【解析】 由题设$\int \mathrm{d}(\mathrm{e}^{-x}f(x)) = \mathrm{e}^{-x}f(x) + C_1 = \int \mathrm{e}^x\mathrm{d}x = \mathrm{e}^x + C_2$.

故 $\mathrm{e}^{-x}f(x) = \mathrm{e}^x + C$，$f(x) = \mathrm{e}^{2x} + C\mathrm{e}^x$.

又由于 $f(0) = 0$，得 $C = -1$. 故 $f(x) = \mathrm{e}^{2x} - \mathrm{e}^x$.

3.35 【答案】 D

【解析】$\int f(x)\mathrm{d}x = \int \mathrm{d}(x\ln x) = x\ln x + C$.

3.36 【答案】 B

【解析】$\int \mathrm{e}^x\mathrm{d}x = \mathrm{e}^x + C$.

3.37 【答案】 D

【解析】$\int \frac{1}{1 + x^2}\mathrm{d}x = \arctan x + C$.

3.38 【答案】 C

【解析】$\int \frac{x}{x^2 + 1}\mathrm{d}x = \frac{1}{2}\int \frac{1}{x^2 + 1}\mathrm{d}(x^2 + 1) = \frac{1}{2}\ln(1 + x^2) + C$.

3.39 【答案】 A

【解析】$\int \sin x\mathrm{d}x = -\cos x + C.$

3.40 【答案】 B

【解析】$\int x\sqrt{1-x^2}\mathrm{d}x = -\frac{1}{2}\int (1-x^2)^{\frac{1}{2}}\mathrm{d}(1-x^2) = -\frac{1}{2}\times\frac{2}{3}(1-x^2)^{\frac{3}{2}} + C$

$$= -\frac{1}{3}(1-x^2)^{\frac{3}{2}} + C.$$

3.41 【答案】 A

【解析】$\int \sin x \cdot \cos x\mathrm{d}x = \int \sin x\mathrm{d}\sin x = \frac{1}{2}\sin^2 x + C.$

3.42 【答案】 B

【解析】$\int \left(\frac{x}{4+x^2}\right)'\mathrm{d}x = \frac{x}{4+x^2} + C.$

3.43 【答案】 D

【解析】$\int (\sec^2 x + 1)\mathrm{d}x = \tan x + x + C.$

3.44 【答案】 E

【解析】$\int \mathrm{e}^{\sin x}\cdot\sin 2x\mathrm{d}x = \int \mathrm{e}^{\sin x}\cdot 2\sin x\cdot\cos x\mathrm{d}x = \int \mathrm{e}^{\sin x}\cdot 2\sin x\mathrm{d}\sin x$

$$\xlongequal{\text{令 } t=\sin x} \int \mathrm{e}^t \cdot 2t\mathrm{d}t$$

$$= 2\int t\mathrm{d}\mathrm{e}^t = 2t\mathrm{e}^t - 2\mathrm{e}^t + C = 2\sin x\mathrm{e}^{\sin x} - 2\mathrm{e}^{\sin x} + C.$$

3.45 【答案】 B

【解析】设 $f(x)$ 的一个原函数为 $F(x)$，则 $\int f(x)\mathrm{d}x = F(x) + C$，故

$$\int f(x+1)\mathrm{d}x = \int f(x+1)\mathrm{d}(x+1) = F(x+1) = \cos x + C.$$

令 $x+1=t$，则 $F(t) = \cos(t-1) + C$，即 $F(x) = \cos(x-1) + C$，则

$$f(x) = -\sin(x-1).$$

3.46 【答案】 C

【解析】$\int xf(1-x^2)\mathrm{d}x = -\frac{1}{2}\int f(1-x^2)\mathrm{d}(1-x^2) = -\frac{1}{2}F(1-x^2) + C$

$$= -\frac{1}{2}(1-x^2)^2 + C$$

$$= -\frac{1}{2}x^4 + x^2 - \frac{1}{2} + C.$$

3.47 【答案】 B

【解析】由题设 $\int f(x)\mathrm{d}x = x^3 + C$，则

$$\int xf(1-x^2)\mathrm{d}x=-\frac{1}{2}\int f(1-x^2)\mathrm{d}(1-x^2)=-\frac{1}{2}F(1-x^2)+C$$

$$=-\frac{1}{2}(1-x^2)^3+C.$$

3.48 【答案】 A

【解析】 由题设$\int f(x)\mathrm{d}x=\int_a^x f(t)\mathrm{d}t+C$，则 $F(x)=\int_a^x f(t)\mathrm{d}t$.

当 $f(x)$ 是奇函数，即 $f(-x)=-f(x)$，则

$$F(-x)=\int_a^{-x} f(t)\mathrm{d}t=\int_a^{-a} f(t)\mathrm{d}t+\int_{-a}^{-x} f(t)\mathrm{d}t$$

$$\xlongequal{令\, t=-u} 0+\int_a^x f(-u)(-\mathrm{d}u)=\int_a^x f(u)\mathrm{d}u=F(x).$$

3.49 【答案】 C

【解析】$\int_0^1 \mathrm{e}^x\mathrm{d}x=\mathrm{e}^x\Big|_0^1=\mathrm{e}-1.$

3.50 【答案】 D

【解析】$\int_1^2 \frac{1}{2x-1}\mathrm{d}x=\frac{1}{2}\ln(2x-1)\Big|_1^2=\frac{1}{2}\ln 3.$

3.51 【答案】 B

【解析】$\int_0^{\frac{\pi}{2}} \cos x\mathrm{d}x=\sin x\Big|_0^{\frac{\pi}{2}}=1.$

3.52 【答案】 C

【解析】$\int_{-\frac{\pi}{2}}^{\frac{\pi}{2}} \sin x\mathrm{d}x=-\cos x\Big|_{-\frac{\pi}{2}}^{\frac{\pi}{2}}=0.$

也可根据“奇零偶倍”来做.

如果 $f(x)$ 在 $[-a,a](a>0)$ 上是连续的，若 $f(x)$ 是偶函数，则 $\int_{-a}^a f(x)\mathrm{d}x=2\int_0^a f(x)\mathrm{d}x$；若 $f(x)$ 是奇函数，则 $\int_{-a}^a f(x)\mathrm{d}x=0$. 这一性质简称为“奇零偶倍”.

3.53 【答案】 B

【解析】$\int_1^5 \mathrm{e}^{\sqrt{2x-1}}\mathrm{d}x \xlongequal{\sqrt{2x-1}=t} \int_1^3 \mathrm{e}^t\cdot t\mathrm{d}t=\int_1^3 t\mathrm{d}\mathrm{e}^t$

$$=t\mathrm{e}^t\Big|_1^3-\int_1^3 \mathrm{e}^t\mathrm{d}t=t\mathrm{e}^t\Big|_1^3-\mathrm{e}^t\Big|_1^3$$

$$=3\mathrm{e}^3-\mathrm{e}^1-\mathrm{e}^3+\mathrm{e}^1=2\mathrm{e}^3.$$

3.54 【答案】 D

【解析】$\int_{-1}^3 f(x)\mathrm{d}x=\int_{-1}^0 f(x)\mathrm{d}x+\int_0^3 f(x)\mathrm{d}x$，则

$$\int_0^{-1} f(x)\mathrm{d}x=-\int_{-1}^0 f(x)\mathrm{d}x=-\left[\int_{-1}^3 f(x)\mathrm{d}x-\int_0^3 f(x)\mathrm{d}x\right]$$

$$=-(3-2)=-1.$$

3.55 【答案】 C

【解析】 $\int_a^b f(x)\mathrm{d}x$ 的几何意义表示曲边梯形面积，是确定常数.

3.56 【答案】 C

【解析】 由题设 $\int f(x)\mathrm{d}x = \frac{\mathrm{e}^x}{x} + C$，则 $f(x) = \frac{\mathrm{e}^x \cdot x - \mathrm{e}^x}{x^2}$，

$$\begin{aligned}\int_0^1 x^2 f(x)\mathrm{d}x &= \int_0^1 (\mathrm{e}^x x - \mathrm{e}^x)\mathrm{d}x = \int_0^1 (x-1)\mathrm{d}\mathrm{e}^x \\ &= (x-1)\mathrm{e}^x\Big|_0^1 - \int_0^1 \mathrm{e}^x \mathrm{d}x \\ &= (x-1)\mathrm{e}^x\Big|_0^1 - \mathrm{e}^x\Big|_0^1 \\ &= 2 - \mathrm{e}.\end{aligned}$$

3.57 【答案】 A

【解析】 由题设 $\int f(x)\mathrm{d}x = \frac{\sin x}{x} + C$，则 $f(x) = \frac{x\cos x - \sin x}{x^2}$，

$$\begin{aligned}\int_{\frac{\pi}{2}}^{\pi} x f'(x)\mathrm{d}x &= \int_{\frac{\pi}{2}}^{\pi} x\mathrm{d}f(x) = xf(x)\Big|_{\frac{\pi}{2}}^{\pi} - \int_{\frac{\pi}{2}}^{\pi} f(x)\mathrm{d}x \\ &= \pi f(\pi) - \frac{\pi}{2} f\left(\frac{\pi}{2}\right) - \frac{\sin x}{x}\Big|_{\frac{\pi}{2}}^{\pi} \\ &= \frac{4}{\pi} - 1.\end{aligned}$$

3.58 【答案】 C

【解析】 平面区域面积 $S = \int_a^b |f(x)| \mathrm{d}x$.

3.59 【答案】 B

【解析】 由题设，曲线 $f(x)$ 如图 3.59 所示，S_1 表示曲边梯形面积. S_2 表示矩形面积，S_3 表示梯形面积，故

$S_2 < S_1 < S_3$.

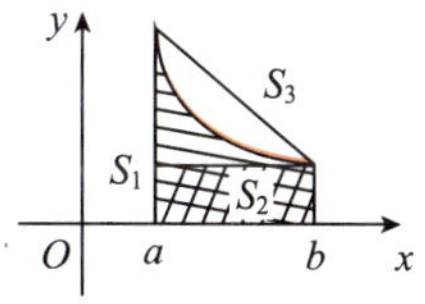

解 3.59 图

3.60 【答案】 C

【解析】 由题设

$$\begin{aligned}\int_0^a x f'(x)\mathrm{d}x &= \int_0^a x\mathrm{d}f(x) = xf(x)\Big|_0^a - \int_0^a f(x)\mathrm{d}x \\ &= af(a) - \int_0^a f(x)\mathrm{d}x.\end{aligned}$$

3.61 【答案】 C

【解析】 由定积分几何意义知，$\int_{-1}^1 \sqrt{1-x^2}\mathrm{d}x = \frac{\pi}{2}$.

3.62 【答案】 B

【解析】 由定积分几何意义知，$\int_{-a}^{a}\sqrt{a^2-x^2}\mathrm{d}x=\frac{1}{2}\pi a^2$.

3.63 【答案】 A

【解析】 设$\int_0^1 f(x)\mathrm{d}x=A$，则 $f(x)=\frac{1}{1+x^2}+Ax^3$.

等式两边积分，有$\int_0^1 f(x)\mathrm{d}x=\int_0^1\frac{1}{1+x^2}\mathrm{d}x+A\int_0^1 x^3\mathrm{d}x$.

故 $A=\frac{\pi}{4}+\frac{1}{4}A$，得 $A=\int_0^1 f(x)\mathrm{d}x=\frac{\pi}{3}$.

3.64 【答案】 B

【解析】 设$\int_0^1 f(x)\mathrm{d}x=A$，则 $f(x)=\mathrm{e}^x+Ax^3$，等式两边积分得

$$\int_0^1 f(x)\mathrm{d}x=\int_0^1\mathrm{e}^x\mathrm{d}x+A\int_0^1 x^3\mathrm{d}x.$$

故 $A=\mathrm{e}-1+\frac{1}{4}A$. 解得 $A=\int_0^1 f(x)\mathrm{d}x=\frac{4}{3}(\mathrm{e}-1)$.

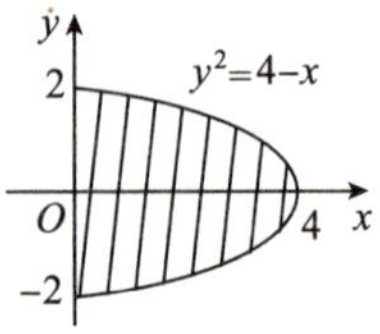

解 3.65 图

3.65 【答案】 A

【解析】 所围部分如图 3.65 所示，由积分区域对称性得：

$S=2\int_0^4\sqrt{4-x}\mathrm{d}x$ 或 $S=\int_{-2}^{2}(4-y^2)\mathrm{d}y$.

3.66 【答案】 A

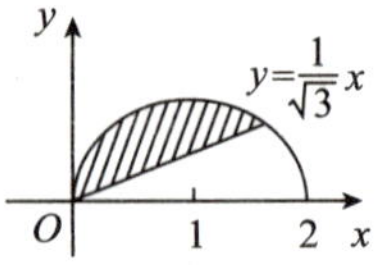

解 3.66 图

【解析】 所围部分如图 3.66 所示，曲线 $y=\sqrt{2x-x^2}$ 的极坐标方程为 $r=2\cos\theta$，其与 $y=\frac{1}{\sqrt{3}}x$ 所围图形面积

$$S=\int_{\frac{\pi}{6}}^{\frac{\pi}{2}}\frac{1}{2}r^2(\theta)\mathrm{d}\theta=\int_{\frac{\pi}{6}}^{\frac{\pi}{2}}\frac{1}{2}\cdot 4\cos^2\theta\mathrm{d}\theta=2\int_{\frac{\pi}{6}}^{\frac{\pi}{2}}\cos^2\theta\mathrm{d}\theta.$$

3.67 【答案】 A

【解析】 由题设 $f(x)=x^3+x$ 是奇函数，则$\int_{-2}^{2}f(x)\mathrm{d}x=0$.

3.68 【答案】 E

【解析】$\int_{-1}^{1}(\sin x+1)\mathrm{d}x=\int_{-1}^{1}\sin x\mathrm{d}x+\int_{-1}^{1}1\mathrm{d}x=0+2=2$.

3.69 【答案】 C

【解析】$\int_{-\frac{\pi}{2}}^{\frac{\pi}{2}}|\sin x|\mathrm{d}x=2\int_0^{\frac{\pi}{2}}\sin x\mathrm{d}x=-2\cos x\Big|_0^{\frac{\pi}{2}}=2$.

3.70 【答案】 A

【解析】根据奇零偶倍，$\int_{-\frac{\pi}{2}}^{\frac{\pi}{2}} \sin^{99} x\mathrm{d}x = 0$.

3.71 【答案】C

【解析】$\int_{-1}^{1} x^2 \sin x\mathrm{d}x = 0$.

3.72 【答案】A

【解析】$\int_{-\pi}^{\pi} \frac{x\cos x}{1+x^2}\mathrm{d}x = 0$.

3.73 【答案】A

【解析】由定积分的对称性及几何意义得

原式 $= \int_{-1}^{1} \mathrm{e}^{\cos x}\sin x\mathrm{d}x + \int_{-1}^{1} \sqrt{1-x^2}\mathrm{d}x = 0 + \frac{\pi}{2} = \frac{\pi}{2}$.

3.74 【答案】C

【解析】
$$\begin{aligned} \text{原式} &= \int_{-1}^{1} (x^2 + 1 - x^2 + 2x\sqrt{1-x^2})\mathrm{d}x \\ &= \int_{-1}^{1} \mathrm{d}x + \int_{-1}^{1} 2x\sqrt{1-x^2}\mathrm{d}x \\ &= 2 + 0 = 2. \end{aligned}$$

3.75 【答案】A

【解析】
$$\int_{-\pi}^{\pi} |\sin x|\mathrm{d}x = 2\int_{0}^{\pi} |\sin x|\mathrm{d}x = 2\int_{0}^{\pi}\sin x\mathrm{d}x,$$
$$\int_{-\pi}^{\pi} \sin|x|\mathrm{d}x = 2\int_{0}^{\pi}\sin|x|\mathrm{d}x = 2\int_{0}^{\pi}\sin x\mathrm{d}x.$$

3.76 【答案】B

【解析】当 $0 < x < 1$ 时，$x^3 < x^2 < x < \sqrt{x}$，则 $\mathrm{e}^{x^3} < \mathrm{e}^{x^2} < \mathrm{e}^x < \mathrm{e}^{\sqrt{x}}$，故
$$\int_0^1 \mathrm{e}^{x^3}\mathrm{d}x < \int_0^1 \mathrm{e}^{x^2}\mathrm{d}x < \int_0^1 \mathrm{e}^{x}\mathrm{d}x < \int_0^1 \mathrm{e}^{\sqrt{x}}\mathrm{d}x.$$

3.77 【答案】A

【解析】当 $0 < x < \frac{\pi}{4}$ 时，$0 < \sin x < \cos x < 1$，则 $\ln\sin x < \ln\cos x$，故

$\int_0^{\frac{\pi}{4}} \ln\sin x\mathrm{d}x < \int_0^{\frac{\pi}{4}} \ln\cos x\mathrm{d}x$，即 $I < J$.

3.78 【答案】C

【解析】当 $0 < x < \frac{\pi}{4}$ 时，$0 < x < \tan x < 1$，则
$$\frac{x}{\tan x} < 1 < \frac{\tan x}{x}.$$

故$\int_0^{\frac{\pi}{4}} \frac{x}{\tan x}\mathrm{d}x < \int_0^{\frac{\pi}{4}} 1\mathrm{d}x < \int_0^{\frac{\pi}{4}} \frac{\tan x}{x}\mathrm{d}x$，即 $I_2 < \frac{\pi}{4} < I_1$.

3.79 【答案】 D

【解析】由题设 $0<c<1$，且 $f(x)\leqslant g(x),x\in[0,1]$，故 $\int_c^1 f(t)\mathrm{d}t\leqslant\int_c^1 g(t)\mathrm{d}t$.

3.80 【答案】 B

【解析】$\int_0^{\frac{\pi}{2}}\sin^4 x\mathrm{d}x \xlongequal{\frac{\pi}{2}-x=t} \int_{\frac{\pi}{2}}^0 \sin^4\left(\frac{\pi}{2}-t\right)(-\mathrm{d}t)=\int_0^{\frac{\pi}{2}}\cos^4 t\mathrm{d}t=\int_0^{\frac{\pi}{2}}\cos^4 x\mathrm{d}x$.

又由于在 $0<x<\frac{\pi}{2}$ 时，$0<\cos x<1$，则 $0<\cos^4 x<\cos^3 x<\cos x<1$，故

$\int_0^{\frac{\pi}{2}}\sin^4 x\mathrm{d}x=\int_0^{\frac{\pi}{2}}\cos^4 x\mathrm{d}x<\int_0^{\frac{\pi}{2}}\cos^3 x\mathrm{d}x<\int_0^{\frac{\pi}{2}}\cos x\mathrm{d}x=1$. 即 $I_1<I_2<1$.

3.81 【答案】 C

【解析】当 $0<x<\frac{\pi}{4}$ 时，$\sin x<\cos x<\cot x$，则 $\ln(\sin x)<\ln(\cos x)<\ln(\cot x)$，

故 $\int_0^{\frac{\pi}{4}}\ln(\sin x)\mathrm{d}x<\int_0^{\frac{\pi}{4}}\ln(\cos x)\mathrm{d}x<\int_0^{\frac{\pi}{4}}\ln(\cot x)\mathrm{d}x$，即 $I<K<J$.

3.82 【答案】 C

【解析】当 $x>0$ 时，$\frac{x}{1+x}<\ln(1+x)<x<\mathrm{e}^x-1$，则

$$\int_0^a\frac{x}{1+x}\mathrm{d}x<\int_0^a\ln(1+x)\mathrm{d}x<\int_0^a(\mathrm{e}^x-1)\mathrm{d}x.$$

即 $K<I<J$.

3.83 【答案】 C

【解析】$M=\int_{-\frac{\pi}{2}}^{\frac{\pi}{2}}\frac{1+x^2+2x}{1+x^2}\mathrm{d}x=\int_{-\frac{\pi}{2}}^{\frac{\pi}{2}}\left(1+\frac{2x}{1+x^2}\right)\mathrm{d}x=\pi$，

$N=\int_{-\frac{\pi}{2}}^{\frac{\pi}{2}}\frac{1+x}{\mathrm{e}^x}\mathrm{d}x<\int_{-\frac{\pi}{2}}^{\frac{\pi}{2}}1\mathrm{d}x=\pi$，

$K=\int_{-\frac{\pi}{2}}^{\frac{\pi}{2}}(1+\sqrt{\cos x})\mathrm{d}x>\int_{-\frac{\pi}{2}}^{\frac{\pi}{2}}1\mathrm{d}x=\pi$. 则 $N<M<K$.

3.84 【答案】 E

【解析】$M=\int_{-\frac{\pi}{2}}^{\frac{\pi}{2}}\frac{\sin x}{1+x^2}\cos^4 x\mathrm{d}x=0$，$N=\int_{-\frac{\pi}{2}}^{\frac{\pi}{2}}(\sin^3 x+\cos^4 x)\mathrm{d}x=\int_{-\frac{\pi}{2}}^{\frac{\pi}{2}}\cos^4 x\mathrm{d}x>0$.

$$P=\int_{-\frac{\pi}{2}}^{\frac{\pi}{2}}(x^2\sin^3 x-\cos^4 x)\mathrm{d}x=-\int_{-\frac{\pi}{2}}^{\frac{\pi}{2}}\cos^4 x\mathrm{d}x<0,$$

故 $P<M<N$.

3.85 【答案】 B

【解析】由平均值的公式 $\overline{f}=\frac{\int_1^3 x^2\mathrm{d}x}{3-1}=\frac{\frac{1}{3}x^3\Big|_1^3}{2}=\frac{13}{3}$.

3.86 【答案】 A

【解析】$\int_{-1}^{1} e^{|x|} dx = 2\int_0^1 e^x dx = 2e^x \Big|_0^1 = 2(e-1).$

3.87 【答案】 A

【解析】$\int_{-1}^{2} \max\{1,x,x^2\} dx = \int_{-1}^{0} 1dx + \int_0^1 1dx + \int_1^2 x^2 dx$

$$= 1+1+\frac{1}{3}x^3\Big|_1^2 = 1+1+\frac{7}{3} = \frac{13}{3}.$$

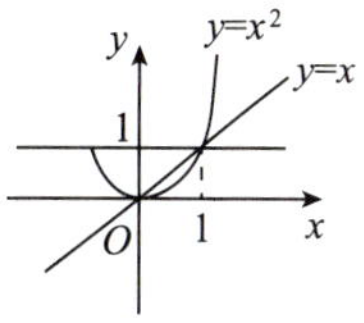

解 3.87 图

3.88 【答案】 B

【解析】$\int_{\frac{1}{2}}^{2} |\ln x| dx = \int_{\frac{1}{2}}^{1} |\ln x| dx + \int_1^2 |\ln x| dx = -\int_{\frac{1}{2}}^{1} \ln x dx + \int_1^2 \ln x dx.$

3.89 【答案】 B

【解析】$\int_{-\frac{1}{2}}^{\frac{3}{2}} f(x) dx = \int_{-\frac{1}{2}}^{\frac{1}{2}} xe^{x^2} dx + \int_{\frac{1}{2}}^{\frac{3}{2}} (-1) dx = 0-1 = -1.$

3.90 【答案】 D

【解析】由题设，$f(x)$ 在 $[0,2]$ 连续，当 $0 \leqslant x < 1$ 时，

$$F(x) = \int_1^x f(t) dt = -\int_x^1 f(t) dt = -\int_x^1 t^2 dt = -\frac{1}{3}t^3\Big|_x^1 = \frac{1}{3}(x^3-1).$$

当 $1 \leqslant x \leqslant 2$ 时，

$$F(x) = \int_1^x f(t) dt = \int_1^x 1dt = x-1.$$

3.91 【答案】 B

【解析】由题设，$\Phi'(x) = f(x)$，故 $\Phi(x)$ 是 $f(x)$ 的一个原函数.

3.92 【答案】 B

【解析】由题设 $\Phi'(x) = 0 - xf(x) = -xf(x)$.

3.93 【答案】 E

【解析】由题设 $\int_a^x f(t+a) dt = \int_a^x f(t+a) d(t+a) = F(t+a)\Big|_a^x = F(x+a) - F(2a).$

3.94 【答案】 B

【解析】$\left(\int_0^x \cos^2 t dt\right)' = \cos^2 x.$

3.95 【答案】 D

【解析】$\frac{d}{dx}\int_0^{x^2} \sin t dt = \sin x^2 \cdot 2x.$

3.96 【答案】 C

【解析】$\frac{d}{dx}\int_0^x \sin(at^2+b) dt = \sin(ax^2+b).$

3.97 【答案】 D

【解析】$F'(x) = 0 - \dfrac{\sin x}{x} = -\dfrac{\sin x}{x}$.

3.98 【答案】C

【解析】$f'(x) = \left(x\int_{x^2}^{0}\cos t^2\mathrm{d}t\right)' = \int_{x^2}^{0}\cos t^2\mathrm{d}t - x\cos x^4 \cdot 2x = \int_{x^2}^{0}\cos t^2\mathrm{d}t - 2x^2\cos x^4$.

3.99 【答案】C

【解析】$\dfrac{\mathrm{d}}{\mathrm{d}x}\int_0^{x^2} f(t)\mathrm{d}t = f(x^2)\cdot 2x$.

3.100 【答案】D

【解析】由题设,等式两边求导得 $f(x) = a^{2x}\cdot 2\cdot \ln a$.

3.101 【答案】B

【解析】由题设,等式两边求导得 $f(x) = \mathrm{e}^{2x}\cdot 2$.

3.102 【答案】C

【解析】由题设 $f'(x) = \mathrm{e}^{4x^2}\cdot 2$.

3.103 【答案】D

【解析】由题设 $F'(x) = f(x^4)\cdot 2x$.

3.104 【答案】A

【解析】由题设,等式两边对 x 求导得

$$f(x+1) = \mathrm{e}^{x+1} + x\mathrm{e}^{x+1}.$$

设 $x+1=t$,则 $f(t) = \mathrm{e}^t + (t-1)\mathrm{e}^t = t\mathrm{e}^t$.

故 $f(x) = x\mathrm{e}^x$.

3.105 【答案】C

【解析】由题设,等式两边对 x 求导得 $f(x^2) = 6x^2$.

令 $x^2 = t$,则 $f(t) = 6t$,即 $f(x) = 6x$. 则 $\int_0^1 f(x)\mathrm{d}x = \int_0^1 6x\mathrm{d}x = 3x^2\Big|_0^1 = 3$.

3.106 【答案】C

【解析】由题设 $f(x) = 4x^3$,则 $f(\sqrt{x}) = 4x^{\frac{3}{2}}$,故

$$\int_0^4 \frac{1}{\sqrt{x}}f(\sqrt{x})\mathrm{d}x = \int_0^4 \frac{1}{\sqrt{x}}\cdot 4x^{\frac{3}{2}}\mathrm{d}x = 4\int_0^4 x\mathrm{d}x = 32.$$

3.107 【答案】E

【解析】由题设,等式两边对 x 求导得 $f(2x)\cdot 2 = 2x$,则 $f(2x) = x$,令 $x = \dfrac{1}{2}$,则 $f(1) = \dfrac{1}{2}$.

3.108 【答案】A

【解析】等式两边对 x 求导得

$$f(x)=1+\cos x+x(-\sin x)=1+\cos x-x\sin x.$$

则 $f\left(\frac{\pi}{2}\right)=1+0-\frac{\pi}{2}=1-\frac{\pi}{2}$.

3.109 【答案】 B

【解析】 由题设 $F'(x)=\frac{\sin x}{x}$.

则 $F'(0)=\lim\limits_{x\to 0}F'(x)=\lim\limits_{x\to 0}\frac{\sin x}{x}=1$.

3.110 【答案】 D

【解析】 由题设 $f\left(\frac{\pi}{2}\right)=\int_0^{\frac{\pi}{2}}\sin t\mathrm{d}t=-\cos t\Big|_0^{\frac{\pi}{2}}=1$.

$f\left(f\left(\frac{\pi}{2}\right)\right)=f(1)=\int_0^1\sin t\mathrm{d}t=-\cos t\Big|_0^1=1-\cos 1$.

3.111 【答案】 D

【解析】 由题设 $F'(x)=\ln(1+\sin x)\cos x$.

3.112 【答案】 B

【解析】 $\frac{\mathrm{d}}{\mathrm{d}x}\int_{2x}^{\ln x}\ln(1+t)\mathrm{d}t=\ln(1+\ln x)\cdot\frac{1}{x}-\ln(1+2x)\cdot 2$.

3.113 【答案】 A

【解析】 $F'(x)=f(\ln x)\cdot\frac{1}{x}-f\left(\frac{1}{x}\right)\left(-\frac{1}{x^2}\right)=\frac{1}{x}f(\ln x)+\frac{1}{x^2}f\left(\frac{1}{x}\right)$.

3.114 【答案】 A

【解析】 $F'(x)=f(\mathrm{e}^{-x})\mathrm{e}^{-x}(-1)-f(x)=-\mathrm{e}^{-x}f(\mathrm{e}^{-x})-f(x)$.

3.115 【答案】 D

【解析】 $F'(x)=f(\sin x)\cos x-f(\cos x)(-\sin x)=f(\sin x)\cos x+f(\cos x)\sin x$.

3.116 【答案】 E

【解析】 设 $tx=u$,则 $t\mathrm{d}x=\mathrm{d}u$,

x	0	$\frac{s}{t}$
u	0	s

.

$$I=t\int_0^{\frac{s}{t}}f(tx)\mathrm{d}x=t\int_0^s f(u)\cdot\frac{1}{t}\mathrm{d}u=\int_0^s f(u)\mathrm{d}u.$$

3.117 【答案】 B

【解析】 由题设 $f'(a)=0$,将 $x=a$ 代入方程,得

$$f''(a)-2f'(a)=\int_a^{a+1}\mathrm{e}^{-kt}\mathrm{d}t.$$

则 $f''(a)=\int_a^{a+1}\mathrm{e}^{-kt}\mathrm{d}t>0$.

故 $f(x)$ 在 $x=a$ 处取极小值.

3.118 【答案】C

【解析】由题设，当 $x\in[0,\pi]$ 时，$f'(x)=e^{-x}\cos x\xlongequal{令}0$ 得 $x=\frac{\pi}{2}$.

又由于 $f(0)=0$，因为

$$\int e^{-u}\cos u\mathrm{d}u=\int e^{-u}\mathrm{d}\sin u=e^{-u}\sin u+\int\sin u\cdot e^{-u}\mathrm{d}u$$

$$=e^{-u}\sin u-\int e^{-u}\mathrm{d}\cos u$$

$$=e^{-u}\sin u-e^{-u}\cos u-\int\cos ue^{-u}\mathrm{d}u.$$

所以 $f(\pi)=\int_0^{\pi}e^{-u}\cos u\mathrm{d}u=\frac{1}{2}e^{-u}(\sin u-\cos u)\Big|_0^{\pi}$

$$=\frac{1}{2}e^{-\pi}(1)-\frac{1}{2}e^{0}(-1)=\frac{1}{2}e^{-\pi}+\frac{1}{2},$$

$$f\left(\frac{\pi}{2}\right)=\int_0^{\frac{\pi}{2}}e^{-u}\cos u\mathrm{d}u=\frac{1}{2}e^{-u}(\sin u-\cos u)\Big|_0^{\frac{\pi}{2}}$$

$$=\frac{1}{2}e^{-\frac{\pi}{2}}+\frac{1}{2}.$$

故最小值是 $f(0)$，最大值是 $f\left(\frac{\pi}{2}\right)$.

3.119 【答案】B

【解析】$\int_1^{+\infty}\frac{1}{x^2}\mathrm{d}x=-\frac{1}{x}\Big|_1^{+\infty}=1$.

3.120 【答案】A

【解析】$\int_0^{+\infty}\frac{1}{1+x^2}\mathrm{d}x=\arctan x\Big|_0^{+\infty}=\frac{\pi}{2}$.

3.121 【答案】B

【解析】$\int_e^{+\infty}\frac{\ln x}{x^2}\mathrm{d}x=-\int_e^{+\infty}\ln x\mathrm{d}\frac{1}{x}=-\frac{\ln x}{x}\Big|_e^{+\infty}+\int_e^{+\infty}\frac{1}{x}\cdot\frac{1}{x}\mathrm{d}x$

$$=-\frac{\ln x}{x}\Big|_e^{+\infty}-\frac{1}{x}\Big|_e^{+\infty}=\frac{1}{e}+\frac{1}{e}=\frac{2}{e}.$$

3.122 【答案】E

【解析】$\int_{-1}^{1}\frac{1}{\sqrt{1+x^2}}\mathrm{d}x=2\int_0^1\frac{1}{\sqrt{1+x^2}}\mathrm{d}x=2\ln(x+\sqrt{1+x^2})\Big|_0^1$

$$=2\ln(1+\sqrt{2}).$$

3.123 【答案】C

【解析】$\int_0^1\frac{\mathrm{d}x}{\sqrt{x}}=2\sqrt{x}\Big|_0^1=2$.

3.124 【答案】D

【解析】$\int_0^1\frac{\mathrm{d}x}{\sqrt{1-x^2}}=\arcsin x\Big|_0^1=\arcsin 1=\frac{\pi}{2}$.

3.125 【答案】 D

【解析】$\int_{e}^{+\infty}\frac{dx}{x(\ln x)^2}dx=\int_{e}^{+\infty}\frac{1}{(\ln x)^2}d\ln x=-\frac{1}{\ln x}\bigg|_{e}^{+\infty}=1.$

3.126 【答案】 A

【解析】$\int_{-1}^{1}\frac{1}{\sin x}dx=\int_{-1}^{0}\frac{1}{\sin x}dx+\int_{0}^{1}\frac{1}{\sin x}dx.$

$x=0$ 是瑕点，当 $x\to 0$ 时，$\lim\limits_{x\to 0}\frac{\frac{1}{\sin x}}{\frac{1}{x}}=1$. 又 $\int_{0}^{1}\frac{1}{x}dx=\ln x\Big|_{0}^{1}=+\infty$，发散.

故 $\int_{0}^{1}\frac{1}{\sin x}dx$ 发散，则 $\int_{-1}^{1}\frac{1}{\sin x}dx$ 发散.

3.127 【答案】 D

【解析】$\int_{1}^{+\infty}\frac{1}{x^2}dx=-\frac{1}{x}\bigg|_{1}^{+\infty}=1.$

3.128 【答案】 B

【解析】$\int_{1}^{+\infty}e^x dx=e^x\Big|_{1}^{+\infty}=+\infty$，发散.

3.129 【答案】 D

【解析】$\int_{1}^{+\infty}x^{p-1}dx=\frac{1}{p}x^p\bigg|_{1}^{+\infty}$ 收敛，则 $p<0$.

3.130 【答案】 D

【解析】$\int_{1}^{+\infty}x^{2-p}dx=\frac{1}{3-p}x^{3-p}\bigg|_{1}^{+\infty}$ 收敛，则 $3-p<0$，故 $p>3$ 时，反常积分收敛.

3.131 【答案】 B

【解析】由题设

$$\begin{aligned}V_x&=\int_0^{\pi}\pi y^2(x)dx=\int_0^{\pi}\pi\sin^3 x dx=-\pi\int_0^{\pi}(1-\cos^2 x)d\cos x\\&=-\pi\left(\cos x-\frac{1}{3}\cos^3 x\right)\bigg|_0^{\pi}=-\pi\left(-1+\frac{1}{3}-1+\frac{1}{3}\right)=\frac{4}{3}\pi.\end{aligned}$$

第四章　多元函数的微分学

4.1 【答案】 A

【解析】由题设，定义域 $x-y>0$.

4.2 【答案】 B

【解析】由题设，定义域 $\begin{cases}x^2+y^2-1\geqslant 0,\\3-x^2-y^2>0,\end{cases}$ 联立得 $1\leqslant x^2+y^2<3$.

4.3 【答案】A

【解析】$f(2,1)=4+e^{2-1}+\frac{2}{1}=6+e.$

4.4 【答案】C

【解析】$f\left(\frac{1}{y},\frac{1}{x}\right)=\frac{\frac{1}{y}\cdot\frac{1}{x}}{\frac{1}{y}-\frac{1}{x}}=\frac{1}{x-y}.$

4.5 【答案】B

【解析】设 $x+y=u,x-y=v$，则 $x=\frac{1}{2}(u+v),y=\frac{1}{2}(u-v)$，

$$f(u,v)=\frac{uv}{2\cdot\frac{1}{2}(u+v)\cdot\frac{1}{2}(u-v)}=\frac{2uv}{u^2-v^2},$$

即 $f(x,y)=\frac{2xy}{x^2-y^2}.$

4.6 【答案】D

【解析】由题设 $h(0,y)=0-y+f(y)=f(y)-y=y^2$，故

$$f(y)=y+y^2=y(y+1).$$

则 $f(x+y)=(x+y)(x+y+1).$

4.7 【答案】E

【解析】沿 $y=kx$ 趋于$(0,0)$，有 $\lim\limits_{\substack{x\to 0\\ y=kx\to 0}}\frac{x}{x+kx}=\frac{1}{1+k}$，与 k 有关，故 $\lim\limits_{\substack{x\to 0\\ y\to 0}}\frac{x}{x+y}$ 不存在.

4.8 【答案】D

【解析】$\lim\limits_{\substack{x\to 2\\ y\to 0}}\frac{\sin(3xy)}{y}=\lim\limits_{\substack{x\to 2\\ y\to 0}}\frac{\sin(3xy)}{3xy}\cdot\frac{3xy}{y}=1\times 6=6.$

4.9 【答案】D

【解析】由偏导数定义 $\frac{\partial z}{\partial x}=\lim\limits_{h\to 0}\frac{f(x_0+h,y_0)-f(x_0,y_0)}{h}.$

4.10 【答案】D

【解析】由偏导数定义

$$\begin{aligned}f'_x(x_0,y_0)&=\lim_{h\to 0}\frac{f(x_0+h,y_0)-f(x_0,y_0)}{h}\\&=\lim_{h\to 0}\frac{\varphi(x_0+h)g(y_0)-\varphi(x_0)g(y_0)}{h}.\end{aligned}$$

4.11 【答案】C

【解析】由偏导数定义

$$f'_x(0,0)=\lim_{\Delta x\to 0}\frac{f(0+\Delta x,0)-f(0,0)}{\Delta x}$$

$$=\lim_{\Delta x\to 0}\frac{\frac{(\Delta x)^2+0}{\Delta x+0}-0}{\Delta x}=\lim_{\Delta x\to 0}\frac{(\Delta x)^2}{(\Delta x)^2}=1.$$

4.12 【答案】 C

【解析】$\lim\limits_{\substack{x\to 0\\ y\to 0}}f(x,y)=\lim\limits_{\substack{x\to 0\\ y\to 0}}\frac{xy}{x^2+y^2}=\lim\limits_{\substack{x\to 0\\ y=kx\to 0}}\frac{x\cdot kx}{x^2+k^2x^2}=\frac{k}{1+k^2}\neq f(0,0)=0.$

$f(x,y)$ 在 $(0,0)$ 不连续.

$$f'_x(0,0)=\lim_{\Delta x\to 0}\frac{f(0+\Delta x,0)-f(0,0)}{\Delta x}=\lim_{\Delta x\to 0}\frac{\frac{\Delta x\cdot 0}{(\Delta x)^2+0^2}}{\Delta x}=0.$$

同理，$f'_y(0,0)=0$.

4.13 【答案】 B

【解析】$f'_x(0,0)=\lim\limits_{\Delta x\to 0}\frac{f(0+\Delta x,0)-f(0,0)}{\Delta x}=\lim\limits_{\Delta x\to 0}\frac{e^{|\Delta x|}-1}{\Delta x}=\lim\limits_{\Delta x\to 0}\frac{|\Delta x|}{\Delta x}$ 不存在.

$$f'_y(0,0)=\lim_{\Delta y\to 0}\frac{f(0,0+\Delta y)-f(0,0)}{\Delta y}=\lim_{\Delta y\to 0}\frac{e^{(\Delta y)^2}-1}{\Delta y}=\lim_{\Delta y\to 0}\frac{(\Delta y)^2}{\Delta y}=0.$$

4.14 【答案】 E

【解析】由题设 $f'_y(x,y)=e^{x-2y}(-2)$，则 $f'_y(3,1)=-2e$.

4.15 【答案】 A

【解析】由题设 $f'_y(x,y)=\frac{x\cos(xy)y-\sin(xy)}{y^2}$，则 $f'_y(0,3)=0$.

4.16 【答案】 D

【解析】$\frac{\partial z}{\partial x}=y\cdot\frac{y}{xy}=\frac{y}{x}.$

4.17 【答案】 E

【解析】由题设，$\frac{\partial z}{\partial x}=y-\frac{x}{\sqrt{x^2+y^2}}$，则 $\left.\frac{\partial z}{\partial x}\right|_{\substack{x=3\\ y=4}}=4-\frac{3}{5}=\frac{17}{5}.$

4.18 【答案】 D

【解析】$\frac{\partial f}{\partial y}=\sqrt{x}\cos\frac{y}{x}\cdot\frac{1}{x}$，则 $\left.\frac{\partial f}{\partial y}\right|_{(1,0)}=1.$

4.19 【答案】 D

【解析】由题设

$$\frac{\partial z}{\partial x}=\frac{0-2xy^2}{(1+x^2y^2)^2}=\frac{-2xy^2}{(1+x^2y^2)^2}.$$

4.20 【答案】 B

【解析】由题设 $f'_y(x,y)=x^y\cdot\ln x$.

4.21 【答案】 A

【解析】 由题设$\frac{\partial z}{\partial x}=\frac{2x}{x^2+y^2}$，$\frac{\partial z}{\partial y}=\frac{2y}{x^2+y^2}$，故$\frac{\partial z}{\partial x}+\frac{\partial z}{\partial y}=\frac{2(x+y)}{x^2+y^2}$.

4.22 【答案】 E

【解析】 由题设 $f'_x=\frac{e^x(x-y)-e^x}{(x-y)^2}$，$f'_y=\frac{e^x}{(x-y)^2}$，则 $f'_x+f'_y=\frac{e^x}{x-y}$.

4.23 【答案】 E

【解析】 由题设$\frac{\partial z}{\partial x}=f'(\sin y-\sin x)(-\cos x)+y$，

$\frac{\partial z}{\partial y}=f'(\sin y-\sin x)\cos y+x$.

则$\left.\frac{\partial z}{\partial x}\right|_{(0,2\pi)}+\left.\frac{\partial z}{\partial y}\right|_{(0,2\pi)}=f'(0)(-1)+2\pi+f'(0)+0=2\pi$.

4.24 【答案】 D

【解析】 由题设 $f(x-y,x+y)=(x-y)(x+y)$. 设 $x-y=u$，$x+y=v$，则 $f(u,v)=uv$，即 $z=f(x,y)=xy$.

$\frac{\partial z}{\partial x}+\frac{\partial z}{\partial y}=y+x$.

4.25 【答案】 A

【解析】 由题设 $f(x+y,xy)=(x+y)^2-2xy$.

设 $x+y=u$，$xy=v$，则 $f(u,v)=u^2-2v$.

即 $f(x,y)=x^2-2y$，则$\frac{\partial f}{\partial x}+\frac{\partial f}{\partial y}=2x-2$.

4.26 【答案】 D

【解析】 $\frac{\partial u}{\partial x}=2x+3y$，$\frac{\partial^2 u}{\partial x\partial y}=3$.

4.27 【答案】 A

【解析】 由题设 $f'_x(x,y)=\frac{y(x-y)-xy}{(x-y)^2}=\frac{-y^2}{(x-y)^2}$，

$f''_{xx}(x,y)=\frac{2y^2}{(x-y)^3}$，则 $f''_{xx}(2,1)=2$.

$f''_{xy}(x,y)=\frac{-2xy}{(x-y)^3}$，则 $f''_{xy}(2,1)=-4$.

4.28 【答案】 D

【解析】 由题设$\frac{\partial u}{\partial x}=\cos(y+x)-\cos(y-x)$，$\frac{\partial^2 u}{\partial x^2}=-\sin(y+x)-\sin(y-x)$，

$\frac{\partial u}{\partial y}=\cos(y+x)+\cos(y-x)$，$\frac{\partial^2 u}{\partial y^2}=-\sin(y+x)-\sin(y-x)$，$\frac{\partial^2 u}{\partial x\partial y}=-\sin(y+x)+\sin(y-x)$，则$\frac{\partial^2 u}{\partial x^2}=\frac{\partial^2 u}{\partial y^2}$.

4.29 【答案】 B

【解析】$\frac{\partial u}{\partial x}=\varphi'(x+y)+\varphi'(x-y)+\psi(x+y)-\psi(x-y)$,

$\frac{\partial^2 u}{\partial x^2}=\varphi''(x+y)+\varphi''(x-y)+\psi'(x+y)-\psi'(x-y)$,

$\frac{\partial u}{\partial y}=\varphi'(x+y)-\varphi'(x-y)+\psi(x+y)+\psi(x-y)$,

$\frac{\partial^2 u}{\partial y^2}=\varphi''(x+y)+\varphi''(x-y)+\psi'(x+y)-\psi'(x-y)$,

$\frac{\partial^2 u}{\partial x\partial y}=\varphi''(x+y)-\varphi''(x-y)+\psi'(x+y)+\psi'(x-y)$,

则$\frac{\partial^2 u}{\partial x^2}=\frac{\partial^2 u}{\partial y^2}$.

4.30 【答案】D

【解析】$\mathrm{d}f(x,y)=f'_x\mathrm{d}x+f'_y\mathrm{d}y=\mathrm{d}x+\mathrm{d}y$.

4.31 【答案】D

【解析】由题设$\frac{\partial z}{\partial x}=2xy$,则$\left.\frac{\partial z}{\partial x}\right|_{(1,2)}=4$,$\frac{\partial z}{\partial y}=x^2$,则$\left.\frac{\partial z}{\partial y}\right|_{(1,2)}=1$,

故$\mathrm{d}z|_{(1,2)}=4\mathrm{d}x+\mathrm{d}y$.

4.32 【答案】D

【解析】由题设$\frac{\partial z}{\partial x}=2x+y$,则$\left.\frac{\partial z}{\partial x}\right|_{(2,1)}=5$,$\frac{\partial z}{\partial y}=x+4y$,则$\left.\frac{\partial z}{\partial y}\right|_{(2,1)}=6$,

故 $\mathrm{d}z\Big|_{(2,1)}=5\mathrm{d}x+6\mathrm{d}y$.

4.33 【答案】D

【解析】由题设$\frac{\partial z}{\partial x}=2\cos(2x+3y)$,则$\left.\frac{\partial z}{\partial x}\right|_{(0,0)}=2$,

$\frac{\partial z}{\partial y}=3\cos(2x+3y)$,则$\left.\frac{\partial z}{\partial y}\right|_{(0,0)}=3$,

故 $\mathrm{d}z\Big|_{(0,0)}=2\mathrm{d}x+3\mathrm{d}y$.

4.34 【答案】E

【解析】由题设$\frac{\partial z}{\partial x}=\mathrm{e}^{xy}\cdot y$,$\frac{\partial z}{\partial y}=\mathrm{e}^{xy}\cdot x$. 故 $\mathrm{d}z=\mathrm{e}^{xy}(y\mathrm{d}x+x\mathrm{d}y)$.

4.35 【答案】A

【解析】由题设$\frac{\partial z}{\partial x}=\mathrm{e}^y$,则$\left.\frac{\partial z}{\partial x}\right|_{(2,1)}=\mathrm{e}$,$\frac{\partial z}{\partial y}=x\mathrm{e}^y$,则$\left.\frac{\partial z}{\partial y}\right|_{(2,1)}=2\mathrm{e}$,

故 $\mathrm{d}z\Big|_{(2,1)}=\mathrm{e}\mathrm{d}x+2\mathrm{e}\mathrm{d}y$.

4.36 【答案】A

【解析】由题设$\frac{\partial z}{\partial x}=\frac{1}{y}$,则$\left.\frac{\partial z}{\partial x}\right|_{(1,1)}=1$,$\frac{\partial z}{\partial y}=-\frac{x}{y^2}$,则$\left.\frac{\partial z}{\partial y}\right|_{(1,1)}=-1$,

故 $dz\Big|_{(1,1)}=dx-dy$.

4.37 【答案】 C

【解析】 由题设

$$\frac{\partial f}{\partial x}=-\sin\frac{x}{y}\cdot\frac{1}{y}，则\frac{\partial f}{\partial x}\Big|_{(\pi,2)}=-\frac{1}{2}$$

$$\frac{\partial f}{\partial y}=-\sin\frac{x}{y}\cdot\left(-\frac{x}{y^2}\right)，则\frac{\partial f}{\partial y}\Big|_{(\pi,2)}=\frac{\pi}{4}$$

故 $df(\pi,2)=-\frac{1}{2}dx+\frac{\pi}{4}dy$.

4.38 【答案】 D

【解析】 由题设 $z=\ln x-\ln y$，则

$$\frac{\partial z}{\partial x}=\frac{1}{x}，则\frac{\partial z}{\partial x}\Big|_{(2,2)}=\frac{1}{2}$$

$$\frac{\partial z}{\partial y}=-\frac{1}{y}，则\frac{\partial z}{\partial y}\Big|_{(2,2)}=-\frac{1}{2}$$

故 $dz\Big|_{(2,2)}=\frac{1}{2}dx-\frac{1}{2}dy$.

4.39 【答案】 A

【解析】 由题设

$$\frac{\partial z}{\partial x}=e^{1+xy}+(x-y^2)e^{1+xy}\cdot y，则\frac{\partial z}{\partial x}\Big|_{(1,-1)}=1$$

$$\frac{\partial z}{\partial y}=-2ye^{1+xy}+(x-y^2)e^{1+xy}\cdot x，则\frac{\partial z}{\partial y}\Big|_{(1,-1)}=2$$

故 $dz\Big|_{(1,-1)}=dx+2dy$.

4.40 【答案】 B

【解析】 由题设$\frac{\partial z}{\partial x}=-3x^2y,\frac{\partial z}{\partial y}=-x^3-2\sin 2y$，故 $dz=-3x^2ydx-(x^3+2\sin 2y)dy$.

4.41 【答案】 E

【解析】 $du=ydx+xdy$，其中$\frac{\partial u}{\partial x}=y,\frac{\partial u}{\partial y}=x$，

满足$\frac{\partial^2 u}{\partial x\partial y}=1=\frac{\partial^2 u}{\partial y\partial x}$.

4.42 【答案】 B

【解析】 由题设 $du=e^{x-y}dx-e^{x-y}dy=e^{-y}de^x+e^x de^{-y}$，故 $u=e^x\cdot e^{-y}=e^{x-y}$.

4.43 【答案】 C

【解析】 由题设$\frac{\partial u}{\partial x}=3x^2y^2,\frac{\partial u}{\partial y}=yf(x)$. 则

$$\frac{\partial^2 u}{\partial x\partial y}=6x^2y,\frac{\partial^2 u}{\partial y\partial x}=yf'(x).$$

故 $6x^2y=yf'(x)$，得 $f'(x)=6x^2$. 故 $f(x)=2x^3+C$.

4.44 【答案】A

【解析】$z=f(x,y)$ 在 (x_0,y_0) 的偏导数存在，则 $f(x,y)$ 在 (x_0,y_0) 有定义.

4.45 【答案】D

【解析】$z=f(x,y)$ 在 (x_0,y_0) 连续与一阶偏导数存在无关系.

4.46 【答案】C

【解析】由题设，$z=f(x,y)$ 在 (x_0,y_0) 可微，则 $f(x,y)$ 在 (x_0,y_0) 连续.

4.47 【答案】A

【解析】$\lim\limits_{\substack{x\to 0\\ y\to 0}}f(x,y)=\lim\limits_{\substack{x\to 0\\ y\to 0}}(|x|+|y|)=0=f(0,0)$，故 $f(x,y)$ 在 $(0,0)$ 处连续.

4.48 【答案】E

【解析】设 $F(x,y,z)=xy-z\ln y+e^{xz}-1$，得

$F'_x=y+ze^{xz}$，则 $F'_x(0,1,1)=2\neq 0$，故 $x=x(y,z)$；

$F'_y=x-\dfrac{z}{y}$，则 $F'_y(0,1,1)=-1\neq 0$，故 $y=y(x,z)$；

$F'_z=-\ln y+xe^{xz}$，则 $F'_z(0,1,1)=0$.

4.49 【答案】D

【解析】将 $x=0,y=1$，代入得 $z=1$.

对 y 求导，x 看作常数，$z(x,y)$ 为复合函数

$$x\left(z+y\frac{\partial z}{\partial y}\right)\cos(xyz)+2y-\frac{\partial z}{\partial y}=0.$$

将 $x=0,y=1,z=1$ 代入上式 $\left.\dfrac{\partial z}{\partial y}\right|_{(0,1)}=2$.

4.50 【答案】B

【解析】由题设

$$\frac{\partial z}{\partial x}=-\frac{F'_x}{F'_z},\frac{\partial x}{\partial y}=-\frac{F'_y}{F'_x},\frac{\partial y}{\partial z}=-\frac{F'_z}{F'_y}.$$

故 $\dfrac{\partial z}{\partial x}\cdot\dfrac{\partial x}{\partial y}\cdot\dfrac{\partial y}{\partial z}=-1$.

4.51 【答案】B

【解析】由题设

$$\frac{\partial z}{\partial x}=-\frac{F'_x}{F'_z}=-\frac{F'_1\left(-\dfrac{y}{x^2}\right)+F'_2\left(-\dfrac{z}{x^2}\right)}{F'_2\cdot\dfrac{1}{x}},$$

$$\frac{\partial z}{\partial y}=-\frac{F'_y}{F'_z}=-\frac{F'_1\cdot\dfrac{1}{x}}{F'_2\cdot\dfrac{1}{x}},$$

故 $x\dfrac{\partial z}{\partial x}+y\dfrac{\partial z}{\partial y}=\dfrac{F'_1y+F'_2z}{F'_2}-\dfrac{F'_1y}{F'_2}=z$.

4.52 【答案】 D

【解析】当 $x_1<x_2,y_1>y_2$ 时，

由$\dfrac{\partial f}{\partial x}>0$，得 $f(x_1,y_1)<f(x_2,y_1)$，由$\dfrac{\partial f}{\partial y}<0$，得 $f(x_2,y_1)<f(x_2,y_2)$，

故 $f(x_1,y_1)<f(x_2,y_1)<f(x_2,y_2)$.

4.53 【答案】 B

【解析】由题设 $f'_x=3x^2y,f'_y=x^3$，令 $f'_x=3x^2y=0,f'_y=x^3=0$，解得 $x=0,y=0$. 故(0,0)是驻点.

4.54 【答案】 C

【解析】由题设$\dfrac{\partial z}{\partial x}=-y,\dfrac{\partial z}{\partial y}=-x$，令$\dfrac{\partial z}{\partial x}=-y=0,\dfrac{\partial z}{\partial y}=-x=0$，解得 $x=0,y=0$. 故(0,0)是驻点.

4.55 【答案】 B

【解析】由题设$\dfrac{\partial z}{\partial x}=3x^2-3y,\dfrac{\partial z}{\partial y}=3y^2-3x$，令

$$\begin{cases}\dfrac{\partial z}{\partial x}=3x^2-3y=0,\\ \dfrac{\partial z}{\partial y}=3y^2-3x=0,\end{cases}\text{解得}\begin{cases}x=0,\\y=0,\end{cases}\begin{cases}x=1,\\y=1.\end{cases}$$

$\dfrac{\partial^2 z}{\partial x^2}=6x,\dfrac{\partial^2 z}{\partial x\partial y}=-3,\dfrac{\partial^2 z}{\partial y^2}=6y$.

当 $x=1,y=1$ 时，$A=\left.\dfrac{\partial^2 z}{\partial x^2}\right|_{(1,1)}=6>0,B=\left.\dfrac{\partial^2 z}{\partial x\partial y}\right|_{(1,1)}=-3$，

$$C=\left.\dfrac{\partial^2 z}{\partial y^2}\right|_{(1,1)}=6,AC-B^2=27>0.$$

故 $f(1,1)=-1$ 是极小值.

当 $x=0,y=0$ 时，$A=0,B=-3,C=0,AC-B^2<0$. 故 $f(0,0)$ 不是极值.

4.56 【答案】 A

【解析】由题设 $f'_x=2x-6xy,f'_y=-3x^2+3y^2$，令

$$\begin{cases}f'_x=2x-6xy=0,\\f'_y=-3x^2+3y^2=0,\end{cases}$$

解得$\begin{cases}x=0,\\y=0,\end{cases}\begin{cases}x=\dfrac{1}{3},\\y=\dfrac{1}{3},\end{cases}\begin{cases}x=-\dfrac{1}{3},\\y=\dfrac{1}{3}.\end{cases}$

$$A=f''_{xx}=2-6y,B=f''_{xy}=-6x,C=f''_{yy}=6y.$$

当 $x=0,y=0$ 时，$A=2,B=0,C=0,AC-B^2=0$.

当 $x=\dfrac{1}{3},y=\dfrac{1}{3}$ 时，$A=0,B=-2,C=2,AC-B^2<0,f\left(\dfrac{1}{3},\dfrac{1}{3}\right)$不是极值.

当 $x=-\frac{1}{3},y=\frac{1}{3}$ 时，$A=0,B=2,C=2,AC-B^2<0,f\left(-\frac{1}{3},\frac{1}{3}\right)$ 不是极值.

4.57 【答案】 C

【解析】由题设 $f'_x=8x^7-4(x+y),f'_y=8y^7-4(x+y)$，令

$$\begin{cases}f'_x=8x^7-4(x+y)=0,\\ f'_y=8y^7-4(x+y)=0,\end{cases}$$

解得 $\begin{cases}x=0,\\ y=0,\end{cases}\begin{cases}x=1,\\ y=1,\end{cases}\begin{cases}x=-1,\\ y=-1.\end{cases}$

且 $A=f''_{xx}=56x^6-4,B=f''_{xy}=-4,C=f''_{yy}=56y^6-4.$

当 $x=0,y=0$ 时，$A=-4,B=-4,C=-4,AC-B^2=0$，用定义可知 $(0,0)$ 不是极值点；

当 $x=1,y=1$ 时，$A=52,B=-4,C=52,AC-B^2>0,A>0$，故 $f(1,1)$ 是极小值；

当 $x=-1,y=-1,A=52,B=-4,C=52,AC-B^2>0,A>0$，故 $f(-1,-1)$ 是极小值.

4.58 【答案】 C

【解析】由题设 $f'_x=a-2x,f'_y=-a-2y$，令

$\begin{cases}f'_x=a-2x=0,\\ f'_y=-a-2y=0,\end{cases}$ 得驻点 $\begin{cases}x=\frac{a}{2},\\ y=\frac{-a}{2}.\end{cases}$ 故 $a=4$.

又由于 $A=f''_{xx}=-2,B=f''_{xy}=0,C=f''_{yy}=-2.$

$AC-B^2>0$，且 $A<0$，故点 $(2,-2)$ 为极大值点.

4.59 【答案】 A

【解析】由题设 $f(x,y)-xy=(x^2+y^2)^2+o((x^2+y^2)^2)$，故

$$f(x,y)=xy+(x^2+y^2)^2+o((x^2+y^2)^2).$$

当 $y=x$ 时，$f(x,y)\geqslant f(0,0)$，

当 $y=-x$ 时，$f(x,y)\leqslant f(0,0)$，故 $(0,0)$ 不是极值点.

4.60 【答案】 A

【解析】由题设，(x_0,y_0) 是驻点，且在 (x_0,y_0) 处

$$A=f''_{xx}(x_0,y_0)>0,B=f''_{xy}(x_0,y_0)=0,C=f''_{yy}(x_0,y_0)>0,$$

故 $AC-B^2>0$，又 $A>0$，则点 (x_0,y_0) 是极小值点.

线性代数

第一章 行列式

1.1 【答案】 C

【解析】 由三阶行列式计算公式得

原式 $= 10 + 36 - 28 - 36 - 10 + 28 = 0$.

1.2 【答案】 C

【解析】 按行列式展开定理，以第二列展开

原式 $= 6 \times (4 - 4) = 0$.

1.3 【答案】 D

【解析】 按行列式展开定理，以第二行展开

原式 $= 3 \times (0 + 4) = 12$.

1.4 【答案】 E

【解析】 由行列式性质

原式 $= 2\begin{vmatrix} a_1 & 3a_2 \\ b_1 & 3b_2 \end{vmatrix} = 6\begin{vmatrix} a_1 & a_2 \\ b_1 & b_2 \end{vmatrix} = 6k$.

1.5 【答案】 A

【解析】 由行列式性质

原式$=\begin{vmatrix} a_{21} & a_{22} \\ a_{21} & a_{22} \end{vmatrix} + \begin{vmatrix} a_{21} & a_{22} \\ 2a_{11} & 2a_{12} \end{vmatrix} = 0 + 2\begin{vmatrix} a_{21} & a_{22} \\ a_{11} & a_{12} \end{vmatrix} = -2\begin{vmatrix} a_{11} & a_{12} \\ a_{21} & a_{22} \end{vmatrix} = -2m$.

【注】 行列式两行(或列)互换位置，行列式的值变号；若两行(或列)的元素对应成比例，行列式的值为0.

1.6 【答案】 B

【解析】 由行列式性质

原式$=\begin{vmatrix} b_1 & b_2 \\ a_1 & a_2 \end{vmatrix} + \begin{vmatrix} b_1 & b_2 \\ c_1 & c_2 \end{vmatrix} = -\begin{vmatrix} a_1 & a_2 \\ b_1 & b_2 \end{vmatrix} + \begin{vmatrix} b_1 & b_2 \\ c_1 & c_2 \end{vmatrix} = -m + n$.

1.7 【答案】 D

【解析】 由行列式性质

原式$=\begin{vmatrix} a_{11} & 2a_{12} \\ a_{21} & 2a_{22} \end{vmatrix}+\begin{vmatrix} a_{11} & 5a_{11} \\ a_{21} & 5a_{21} \end{vmatrix}=2\begin{vmatrix} a_{11} & a_{12} \\ a_{21} & a_{22} \end{vmatrix}+0=2\times 3+0=6.$

1.8 【答案】E

【解析】由行列式性质

原式$=\begin{vmatrix} -a_1 & 2a_2 \\ -b_1 & 2b_2 \end{vmatrix}+\begin{vmatrix} a_2 & 2a_2 \\ b_2 & 2b_2 \end{vmatrix}=-2\begin{vmatrix} a_1 & a_2 \\ b_1 & b_2 \end{vmatrix}+0=-2\times(-2)+0=4.$

1.9 【答案】B

【解析】由行列式性质

原式 $=\begin{vmatrix} a_1 & b_1 \\ a_2 & b_2 \end{vmatrix}+\begin{vmatrix} a_1 & c_1 \\ a_2 & c_2 \end{vmatrix}=1-2=-1.$

1.10 【答案】D

【解析】由行列式性质

$D_2=\begin{vmatrix} a_1 & 2b_1 \\ a_2 & 2b_2 \end{vmatrix}+\begin{vmatrix} a_1 & -3a_1 \\ a_2 & -3a_2 \end{vmatrix}=2\begin{vmatrix} a_1 & b_1 \\ a_2 & b_2 \end{vmatrix}+0=2D_1.$

1.11 【答案】D

【解析】由行列式性质

$$\begin{vmatrix} -3a_2 & a_1+2a_2 \\ -3b_2 & b_1+2b_2 \end{vmatrix}=\begin{vmatrix} -3a_2 & a_1 \\ -3b_2 & b_1 \end{vmatrix}+\begin{vmatrix} -3a_2 & 2a_2 \\ -3b_2 & 2b_2 \end{vmatrix}=3\begin{vmatrix} a_1 & a_2 \\ b_1 & b_2 \end{vmatrix}+0=6$$

故$\begin{vmatrix} a_1 & a_2 \\ b_1 & b_2 \end{vmatrix}=2.$

1.12 【答案】D

【解析】由行列式性质

$$\begin{vmatrix} -2a_1+a_2 & a_2 \\ -2b_1+b_2 & b_2 \end{vmatrix}=\begin{vmatrix} -2a_1 & a_2 \\ -2b_1 & b_2 \end{vmatrix}+\begin{vmatrix} a_2 & a_2 \\ b_2 & b_2 \end{vmatrix}=(-2)\begin{vmatrix} a_1 & a_2 \\ b_1 & b_2 \end{vmatrix}+0=-2$$

故$\begin{vmatrix} a_1 & a_2 \\ b_1 & b_2 \end{vmatrix}=1.$

1.13 【答案】B

【解析】由行列式性质

$$\begin{vmatrix} a_1+a_2 & -2a_2 \\ b_1+b_2 & -2b_2 \end{vmatrix}=\begin{vmatrix} a_1 & -2a_2 \\ b_1 & -2b_2 \end{vmatrix}+\begin{vmatrix} a_2 & -2a_2 \\ b_2 & -2b_2 \end{vmatrix}=(-2)\begin{vmatrix} a_1 & a_2 \\ b_1 & b_2 \end{vmatrix}+0=2$$

故$\begin{vmatrix} a_1 & a_2 \\ b_1 & b_2 \end{vmatrix}=-1.$

1.14 【答案】C

【解析】由行列式性质

$$\begin{vmatrix} a_1 & b_1-c_1 \\ a_2 & b_2-c_2 \end{vmatrix}=\begin{vmatrix} a_1 & b_1 \\ a_2 & b_2 \end{vmatrix}+\begin{vmatrix} a_1 & -c_1 \\ a_2 & -c_2 \end{vmatrix}=1-1=0.$$

1.15 【答案】D

【解析】由行列式性质

$$\begin{vmatrix} 2a_{21} & 2a_{22} \\ a_{21}-a_{11} & a_{22}-a_{12} \end{vmatrix} = \begin{vmatrix} 2a_{21} & 2a_{22} \\ a_{21} & a_{22} \end{vmatrix} + \begin{vmatrix} 2a_{21} & 2a_{22} \\ -a_{11} & -a_{12} \end{vmatrix}$$

$$= 0 - 2\begin{vmatrix} a_{21} & a_{22} \\ a_{11} & a_{12} \end{vmatrix} = 2\begin{vmatrix} a_{11} & a_{12} \\ a_{21} & a_{22} \end{vmatrix}$$

$$= m$$

故$\begin{vmatrix} a_{11} & a_{12} \\ a_{21} & a_{22} \end{vmatrix} = \frac{m}{2}$.

1.16 【答案】 B

【解析】$\begin{vmatrix} a_1+a_2 & a_2-a_1 \\ b_1+b_2 & b_2-b_1 \end{vmatrix} = \begin{vmatrix} a_1+a_2 & 2a_2 \\ b_1+b_2 & 2b_2 \end{vmatrix} = \begin{vmatrix} a_1 & 2a_2 \\ b_1 & 2b_2 \end{vmatrix} + \begin{vmatrix} a_2 & 2a_2 \\ b_2 & 2b_2 \end{vmatrix}$

$$= 2\begin{vmatrix} a_1 & a_2 \\ b_1 & b_2 \end{vmatrix} = -2, \text{故} \begin{vmatrix} a_1 & a_2 \\ b_1 & b_2 \end{vmatrix} = -1.$$

1.17 【答案】 E

【解析】由行列式性质

$$\begin{vmatrix} a_1+a_2 & a_1-a_2 \\ b_1+b_2 & b_1-b_2 \end{vmatrix} = \begin{vmatrix} a_1+a_2 & 2a_1 \\ b_1+b_2 & 2b_1 \end{vmatrix} = \begin{vmatrix} a_1 & 2a_1 \\ b_1 & 2b_1 \end{vmatrix} + \begin{vmatrix} a_2 & 2a_1 \\ b_2 & 2b_1 \end{vmatrix}$$

$$= -2\begin{vmatrix} a_1 & a_2 \\ b_1 & b_2 \end{vmatrix} = (-2)\times(-1) = 2.$$

1.18 【答案】 C

【解析】由行列式性质

$$\text{原式} = 2\times 3\begin{vmatrix} a_{11} & a_{12} & a_{13} \\ a_{21} & a_{22} & a_{23} \\ a_{31} & a_{32} & a_{33} \end{vmatrix} = 6\times 4 = 24.$$

1.19 【答案】 E

【解析】由行列式性质

$$\text{原式} = (-1)\times 2\times(-3)\begin{vmatrix} a_{11} & a_{12} & a_{13} \\ a_{21} & a_{22} & a_{23} \\ a_{31} & a_{32} & a_{33} \end{vmatrix} = 6\times 2 = 12.$$

1.20 【答案】 E

【解析】由行列式性质

$$\text{原式} = (-1)\times 2\times(-2)\times 2\begin{vmatrix} a_{11} & a_{12} & a_{13} \\ a_{21} & a_{22} & a_{23} \\ a_{31} & a_{32} & a_{33} \end{vmatrix} = 8\begin{vmatrix} a_{11} & a_{12} & a_{13} \\ a_{21} & a_{22} & a_{23} \\ a_{31} & a_{32} & a_{33} \end{vmatrix} = 8M.$$

1.21 【答案】 D

【解析】由行列式性质

$$\text{原式} = \begin{vmatrix} 3a_{11} & 3a_{12} & 3a_{13} \\ -a_{31} & -a_{32} & -a_{33} \\ a_{21} & a_{22} & a_{23} \end{vmatrix} + \begin{vmatrix} 3a_{11} & 3a_{12} & 3a_{13} \\ -a_{31} & -a_{32} & -a_{33} \\ -a_{31} & -a_{32} & -a_{33} \end{vmatrix} = 3\times(-1)\begin{vmatrix} a_{11} & a_{12} & a_{13} \\ a_{31} & a_{32} & a_{33} \\ a_{21} & a_{22} & a_{23} \end{vmatrix} + 0$$

$$= 3\begin{vmatrix} a_{11} & a_{12} & a_{13} \\ a_{21} & a_{22} & a_{23} \\ a_{31} & a_{32} & a_{33} \end{vmatrix} = 6.$$

1.22 【答案】 A

【解析】 由行列式性质

$$原式 = \begin{vmatrix} a_{11} & -3a_{12} & a_{13} \\ a_{21} & -3a_{22} & a_{23} \\ a_{31} & -3a_{32} & a_{33} \end{vmatrix} = (-3)\begin{vmatrix} a_{11} & a_{12} & a_{13} \\ a_{21} & a_{22} & a_{23} \\ a_{31} & a_{32} & a_{33} \end{vmatrix} = -3.$$

1.23 【答案】 D

【解析】 由行列式性质

$$原式 = \begin{vmatrix} a_{21} & a_{22} & a_{23} \\ -2a_{11} & -2a_{12} & -2a_{13} \\ a_{31}+a_{11} & a_{32}+a_{12} & a_{33}+a_{13} \end{vmatrix} = (-2)\begin{vmatrix} a_{21} & a_{22} & a_{23} \\ a_{11} & a_{12} & a_{13} \\ a_{31}+a_{11} & a_{32}+a_{12} & a_{33}+a_{13} \end{vmatrix}$$

$$= (-2)\begin{vmatrix} a_{21} & a_{22} & a_{23} \\ a_{11} & a_{12} & a_{13} \\ a_{31} & a_{32} & a_{33} \end{vmatrix} = 2\begin{vmatrix} a_{11} & a_{12} & a_{13} \\ a_{21} & a_{22} & a_{23} \\ a_{31} & a_{32} & a_{33} \end{vmatrix} = 2m.$$

1.24 【答案】 A

【解析】 由行列式性质

原式 $= |\boldsymbol{\alpha}_1, \boldsymbol{\alpha}_2, \boldsymbol{\beta}_1| + |\boldsymbol{\alpha}_1, \boldsymbol{\alpha}_2, \boldsymbol{\beta}_2| = |\boldsymbol{\alpha}_1, \boldsymbol{\alpha}_2, \boldsymbol{\beta}_1| - |\boldsymbol{\alpha}_1, \boldsymbol{\beta}_2, \boldsymbol{\alpha}_2| = m - n.$

1.25 【答案】 D

【解析】 由行列式性质

$$|\boldsymbol{B}| = |\boldsymbol{\alpha}_1, \boldsymbol{\alpha}_2, \boldsymbol{\alpha}_3| + |\boldsymbol{\alpha}_2, \boldsymbol{\alpha}_2, \boldsymbol{\alpha}_3| = |\boldsymbol{A}| + 0 = 6$$

故 $|\boldsymbol{A}| = 6.$

1.26 【答案】 E

【解析】 由行列式性质

$$\begin{aligned} |\boldsymbol{A}+\boldsymbol{B}| &= |\boldsymbol{\alpha}+\boldsymbol{\beta}, 2\boldsymbol{\gamma}_2, 2\boldsymbol{\gamma}_3, 2\boldsymbol{\gamma}_4| = |\boldsymbol{\alpha}, 2\boldsymbol{\gamma}_2, 2\boldsymbol{\gamma}_3, 2\boldsymbol{\gamma}_4| + |\boldsymbol{\beta}, 2\boldsymbol{\gamma}_2, 2\boldsymbol{\gamma}_3, 2\boldsymbol{\gamma}_4| \\ &= 8|\boldsymbol{\alpha}, \boldsymbol{\gamma}_2, \boldsymbol{\gamma}_3, \boldsymbol{\gamma}_4| + 8|\boldsymbol{\beta}, \boldsymbol{\gamma}_2, \boldsymbol{\gamma}_3, \boldsymbol{\gamma}_4| = 8\times4 + 8\times1 = 40. \end{aligned}$$

1.27 【答案】 B

【解析】 由行列式性质

原式 $= |4\boldsymbol{\alpha}_1, 2\boldsymbol{\alpha}_1, \boldsymbol{\alpha}_3| + |4\boldsymbol{\alpha}_1, -3\boldsymbol{\alpha}_2, \boldsymbol{\alpha}_3| = 0 + 4\times(-3)|\boldsymbol{\alpha}_1, \boldsymbol{\alpha}_2, \boldsymbol{\alpha}_3| = -12.$

1.28 【答案】 C

【解析】 由行列式性质

$|\boldsymbol{B}| = |\boldsymbol{\alpha}_1, 2\boldsymbol{\alpha}_2, \boldsymbol{\alpha}_3| + |\boldsymbol{\alpha}_2, 2\boldsymbol{\alpha}_2, \boldsymbol{\alpha}_3| = 2|\boldsymbol{\alpha}_1, \boldsymbol{\alpha}_2, \boldsymbol{\alpha}_3| + 0 = 2a.$

1.29 【答案】 C

【解析】 由行列式性质

$$\begin{aligned} |\boldsymbol{B}| &= |\boldsymbol{\alpha}_1, \boldsymbol{\alpha}_2+\boldsymbol{\alpha}_3, \boldsymbol{\alpha}_3+\boldsymbol{\alpha}_1| + |\boldsymbol{\alpha}_2, \boldsymbol{\alpha}_2+\boldsymbol{\alpha}_3, \boldsymbol{\alpha}_3+\boldsymbol{\alpha}_1| \\ &= |\boldsymbol{\alpha}_1, \boldsymbol{\alpha}_2, \boldsymbol{\alpha}_3+\boldsymbol{\alpha}_1| + |\boldsymbol{\alpha}_1, \boldsymbol{\alpha}_3, \boldsymbol{\alpha}_3+\boldsymbol{\alpha}_1| + |\boldsymbol{\alpha}_2, \boldsymbol{\alpha}_2, \boldsymbol{\alpha}_3+\boldsymbol{\alpha}_1| + |\boldsymbol{\alpha}_2, \boldsymbol{\alpha}_3, \boldsymbol{\alpha}_3+\boldsymbol{\alpha}_1| \end{aligned}$$

$= |\boldsymbol{\alpha}_1,\boldsymbol{\alpha}_2,\boldsymbol{\alpha}_3| + |\boldsymbol{\alpha}_1,\boldsymbol{\alpha}_2,\boldsymbol{\alpha}_1| + |\boldsymbol{\alpha}_1,\boldsymbol{\alpha}_3,\boldsymbol{\alpha}_3| + |\boldsymbol{\alpha}_1,\boldsymbol{\alpha}_3,\boldsymbol{\alpha}_1| + 0 + |\boldsymbol{\alpha}_2,\boldsymbol{\alpha}_3,\boldsymbol{\alpha}_3| + |\boldsymbol{\alpha}_2,\boldsymbol{\alpha}_3,\boldsymbol{\alpha}_1|$

$= |\boldsymbol{\alpha}_1,\boldsymbol{\alpha}_2,\boldsymbol{\alpha}_3| + |\boldsymbol{\alpha}_2,\boldsymbol{\alpha}_3,\boldsymbol{\alpha}_1| = 2|\boldsymbol{\alpha}_1,\boldsymbol{\alpha}_2,\boldsymbol{\alpha}_3| = 2a.$

1.30 【答案】C

【解析】由题设

$$\begin{vmatrix} k-1 & 2 \\ 2 & k-1 \end{vmatrix} = k^2 - 2k + 1 - 4 = (k-3)(k+1) \neq 0$$

故 $k \neq -1$ 且 $k \neq 3$.

1.31 【答案】A

【解析】由行列式性质

$$D = \begin{vmatrix} 1 & 2 & 5 \\ 0 & 1 & -7 \\ 0 & 1 & a-10 \end{vmatrix} = a - 10 + 7 = a - 3 = 0.$$

故 $a = 3$.

1.32 【答案】A

【解析】由行列式性质

原式 $= -(a^2 + b^2) = 0$，故 $a = 0, b = 0$.

1.33 【答案】D

【解析】由行列式性质及抽象 n 阶方阵行列式公式

$$\text{原式} = (-1)\begin{vmatrix} a_1 & b_1 & 0 & 0 \\ 0 & 0 & b_2 & a_2 \\ 0 & 0 & a_3 & b_3 \\ b_4 & a_4 & 0 & 0 \end{vmatrix} = \begin{vmatrix} a_1 & b_1 & 0 & 0 \\ b_4 & a_4 & 0 & 0 \\ 0 & 0 & a_3 & b_3 \\ 0 & 0 & b_2 & a_2 \end{vmatrix}$$

$$= (a_1a_4 - b_1b_4)(a_2a_3 - b_2b_3).$$

1.34 【答案】D

【解析】由行列式性质

$$\text{原式} = \begin{vmatrix} x & y & z \\ 3 & 0 & 2 \\ 1 & -2 & -1 \end{vmatrix} = \begin{vmatrix} x & 3 & 1 \\ y & 0 & -2 \\ z & 2 & -1 \end{vmatrix} = 1.$$

1.35 【答案】B

【解析】由行列式展开定理

$$a_0 = f(0) = \begin{vmatrix} 2 & 3 & 2 \\ -1 & 0 & 0 \\ 1 & 5 & 2 \end{vmatrix} = (-1) \times (-1)(6 - 10) = -4.$$

1.36 【答案】C

【解析】a_{22} 代数余子式 $A_{22} = (-1)^{2+2}\begin{vmatrix} a_{11} & a_{13} \\ a_{31} & a_{33} \end{vmatrix} = \begin{vmatrix} a_{11} & a_{13} \\ a_{31} & a_{33} \end{vmatrix}$.

1.37 【答案】 B

【解析】a_{12} 的代数余子式

$$A_{12}=(-1)^{1+2}\begin{vmatrix}-3 & 5\\ 2 & 7\end{vmatrix}=-(-21-10)=31.$$

1.38 【答案】 B

【解析】a_{13} 的代数余子式 $A_{13}=(-1)^{1+3}\begin{vmatrix}5 & 0\\ 2 & -2\end{vmatrix}=-10.$

1.39 【答案】 C

【解析】由伴随矩阵，得 $\boldsymbol{A}^{*}=\begin{pmatrix}A_{11} & A_{21} & A_{31}\\ A_{12} & A_{22} & A_{32}\\ A_{13} & A_{23} & A_{33}\end{pmatrix}.$

$\boldsymbol{A}^{*}$ 中的第 2 行第 3 列元素 $A_{32}=(-1)^{3+2}\begin{vmatrix}1 & 3\\ 4 & 6\end{vmatrix}=6.$

1.40 【答案】 A

【解析】由伴随矩阵，得 $\boldsymbol{A}^{*}=\begin{pmatrix}A_{11} & A_{21} & A_{31}\\ A_{12} & A_{22} & A_{32}\\ A_{13} & A_{23} & A_{33}\end{pmatrix}.$

$\boldsymbol{A}^{*}$ 中的第 1 行第 2 列元素 $A_{21}=(-1)^{2+1}\begin{vmatrix}2 & 0\\ 0 & 3\end{vmatrix}=-6.$

1.41 【答案】 A

【解析】由行列式展开定理，按第 4 列展开

$$原式=3\begin{vmatrix}3 & 0 & -2\\ 2 & 10 & 5\\ 0 & 0 & -2\end{vmatrix}=-6\begin{vmatrix}3 & 0\\ 2 & 10\end{vmatrix}=-180.$$

1.42 【答案】 E

【解析】由行列式展开定理

$$A_{31}+A_{32}+A_{33}=\begin{vmatrix}a_{11} & a_{12} & a_{13}\\ a_{21} & a_{22} & a_{23}\\ 1 & 1 & 1\end{vmatrix}=2.$$

1.43 【答案】 A

【解析】由行列式展开定理

$$A_{41}+A_{42}+A_{43}+A_{44}=\begin{vmatrix}1 & 0 & 4 & 0\\ 2 & -1 & -1 & 2\\ 0 & -6 & 0 & 0\\ 1 & 1 & 1 & 1\end{vmatrix}=6\begin{vmatrix}1 & 4 & 0\\ 2 & -1 & 2\\ 1 & 1 & 1\end{vmatrix}=6\begin{vmatrix}1 & 4 & 0\\ 0 & -3 & 0\\ 1 & 1 & 1\end{vmatrix}=-18.$$

1.44 【答案】 A

【解析】由行列式性质

$$f(x)=A_{31}-A_{32}+0\cdot A_{33}-A_{34}=\begin{vmatrix} x & 0 & 0 & -x \\ 1 & x & 2 & -1 \\ 1 & -1 & 0 & -1 \\ 2 & -x & 0 & x \end{vmatrix}$$

则 $f(-1)=\begin{vmatrix} -1 & 0 & 0 & 1 \\ 1 & -1 & 2 & -1 \\ 1 & -1 & 0 & -1 \\ 2 & 1 & 0 & -1 \end{vmatrix}=(-2)\begin{vmatrix} -1 & 0 & 1 \\ 1 & -1 & -1 \\ 2 & 1 & -1 \end{vmatrix}=(-2)\begin{vmatrix} -1 & 0 & 0 \\ 1 & -1 & 0 \\ 2 & 1 & 1 \end{vmatrix}$

$=-2\times 1=-2.$

1.45 【答案】 D

【解析】 由题设

所有元素代数余子式之和 $=A_{11}+A_{22}+A_{33}=-2-2+1=-3.$

1.46 【答案】 E

【解析】 由题设

$f(x)$ 的常数项 $a_0=f(0)=\begin{vmatrix} 0 & -1 & 0 \\ 2 & 2 & 3 \\ -2 & 5 & 4 \end{vmatrix}=(-1)^{(1+2)}\cdot(-1)\begin{vmatrix} 2 & 3 \\ -2 & 4 \end{vmatrix}=14.$

1.47 【答案】 B

【解析】 由行列式定义得

含 x^4 的项　$(-1)^{\tau(4321)}a_{14}a_{23}a_{32}a_{41}=(-1)^6\cdot x\cdot x\cdot x\cdot x$　系数为 1.

含 x^3 的项　$(-1)^{\tau(1324)}a_{11}a_{23}a_{32}a_{44}=(-1)^1\cdot 1\cdot x\cdot x\cdot x=-x^3$　系数为 -1.

1.48 【答案】 B

【解析】 由行列式性质

$f(x)=\begin{vmatrix} 0 & 1 & x-2 \\ 0 & 1 & 2x-2 \\ 3 & 3 & 3x-5 \end{vmatrix}=3(2x-2-x+2)=3x=0.$ 故有一个实根.

1.49 【答案】 D

【解析】 由克拉默法则，$\boldsymbol{Ax}=\boldsymbol{0}$ 只有零解充要条件

$$|\boldsymbol{A}|=\begin{vmatrix} k & k & 1 \\ 2 & k & 1 \\ k & -2 & 1 \end{vmatrix}=\begin{vmatrix} k & k & 1 \\ 2-k & 0 & 0 \\ 0 & -2-k & 0 \end{vmatrix}=k^2-4\neq 0$$

则 $k\neq 2$ 且 $k\neq -2$.

1.50 【答案】 E

【解析】 由克拉默法则，$\boldsymbol{Ax}=\boldsymbol{0}$ 只有零解充要条件

$|\boldsymbol{A}|=\begin{vmatrix} k & 0 & 1 \\ 2 & k & 1 \\ k & -2 & 1 \end{vmatrix}=\begin{vmatrix} 0 & 0 & 1 \\ 2-k & k & 1 \\ 0 & -2 & 1 \end{vmatrix}=2k-4\neq 0.$ 则 $k\neq 2$.

1.51 【答案】 B

【解析】 由克拉默法则，$\boldsymbol{Ax}=\boldsymbol{0}$ 有无穷解，充要条件是

$$|\boldsymbol{A}|=\begin{vmatrix} a & 2 & -2 \\ -2 & 0 & 1 \\ 0 & -1 & 1 \end{vmatrix}=a+2\times 0=a=0,\text{则 } a=0.$$

1.52 【答案】 E

【解析】 由克拉默法则，$\boldsymbol{Ax}=\boldsymbol{0}$ 有非零解，充要条件是

$$|\boldsymbol{A}|=\begin{vmatrix} 2 & 1 & 1 \\ k & 1 & 1 \\ 1 & -1 & 1 \end{vmatrix}=\begin{vmatrix} 2 & 1 & 0 \\ k & 1 & 0 \\ 1 & -1 & 2 \end{vmatrix}=2(2-k)=0,\text{则 } k=2.$$

第二章　矩阵

2.1 【答案】 C

【解析】 $(\boldsymbol{E}+\boldsymbol{A}^{\mathrm{T}})^{\mathrm{T}}=\boldsymbol{E}^{\mathrm{T}}+(\boldsymbol{A}^{\mathrm{T}})^{\mathrm{T}}=\boldsymbol{E}+\boldsymbol{A}.$

其余选项都是对称矩阵.

2.2 【答案】 D

【解析】 $(\boldsymbol{A}_{s\times n}\boldsymbol{A}_{n\times s})^{\mathrm{T}}$ 是 $s\times s$ 矩阵，且 $(\boldsymbol{AA}^{\mathrm{T}})^{\mathrm{T}}=\boldsymbol{A}\cdot\boldsymbol{A}^{\mathrm{T}}$，故 $\boldsymbol{AA}^{\mathrm{T}}$ 是对称矩阵.

2.3 【答案】 C

【解析】 由反对称矩阵定义 $\boldsymbol{A}^{\mathrm{T}}=-\boldsymbol{A}$. 则

$$\begin{pmatrix} 0 & 1 & b \\ a & 0 & c \\ 0 & 1 & 0 \end{pmatrix}=-\begin{pmatrix} 0 & a & 0 \\ 1 & 0 & 1 \\ b & c & 0 \end{pmatrix}$$

故 $a=-1,b=0,c=-1$.

2.4 【答案】 B

【解析】 由题设 $\boldsymbol{A}^{\mathrm{T}}=\boldsymbol{A},\boldsymbol{B}^{\mathrm{T}}=-\boldsymbol{B}$，则

$(\boldsymbol{AB}+\boldsymbol{BA})^{\mathrm{T}}=\boldsymbol{B}^{\mathrm{T}}\boldsymbol{A}^{\mathrm{T}}+\boldsymbol{A}^{\mathrm{T}}\boldsymbol{B}^{\mathrm{T}}=-\boldsymbol{BA}+\boldsymbol{A}\cdot(-\boldsymbol{B})=-(\boldsymbol{AB}+\boldsymbol{BA})$.

2.5 【答案】 A

【解析】 由矩阵数乘 $2\boldsymbol{A}=\boldsymbol{B}$ 得

$$2\begin{pmatrix} 1 & 0 & x \\ 2 & 1 & 1 \end{pmatrix}=\begin{pmatrix} 2 & 0 & 2 \\ 4 & 2 & y \end{pmatrix}$$

解得 $2x=2,2=y$，故 $x=1,y=2$.

2.6 【答案】 E

【解析】 由矩阵数乘得 $-\begin{pmatrix} 1 & 2 & 0 \\ 0 & -3 & -5 \end{pmatrix}=\begin{pmatrix} -1 & -2 & 0 \\ 0 & 3 & 5 \end{pmatrix}$.

2.7 【答案】 E

【解析】 由矩阵乘法得

$$\boldsymbol{\alpha\beta}^{\mathrm{T}} = \begin{pmatrix} 1 \\ -1 \end{pmatrix}(1,1) = \begin{pmatrix} 1 & 1 \\ -1 & -1 \end{pmatrix}.$$

2.8 【答案】 D

【解析】 由矩阵乘法 $\boldsymbol{A}_{k\times l}\cdot\boldsymbol{C}^{\mathrm{T}}\cdot\boldsymbol{B}_{m\times n}$ 有意义得 $\boldsymbol{C}^{\mathrm{T}}=\boldsymbol{C}^{\mathrm{T}}_{l\times m}$. 所以 $\boldsymbol{C}$ 为 $m\times l$ 矩阵.

2.9 【答案】 A

【解析】 由矩阵乘法 $\boldsymbol{x}^{\mathrm{T}}\boldsymbol{A}\boldsymbol{x}$ 是 1×1 矩阵.

2.10 【答案】 C

【解析】 由方阵性质 $|\boldsymbol{AB}|=|\boldsymbol{A}|\cdot|\boldsymbol{B}|=0$，则 $|\boldsymbol{A}|=0$ 或 $|\boldsymbol{B}|=0$.

2.11 【答案】 E

【解析】 由矩阵乘法不具有交换律

$(\boldsymbol{AB})^2=\boldsymbol{AB}\cdot\boldsymbol{AB}\neq\boldsymbol{A}^2\cdot\boldsymbol{B}^2$.

2.12 【答案】 E

【解析】 由矩阵乘法.

$(\boldsymbol{A}-\boldsymbol{E})(\boldsymbol{A}+\boldsymbol{E})=\boldsymbol{A}^2+\boldsymbol{A}-\boldsymbol{A}-\boldsymbol{E}=\boldsymbol{A}^2-\boldsymbol{E}=(\boldsymbol{A}+\boldsymbol{E})(\boldsymbol{A}-\boldsymbol{E})$.

注意：$(\boldsymbol{A}+\boldsymbol{E})(\boldsymbol{B}+\boldsymbol{E})=\boldsymbol{AB}+\boldsymbol{B}+\boldsymbol{A}+\boldsymbol{E}\neq\boldsymbol{BA}+\boldsymbol{B}+\boldsymbol{A}+\boldsymbol{E}=(\boldsymbol{B}+\boldsymbol{E})(\boldsymbol{A}+\boldsymbol{E})$.

2.13 【答案】 B

【解析】 由转置性质 $(\boldsymbol{AB})^{\mathrm{T}}=\boldsymbol{B}^{\mathrm{T}}\boldsymbol{A}^{\mathrm{T}}$.

$(\boldsymbol{A}+\boldsymbol{B})^2=(\boldsymbol{A}+\boldsymbol{B})(\boldsymbol{A}+\boldsymbol{B})=\boldsymbol{A}^2+\boldsymbol{AB}+\boldsymbol{BA}+\boldsymbol{B}^2\neq\boldsymbol{A}^2+2\boldsymbol{AB}+\boldsymbol{B}^2$

$(\boldsymbol{A}+\boldsymbol{B})(\boldsymbol{A}-\boldsymbol{B})=\boldsymbol{A}^2-\boldsymbol{AB}+\boldsymbol{BA}-\boldsymbol{B}^2\neq\boldsymbol{A}^2-\boldsymbol{B}^2$.

2.14 【答案】 D

【解析】 由转置性质

$(\boldsymbol{A}^2)^{\mathrm{T}}=(\boldsymbol{A}\cdot\boldsymbol{A})^{\mathrm{T}}=\boldsymbol{A}^{\mathrm{T}}\cdot\boldsymbol{A}^{\mathrm{T}}=(-\boldsymbol{A})\cdot(-\boldsymbol{A})=\boldsymbol{A}^2$.

2.15 【答案】 E

【解析】 由矩阵乘法

$(\boldsymbol{A}+\boldsymbol{B})(\boldsymbol{A}-\boldsymbol{B})=\boldsymbol{A}^2-\boldsymbol{AB}+\boldsymbol{BA}-\boldsymbol{B}^2=\boldsymbol{A}^2-\boldsymbol{B}^2$

则 $\boldsymbol{AB}=\boldsymbol{BA}$.

2.16 【答案】 E

【解析】 由矩阵乘法

$(\boldsymbol{A}-\boldsymbol{B})^2=(\boldsymbol{A}-\boldsymbol{B})(\boldsymbol{A}-\boldsymbol{B})=\boldsymbol{A}^2-\boldsymbol{AB}-\boldsymbol{BA}+\boldsymbol{B}^2=\boldsymbol{A}^2-\boldsymbol{BA}+\boldsymbol{B}^2$.

2.17 【答案】 B

【解析】 由矩阵乘法

$\boldsymbol{AB}=(\boldsymbol{E}-\boldsymbol{\alpha}^{\mathrm{T}}\boldsymbol{\alpha})(\boldsymbol{E}+2\boldsymbol{\alpha}^{\mathrm{T}}\boldsymbol{\alpha})=\boldsymbol{E}+2\boldsymbol{\alpha}^{\mathrm{T}}\boldsymbol{\alpha}-\boldsymbol{\alpha}^{\mathrm{T}}\boldsymbol{\alpha}-2\boldsymbol{\alpha}^{\mathrm{T}}\boldsymbol{\alpha\alpha}^{\mathrm{T}}\boldsymbol{\alpha}=\boldsymbol{E}+\boldsymbol{\alpha}^{\mathrm{T}}\boldsymbol{\alpha}-\boldsymbol{\alpha}^{\mathrm{T}}\boldsymbol{\alpha}=\boldsymbol{E}$.

2.18 【答案】 B

【解析】 由方阵性质

$|A|=\left|\frac{1}{2}E\right|=\frac{1}{2^n}|E|=\frac{1}{2^n}$.

2.19 【答案】 B

【解析】 由方阵性质

$\left|-\frac{1}{2}A\right|=\left(-\frac{1}{2}\right)^3\cdot|A|=-\frac{1}{8}\times 2=-\frac{1}{4}$.

2.20 【答案】 D

【解析】 由 $|A^{-1}|=2$，则 $|A|=\frac{1}{2}$，故

$|2A|=2^3\cdot|A|=8\times\frac{1}{2}=4$.

2.21 【答案】 A

【解析】 由方阵性质

$|-2A|=(-2)^3\cdot|A|=-8\times 2=-16$.

2.22 【答案】 D

【解析】 由方阵性质

$|-2A|=(-2)^2\cdot|A|=4\times 4=16$.

2.23 【答案】 A

【解析】 由 $|A^{-1}|=3$，则 $|A|=\frac{1}{3}$，故

$|-3A|=(-3)^3\cdot|A|=-27\times\frac{1}{3}=-9$.

2.24 【答案】 E

【解析】 由方阵性质

$\left|\frac{1}{2}A^T\right|=\frac{1}{2^3}\cdot|A^T|=\frac{1}{2^3}|A|=\frac{1}{8}\times(-3)=-\frac{3}{8}$.

2.25 【答案】 A

【解析】 由矩阵的性质

$|-2A^T|=(-2)^3\cdot|A^T|=-8|A|=-8$.

2.26 【答案】 C

【解析】 由方阵的性质

$|4A^T|=4^4\cdot|A^T|=4^4\cdot|A|=4^4\cdot 4=4^5$.

2.27 【答案】 E

【解析】 由方阵性质

$|5A^T|=5^2\cdot|A^T|=25|A|=25\times 3=75$.

2.28 【答案】 B

【解析】 由逆矩阵性质 $(-A)^{-1}=-A^{-1}$，且 $|A^{-1}|=|A|^{-1}$

$|(-A)^{-1}|=|-A^{-1}|=(-1)^3\cdot|A^{-1}|=-\frac{1}{|A|}=-\frac{1}{3}$.

2.29 【答案】 E

【解析】 由行列式 $|\boldsymbol{A}|=-7$,又由方阵的性质

$|\boldsymbol{A}\cdot\boldsymbol{A}^{\mathrm{T}}|=|\boldsymbol{A}|\cdot|\boldsymbol{A}^{\mathrm{T}}|=|\boldsymbol{A}|\cdot|\boldsymbol{A}|=-7\times(-7)=49.$

2.30 【答案】 A

【解析】 由方阵的性质

$||\boldsymbol{B}|\boldsymbol{A}|=|-2\boldsymbol{A}|=(-2)^3\cdot|\boldsymbol{A}|=-8.$

2.31 【答案】 E

【解析】 由方阵性质

$$\begin{aligned}|2(\boldsymbol{A}^{\mathrm{T}}\boldsymbol{B}^{-1})^2|&=2^3\cdot|\boldsymbol{A}^{\mathrm{T}}\cdot\boldsymbol{B}^{-1}|^2=8(|\boldsymbol{A}^{\mathrm{T}}|\cdot|\boldsymbol{B}^{-1}|)^2\\&=8\cdot|\boldsymbol{A}|^2\cdot|\boldsymbol{B}|^{-2}=8\times9\times\frac{1}{4}=18.\end{aligned}$$

2.32 【答案】 C

【解析】 由方阵的性质 $|\boldsymbol{A}\cdot\boldsymbol{B}^{\mathrm{T}}|=|\boldsymbol{A}|\cdot|\boldsymbol{B}^{\mathrm{T}}|=|\boldsymbol{A}^{\mathrm{T}}|\cdot|\boldsymbol{B}^{\mathrm{T}}|$.

2.33 【答案】 B

【解析】 由方阵的性质 $|\boldsymbol{AB}|=|\boldsymbol{A}|\cdot|\boldsymbol{B}|=0$,则 $|\boldsymbol{A}|=0$ 或 $|\boldsymbol{B}|=0$.

2.34 【答案】 D

【解析】 由逆矩阵定义得

$$\boldsymbol{A}^{-1}=\begin{pmatrix}1&&\\&2&\\&&3\end{pmatrix}.$$

2.35 【答案】 A

【解析】 由逆矩阵公式得

$$\boldsymbol{A}^{-1}=\frac{1}{|\boldsymbol{A}|}\cdot\boldsymbol{A}^{*}=\frac{1}{ad-bc}\begin{pmatrix}d&-b\\-c&a\end{pmatrix}=\begin{pmatrix}d&-b\\-c&a\end{pmatrix}.$$

2.36 【答案】 C

【解析】 由矩阵定义 $\boldsymbol{A}\cdot(\boldsymbol{A}-5\boldsymbol{E})=\boldsymbol{E}$,故 $(\boldsymbol{A}-5\boldsymbol{E})^{-1}=\boldsymbol{A}$.

2.37 【答案】 C

【解析】 由逆矩阵定义 $\boldsymbol{A}^2+\boldsymbol{A}=-\boldsymbol{E}$,整理得 $\boldsymbol{A}(\boldsymbol{A}+\boldsymbol{E})=-\boldsymbol{E}$,则 $\boldsymbol{A}\cdot(-\boldsymbol{A}-\boldsymbol{E})=\boldsymbol{E}$.
故 $\boldsymbol{A}^{-1}=-\boldsymbol{A}-\boldsymbol{E}$.

2.38 【答案】 C

【解析】 由逆矩阵定义 $\boldsymbol{A}^2+\boldsymbol{A}=\boldsymbol{E}$,则 $\boldsymbol{A}(\boldsymbol{A}+\boldsymbol{E})=\boldsymbol{E}$,即 $\boldsymbol{A}^{-1}=\boldsymbol{A}+\boldsymbol{E}$.

2.39 【答案】 A

【解析】 由 $\boldsymbol{AXB}=\boldsymbol{C}$,且 $\boldsymbol{A},\boldsymbol{B}$ 可逆,则左乘 $\boldsymbol{A}^{-1}$,右乘 $\boldsymbol{B}^{-1}$,得 $\boldsymbol{X}=\boldsymbol{A}^{-1}\boldsymbol{CB}^{-1}$.

2.40 【答案】 A

【解析】 由题设,左乘 $\boldsymbol{A}^{-1}$,右乘 $\boldsymbol{B}^{-1}$,则

$\boldsymbol{X}-\boldsymbol{E}=\boldsymbol{A}^{-1}\cdot\boldsymbol{B}\cdot\boldsymbol{B}^{-1}=\boldsymbol{A}^{-1}\Rightarrow\boldsymbol{X}=\boldsymbol{E}+\boldsymbol{A}^{-1}$.

2.41 【答案】 B

【解析】 由题设$(\boldsymbol{AB})^{-1}=\boldsymbol{B}^{-1}\cdot\boldsymbol{A}^{-1}$.

2.42 【答案】 C

【解析】 由题设,分别左乘$\boldsymbol{A}^{-1}$,右乘$\boldsymbol{C}^{-1}$,则

$\boldsymbol{B}=\boldsymbol{A}^{-1}\boldsymbol{E}\cdot\boldsymbol{C}^{-1}=\boldsymbol{A}^{-1}\cdot\boldsymbol{C}^{-1}\Rightarrow\boldsymbol{B}^{-1}=(\boldsymbol{A}^{-1}\boldsymbol{C}^{-1})^{-1}=\boldsymbol{CA}$.

2.43 【答案】 C

【解析】 由题设$\boldsymbol{ABC}=\boldsymbol{E}$,分别右乘$\boldsymbol{C}^{-1},\boldsymbol{B}^{-1}$,则

$\boldsymbol{A}=\boldsymbol{EC}^{-1}\cdot\boldsymbol{B}^{-1}=\boldsymbol{C}^{-1}\boldsymbol{B}^{-1}$

分别左乘$\boldsymbol{C},\boldsymbol{B}$得　$\boldsymbol{BCA}=\boldsymbol{BCC}^{-1}\boldsymbol{B}^{-1}=\boldsymbol{E}$.

2.44 【答案】 D

【解析】 由矩阵乘法得$\boldsymbol{ABC}=\boldsymbol{BAC}=\boldsymbol{BCA}$.

2.45 【答案】 E

【解析】 由题设$\boldsymbol{A}+\boldsymbol{X}=\boldsymbol{B}$得$\boldsymbol{X}=\boldsymbol{B}-\boldsymbol{A}$.

2.46 【答案】 A

【解析】 由题设$\boldsymbol{A}^2-\boldsymbol{E}=\boldsymbol{O}$,则$\boldsymbol{A}^2=\boldsymbol{E}\Rightarrow\boldsymbol{A}\cdot\boldsymbol{A}=\boldsymbol{E}\Rightarrow\boldsymbol{A}^{-1}=\boldsymbol{A}$.

2.47 【答案】 D

【解析】 由逆矩阵性质$[(\boldsymbol{A}^{-1})^{-1}]^{\mathrm{T}}=\boldsymbol{A}^{\mathrm{T}}=[(\boldsymbol{A}^{\mathrm{T}})^{-1}]^{-1}$.

2.48 【答案】 C

【解析】 由题设,等式两边左乘以$\boldsymbol{A}-\boldsymbol{E}$得

$\boldsymbol{E}=(\boldsymbol{A}-\boldsymbol{E})(\boldsymbol{A}^2+\boldsymbol{A}+\boldsymbol{E})=\boldsymbol{A}^3-\boldsymbol{E}\Rightarrow\boldsymbol{A}^3=2\boldsymbol{E}\Rightarrow|\boldsymbol{A}|^3=2^3\Rightarrow|\boldsymbol{A}|=2$.

2.49 【答案】 C

【解析】 由逆矩阵定义$\boldsymbol{C}^{-1}=\begin{pmatrix}\boldsymbol{O}&\boldsymbol{B}\\\boldsymbol{A}&\boldsymbol{O}\end{pmatrix}^{-1}=\begin{pmatrix}\boldsymbol{O}&\boldsymbol{A}^{-1}\\\boldsymbol{B}^{-1}&\boldsymbol{O}\end{pmatrix}$.

2.50 【答案】 A

【解析】 由$|\boldsymbol{A}^*|=|\boldsymbol{A}|^{n-1}$则由方阵性质

$|2\boldsymbol{A}^*|=2^2\cdot|\boldsymbol{A}^*|=4\cdot|\boldsymbol{A}|^{2-1}=4\cdot|\boldsymbol{A}|=4\times(-2)=-8$.

2.51 【答案】 A

【解析】由题设$|\boldsymbol{A}^{-1}|=-1$,则$|\boldsymbol{A}|=-1$.又由于$\boldsymbol{A}^*=|\boldsymbol{A}|\cdot\boldsymbol{A}^{-1}=-\boldsymbol{A}^{-1}=\begin{pmatrix}-1&-3\\-2&-5\end{pmatrix}$.

2.52 【答案】 C

【解析】 设$\boldsymbol{A}=\begin{pmatrix}0&0&a\\0&b&0\\c&0&0\end{pmatrix}$,则$|\boldsymbol{A}|=-abc$,又由于

$$\boldsymbol{A}^{-1}=\begin{pmatrix}0&0&\frac{1}{c}\\0&\frac{1}{b}&0\\\frac{1}{a}&0&0\end{pmatrix},\text{则}\boldsymbol{A}^*=|\boldsymbol{A}|\cdot\boldsymbol{A}^{-1}=-abc\begin{pmatrix}0&0&\frac{1}{c}\\0&\frac{1}{b}&0\\\frac{1}{a}&0&0\end{pmatrix}=\begin{pmatrix}0&0&-ab\\0&-ac&0\\-bc&0&0\end{pmatrix}.$$

2.53 【答案】 B

【解析】 由 $|A^*|=|A|^{n-1}$，则 $-6=|A|^{2-1}$，得 $|A|=-6$.

则 $A^{-1}=\frac{1}{|A|}\cdot A^*=-\frac{1}{6}\begin{pmatrix}-2 & 0\\ 0 & 3\end{pmatrix}=\begin{pmatrix}\frac{1}{3} & 0\\ 0 & -\frac{1}{2}\end{pmatrix}$.

2.54 【答案】 A

【解析】 由 $|A^*|=|A|^{n-1}$，则 $6=|A|^{2-1}$，得 $|A|=6$.

则 $A^{-1}=\frac{1}{|A|}A^*=\frac{1}{6}\begin{pmatrix}0 & 2\\ -3 & 0\end{pmatrix}=\begin{pmatrix}0 & \frac{1}{3}\\ -\frac{1}{2} & 0\end{pmatrix}$.

2.55 【答案】 B

【解析】 由 $|A^*|=|A|^{n-1}$，则 $-2=|A|^{2-1}$，得 $|A|=-2$.

则 $A^{-1}=\frac{1}{|A|}A^*=-\frac{1}{2}\begin{pmatrix}1 & 2\\ 3 & 4\end{pmatrix}$.

2.56 【答案】 D

【解析】 由方阵的性质 $|AB|=|A|\cdot|B|=|BA|$.

2.57 【答案】 C

【解析】 由方阵的性质 $|(AB)^{-1}|=\frac{1}{|AB|}$.

2.58 【答案】 A

【解析】 由方阵的性质 $|AB|=|A|\cdot|B|=0\Rightarrow|A|=0$ 或 $|B|=0$.

2.59 【答案】 CD

【解析】 由题设

$$A^{-1}+B^{-1}=A^{-1}(E+A\cdot B^{-1})=A^{-1}(BB^{-1}+A\cdot B^{-1})=A^{-1}(B+A)B^{-1}$$
$$\Rightarrow(A^{-1}+B^{-1})^{-1}=(A^{-1}(B+A)B^{-1})^{-1}=B(B+A)^{-1}A.$$

2.60 【答案】 C

【解析】 由单位矩阵 E 经过一次初等变换得到初等矩阵.

2.61 【答案】 A

【解析】 由单位矩阵 E 经过一次初等变换得到初等矩阵.

2.62 【答案】 A

【解析】 由初等矩阵左乘变换行，则 P 是将 A 的第 1 行 2 倍加到第 2 行.

2.63 【答案】 B

【解析】 将 A 的第 2 列乘以 3 得以 B，则 $AP=B$.

2.64 【答案】 C

【解析】 将 A 的第 1 行加到第 3 行，再交换第 1 行和第 2 行，则 $P_1P_2A=B$.

2.65 【答案】 D

【解析】将矩阵 A 的第 2 列与第 3 列交换，再将第 1 列与第 4 列交换得到 B.

$AP_2P_1=B\Rightarrow B^{-1}=(AP_2P_1)^{-1}=P_1^{-1}P_2^{-1}A^{-1}=P_1P_2A^{-1}$.

2.66 【答案】 D

【解析】由初等矩阵性质得 $\begin{pmatrix}1&0&0\\0&0&1\\0&1&0\end{pmatrix}A=B$

$$B\begin{pmatrix}1&0&-2\\0&1&0\\0&0&1\end{pmatrix}=E,\begin{pmatrix}1&0&0\\0&0&1\\0&1&0\end{pmatrix}A\begin{pmatrix}1&0&-2\\0&1&0\\0&0&1\end{pmatrix}=E$$

$$\Rightarrow A=\begin{pmatrix}1&0&0\\0&0&1\\0&1&0\end{pmatrix}^{-1}E\begin{pmatrix}1&0&-2\\0&1&0\\0&0&1\end{pmatrix}^{-1}=\begin{pmatrix}1&0&0\\0&0&1\\0&1&0\end{pmatrix}\begin{pmatrix}1&0&2\\0&1&0\\0&0&1\end{pmatrix}=\begin{pmatrix}1&0&2\\0&0&1\\0&1&0\end{pmatrix}.$$

2.67 【答案】 D

【解析】由初等矩阵性质得 $A\begin{pmatrix}0&1&0\\1&0&0\\0&0&1\end{pmatrix}=B,B\begin{pmatrix}1&0&0\\0&1&1\\0&0&1\end{pmatrix}=C.$

$$A\begin{pmatrix}0&1&0\\1&0&0\\0&0&1\end{pmatrix}\begin{pmatrix}1&0&0\\0&1&1\\0&0&1\end{pmatrix}=C$$

$$\Rightarrow Q=\begin{pmatrix}0&1&0\\1&0&0\\0&0&1\end{pmatrix}\begin{pmatrix}1&0&0\\0&1&1\\0&0&1\end{pmatrix}=\begin{pmatrix}0&1&1\\1&0&0\\0&0&1\end{pmatrix}.$$

2.68 【答案】 C

【解析】由初等矩阵性质.

$$\begin{pmatrix}0&1&0\\1&0&0\\0&0&1\end{pmatrix}A=B\Rightarrow(-1)\mid A\mid=\mid B\mid$$

等式两边同时取逆

$$A^{-1}\cdot\begin{pmatrix}0&1&0\\1&0&0\\0&0&1\end{pmatrix}^{-1}=B^{-1}\Rightarrow\frac{A^*}{\mid A\mid}\begin{pmatrix}0&1&0\\1&0&0\\0&0&1\end{pmatrix}=\frac{B^*}{\mid B\mid}\Rightarrow A^*\begin{pmatrix}0&1&0\\1&0&0\\0&0&1\end{pmatrix}=-B^*.$$

2.69 【答案】 E

【解析】由题设 $\begin{pmatrix}1&0&0\\0&1&0\\0&0&\frac{1}{2}\end{pmatrix}A=E$，由方阵性质得，$\begin{vmatrix}1&0&0\\0&1&0\\0&0&\frac{1}{2}\end{vmatrix}\cdot\mid A\mid=\mid E\mid\Rightarrow\mid A\mid=2.$

2.70 【答案】 A

【解析】由初等矩阵性质得 $\begin{pmatrix}0&1\\1&0\end{pmatrix}A=B,B\begin{pmatrix}1&1\\0&1\end{pmatrix}=E.$

$$\begin{pmatrix}0&1\\1&0\end{pmatrix}A\begin{pmatrix}1&1\\0&1\end{pmatrix}=E$$

$$\Rightarrow A^{-1}=\left[\begin{pmatrix}0&1\\1&0\end{pmatrix}^{-1}E\begin{pmatrix}1&1\\0&1\end{pmatrix}^{-1}\right]^{-1}=\begin{pmatrix}1&1\\0&1\end{pmatrix}\begin{pmatrix}0&1\\1&0\end{pmatrix}=\begin{pmatrix}1&1\\1&0\end{pmatrix}.$$

2.71 【答案】 A

【解析】 由初等矩阵性质得$\begin{pmatrix}0&1\\1&0\end{pmatrix}A=B$, $\begin{pmatrix}1&1\\0&1\end{pmatrix}B=C$.

$$\begin{pmatrix}1&1\\0&1\end{pmatrix}\begin{pmatrix}0&1\\1&0\end{pmatrix}A=C\Rightarrow P=\begin{pmatrix}1&1\\0&1\end{pmatrix}\begin{pmatrix}0&1\\1&0\end{pmatrix}=\begin{pmatrix}1&1\\1&0\end{pmatrix}.$$

2.72 【答案】 C

【解析】 由初等矩阵的性质 $A\begin{pmatrix}1&0&0\\0&0&1\\0&1&0\end{pmatrix}=B$, $B\begin{pmatrix}1&0&-2\\0&1&0\\0&0&1\end{pmatrix}=E$.

$$A\begin{pmatrix}1&0&0\\0&0&1\\0&1&0\end{pmatrix}\begin{pmatrix}1&0&-2\\0&1&0\\0&0&1\end{pmatrix}=E$$

$$\Rightarrow A^{-1}=\begin{pmatrix}1&0&0\\0&0&1\\0&1&0\end{pmatrix}\begin{pmatrix}1&0&-2\\0&1&0\\0&0&1\end{pmatrix}=\begin{pmatrix}1&0&-2\\0&0&1\\0&1&0\end{pmatrix}.$$

2.73 【答案】 B

【解析】 由初等矩阵的性质.

$$\begin{pmatrix}-1&0\\0&1\end{pmatrix}A=B\Rightarrow A^{-1}\begin{pmatrix}-1&0\\0&1\end{pmatrix}^{-1}=B^{-1}\Rightarrow A^{-1}\begin{pmatrix}-1&0\\0&1\end{pmatrix}=B^{-1}.$$

2.74 【答案】 C

【解析】 由题设知$(-1)|A|=|B|$,若$|A|=0$,则$|B|=0$,与题设$|A|\neq|B|$矛盾.

2.75 【答案】 E

【解析】 由题设

$$X=\begin{pmatrix}0&1\\1&0\\0&1\end{pmatrix}\begin{pmatrix}-2&3\\-1&2\end{pmatrix}^{-1}=\begin{pmatrix}0&1\\1&0\\0&1\end{pmatrix}\cdot(-1)\cdot\begin{pmatrix}2&-3\\1&-2\end{pmatrix}=\begin{pmatrix}-1&2\\-2&3\\-1&2\end{pmatrix}.$$

2.76 【答案】 D

【解析】 由题设

$$C=BA^{-1}=\begin{pmatrix}1&1&0\\1&2&2\\0&1&3\end{pmatrix}\begin{pmatrix}1&0&0\\0&2&0\\0&0&3\end{pmatrix}^{-1}=\begin{pmatrix}1&1&0\\1&2&2\\0&1&3\end{pmatrix}\begin{pmatrix}1&0&0\\0&\frac{1}{2}&0\\0&0&\frac{1}{3}\end{pmatrix}=\begin{pmatrix}1&\frac{1}{2}&0\\1&1&\frac{2}{3}\\0&\frac{1}{2}&1\end{pmatrix}.$$

2.77【答案】B

【解析】由题设 $\boldsymbol{B}(\boldsymbol{A}-\boldsymbol{E})=2\boldsymbol{E}$

$$\Rightarrow \boldsymbol{B}=2\boldsymbol{E}(\boldsymbol{A}-\boldsymbol{E})^{-1}=2\cdot\begin{pmatrix}1 & 1\\ -1 & 1\end{pmatrix}^{-1}=2\cdot\frac{1}{2}\begin{pmatrix}1 & -1\\ 1 & 1\end{pmatrix}=\begin{pmatrix}1 & -1\\ 1 & 1\end{pmatrix}.$$

2.78【答案】C

【解析】$r(\boldsymbol{A})=r\Leftrightarrow$ 至少有一个 r 阶子式不为零，且 $r+1$ 阶子式都为零.

2.79【答案】B

【解析】$r(\boldsymbol{A})=r\Leftrightarrow$ 至少有一个 r 阶子式不为零，且 $r+1$ 阶子式都为零.

由题设 $r(\boldsymbol{A})\geqslant k$.

2.80【答案】A

【解析】$r(\boldsymbol{A})=r\Leftrightarrow\boldsymbol{A}$ 的列向量中有 r 个线性无关.

2.81【答案】B

【解析】$r(\boldsymbol{A})=r\Leftrightarrow$ 至少有一个 r 阶子式不为零，且 $r+1$ 阶子式都为零.

2.82【答案】B

【解析】由题设

$$\boldsymbol{A}=\begin{pmatrix}1 & -1 & 1 & 1\\ 1 & 1 & 0 & 2\\ 0 & -2 & -1 & -1\end{pmatrix}\to\begin{pmatrix}1 & -1 & 1 & 1\\ 0 & 2 & -1 & 1\\ 0 & -2 & -1 & -1\end{pmatrix}\to\begin{pmatrix}1 & -1 & 1 & 1\\ 0 & 2 & -1 & 1\\ 0 & 0 & -2 & 0\end{pmatrix}\Rightarrow r(\boldsymbol{A})=3.$$

2.83【答案】D

【解析】由题设

$$\boldsymbol{A}=\begin{pmatrix}1 & 2 & 3\\ 1 & 1 & 1\\ 0 & 2 & 1\\ 0 & 0 & 3\end{pmatrix}\to\begin{pmatrix}1 & 2 & 3\\ 0 & -1 & -2\\ 0 & 2 & 1\\ 0 & 0 & 3\end{pmatrix}\to\begin{pmatrix}1 & 2 & 3\\ 0 & 1 & 2\\ 0 & 0 & -3\\ 0 & 0 & 3\end{pmatrix}\to\begin{pmatrix}1 & 2 & 3\\ 0 & 1 & 2\\ 0 & 0 & -3\\ 0 & 0 & 0\end{pmatrix}$$

$\Rightarrow r(\boldsymbol{A}^{\mathrm{T}})=r(\boldsymbol{A})=3$.

2.84【答案】B

【解析】由题设 $\boldsymbol{A}=\begin{pmatrix}3 & 3 & 3 & 3\\ 3 & 3 & 3 & 3\\ 3 & 3 & 3 & 3\\ 3 & 3 & 3 & 3\end{pmatrix}\to\begin{pmatrix}1 & 1 & 1 & 1\\ 0 & 0 & 0 & 0\\ 0 & 0 & 0 & 0\\ 0 & 0 & 0 & 0\end{pmatrix}\Rightarrow r(\boldsymbol{A})=1$.

2.85【答案】D

【解析】由题设 $r(\boldsymbol{A})=3$.

2.86【答案】A

【解析】由题设 $r(\boldsymbol{A})=2$，则 $|\boldsymbol{A}|=0$，故

$$|\boldsymbol{A}|=\begin{vmatrix}1 & 1 & 1\\ 2 & 2 & t\\ 3 & 4 & 5\end{vmatrix}=\begin{vmatrix}1 & 1 & 1\\ 0 & 0 & t-2\\ 0 & 1 & 2\end{vmatrix}=0\Rightarrow t-2=0\Rightarrow t=2.$$

2.87 【答案】 A

【解析】 由题设 $r(\boldsymbol{A})=2$,则 $|\boldsymbol{A}|=0$.

$$|\boldsymbol{A}|=\begin{vmatrix}a&b&b\\b&a&b\\b&b&a\end{vmatrix}=\begin{vmatrix}a+2b&a+2b&a+2b\\b&a&b\\b&b&a\end{vmatrix}=(a+2b)\begin{vmatrix}1&1&1\\b&a&b\\b&b&a\end{vmatrix}=(a+2b)\begin{vmatrix}1&1&1\\0&a-b&0\\0&0&a-b\end{vmatrix}$$

$$=(a+2b)(a-b)^2=0$$

$$\Rightarrow a=b \text{ 或 } a+2b=0.$$

当 $a=b$ 时,$\boldsymbol{A}=\begin{pmatrix}a&b&b\\b&a&b\\b&b&a\end{pmatrix}$ 的秩 $r(\boldsymbol{A})=1$,与题设 $r(\boldsymbol{A})=2$ 矛盾,故 $a\neq b$.

综上,$a\neq b$ 且 $a+2b=0$.

2.88 【答案】 C

【解析】 矩阵的秩 = 列向量的秩 = 行向量的秩.

$$\boldsymbol{A}=\begin{pmatrix}1&1&0&0\\2&2&0&0\\3&3&3&0\\4&4&4&0\end{pmatrix}\rightarrow\begin{pmatrix}1&1&0&0\\0&0&0&0\\0&0&3&0\\0&0&4&0\end{pmatrix}\rightarrow\begin{pmatrix}1&1&0&0\\0&0&1&0\\0&0&0&0\\0&0&0&0\end{pmatrix}\Rightarrow r(\boldsymbol{A})=2.$$

2.89 【答案】 A

【解析】 由题设 $r(\boldsymbol{A})=3$,则

$$\boldsymbol{A}=\begin{pmatrix}1&1&2&k&3\\2&3&5&5&4\\2&2&3&1&4\\1&0&1&1&5\end{pmatrix}\rightarrow\begin{pmatrix}1&0&1&1&5\\2&3&5&5&4\\2&2&3&1&4\\1&1&2&k&3\end{pmatrix}\rightarrow\begin{pmatrix}1&0&1&1&5\\0&3&3&3&-6\\0&2&1&-1&-6\\0&1&1&k-1&-2\end{pmatrix}$$

$$\rightarrow\begin{pmatrix}1&0&1&1&5\\0&1&1&1&-2\\0&2&1&-1&-6\\0&1&1&k-1&-2\end{pmatrix}\rightarrow\begin{pmatrix}1&0&1&1&5\\0&1&1&1&-2\\0&0&-1&-3&-2\\0&0&0&k-2&0\end{pmatrix}.\text{ 当 } k=2 \text{ 时},r(\boldsymbol{A})=3.$$

2.90 【答案】 B

【解析】 由题设 $r(\boldsymbol{A})=n-1$,则 $|\boldsymbol{A}|=0$. 故

$$|\boldsymbol{A}|=(1+(n-1)a)\begin{vmatrix}1&1&1&\cdots&1\\a&1&a&\cdots&a\\a&a&1&\cdots&a\\\vdots&\vdots&\vdots&&\vdots\\a&a&a&\cdots&1\end{vmatrix}$$

$$=(1+(n-1)a)\begin{vmatrix}1&1&1&\cdots&1\\0&1-a&0&\cdots&0\\0&0&1-a&\cdots&0\\\vdots&\vdots&\vdots&&\vdots\\0&0&0&\cdots&1-a\end{vmatrix}$$

$$=(1+(n-1)a)(1-a)^{n-1}=0$$

当 $a=1$ 时,$r(\boldsymbol{A})=1$;

当 $a=\dfrac{1}{1-n}$ 时，$r(\boldsymbol{A})=n-1$.

2.91 【答案】 B

【解析】 由题设

$$\boldsymbol{A}=\boldsymbol{\alpha\alpha}^{\mathrm{T}}=\begin{pmatrix}1\\2\\3\\4\end{pmatrix}(1\quad 2\quad 3\quad 4)=\begin{pmatrix}1&2&3&4\\2&4&6&8\\3&6&9&12\\4&8&12&16\end{pmatrix}\to\begin{pmatrix}1&2&3&4\\0&0&0&0\\0&0&0&0\\0&0&0&0\end{pmatrix}\Rightarrow r(\boldsymbol{A})=1.$$

2.92 【答案】 B

【解析】 不妨设 $a_1\neq 0$，由题设，由第一行的 $-\dfrac{a_2}{a_1}$ 倍加到第二行，由第一行的 $-\dfrac{a_3}{a_1}$ 倍加到第三行.

$$可得:\boldsymbol{\alpha\beta}^{\mathrm{T}}=\begin{pmatrix}a_1\\a_2\\a_3\end{pmatrix}(b_1,b_2,b_3)=\begin{pmatrix}a_1b_1&a_1b_2&a_1b_3\\a_2b_1&a_2b_2&a_2b_3\\a_3b_1&a_3b_2&a_3b_3\end{pmatrix}\to\begin{pmatrix}a_1b_1&a_1b_2&a_1b_3\\0&0&0\\0&0&0\end{pmatrix}\Rightarrow r(\boldsymbol{\alpha\beta}^{\mathrm{T}})=1.$$

2.93 【答案】 C

【解析】 由题设 $|\boldsymbol{B}|\neq 0$，则 $r(\boldsymbol{B})=3$，故 $r(\boldsymbol{AB})=r(\boldsymbol{A})=2$.

2.94 【答案】 B

【解析】 由 $\boldsymbol{AB}=\boldsymbol{O}$，则 $r(\boldsymbol{A})+r(\boldsymbol{B})\leqslant 4$.

又由于 $r(\boldsymbol{A})=3$，故 $r(\boldsymbol{B})\leqslant 4-r(\boldsymbol{A})=4-3=1$.

又由于 $r(\boldsymbol{B})\geqslant 1$，则 $r(\boldsymbol{B})=1$.

2.95 【答案】 D

【解析】 由 $\boldsymbol{AB}=\boldsymbol{O}$，则 $r(\boldsymbol{A})+r(\boldsymbol{B})\leqslant 5$. 又由于 $r(\boldsymbol{B})\geqslant 1$.

当 $r(\boldsymbol{A})=4$ 时，$r(\boldsymbol{B})\leqslant 5-r(\boldsymbol{A})=5-4=1$. 故 $r(\boldsymbol{B})=1$.

2.96 【答案】 C

【解析】 由题设 $\boldsymbol{PQ}=\boldsymbol{O}$，则 $r(\boldsymbol{P})+r(\boldsymbol{Q})\leqslant 3$. 又由于 $r(\boldsymbol{P})\geqslant 1$.

$$\boldsymbol{Q}=\begin{pmatrix}1&2&3\\2&4&t\\3&6&9\end{pmatrix}\to\begin{pmatrix}1&2&3\\0&0&t-6\\0&0&0\end{pmatrix}.\ 当\ t\neq 6\ 时，r(\boldsymbol{Q})=2.$$

$r(\boldsymbol{P})\leqslant 3-r(\boldsymbol{Q})=1\Rightarrow r(\boldsymbol{P})=1$.

2.97 【答案】 E

【解析】 同型矩阵 $\boldsymbol{A}$ 与 $\boldsymbol{B}$ 等价 $\Leftrightarrow r(\boldsymbol{A})=r(\boldsymbol{B})$.

又由于 $r(\boldsymbol{A})=2$，且 $r\begin{pmatrix}1&0\\0&1\end{pmatrix}=2$.

2.98 【答案】 E

【解析】 同型矩阵 $\boldsymbol{A}$ 与 $\boldsymbol{B}$ 等价 $\Leftrightarrow r(\boldsymbol{A})=r(\boldsymbol{B})$.

又由于 $r(\boldsymbol{A})=3$，且 $r\begin{pmatrix}0&0&1\\0&1&0\\1&0&0\end{pmatrix}=3$.

2.99 【答案】 A

【解析】当 $|\boldsymbol{A}| \neq 0$ 时，$r(\boldsymbol{A}) = n$，即 $\boldsymbol{A}$ 可逆．则 $\boldsymbol{AB} = \boldsymbol{AC} \Rightarrow \boldsymbol{B} = \boldsymbol{C}$.

2.100 【答案】 B

【解析】由题设 $\boldsymbol{C}$ 可逆，则 $r = r(\boldsymbol{B}) = r(\boldsymbol{AC}) = r(\boldsymbol{A}) = r_1$.

2.101 【答案】 A

【解析】$r(\boldsymbol{A}_{m\times n}) \leqslant \min\{m,n\}$. $r(\boldsymbol{AB}) \leqslant \min\{r(\boldsymbol{A}),r(\boldsymbol{B})\}$.

又由于 $\boldsymbol{AB}$ 是 $m \times m$ 矩阵

$$r(\boldsymbol{AB}) \leqslant r(\boldsymbol{A}) \leqslant \min\{m,n\} = n < m,$$

则 $|\boldsymbol{AB}| = 0$.

2.102 【答案】 E

【解析】由题设 $r(\boldsymbol{A}) < n$，则 $|\boldsymbol{A}| = 0$.

2.103 【答案】 B

【解析】由 $r(\boldsymbol{A}^*) = \begin{cases} n, & r(\boldsymbol{A}) = n, \\ 1, & r(\boldsymbol{A}) = n-1, \\ 0, & r(\boldsymbol{A}) < n-1. \end{cases}$ 且 $n = 4$，$r(\boldsymbol{A}) = 3$，则 $r(\boldsymbol{A}^*) = 1$.

2.104 【答案】 A

【解析】由 $r(\boldsymbol{A}^*) = \begin{cases} n, & r(\boldsymbol{A}) = n, \\ 1, & r(\boldsymbol{A}) = n-1, \\ 0, & r(\boldsymbol{A}) < n-1. \end{cases}$ 且 $n = 6$，$r(\boldsymbol{A}) = 4$，则 $r(\boldsymbol{A}^*) = 0$.

2.105 【答案】 D

【解析】由题设

$$\begin{aligned} \boldsymbol{AB} &= (\boldsymbol{\alpha}_1,\boldsymbol{\alpha}_2,\boldsymbol{\alpha}_3)\begin{pmatrix} 1 & 2 & -1 & 0 \\ -1 & 1 & 0 & 2 \\ 2 & 1 & 3 & -1 \end{pmatrix} \\ &= (\boldsymbol{\alpha}_1 - \boldsymbol{\alpha}_2 + 2\boldsymbol{\alpha}_3, 2\boldsymbol{\alpha}_1 + \boldsymbol{\alpha}_2 + \boldsymbol{\alpha}_3, -\boldsymbol{\alpha}_1 + 3\boldsymbol{\alpha}_3, 2\boldsymbol{\alpha}_2 - \boldsymbol{\alpha}_3). \end{aligned}$$

第三章　线性方程组的解

3.1 【答案】 A

【解析】由题设 $n = 5$，$r(\boldsymbol{A}) = 1$，则 $\boldsymbol{Ax} = \boldsymbol{0}$ 基础解系中解向量有 $n - r(\boldsymbol{A}) = 5 - 1 = 4$ 个.

3.2 【答案】 D

【解析】由题设 $n = 6$，$\boldsymbol{Ax} = \boldsymbol{0}$ 基础解系中解向量个数为 $n - r(\boldsymbol{A}) = 6 - r(\boldsymbol{A}) = 2$，则 $r(\boldsymbol{A}) = 4$.

3.3 【答案】 C

【解析】由题设 $n = 4$，

$$A=\begin{pmatrix}1&0&1&1\\0&1&-1&2\end{pmatrix}\Rightarrow r(A)=2.$$

则 $Ax=0$ 中基础解系所含解向量 $n-r(A)=4-2=2$.

3.4 【答案】 C

【解析】 由题设 $n=4$,

$$A=\begin{pmatrix}1&2&3&0\\0&-1&1&-1\end{pmatrix}\to\begin{pmatrix}1&2&3&0\\0&1&-1&1\end{pmatrix}\to\begin{pmatrix}1&0&5&-2\\0&1&-1&1\end{pmatrix}$$

$Ax=0$ 基础解系中所含解向量的个数 $n-r(A)=4-2=2$.

3.5 【答案】 C

【解析】 由题设 $n=4$,

$$A=\begin{bmatrix}0&2&-1&-1\\1&1&1&0\\1&3&0&-1\end{bmatrix}\to\begin{bmatrix}1&1&1&0\\0&2&-1&-1\\1&3&0&-1\end{bmatrix}\to\begin{bmatrix}1&1&1&0\\0&2&-1&-1\\0&2&-1&-1\end{bmatrix}$$

$$\to\begin{bmatrix}1&1&1&0\\0&2&-1&-1\\0&0&0&0\end{bmatrix}$$

则 $r(A)=2$,$Ax=0$ 基础解系所含解向量为 $n-r(A)=4-2=2$.

3.6 【答案】 E

【解析】 由题设 $n=5$.

$A=(1,1,1,1,1)\Rightarrow r(A)=1$

故 $Ax=0$ 基础解系所含解向量为 $n-r(A)=5-1=4$ 个.

3.7 【答案】 E

【解析】 由题设 $A^{T}x=0$ 基础解系所含解向量 $n-r(A^{T})=4-r(A^{T})=3$,

故 $r(A)=r(A^{T})=1$.

3.8 【答案】 A

【解析】 由题设 $Ax=0$ 只有零解,则 $r(A)=3$,故 $|A|\neq 0$.

$$|A|=\begin{vmatrix}1&1&0\\2&3&1\\1&a&1\end{vmatrix}=\begin{vmatrix}1&1&0\\1&3-a&0\\1&a&1\end{vmatrix}=3-a-1=2-a\neq 0.$$

则 $a\neq 2$.

3.9 【答案】 E

【解析】 由题设 $Ax=0$ 有非零解,则 $r(A)<3$,即 $|A|=0$.

$$|A|=\begin{vmatrix}2&1&1\\k&1&1\\1&-1&1\end{vmatrix}=\begin{vmatrix}1&2&0\\k-1&2&0\\1&-1&1\end{vmatrix}=2-2k+2=4-2k=0.$$

则 $k=2$.

3.10 【答案】 B

【解析】 由题设 $Ax=0$ 有非零解,则 $r(A)<3$,即 $|A|=0$.

$$|\boldsymbol{A}|=\begin{vmatrix}2&-1&1\\1&-1&-1\\\lambda&1&1\end{vmatrix}=\begin{vmatrix}2&-1&1\\3&-2&0\\\lambda-2&2&0\end{vmatrix}=6+2(\lambda-2)=2+2\lambda=0.$$

则 $\lambda=-1$.

3.11 【答案】 A

【解析】由题设

$$|\boldsymbol{A}|=\begin{vmatrix}1&-2&2\\-2&6&a\\3&0&-6\end{vmatrix}=\begin{vmatrix}1&-2&4\\-2&6&a-4\\3&0&0\end{vmatrix}=3(-2a+8-24)=-6(a+8).$$

当 $a=-8$ 时，$\boldsymbol{A}=\begin{pmatrix}1&-2&2\\-2&6&-8\\3&0&-6\end{pmatrix}\to\begin{pmatrix}1&-2&2\\0&2&-4\\0&6&-12\end{pmatrix}\to\begin{pmatrix}1&-2&2\\0&1&-2\\0&0&0\end{pmatrix}\to\begin{pmatrix}1&0&-2\\0&1&-2\\0&0&0\end{pmatrix}$.

则 $r(\boldsymbol{A})=2$. $\boldsymbol{Ax}=\boldsymbol{0}$ 解向量 $n-r(\boldsymbol{A})=3-2=1$.

3.12 【答案】 B

【解析】由线性方程组解的结构.

$$\boldsymbol{x}=c_1\boldsymbol{\xi}_1+c_2\boldsymbol{\xi}_2+\cdots+c_{n-r(\boldsymbol{A})}\boldsymbol{\xi}_{n-r(\boldsymbol{A})}$$

$\boldsymbol{Ax}=\boldsymbol{0}$ 基础解系中所含向量为 $n-r(\boldsymbol{A})$.

3.13 【答案】 E

【解析】由题设 $r(\boldsymbol{A})<n$. 则 $\boldsymbol{Ax}=\boldsymbol{0}$ 基础解系中含有 $n-r(\boldsymbol{A})$ 个解向量.

3.14 【答案】 D

【解析】由题设 $m<n$ 得

$$r(\boldsymbol{A})<\min\{m,n\}=m<n$$

故 $\boldsymbol{Ax}=\boldsymbol{0}$ 基础解系中解向量为 $n-r(\boldsymbol{A})>0$ 个.

3.15 【答案】 D

【解析】由题设 $m\neq n$，又由齐次方程组 $\boldsymbol{Ax}=\boldsymbol{0}$ 只有零解充要条件.

当 $m>n$ 时，$r(\boldsymbol{A})\leqslant\min\{m,n\}=n<m$. 只有零解.

当 $m<n$ 时，$r(\boldsymbol{A})\leqslant\min\{m,n\}=m<n$. 有非零解.

3.16 【答案】 A

【解析】对任意 n 维列向量均满足 $\boldsymbol{Ax}=\boldsymbol{0}$，则基础解系中有 n 个解向量，即 $n-r(\boldsymbol{A})=n$，故 $r(\boldsymbol{A})=0$，即 $\boldsymbol{A}=\boldsymbol{O}$.

3.17 【答案】 A

【解析】由题设 $\boldsymbol{A\xi}_1=\boldsymbol{0}$，$\boldsymbol{A\xi}_2=\boldsymbol{0}$ 则 $\boldsymbol{A}(\boldsymbol{\xi}_1,\boldsymbol{\xi}_2)=\boldsymbol{O}$.

即 $\boldsymbol{A}\begin{pmatrix}1&0\\0&1\\2&-1\end{pmatrix}=\boldsymbol{O}$，两边转置得，$\begin{pmatrix}1&0&2\\0&1&-1\end{pmatrix}\boldsymbol{A}^{\mathrm{T}}=\boldsymbol{O}$，$\begin{cases}x_1=-2x_3,\\x_2=x_3,\\x_3=x_3.\end{cases}$

则 $\begin{pmatrix}x_1\\x_2\\x_3\end{pmatrix}=c\begin{pmatrix}-2\\1\\1\end{pmatrix}$，$c$ 为任意常数，$\boldsymbol{A}^{\mathrm{T}}=\begin{pmatrix}-2\\1\\1\end{pmatrix}$.

故 $\boldsymbol{A}=(-2,1,1)$.

3.18 【答案】 A

【解析】 由题设

$$(\boldsymbol{A},\boldsymbol{b})=\begin{pmatrix}1&-2&3&\vdots&1\\2&-4&k&\vdots&3\end{pmatrix}\to\begin{pmatrix}1&-2&3&\vdots&1\\0&0&k-6&\vdots&1\end{pmatrix}$$

当 $k=6$ 时，$r(\boldsymbol{A})<r(\boldsymbol{A},\boldsymbol{b})$，则 $\boldsymbol{Ax}=\boldsymbol{b}$ 无解.

3.19 【答案】 D

【解析】 由题设

$$(\boldsymbol{A},\boldsymbol{b})=\begin{bmatrix}1&1&1&\vdots&1\\3&3&4&\vdots&2\\2&2&2&\vdots&2\end{bmatrix}\to\begin{bmatrix}1&1&1&\vdots&1\\0&0&1&\vdots&-1\\0&0&0&\vdots&0\end{bmatrix}\to\begin{bmatrix}1&1&0&\vdots&2\\0&0&1&\vdots&-1\\0&0&0&\vdots&0\end{bmatrix}$$

则 $r(\boldsymbol{A})=r(\boldsymbol{A},\boldsymbol{b})=2$，故 $\boldsymbol{Ax}=\boldsymbol{b}$ 有无穷解.

3.20 【答案】 A

【解析】 由题设

$$(\boldsymbol{A},\boldsymbol{b})=\begin{bmatrix}1&1&1&\vdots&4\\1&a&1&\vdots&3\\2&2a&0&\vdots&4\end{bmatrix}\to\begin{bmatrix}1&1&1&\vdots&4\\0&a-1&0&\vdots&-1\\0&2a-2&-2&\vdots&-4\end{bmatrix}\to\begin{bmatrix}1&1&1&\vdots&4\\0&a-1&0&\vdots&-1\\0&0&-2&\vdots&-2\end{bmatrix}$$

当 $a=1$ 时，$r(\boldsymbol{A})<r(\boldsymbol{A},\boldsymbol{b})$，故 $\boldsymbol{Ax}=\boldsymbol{b}$ 无解.

3.21 【答案】 A

【解析】 由题设 $\boldsymbol{Ax}=\boldsymbol{b}$ 有无穷解，则 $r(\boldsymbol{A})<3$，故

$$|\boldsymbol{A}|=\begin{vmatrix}a&1&1\\1&a&1\\1&1&a\end{vmatrix}=(a+2)\begin{vmatrix}1&1&1\\1&a&1\\1&1&a\end{vmatrix}=(a+2)\begin{vmatrix}1&1&1\\0&a-1&0\\0&0&a-1\end{vmatrix}=(a-1)^2(a+2).$$

当 $a=1$ 时，$r(\boldsymbol{A})<r(\boldsymbol{A},\boldsymbol{b})$，$\boldsymbol{Ax}=\boldsymbol{b}$ 无解；当 $a=-2$ 时，$r(\boldsymbol{A})=r(\boldsymbol{A},\boldsymbol{b})<3$，$\boldsymbol{Ax}=\boldsymbol{b}$ 有无穷解.

3.22 【答案】 A

【解析】 由题设

$$(\boldsymbol{A},\boldsymbol{\beta})=\begin{bmatrix}1&-1&0&0&\vdots&1\\0&1&-1&0&\vdots&2\\0&0&1&-1&\vdots&3\\-1&0&0&a&\vdots&b\end{bmatrix}\to\begin{bmatrix}1&-1&0&0&\vdots&1\\0&1&-1&0&\vdots&2\\0&0&1&-1&\vdots&3\\0&-1&0&a&\vdots&b+1\end{bmatrix}$$

$$\to\begin{bmatrix}1&-1&0&0&\vdots&1\\0&1&-1&0&\vdots&2\\0&0&1&-1&\vdots&3\\0&0&-1&a&\vdots&b+3\end{bmatrix}\to\begin{bmatrix}1&-1&0&0&\vdots&1\\0&1&-1&0&\vdots&2\\0&0&1&-1&\vdots&3\\0&0&0&a-1&\vdots&b+6\end{bmatrix}$$

当 $a=1,b\neq-6$ 时，$r(\boldsymbol{A})<r(\boldsymbol{A},\boldsymbol{\beta})$，$\boldsymbol{Ax}=\boldsymbol{\beta}$ 无解.

3.23 【答案】 E

【解析】 由非齐次线性方程组 $\boldsymbol{Ax}=\boldsymbol{b}$ 解的结构，其通解为

$$\boldsymbol{x}=c_1\boldsymbol{\xi}_1+c_2\boldsymbol{\xi}_2+\cdots+c_{n-r(\boldsymbol{A})}\boldsymbol{\xi}_{n-r(\boldsymbol{A})}+\boldsymbol{\eta}^*$$

则 $\boldsymbol{\eta}^*,\boldsymbol{\xi}_1+\boldsymbol{\eta}^*,\cdots,\boldsymbol{\xi}_{n-r(\boldsymbol{A})}+\boldsymbol{\eta}^*$ 线性无关，且都是解.

3.24 【答案】 D

【解析】 由题设 $\boldsymbol{A\alpha}_1=\boldsymbol{b},\boldsymbol{A\alpha}_2=\boldsymbol{b}$，又由线性方程组解的性质，得

$$\boldsymbol{A}\left(\frac{1}{2}\boldsymbol{\alpha}_1+\frac{1}{2}\boldsymbol{\alpha}_2\right)=\frac{1}{2}\boldsymbol{A\alpha}_1+\frac{1}{2}\boldsymbol{A\alpha}_2=\frac{\boldsymbol{b}}{2}+\frac{\boldsymbol{b}}{2}=\boldsymbol{b}.$$

3.25 【答案】 C

【解析】 由题设 $\boldsymbol{A\eta}_1=\boldsymbol{b},\boldsymbol{A\eta}_2=\boldsymbol{b}$，又由线性方程组的性质，得

$\boldsymbol{A}(3\boldsymbol{\eta}_1-2\boldsymbol{\eta}_2)=3\boldsymbol{A\eta}_1-2\boldsymbol{A\eta}_2=3\boldsymbol{b}-2\boldsymbol{b}=\boldsymbol{b}.$

3.26 【答案】 E

【解析】 由题设 $\boldsymbol{A\alpha}=\boldsymbol{b},\boldsymbol{A\beta}=\boldsymbol{0}$，又由线性方程组的性质，得

$\boldsymbol{A}(\boldsymbol{\beta}+\boldsymbol{\alpha})=\boldsymbol{A\beta}+\boldsymbol{A\alpha}=\boldsymbol{0}+\boldsymbol{b}.$

3.27 【答案】 E

【解析】 由题设 $\boldsymbol{A\alpha}=\boldsymbol{0},\boldsymbol{A\beta}_1=\boldsymbol{b},\boldsymbol{A\beta}_2=\boldsymbol{b}$，又由线性方程组解的性质，得

$$\boldsymbol{A}\left(\frac{1}{3}\boldsymbol{\beta}_1+\frac{2}{3}\boldsymbol{\beta}_2-\boldsymbol{\alpha}\right)=\frac{1}{3}\boldsymbol{A\beta}_1+\frac{2}{3}\boldsymbol{A\beta}_2-\boldsymbol{A\alpha}=\frac{1}{3}\boldsymbol{b}+\frac{2}{3}\boldsymbol{b}-\boldsymbol{0}=\boldsymbol{b}.$$

3.28 【答案】 D

【解析】 由题设 $n=4,r(\boldsymbol{A})=3$，则 $n-r(\boldsymbol{A})=4-3=1$.

故 $\boldsymbol{Ax}=\boldsymbol{b}$ 通解为 $\boldsymbol{x}=c_1\boldsymbol{\xi}_1+\boldsymbol{\eta}^*$.

$$\boldsymbol{\xi}_1=2\boldsymbol{\alpha}_1-(\boldsymbol{\alpha}_2+\boldsymbol{\alpha}_3)=\begin{pmatrix}2\\3\\4\\5\end{pmatrix},\boldsymbol{\eta}^*=\boldsymbol{\alpha}_1=\begin{pmatrix}1\\2\\3\\4\end{pmatrix}.$$

3.29 【答案】 A

【解析】 由题设 $n=3,r(\boldsymbol{A})=2$，则 $n-r(\boldsymbol{A})=3-2=1$.

故 $\boldsymbol{Ax}=\boldsymbol{b}$ 的通解为 $\boldsymbol{x}=c_1\boldsymbol{\xi}_1+\boldsymbol{\eta}^*$.

$$\boldsymbol{\eta}^*=\frac{1}{2}(\boldsymbol{\eta}_1+\boldsymbol{\eta}_2)=\frac{1}{2}\begin{pmatrix}-1\\0\\1\end{pmatrix},\boldsymbol{\xi}_1=\boldsymbol{\eta}_1-\boldsymbol{\eta}_2=\begin{pmatrix}-3\\2\\-1\end{pmatrix}.$$

3.30 【答案】 D

【解析】 由题设 $n=3,r(\boldsymbol{A})=2$，则 $n-r(\boldsymbol{A})=1$. 故 $\boldsymbol{Ax}=\boldsymbol{0}$ 通解 $\boldsymbol{x}=c_1\boldsymbol{\xi}_1$.

又由于 $\boldsymbol{\alpha}_1\neq\boldsymbol{\alpha}_2$，则 $\boldsymbol{A}(\boldsymbol{\alpha}_1-\boldsymbol{\alpha}_2)=\boldsymbol{A\alpha}_1-\boldsymbol{A\alpha}_2=\boldsymbol{0}$，通解为 $\boldsymbol{x}=k(\boldsymbol{\alpha}_1-\boldsymbol{\alpha}_2)$.

3.31 【答案】 B

【解析】 由题设 $n=4,r(\boldsymbol{A})=3$，则 $n-r(\boldsymbol{A})=1$. $\boldsymbol{Ax}=\boldsymbol{b}$ 的通解为 $\boldsymbol{x}=c_1\boldsymbol{\xi}_1+\boldsymbol{\eta}^*$.

又由于 $\boldsymbol{\eta}_1\neq\boldsymbol{\eta}_2$. $\boldsymbol{\xi}_1=\frac{1}{2}(\boldsymbol{\eta}_1-\boldsymbol{\eta}_2),\boldsymbol{\eta}^*=\boldsymbol{\eta}_1$.

3.32 【答案】 C

【解析】 由于 $\boldsymbol{\xi}_1,\boldsymbol{\xi}_2$ 是 $\boldsymbol{Ax}=\boldsymbol{0}$ 的一个基础解系 $n-r(\boldsymbol{A})=2$.

故 $\boldsymbol{Ax}=\boldsymbol{\beta}$ 的通解为 $\boldsymbol{x}=c_1\boldsymbol{\xi}_1^*+c_2\boldsymbol{\xi}_2^*+\boldsymbol{\eta}^*$.

$\boldsymbol{\eta}^* = \frac{\boldsymbol{\eta}_1 + \boldsymbol{\eta}_2}{2}$；$\boldsymbol{\xi}_1^* = \boldsymbol{\xi}_1, \boldsymbol{\xi}_2^* = \boldsymbol{\xi}_1 - \boldsymbol{\xi}_2$ 线性无关.

【注】 $\boldsymbol{\eta}_1 - \boldsymbol{\eta}_2$ 与 $\boldsymbol{\xi}_1$ 可能线性相关，排除 D,E.

3.33 【答案】 E

【解析】 由矩阵可逆充要条件 $r(\boldsymbol{A}) = n$，故 $\boldsymbol{Ax} = \boldsymbol{0}$ 仅有零解.

3.34 【答案】 E

【解析】 由题设 $\boldsymbol{Ax} = \boldsymbol{0}$ 必有非零解充要条件是 $r(\boldsymbol{A}) < n$.

3.35 【答案】 B

【解析】 由题设 $r(\boldsymbol{A}) = r_1 \leqslant r(\boldsymbol{A}, \boldsymbol{b}) = r_2$.

若 $r(\boldsymbol{A}) = r_1 = n$. 故 $\boldsymbol{Ax} = \boldsymbol{0}$ 只有零解.

3.36 【答案】 D

【解析】 当 $\boldsymbol{Ax} = \boldsymbol{b}$ 有无穷解时，$r(\boldsymbol{A}) = r(\boldsymbol{A}, \boldsymbol{b}) < n$.

故 $r(\boldsymbol{A}) < n$，则 $\boldsymbol{Ax} = \boldsymbol{0}$ 有非零解.

第四章　向量的线性关系

4.1 【答案】 A

【解析】 由题设

$$\boldsymbol{\alpha} + \boldsymbol{\beta} = (3\boldsymbol{\alpha} + 2\boldsymbol{\beta}) - (2\boldsymbol{\alpha} + \boldsymbol{\beta}) = \begin{pmatrix} 0 \\ -2 \\ -1 \\ 1 \end{pmatrix}.$$

4.2 【答案】 A

【解析】 由题设 $\boldsymbol{\alpha}_3 = a\boldsymbol{\alpha}_1 - b\boldsymbol{\alpha}_2$ 则

$$\begin{pmatrix} 3 \\ -8 \end{pmatrix} = a\begin{pmatrix} -1 \\ 4 \end{pmatrix} - b\begin{pmatrix} 1 \\ -2 \end{pmatrix} = \begin{pmatrix} -a-b \\ 4a+2b \end{pmatrix} \Rightarrow \begin{cases} -a-b=3, \\ 4a+2b=-8, \end{cases}$$

解得 $a = -1, b = -2$.

4.3 【答案】 A

【解析】 由题设 $\begin{pmatrix} 2 \\ 1 \\ 0 \end{pmatrix} = 2\begin{pmatrix} 1 \\ 0 \\ 0 \end{pmatrix} + \begin{pmatrix} 0 \\ 1 \\ 0 \end{pmatrix} = 2\boldsymbol{\alpha} + \boldsymbol{\beta}$.

4.4 【答案】 E

【解析】 由题设 $\begin{pmatrix} -1 \\ 0 \\ -1 \end{pmatrix} = -\frac{1}{2}\begin{pmatrix} 2 \\ 0 \\ 0 \end{pmatrix} + \begin{pmatrix} 0 \\ 0 \\ -1 \end{pmatrix} = -\frac{1}{2}\boldsymbol{\alpha}_1 + \boldsymbol{\alpha}_2$.

4.5 【答案】 D

【解析】 由题设 $x_1\boldsymbol{\alpha}_1+x_2\boldsymbol{\alpha}_2+x_3\boldsymbol{\alpha}_3=\boldsymbol{\beta}$ 则 $(\boldsymbol{\alpha}_1,\boldsymbol{\alpha}_2,\boldsymbol{\alpha}_3)\begin{pmatrix}x_1\\x_2\\x_3\end{pmatrix}=\boldsymbol{\beta}$.

$$\begin{pmatrix}2&4&6\\1&k&3\\1&2&k\end{pmatrix}\begin{pmatrix}x_1\\x_2\\x_3\end{pmatrix}=\begin{pmatrix}2k\\2\\0\end{pmatrix}.\ (\boldsymbol{A},\boldsymbol{\beta})=\left(\begin{array}{ccc:c}2&4&6&2k\\1&k&3&2\\1&2&k&0\end{array}\right)\to\left(\begin{array}{ccc:c}1&2&3&k\\0&k-2&0&2-k\\0&0&k-3&-k\end{array}\right)$$

当 $k=3$ 时，$\boldsymbol{Ax}=\boldsymbol{\beta}$ 无解；当 $k=2$ 时，$\boldsymbol{Ax}=\boldsymbol{\beta}$ 有无穷解.

4.6 【答案】 C

【解析】 由题设 $x_1\boldsymbol{\alpha}_1+x_2\boldsymbol{\alpha}_2=\boldsymbol{\beta}$ 则 $(\boldsymbol{\alpha}_1,\boldsymbol{\alpha}_2)\begin{pmatrix}x_1\\x_2\end{pmatrix}=\boldsymbol{\beta}$.

$$\begin{pmatrix}1&2\\1&3\\1&a\end{pmatrix}\begin{pmatrix}x_1\\x_2\end{pmatrix}=\begin{pmatrix}2\\1\\b\end{pmatrix}.$$

$$(\boldsymbol{A},\boldsymbol{\beta})=\left(\begin{array}{cc:c}1&2&2\\1&3&1\\1&a&b\end{array}\right)\to\left(\begin{array}{cc:c}1&2&2\\0&1&-1\\0&a-2&b-2\end{array}\right)\to\left(\begin{array}{cc:c}1&2&2\\0&1&-1\\0&0&a+b-4\end{array}\right)$$

当 $a+b=4$ 时，$\boldsymbol{Ax}=\boldsymbol{\beta}$ 有解.

4.7 【答案】 B

【解析】 由题设 3 个 3 维列向量 $\boldsymbol{\alpha},\boldsymbol{\beta},\boldsymbol{\gamma}$ 线性相关则

$$|\boldsymbol{\alpha},\boldsymbol{\beta},\boldsymbol{\gamma}|=\begin{vmatrix}1&1&1\\0&-1&0\\1&0&-k\end{vmatrix}=k+1=0,\text{即 } k=-1.$$

4.8 【答案】 B

【解析】 由题设 3 个 3 维列向量 $\boldsymbol{\alpha},\boldsymbol{\beta},\boldsymbol{\gamma}$ 线性相关则

$$|\boldsymbol{\alpha},\boldsymbol{\beta},\boldsymbol{\gamma}|=\begin{vmatrix}1&1&0\\k&1&k\\2&1&2\end{vmatrix}=\begin{vmatrix}0&1&0\\k-1&1&k\\1&1&2\end{vmatrix}=2-k=0,\text{即 } k=2.$$

4.9 【答案】 A

【解析】 由题设 $\boldsymbol{\alpha}+2\boldsymbol{\beta},2\boldsymbol{\beta}+k\boldsymbol{\gamma},\boldsymbol{\alpha}+3\boldsymbol{\gamma}$ 线性相关，且

$$(\boldsymbol{\alpha}+2\boldsymbol{\beta},2\boldsymbol{\beta}+k\boldsymbol{\gamma},\boldsymbol{\alpha}+3\boldsymbol{\gamma})=(\boldsymbol{\alpha},\boldsymbol{\beta},\boldsymbol{\gamma})\begin{pmatrix}1&0&1\\2&2&0\\0&k&3\end{pmatrix}$$

又由于 $\boldsymbol{\alpha},\boldsymbol{\beta},\boldsymbol{\gamma}$ 线性无关，故 $\begin{vmatrix}1&0&1\\2&2&0\\0&k&3\end{vmatrix}=6+2k=0$，即 $k=-3$.

4.10 【答案】 A

【解析】 由题设

$$(\boldsymbol{\alpha}_1,\boldsymbol{\alpha}_2,\boldsymbol{\alpha}_1+\boldsymbol{\alpha}_3)=(\boldsymbol{\alpha}_1,\boldsymbol{\alpha}_2,\boldsymbol{\alpha}_3)\begin{pmatrix}1&0&1\\0&1&0\\0&0&1\end{pmatrix}.$$

由于 $\boldsymbol{\alpha}_1,\boldsymbol{\alpha}_2,\boldsymbol{\alpha}_3$ 线性无关，且 $\begin{vmatrix}1&0&1\\0&1&0\\0&0&1\end{vmatrix}=1\neq 0$,

故 $\boldsymbol{\alpha}_1,\boldsymbol{\alpha}_2,\boldsymbol{\alpha}_1+\boldsymbol{\alpha}_3$ 线性无关.

4.11 **【答案】** A

【解析】 由题设 $\boldsymbol{\alpha}_1,\boldsymbol{\alpha}_2,\boldsymbol{\alpha}_3$ 线性无关，则

$$(\boldsymbol{\alpha}_1,2\boldsymbol{\alpha}_2,3\boldsymbol{\alpha}_3)=(\boldsymbol{\alpha}_1,\boldsymbol{\alpha}_2,\boldsymbol{\alpha}_3)\begin{pmatrix}1&0&0\\0&2&0\\0&0&3\end{pmatrix}$$

由于 $\begin{vmatrix}1&0&0\\0&2&0\\0&0&3\end{vmatrix}\neq 0$，故 $\boldsymbol{\alpha}_1,2\boldsymbol{\alpha}_2,3\boldsymbol{\alpha}_3$ 线性无关.

4.12 **【答案】** C

【解析】 由题设

$$(\boldsymbol{\alpha}_1+\boldsymbol{\alpha}_2,\boldsymbol{\alpha}_2+\boldsymbol{\alpha}_3,\boldsymbol{\alpha}_3+\boldsymbol{\alpha}_1)=(\boldsymbol{\alpha}_1,\boldsymbol{\alpha}_2,\boldsymbol{\alpha}_3)\begin{pmatrix}1&0&1\\1&1&0\\0&1&1\end{pmatrix}$$

由于 $\boldsymbol{\alpha}_1,\boldsymbol{\alpha}_2,\boldsymbol{\alpha}_3$ 线性无关，且 $\begin{vmatrix}1&0&1\\1&1&0\\0&1&1\end{vmatrix}=2\neq 0$，故 $\boldsymbol{\alpha}_1+\boldsymbol{\alpha}_2,\boldsymbol{\alpha}_2+\boldsymbol{\alpha}_3,\boldsymbol{\alpha}_3+\boldsymbol{\alpha}_1$ 线性无关.

4.13 **【答案】** D

【解析】 由题设

$$(\boldsymbol{\alpha}_1+\boldsymbol{\alpha}_2,\boldsymbol{\alpha}_2-\boldsymbol{\alpha}_3,\boldsymbol{\alpha}_3-\boldsymbol{\alpha}_1)=(\boldsymbol{\alpha}_1,\boldsymbol{\alpha}_2,\boldsymbol{\alpha}_3)\begin{pmatrix}1&0&-1\\1&1&0\\0&-1&1\end{pmatrix}$$

由于 $\boldsymbol{\alpha}_1,\boldsymbol{\alpha}_2,\boldsymbol{\alpha}_3$ 线性无关，且 $\begin{vmatrix}1&0&-1\\1&1&0\\0&-1&1\end{vmatrix}=2\neq 0$,

故 $\boldsymbol{\alpha}_1+\boldsymbol{\alpha}_2,\boldsymbol{\alpha}_2-\boldsymbol{\alpha}_3,\boldsymbol{\alpha}_3-\boldsymbol{\alpha}_1$ 线性无关.

4.14 **【答案】** D

【解析】 由题设 $x_1\boldsymbol{\alpha}_1+x_2\boldsymbol{\alpha}_2=\boldsymbol{\beta}$，得 $x_1\begin{pmatrix}1\\2\end{pmatrix}+x_2\begin{pmatrix}0\\2\end{pmatrix}=\begin{pmatrix}4\\2\end{pmatrix}$，$\begin{pmatrix}1&0\\2&2\end{pmatrix}\begin{pmatrix}x_1\\x_2\end{pmatrix}=\begin{pmatrix}4\\2\end{pmatrix}$.

$$(\boldsymbol{A},\boldsymbol{\beta})=\left(\begin{array}{cc:c}1&0&4\\2&2&2\end{array}\right)\to\left(\begin{array}{cc:c}1&0&4\\0&2&-6\end{array}\right)\to\left(\begin{array}{cc:c}1&0&4\\0&1&-3\end{array}\right)$$

$\begin{cases}x_1=4,\\x_2=-3,\end{cases}$ 得 $4\boldsymbol{\alpha}_1-3\boldsymbol{\alpha}_2=\boldsymbol{\beta}$.

4.15 【答案】 C

【解析】 设 $x_1\boldsymbol{\alpha}_1+x_2\boldsymbol{\alpha}_2+x_3\boldsymbol{\alpha}_3=\mathbf{0}$. 即 $(\boldsymbol{\alpha}_1,\boldsymbol{\alpha}_2,\boldsymbol{\alpha}_3)\begin{pmatrix}x_1\\x_2\\x_3\end{pmatrix}=\mathbf{0}$.

$$(\boldsymbol{\alpha}_1,\boldsymbol{\alpha}_2,\boldsymbol{\alpha}_3)=\begin{pmatrix}1&2&1\\0&0&1\\0&0&0\end{pmatrix}\to\begin{pmatrix}1&2&0\\0&0&1\\0&0&0\end{pmatrix}$$

$$\begin{cases}x_1=-2x_2,\\x_2=x_2,\\x_3=0.\end{cases}$$

则 $r(\boldsymbol{\alpha}_1,\boldsymbol{\alpha}_2,\boldsymbol{\alpha}_3)=2$，且 $(-2c)\boldsymbol{\alpha}_1+c\boldsymbol{\alpha}_2+0\boldsymbol{\alpha}_3=\mathbf{0}$，$c$ 为任意常数，$\boldsymbol{\alpha}_1=-\dfrac{1}{2}\boldsymbol{\alpha}_2+0\boldsymbol{\alpha}_3$.

4.16 【答案】 C

【解析】 由题设 $\boldsymbol{\alpha}_1,\boldsymbol{\alpha}_2,\boldsymbol{\alpha}_4$ 线性无关，$\boldsymbol{\alpha}_1,\boldsymbol{\alpha}_2,\boldsymbol{\alpha}_3$ 线性相关，
得 $\boldsymbol{\alpha}_3=k_1\boldsymbol{\alpha}_1+k_2\boldsymbol{\alpha}_2$，即 $\boldsymbol{\alpha}_3=k_1\boldsymbol{\alpha}_1+k_3\boldsymbol{\alpha}_2+0\boldsymbol{\alpha}_4$.

4.17 【答案】 E

【解析】 由题设 $\boldsymbol{\alpha}_1,\boldsymbol{\alpha}_2,\boldsymbol{\alpha}_3$ 线性无关，$\boldsymbol{\alpha}_1,\boldsymbol{\alpha}_2,\boldsymbol{\alpha}_4$ 线性相关，则 A,B 正确，$\boldsymbol{\alpha}_4=k_1\boldsymbol{\alpha}_1+k_2\boldsymbol{\alpha}_2$，C,D 正确.

4.18 【答案】 D

【解析】 由题设 $\boldsymbol{\alpha}_1,\boldsymbol{\alpha}_2,\boldsymbol{\alpha}_3$ 线性无关，$\boldsymbol{\alpha}_1,\boldsymbol{\alpha}_2,\boldsymbol{\alpha}_3,\boldsymbol{\beta}$ 线性相关，则
$\boldsymbol{\beta}=k_1\boldsymbol{\alpha}_1+k_2\boldsymbol{\alpha}_2+k_3\boldsymbol{\alpha}_3$.

4.19 【答案】 B

【解析】 一个非零列向量组成向量组线性无关.

4.20 【答案】 D

【解析】 $\boldsymbol{\alpha}_1,\boldsymbol{\alpha}_2,\cdots,\boldsymbol{\alpha}_s$ 线性相关充要条件

$$k_1\boldsymbol{\alpha}_1+k_2\boldsymbol{\alpha}_2+\cdots+k_s\boldsymbol{\alpha}_s=\mathbf{0}\text{，其中 }k_1,k_2,\cdots,k_s\text{ 不全为零}$$

即至少存在一个向量可由其他向量线性表示.

4.21 【答案】 E

【解析】 $\boldsymbol{\alpha}_1,\boldsymbol{\alpha}_2,\cdots,\boldsymbol{\alpha}_k$ 线性无关的充要条件

$$l_1\boldsymbol{\alpha}_1+l_2\boldsymbol{\alpha}_2+\cdots+l_k\boldsymbol{\alpha}_k=\mathbf{0}\text{，则 }l_1=l_2=\cdots=l_k=0$$

即其中任意一个向量均不能由其余向量线性表示.

4.22 【答案】 B

【解析】 由题设 $x_1\boldsymbol{\alpha}_1+x_2\boldsymbol{\alpha}_2+x_3\boldsymbol{\alpha}_3+x_4\boldsymbol{\alpha}_4=\mathbf{0}$ 则 $(\boldsymbol{\alpha}_1,\boldsymbol{\alpha}_2,\boldsymbol{\alpha}_3,\boldsymbol{\alpha}_4)\begin{pmatrix}x_1\\x_2\\x_3\\x_4\end{pmatrix}=\mathbf{0}$,

$$r(\boldsymbol{\alpha}_1,\boldsymbol{\alpha}_2,\boldsymbol{\alpha}_3,\boldsymbol{\alpha}_4)\leqslant 3<n=4$$

故 $\boldsymbol{A}\boldsymbol{x}=\mathbf{0}$ 有非零解，得 $\boldsymbol{\alpha}_1,\boldsymbol{\alpha}_2,\boldsymbol{\alpha}_3,\boldsymbol{\alpha}_4$ 线性相关.

4.23 【答案】 B

【解析】 由题设 $x_1\boldsymbol{\alpha}_1+x_2\boldsymbol{\alpha}_2+x_3\boldsymbol{\alpha}_3+x_4\boldsymbol{\alpha}_4+x_5\boldsymbol{\alpha}_5=\mathbf{0}$.

得 $(\boldsymbol{\alpha}_1,\boldsymbol{\alpha}_2,\boldsymbol{\alpha}_3,\boldsymbol{\alpha}_4,\boldsymbol{\alpha}_5)\begin{pmatrix}x_1\\x_2\\x_3\\x_4\\x_5\end{pmatrix}=\mathbf{0}$，则 $r(\boldsymbol{\alpha}_1,\boldsymbol{\alpha}_2,\boldsymbol{\alpha}_3,\boldsymbol{\alpha}_4,\boldsymbol{\alpha}_5)\leqslant 4<n=5$.

故 $\boldsymbol{A}\boldsymbol{x}=\mathbf{0}$ 有非零解，得 $\boldsymbol{\alpha}_1,\boldsymbol{\alpha}_2,\boldsymbol{\alpha}_3,\boldsymbol{\alpha}_4,\boldsymbol{\alpha}_5$ 线性相关.

4.24 【答案】 A

【解析】 $\boldsymbol{A}\boldsymbol{x}=\mathbf{0}$ 仅有零解，$r(\boldsymbol{A})=n$. 故 $\boldsymbol{A}$ 的列向量线性无关.

4.25 【答案】 C

【解析】 由题设

$$(\boldsymbol{\alpha}_1,\boldsymbol{\alpha}_2,\boldsymbol{\alpha}_3,\boldsymbol{\alpha}_4)=\begin{pmatrix}1&1&2&-2\\1&-1&6&0\\1&3&-k&-2k\end{pmatrix}\to\begin{pmatrix}1&1&2&-2\\0&-2&4&2\\0&2&-k-2&-2k+2\end{pmatrix}$$
$$\to\begin{pmatrix}1&1&2&-2\\0&1&-2&-1\\0&0&2-k&4-2k\end{pmatrix}$$

当 $k=2$ 时，$r(\boldsymbol{\alpha}_1,\boldsymbol{\alpha}_2,\boldsymbol{\alpha}_3,\boldsymbol{\alpha}_4)=2$.

4.26 【答案】 C

【解析】 由题设

$$(\boldsymbol{\alpha}_1,\boldsymbol{\alpha}_2,\boldsymbol{\alpha}_3,\boldsymbol{\alpha}_4)=\begin{pmatrix}1&2&3&4\\2&4&6&9\\0&0&0&0\end{pmatrix}\to\begin{pmatrix}1&2&3&4\\0&0&0&1\\0&0&0&0\end{pmatrix}$$

故 $\boldsymbol{\alpha}_1,\boldsymbol{\alpha}_4$ 为一个极大线性无关组.

4.27 【答案】 D

【解析】 由题设 $|\boldsymbol{A}|=0$ 充要条件 $r(\boldsymbol{A})\leqslant 2$.

则 $\boldsymbol{A}$ 的行(列)向量组线性相关.

4.28 【答案】 D

【解析】 由题设 $r(\boldsymbol{\alpha}_1,\boldsymbol{\alpha}_2,\boldsymbol{\alpha}_3)=2$ 则 $\boldsymbol{\alpha}_1,\boldsymbol{\alpha}_2,\boldsymbol{\alpha}_3$ 极大线性无关组中有 2 个向量.

即存在一个向量可由其余向量线性表示.

4.29 【答案】 C

【解析】 由题设 $(\boldsymbol{\beta}_1,\boldsymbol{\beta}_2)\boldsymbol{X}=(\boldsymbol{\alpha}_1,\boldsymbol{\alpha}_2)$ 则

$$(\boldsymbol{\beta}_1,\boldsymbol{\beta}_2\,\vdots\,\boldsymbol{\alpha}_1,\boldsymbol{\alpha}_2)=\left(\begin{array}{cc:cc}1&0&1&-1\\0&1&2&1\\a&b&1&2\end{array}\right)\to\left(\begin{array}{cc:cc}1&0&1&-1\\0&1&2&1\\0&b&1-a&2+a\end{array}\right)$$
$$\to\left(\begin{array}{cc:cc}1&0&1&-1\\0&1&2&1\\0&0&1-a-2b&2+a-b\end{array}\right)$$

当 $a+2b=1, a-b=-2$，即 $a=-1, b=1$ 时，$r(\boldsymbol{A})=r(\boldsymbol{A},\boldsymbol{b})$ 有解.

4.30 【答案】C

【解析】由题设 $\boldsymbol{\alpha}_1,\boldsymbol{\alpha}_2,\boldsymbol{\alpha}_3$ 与 $\boldsymbol{\alpha}_1,\boldsymbol{\alpha}_2$ 等价，则 $r(\boldsymbol{\alpha}_1,\boldsymbol{\alpha}_2,\boldsymbol{\alpha}_3)=r(\boldsymbol{\alpha}_1,\boldsymbol{\alpha}_2)\leqslant 2$.

故 $\boldsymbol{\alpha}_1,\boldsymbol{\alpha}_2,\boldsymbol{\alpha}_3$ 线性相关.

4.31 【答案】A

【解析】由题设，$\boldsymbol{\alpha}_1,\boldsymbol{\alpha}_2,\boldsymbol{\alpha}_3,\boldsymbol{\alpha}_4$ 可由 $\boldsymbol{\beta}_1,\boldsymbol{\beta}_2,\cdots,\boldsymbol{\beta}_s$ 线性表示，则

$$r(\boldsymbol{\alpha}_1,\boldsymbol{\alpha}_2,\boldsymbol{\alpha}_3,\boldsymbol{\alpha}_4)\leqslant r(\boldsymbol{\beta}_1,\boldsymbol{\beta}_2,\cdots,\boldsymbol{\beta}_s)\leqslant s.$$

若 $s<4$，则 $r(\boldsymbol{\alpha}_1,\boldsymbol{\alpha}_2,\boldsymbol{\alpha}_3,\boldsymbol{\alpha}_4)\leqslant s<4$，则 $\boldsymbol{\alpha}_1,\boldsymbol{\alpha}_2,\boldsymbol{\alpha}_3,\boldsymbol{\alpha}_4$ 线性相关，与 $\boldsymbol{\alpha}_1,\boldsymbol{\alpha}_2,\boldsymbol{\alpha}_3,\boldsymbol{\alpha}_4$ 线性无关，矛盾，故 $s\geqslant 4$.

4.32 【答案】A

【解析】由题设，$\boldsymbol{\alpha}_1,\boldsymbol{\alpha}_2,\cdots,\boldsymbol{\alpha}_s$ 可由 $\boldsymbol{\beta}_1,\boldsymbol{\beta}_2,\cdots,\boldsymbol{\beta}_t$ 线性表示，则

$$r(\boldsymbol{\alpha}_1,\boldsymbol{\alpha}_2,\cdots,\boldsymbol{\alpha}_s)\leqslant r(\boldsymbol{\beta}_1,\boldsymbol{\beta}_2,\cdots,\boldsymbol{\beta}_t)\leqslant t.$$

若 $s>t$ 时，$r(\boldsymbol{\alpha}_1,\boldsymbol{\alpha}_2,\cdots,\boldsymbol{\alpha}_s)\leqslant t<s$，故 $\boldsymbol{\alpha}_1,\boldsymbol{\alpha}_2,\cdots,\boldsymbol{\alpha}_s$ 线性相关.

4.33 【答案】C

【解析】由题设，$\boldsymbol{\alpha}_1,\boldsymbol{\alpha}_2,\cdots,\boldsymbol{\alpha}_s$ 可由 $\boldsymbol{\beta}_1,\boldsymbol{\beta}_2,\cdots,\boldsymbol{\beta}_t$ 线性表示，则

$$r(\boldsymbol{\alpha}_1,\boldsymbol{\alpha}_2,\cdots,\boldsymbol{\alpha}_s)\leqslant r(\boldsymbol{\beta}_1,\boldsymbol{\beta}_2,\cdots,\boldsymbol{\beta}_t).$$

4.34 【答案】E

【解析】由题设，$\boldsymbol{\alpha}_1,\boldsymbol{\alpha}_2,\cdots,\boldsymbol{\alpha}_s$ 可由 $\boldsymbol{\beta}_1,\boldsymbol{\beta}_2,\cdots,\boldsymbol{\beta}_t$ 线性表出，则

$$r(\boldsymbol{\alpha}_1,\boldsymbol{\alpha}_2,\cdots,\boldsymbol{\alpha}_s)\leqslant r(\boldsymbol{\beta}_1,\boldsymbol{\beta}_2,\cdots,\boldsymbol{\beta}_t)\leqslant t$$

若 $\boldsymbol{\alpha}_1,\boldsymbol{\alpha}_2,\cdots,\boldsymbol{\alpha}_s$ 线性无关，则 $s=r(\boldsymbol{\alpha}_1,\boldsymbol{\alpha}_2,\cdots,\boldsymbol{\alpha}_s)\leqslant t$.

概率论

第一章　随机事件与概率

1.1 【答案】 D

【解析】 设 n 表示出现正面的次数，则 $A=\{n\geqslant 2\}$，

故 $\overline{A}=\{n<2\}=\{n\leqslant 1\}=\{$至多 1 枚出现正面$\}$ — $\{$至少 2 枚出现反面$\}$.

1.2 【答案】 D

【解析】 由题设 $A=\{$甲畅销$\}\cap\{$乙滞销$\}$，则 $\overline{A}=\{$甲滞销$\}\cup\{$乙畅销$\}$.

1.3 【答案】 E

【解析】 由题设 $A=\{$甲胜$\}\cap\{$乙负$\}$

$\overline{A}=\{$甲不胜$\}\cup\{$乙不败$\}=\{$甲负或平局$\}\cup\{$乙胜或平局$\}$

$=\{$甲负$\}\cup\{$平局$\}$.

1.4 【答案】 B

【解析】 由题设 $A_1\cup A_2\cup A_3$ 表示至少击中目标一次.

1.5 【答案】 E

【解析】 由题设 $A_1A_2A_3$ 表示三次都出现正面.

1.6 【答案】 D

【解析】 由题设 A,B 至少有一个发生且 C 不发生表示为 $(A\cup B)\overline{C}$.

1.7 【答案】 B

【解析】 由题设 A,B,C 恰有一个发生表示为 $A\overline{B}\,\overline{C}\cup\overline{A}B\overline{C}\cup\overline{A}\,\overline{B}C$.

1.8 【答案】 B

【解析】(1)“A,B,C 都不发生或全发生”可表示为 $\overline{A}\,\overline{B}\,\overline{C}\cup ABC$.

(2)“A,B,C 中不多于一个发生”可表示为 $\Omega-AB\cup BC\cup AC$.

(3)“A,B,C 中不多于一个发生”可表示为 $\overline{AB\cup BC\cup AC}$.

(4)“A,B,C 中至少有两个发生”可表示为 $AB\cup BC\cup AC$.

1.9 【答案】 A

【解析】 由题设 $A\cup B=B$，则 $A\subset B$. 故

$$A\subset B\Rightarrow\overline{B}\subset\overline{A}\Rightarrow A\overline{B}=\varnothing,\ A\subset B\Rightarrow\overline{A}B\neq\varnothing.$$

1.10 【答案】 A

【解析】 由事件运算得

$$(A \cup B)A = (AA) \cup (BA) = A \cup (AB) = A.$$

1.11 【答案】 B

【解析】 由题设 $A \subset B$ 则 $A \cup B = B, \overline{A \cup B} = \Omega - A \cup B = \Omega - B = \overline{B}.$

1.12 【答案】 A

【解析】 由题设$(\overline{A \cup B})C = (\overline{A} \cap \overline{B})C = \overline{A}\,\overline{B}C.$

1.13 【答案】 E

【解析】 由事件运算公式得

$(A \cup B) - B = (A \cup B) \cap \overline{B} = (A \cap \overline{B}) \cup (B \cap \overline{B}) = A \cap \overline{B} = A - B.$

1.14 【答案】 D

【解析】 由事件运算公式得

$(A \cap B) - B = (A \cap B)\overline{B} = A \cap B \cap \overline{B} = \varnothing.$

1.15 【答案】 B

【解析】(1)$A - (B - C) = A - (B\overline{C}) = A(\overline{B\overline{C}}) = A(\overline{B} \cup C)$

$= (A\overline{B} \cup AC) = (A - B) \cup (AC) \neq (A - B) \cup C.$

(2)$(A \cup B) - B = (A \cup B)\overline{B} = (A\overline{B}) \cup (B\overline{B}) = A\overline{B} \neq A.$

(3)$(A - B) \cup B = (A\overline{B}) \cup B = (A \cup B)(\overline{B} \cup B) = A \cup B \neq A.$

(4)$AB \cap A\overline{B} = ABA\overline{B} = \varnothing$,正确.

1.16 【答案】 D

【解析】(1)$(A\overline{B}) \cup B = (A \cup B)(\overline{B} \cup B) = (A \cup B) \cap \Omega = A \cup B$. 正确.

(2)$(\overline{A \cup B})C = (\overline{A} \cap \overline{B})C = \overline{A}\,\overline{B}\,C.$

(3) 若 $A \subset B$,则 $AB = A$. 正确.

(4) 若 $C \subset A$,则 $BC = BA = \varnothing$. 正确.

1.17 【答案】 C

【解析】 由题设,抛掷硬币相互独立,则每次正面出现的概率为$\frac{1}{2}$.

故恰好有 1 次正面向上的概率为 $P = C_3^1 \cdot \left(\frac{1}{2}\right) \cdot \left(\frac{1}{2}\right)^2 = \frac{3}{8}.$

1.18 【答案】 C

【解析】 由抽签原理,第 2 次抽到次品的概率与次序无关. $P = \frac{3}{8}.$

1.19 【答案】 D

【解析】 设 X 表示正面向上的次数,$p = \frac{2}{3}$,则 $X \sim B\left(4, \frac{2}{3}\right)$,故

$P\{X = 3\} = C_4^3 \cdot \left(\frac{2}{3}\right)^3 \cdot \frac{1}{3} = 4 \times \frac{8}{27} \times \frac{1}{3} = \frac{32}{81}.$

1.20 【答案】 A

【解析】设 X 和 Y 分别表示第一次和第二次的投掷点数，则

$P\{X+Y=7\}=\dfrac{6}{6\times 6}=\dfrac{1}{6}$.

1.21 【答案】 B

【解析】由题设 $P\{X=4\}=\dfrac{3}{C_4^2}=\dfrac{3}{\frac{4\times 3}{2}}=\dfrac{1}{2}$.

1.22 【答案】 E

【解析】设 3 只球最小号码为 X，则

$$P\{X=5\}=\frac{C_5^2}{C_{10}^3}=\frac{\frac{5\times 4}{2}}{\frac{10\times 9\times 8}{3\times 2}}=\frac{1}{12}.$$

1.23 【答案】 A

【解析】用古典概型得 $P=\dfrac{2^2}{4^2}=\dfrac{1}{4}$.

1.24 【答案】 B

【解析】设 X 表示 $(0,10]$ 中任意一个数，则

$P\{X+4>10\}=P\{X>6\}=\dfrac{4}{10}=\dfrac{2}{5}$.

1.25 【答案】 D

【解析】设 X,Y 分别表示两人到达时间，则 $9\leqslant X\leqslant 10$，$9\leqslant Y\leqslant 10$，故

$$P\left\{|X-Y|\leqslant\frac{1}{3}\right\}=\frac{1-\left(\frac{2}{3}\right)^2}{1}=\frac{5}{9}.$$

1.26 【答案】 D

【解析】由概率 $P(AB)=0$ 推不出事件 A 与 B 之间的关系.

1.27 【答案】 E

【解析】由概率推不出事件 A 与 B 之间的关系.

1.28 【答案】 A

【解析】由题设 A 与 B 互不相容，则 $AB=\varnothing$. 故

$$P(A\cup B)=P(A)+P(B)-P(AB)=P(A)+P(B),$$

则 $P(B)=P(A\cup B)-P(A)=0.7-0.4=0.3$.

1.29 【答案】 D

【解析】由减法公式得 $P(A-B)=P(A)-P(AB)$.

1.30 【答案】 E

【解析】由题设 A 与 B 互不相容，则 $AB=\varnothing$.

$P(\overline{A}\cup\overline{B})=1-P(A\cap B)=1-0=1$。

1.31 【答案】 D

【解析】 由题设 A 与 B 互不相容，则 $AB=\varnothing$. 故

$P(A-B)=P(A)-P(AB)=P(A)$.

1.32 【答案】 B

【解析】 由题设 $AB\subset C$，则由加法公式得

$P(AB)=P(A)+P(B)-P(A\cup B)\leqslant P(C)$，

则 $P(C)\geqslant P(A)+P(B)-P(A\cup B)\geqslant P(A)+P(B)-1$.

1.33 【答案】 E

【解析】 由题设 $P(AC)=0$，则 $0\leqslant P(ABC)\leqslant P(AC)=0$.

$$\begin{aligned}P(A+B+C)&=P(A)+P(B)+P(C)-P(AB)-P(AC)-P(BC)+P(ABC)\\&=\frac{3}{4}-\frac{1}{8}+0=\frac{5}{8}.\end{aligned}$$

1.34 【答案】 B

【解析】 设 A 表示合格品，B 表示一等品，则 $P(A)=0.5$，$P(B\mid A)=0.6$，故

$P(B)=P(A)\cdot P(B\mid A)=0.5\times 0.6=0.3$.

1.35 【答案】 B

【解析】 由乘法公式和条件概率公式得

$$P(AB)=P(B)\cdot P(A\mid B)=0.3\times 0.5=0.15,$$

$P(B\mid A)=\dfrac{P(AB)}{P(A)}=\dfrac{0.15}{0.6}=0.25$.

1.36 【答案】 A

【解析】 由乘法公式

$$P(AB)=P(B)P(A\mid B)=0.5\times 0.8=0.4,$$

又由加法公式

$P(A\cup B)=P(A)+P(B)-P(AB)=0.6+0.5-0.4=0.7$.

1.37 【答案】 B

【解析】 由乘法公式及条件概率得

$$P(AB)=P(A)P(B\mid A)=\frac{1}{4}\times\frac{1}{3}=\frac{1}{12},$$

$$P(B)=\frac{P(AB)}{P(A\mid B)}=\frac{\frac{1}{12}}{\frac{1}{2}}=\frac{1}{6},$$

又由加法公式 $P(A\cup B)=P(A)+P(B)-P(AB)=\dfrac{1}{4}+\dfrac{1}{6}-\dfrac{1}{12}=\dfrac{1}{3}$.

1.38 【答案】 E

【解析】 由条件概率公式

$$P(A\cup B\mid A)=\frac{P((A\cup B)A)}{P(A)}=\frac{P(AA\cup BA)}{P(A)}=\frac{P(A)}{P(A)}=1.$$

1.39 【答案】 C

【解析】 由条件概率 $P(A\mid B)=\dfrac{P(AB)}{P(B)}=1$，则 $P(AB)=P(B)$.

又由加法公式得

$$P(A\cup B)=P(A)+P(B)-P(AB)=P(A).$$

1.40 【答案】 D

【解析】 由题设及条件概率公式得

$$P(B\mid A)=\frac{P(AB)}{P(A)},P(B\mid \overline{A})=\frac{P(B\overline{A})}{P(\overline{A})}=\frac{P(B)-P(AB)}{1-P(A)}$$

得 $\dfrac{P(AB)}{P(A)}=\dfrac{P(B)-P(AB)}{1-P(A)}$，故 $P(AB)=P(A)P(B)$.

1.41 【答案】 C

【解析】 由题设 $A\subset B$，则 $AB=A$，故

$$P(B\mid A)=\frac{P(AB)}{P(A)}=\frac{P(A)}{P(A)}=1.$$

1.42 【答案】 B

【解析】 由题设 $A\subset B$，则 $AB=A$，故

$$\begin{aligned}P(\overline{B}\,\overline{A})&=1-P(A\cup B)=1-P(A)-P(B)+P(AB)\\&=1-P(A)-P(B)+P(A)=1-P(B).\end{aligned}$$

1.43 【答案】 B

【解析】 由题设 $A\subset B$，则 $AB=A$，故 $P(A\mid B)=\dfrac{P(AB)}{P(B)}=\dfrac{P(A)}{P(B)}\geqslant P(A)$.

1.44 【答案】 E

【解析】 由题设 $P(A\cup B)=P(A)+P(B)-P(AB)$ 的最大值为 1，最小值为 0.7.

则 $P(B\mid A)=\dfrac{P(AB)}{P(A)}=\dfrac{P(A)+P(B)-P(A\cup B)}{P(A)}$ 的最大值为 $\dfrac{5}{7}$，最小值为 $\dfrac{2}{7}$.

1.45 【答案】 C

【解析】 由题设及条件概率得

$$\frac{P[(A_1+A_2)B]}{P(B)}=\frac{P(A_1B)}{P(B)}+\frac{P(A_2B)}{P(B)}$$

整理得 $P[(A_1+A_2)B]=P(A_1B+A_2B)=P(A_1B)+P(A_2B)$.

1.46 【答案】 D

【解析】 由题设得 $P(A\mid B)=1-P(\overline{A}\mid \overline{B})=P(A\mid \overline{B})$.

由条件概率公式 $\dfrac{P(AB)}{P(B)}=\dfrac{P(A\overline{B})}{P(\overline{B})}=\dfrac{P(A)-P(AB)}{1-P(B)}$ 得 $P(AB)=P(A)P(B)$.

1.47 【答案】 D

【解析】 由题设 $A+B=\Omega,AB=\varnothing$，或 $A=\overline{B},\overline{A}=B$.

(1)$P(\overline{B} \mid A) = \dfrac{P(A\overline{B})}{P(A)} = \dfrac{P(A)}{P(A)} = 1.$

(2)$P(A \mid B) = \dfrac{P(AB)}{P(B)} = \dfrac{P(A \cdot \overline{A})}{P(B)} = \dfrac{P(\varnothing)}{P(B)} = 0.$

(3)$P(AB) = P(A \cdot \overline{A}) = P(\varnothing) = 0.$

(4)$P(A \cup B) = P(\Omega) = 1.$

1.48 【答案】 A

【解析】 方法一:由抽签原理,知第二次取到红球的概率为$\dfrac{1}{n}$.

方法二:设 A_1,A_2 分别表示第一次,第二次取到红球

$$P(A_2) = P(A_1)P(A_2 \mid A_1) + P(\overline{A}_1)P(A_2 \mid \overline{A}_1) = \frac{1}{n} \times 0 + \frac{n-1}{n} \cdot \frac{1}{n-1} = \frac{1}{n}.$$

1.49 【答案】 C

【解析】 设 A_i 表示第 i 等品,$i = 1,2,3$. 则

$$P(A_1) = 0.6, P(A_2) = 0.3, P(A_3) = 0.1,$$

故 $P(A_1 \mid \overline{A}_3) = \dfrac{P(A_1 \overline{A}_3)}{P(\overline{A}_3)} = \dfrac{P(A_1)}{1 - P(A_3)} = \dfrac{0.6}{1 - 0.1} = \dfrac{2}{3}.$

1.50 【答案】 D

【解析】 由题设 A 与 B 独立,则 $P(AB) = P(A)P(B)$,由加法公式

$$\begin{aligned} P(A \cup B) &= P(A) + P(B) - P(AB) = P(A) + P(B) - P(A)P(B) \\ &= 0.4 + 0.5 - 0.2 = 0.7. \end{aligned}$$

1.51 【答案】 C

【解析】 由题设 A 与 B 独立,则 $\overline{A}$ 与 $\overline{B}$ 独立,故

$$P(\overline{A}\,\overline{B}) = P(\overline{A}) \cdot P(\overline{B}) = [1 - P(A)][1 - P(B)] = 0.8 \times 0.5 = 0.4.$$

1.52 【答案】 E

【解析】 由题设 A 与 B 独立,则 $P(AB) = P(A)P(B) > 0$.

1.53 【答案】 D

【解析】(方法一) 设 A,B,C 分别表示甲、乙、丙三个命中,由题设 A,B,C 三者相互独立,则

$$\begin{aligned} P(\overline{A}\,\overline{B}\,\overline{C}) &= 1 - P(A + B + C) \\ &= 1 - [P(A) + P(B) + P(C) - P(AB) - P(AC) - P(BC) + P(ABC)] \\ &= 1 - [P(A) + P(B) + P(C) - P(A)P(B) - P(A)P(C) - P(B)P(C) \\ &\quad + P(A)P(B)P(C)] \\ &= 1 - (0.5 + 0.6 + 0.7 - 0.3 - 0.35 - 0.42 + 0.21) \\ &= 0.06. \end{aligned}$$

(方法二) A,B,C 相互独立,则$\overline{A},\overline{B},\overline{C}$ 也相互独立,故

$$\begin{aligned} P(\overline{A}\,\overline{B}\,\overline{C}) &= P(\overline{A})P(\overline{B})P(\overline{C}) = [1 - P(A)][1 - P(B)][1 - P(C)] \\ &= 0.5 \times 0.4 \times 0.3 = 0.06. \end{aligned}$$

1.54 【答案】 C

【解析】由题设 A,B,C 相互独立及加法公式

$$\begin{aligned}P(A+B+C)&=P(A)+P(B)+P(C)-P(AB)-P(BC)-P(AC)+P(ABC)\\&=P(A)+P(B)+P(C)-P(A)P(B)-P(B)P(C)-P(A)P(C)\\&\quad+P(A)P(B)P(C)\\&=1.2-0.48+0.064=0.784.\end{aligned}$$

1.55【答案】 E

【解析】由题设 A 与 B 相互独立，则

$$P(A\mid B)=\frac{P(AB)}{P(B)}=\frac{P(A)P(B)}{P(B)}=P(A)$$

$$P(B\mid \overline{A})=\frac{P(B\overline{A})}{P(\overline{A})}=\frac{P(B)P(\overline{A})}{P(\overline{A})}=P(B)$$

$$P(A\overline{B})=P(A)P(\overline{B}),P(AB)=P(A)\cdot P(B).$$

1.56【答案】 B

【解析】由题设 A 与 B 互为对立事件，则

$$\begin{aligned}P(\overline{A}\mid B)+P(A\mid B)&=\frac{P(B\overline{A})}{P(B)}+\frac{P(A\overline{B})}{P(\overline{B})}=\frac{P(\overline{A}\,\overline{A})}{P(\overline{A})}+\frac{P(AA)}{P(A)}\\&=\frac{P(\overline{A})}{P(\overline{A})}+\frac{P(A)}{P(A)}=2.\end{aligned}$$

1.57【答案】 D

【解析】由题设 A,B,C 相互独立，$\overline{AC}$ 与 $\overline{C}$ 未必独立.

1.58【答案】 C

【解析】由题设 A,B,C 相互独立，$A-B$ 与 AB 未必独立.

1.59【答案】 E

【解析】由题设 $P(A)=P(B)=P(C)=\dfrac{1}{2}$，且

$$P(AB)=\frac{1}{4},P(BC)=\frac{1}{4},P(AC)=\frac{1}{4},P(ABC)=\frac{1}{4}.$$

故 $P(ABC)\neq P(A)P(B)P(C)$.

1.60【答案】 A

【解析】由题设 A,B,C 两两独立，则 $P(BC)=P(B)P(C)$.

若 A 与 BC 独立，则 $P(ABC)=P(A)P(BC)=P(A)P(B)P(C)$.

1.61【答案】 C

【解析】由题设 $P(A_1)=P(A_2)=\dfrac{1}{2},P(A_3)=\dfrac{1}{2},P(A_4)=\dfrac{1}{4}$.

又由于 $P(A_1A_2)=\dfrac{1}{4},P(A_1A_3)=\dfrac{1}{4},P(A_2A_3)=\dfrac{1}{4}$.

可验证 $P(A_1A_2)=P(A_1)P(A_2),P(A_1A_3)=P(A_1)P(A_3),P(A_2A_3)=P(A_2)\cdot P(A_3)$.

1.62【答案】 E

【解析】设 X 表示次品的个数，则 $X\sim B(5,0.4),P\{X=2\}=C_5^2 0.4^2 0.6^3$.

1.63【答案】 C

【解析】由题设 $X \sim B\left(500, \frac{1}{20}\right)$，则 $P\{X=3\}=C_{500}^{3}0.05^{3}0.95^{497}$.

1.64 【答案】C

【解析】设 X 表示命中时射击的次数，则 $X \sim G(0.6)$.

$P\{X=3\}=0.4^{2} \cdot 0.6$.

1.65 【答案】C

【解析】由题设 $X \sim G(0.45)$，则 $P\{X=3\}=0.55^{2} \cdot 0.45$.

1.66 【答案】D

【解析】由题设，第一次未中第二次命中的概率为 $(1-p)p$.

1.67 【答案】D

【解析】由题设，第 4 次射击恰好第 2 次命中目标的概率为 $C_{3}^{1}p \cdot (1-p)^{2} \cdot p=3p^{2}(1-p)^{2}$.

1.68 【答案】C

【解析】设 X 表示试验中成功的次数，则 $X \sim B(3,p)$，故

$$\begin{aligned} P\{X \geqslant 1\} &= 1-P\{X=0\}=1-C_{3}^{0}p^{0}(1-p)^{3} \\ &= 1-(1-p)^{3}. \end{aligned}$$

第二章　一维随机变量及其分布

2.1 【答案】C

【解析】由离散型随机变量分布律性质，得 $a+0.2+0.5=1$，解得 $a=0.3$.

2.2 【答案】C

【解析】由离散型随机变量分布律性质，得 $a+\frac{1}{2}+\frac{1}{4}=1$，得 $a=\frac{1}{4}$.

2.3 【答案】E

【解析】由离散型随机变量分布律性质，得

$$\frac{k}{(n+1)^{2}}+\frac{2k}{(n+1)^{2}}+\cdots+\frac{nk}{(n+1)^{2}}=1,$$

解得 $\frac{n(n+1)}{2}k=(n+1)^{2}$，故 $k=\frac{2(n+1)}{n}$.

2.4 【答案】B

【解析】由离散型随机变量分布律性质，得

$$\begin{aligned} \sum_{n=2}^{\infty}\frac{1}{n(n-1)} &= \lim_{n\to\infty}\sum_{k=2}^{n}\frac{1}{(k-1)k}=\lim_{n\to\infty}\sum_{k=2}^{n}\left(\frac{1}{k-1}-\frac{1}{k}\right) \\ &= \lim_{n\to\infty}\left(1-\frac{1}{2}+\frac{1}{2}-\frac{1}{3}+\cdots+\frac{1}{n-1}-\frac{1}{n}\right) \\ &= \lim_{n\to\infty}\left(1-\frac{1}{n}\right)=1. \end{aligned}$$

2.5 【答案】 A

【解析】由离散型随机变量分布律性质,得$\sum_{k=1}^{\infty} c\left(\frac{2}{3}\right)^{k-1} = c\frac{1}{1-\frac{2}{3}} = 3c = 1$,解得$c = \frac{1}{3}$.

2.6 【答案】 A

【解析】由离散型随机变量分布律性质,得$\sum_{k=1}^{\infty} \frac{1}{3} \cdot \left(\frac{2}{3}\right)^{k-1} = \frac{1}{3} \cdot \frac{1}{1-\frac{2}{3}} = 1$.

2.7 【答案】 C

【解析】由题设$X+1 \sim G\left(\frac{2}{3}\right)$,则$P\{X = k\} = \left(\frac{2}{3}\right) \cdot \left(\frac{1}{3}\right)^{k}, k = 0,1,2,\cdots$.

2.8 【答案】 B

【解析】由分布函数性质,得$P\{X = -1\} = F(-1) - F(-1-0) = 0.2$.

$P\{X = 0\} = F(0) - F(0-0) = 0.4$,

$P\{X = 2\} = F(2) - F(2-0) = 0.4$.

2.9 【答案】 B

【解析】由分布律性质,得

$0.1 + 0.2 + a + 0.5 = 1$,得$a = 0.2$,

则$P\{1 \leqslant X < 3\} = P\{X = 1\} + P\{X = 2\} = 0.2 + 0.2 = 0.4$.

2.10 【答案】 E

【解析】
$$\begin{aligned}\lim_{x\to+\infty} F_5(x) &= \lim_{x\to+\infty} \frac{\ln(1+x)}{1+x} \\ &= \lim_{x\to+\infty} \frac{\frac{1}{1+x}}{1} \\ &= 0 \neq 1,\end{aligned}$$

不满足分布函数定义.

2.11 【答案】 E

【解析】由连续型随机变量的性质,知$F(x)$是连续函数,未必可导.

2.12 【答案】 C

【解析】由连续型随机变量的性质,知$F(-\infty) = 0$.

2.13 【答案】 E

【解析】由随机变量的性质,知$F(x)$右连续,即$\lim_{\Delta x\to 0^+} F(x+\Delta x) = F(x)$.

2.14 【答案】 B

【解析】由分布函数性质得

$$\lim_{x\to+\infty}\left[\frac{1}{2}F_1(x) + \frac{1}{2}F_2(x)\right] = \frac{1}{2}\lim_{x\to+\infty} F_1(x) + \frac{1}{2}\lim_{x\to+\infty} F_2(x) = \frac{1}{2} + \frac{1}{2} = 1.$$

2.15 【答案】 A

【解析】 由分布函数性质，得

$$\lim_{x\to+\infty}F(x)=\lim_{x\to+\infty}[aF_1(x)-bF_2(x)]=\lim_{x\to+\infty}aF_1(x)-\lim_{x\to+\infty}bF_2(x)=a-b=1.$$

2.16 【答案】 C

【解析】 由分布函数性质，易知

$F_1(-\infty)F_2(-\infty)=0$；$F_1(+\infty)F_2(+\infty)=1$；$F_1(x)F_2(x)$ 单调不减；

$F_1(x)F_2(x)$ 右连续.

2.17 【答案】 B

【解析】 由连续型随机变量分布函数性质，得 $F(0-0)=F(0+0)$.

$$0=F(0-0)=F(0+0)=\lim_{x\to0^+}(1-ae^{-2x})=1-a,$$

解得 $a=1$.

2.18 【答案】 E

【解析】 由分布函数性质，易知

$F(-\infty)=0$；$F(+\infty)=1$；$F(x)$ 单调不减；$F(x)$ 右连续.

且 $P\{X=1\}=F(1)-F(1-0)=1-\frac{1}{2}=\frac{1}{2}$.

$F(x)$ 为混合型随机变量的分布函数.

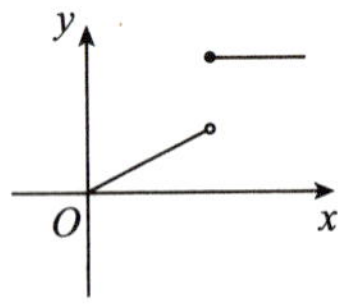

解 2.18 图

2.19 【答案】 E

【解析】 由分布函数定义，知

$F(3)=P\{X\leqslant3\}=P\{X=0\}+P\{X=1\}+P\{X=2\}=1$.

2.20 【答案】 C

【解析】 由分布函数性质，知

$$P\{X=1\}=F(1)-F(1-0)=1-e^{-1}-\frac{1}{2}=\frac{1}{2}-e^{-1}.$$

2.21 【答案】 B

【解析】 由分布函数定义，知 $P\{X\leqslant a\}=F(a)=P\{Y\leqslant a\}$.

2.22 【答案】 A

【解析】 由密度函数性质知 $f(x)\geqslant0$.

2.23 【答案】 C

【解析】 由密度函数性质知 $f(x)\geqslant0$.

2.24 【答案】 C

【解析】 由题设 $f(1+x)=f(1-x)$，得 $f(x)$ 关于 $x=1$ 对称.

则 $\int_{-\infty}^{1}f(x)dx=\int_{1}^{+\infty}f(x)dx=0.5$，

$\int_{0}^{1}f(x)dx=\int_{1}^{2}f(x)dx=\frac{1}{2}\int_{0}^{2}f(x)dx=0.3$，

故 $P\{X<0\}=P\{X\leqslant 0\}=\int_{-\infty}^{1}f(x)\mathrm{d}x-\int_{0}^{1}f(x)\mathrm{d}x=0.2.$

2.25 **【答案】** B

【解析】 由题设 $\varphi(-x)=\varphi(x)$，知密度函数 $\varphi(x)$ 关于 $x=0$ 对称.

$\int_{-\infty}^{-a}\varphi(t)\mathrm{d}t=\int_{a}^{+\infty}\varphi(t)\mathrm{d}t;\int_{-a}^{0}\varphi(t)\mathrm{d}t=\int_{0}^{a}\varphi(t)\mathrm{d}t.$

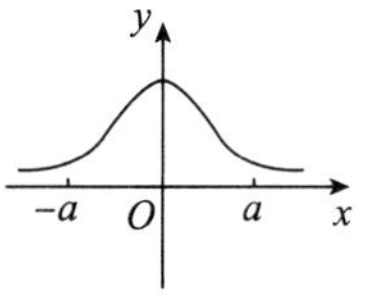

解 2.25 图

又由于

$\int_{-\infty}^{+\infty}\varphi(t)\mathrm{d}t=\int_{-\infty}^{-a}\varphi(t)\mathrm{d}t+\int_{-a}^{0}\varphi(t)\mathrm{d}t+\int_{0}^{a}\varphi(t)\mathrm{d}t+\int_{a}^{+\infty}\varphi(t)\mathrm{d}t=1,$

则 $\int_{-\infty}^{-a}\varphi(t)\mathrm{d}t+\int_{0}^{a}\varphi(t)\mathrm{d}t=\frac{1}{2}.$

$F(-a)=P\{X\leqslant -a\}=\int_{-\infty}^{-a}\varphi(t)\mathrm{d}t=\frac{1}{2}-\int_{0}^{a}\varphi(t)\mathrm{d}t.$

2.26 **【答案】** C

【解析】 由密度函数性质，知

$$\int_{-\infty}^{+\infty}f(x)\mathrm{d}x=\int_{0}^{b}\sin x\mathrm{d}x=-\cos x\Big|_{0}^{b}=1-\cos b=1,$$

解得 $b=\frac{\pi}{2}$.

2.27 **【答案】** C

【解析】 由密度函数性质，知

$$\int_{-\infty}^{+\infty}f(x)\mathrm{d}x=\int_{2}^{+\infty}\frac{a}{x^2}\mathrm{d}x=-\frac{a}{x}\Big|_{2}^{+\infty}=\frac{a}{2}=1,$$

解得 $a=2$.

2.28 **【答案】** B

【解析】 由题设 $P\{0\leqslant X\leqslant 1\}=\frac{1}{3};P\{3\leqslant X\leqslant 6\}=\frac{2}{3}.$

$P\{X\geqslant k\}=1-P\{X<k\}=\frac{2}{3};P\{X<k\}=\frac{1}{3}=F(k-0).$

故当 $1\leqslant k\leqslant 3$ 时，$P\{X\geqslant k\}=\frac{2}{3}$.

2.29 **【答案】** C

【解析】 由分布函数定义，知

$$F_Y(y)=P\{Y\leqslant y\}=P\{-2X\leqslant y\}=P\left\{X\geqslant -\frac{y}{2}\right\}$$
$$=1-P\left\{X<-\frac{y}{2}\right\}=1-F_X\left(-\frac{y}{2}\right).$$

则 $f_Y(y)=F'_Y(y)=f_X\left(-\frac{y}{2}\right)\cdot\frac{1}{2}.$

2.30 **【答案】** B

【解析】 由分布函数定义，知

$$F_Y(y)=P\{Y\leqslant y\}=P\{2X\leqslant y\}=P\left\{X\leqslant \frac{y}{2}\right\}=F_X\left(\frac{y}{2}\right),$$

则 $f_Y(y)=F'_Y(y)=\frac{1}{2}f_X\left(\frac{y}{2}\right)$.

2.31 【答案】C

【解析】由题设 $X\sim B(3,0.7)$，则

$P\{X=k\}=C_3^k\cdot 0.7^k\cdot 0.3^{3-k},k=0,1,2,3.$

$P\{X\leqslant 2\}=1-P\{X=3\}=1-C_3^3\cdot 0.7^3\cdot 0.3^0=1-0.7^3=0.657.$

2.32 【答案】B

【解析】由题设

$$P\left\{X\leqslant\frac{1}{2}\right\}=\int_0^{\frac{1}{2}}2x\mathrm{d}x=\frac{1}{4},$$

又由于 $Y\sim B\left(3,\frac{1}{4}\right)$，故

$P\{Y=2\}=C_3^2\left(\frac{1}{4}\right)^2\left(\frac{3}{4}\right)=3\times\frac{1}{16}\times\frac{3}{4}=\frac{9}{64}.$

2.33 【答案】D

【解析】由题设 $X\sim P(2)$，则 $P\{X=2\}=\frac{2^2}{2!}\mathrm{e}^{-2}=2\mathrm{e}^{-2}$.

2.34 【答案】A

【解析】由题设 $X\sim U(0,2)$，知

$$f(x)=\begin{cases}\frac{1}{2}, & 0<x<2,\\ 0, & \text{其他}.\end{cases}$$

故 $F(1)=P\{X\leqslant 1\}=\int_0^1\frac{1}{2}\mathrm{d}x=\frac{1}{2}$.

2.35 【答案】C

【解析】由题设 $X\sim U(1,a)$，则

$$f(x)=\begin{cases}\frac{1}{a-1}, & 1<x<a,\\ 0, & \text{其他}.\end{cases}$$

故 $P\left\{X<\frac{2}{3}a\right\}=\int_1^{\frac{2}{3}a}\frac{1}{a-1}\mathrm{d}x=\frac{1}{a-1}\cdot\left(\frac{2}{3}a-1\right)=\frac{1}{2}$，解得 $a=3$.

2.36 【答案】B

【解析】由密度函数性质，知

$$\int_{-\infty}^{+\infty}f(x)\mathrm{d}x=\int_0^{+\infty}k\cdot\mathrm{e}^{-\frac{x}{2}}\mathrm{d}x=-2k\mathrm{e}^{-\frac{x}{2}}\Big|_0^{+\infty}=2k=1,$$

解得 $k=\frac{1}{2}$.

2.37 【答案】B

【解析】由题设 $X\sim N(1,3)$，则

$$P\{X \leqslant a\} = P\left\{\frac{X-1}{\sqrt{3}} \leqslant \frac{a-1}{\sqrt{3}}\right\} = \Phi\left(\frac{a-1}{\sqrt{3}}\right) = 0.5,$$

故 $a = 1$ 时，$P\{X \leqslant a\} = 0.5$.

2.38 【答案】 B

【解析】 由题设 $X \sim N(2,9)$，且 $P\{X \geqslant c\} = P\{X < c\}$.

又由于 $P\{X \geqslant c\} + P\{X < c\} = 1$，则 $P\{X < c\} = P\{X \geqslant c\} = 0.5$.

故 $P\left\{\frac{X-2}{3} < \frac{c-2}{3}\right\} = \Phi\left(\frac{c-2}{3}\right) = 0.5$，则 $c = 2$.

2.39 【答案】 D

【解析】 由题设 $X \sim N(3,6^2)$，则

$$P\{3 < X < 4\} = P\left\{0 < \frac{X-3}{6} < \frac{1}{6}\right\} = \Phi\left(\frac{1}{6}\right) - \Phi(0) = 0.2,$$

又由于 $\Phi(0) = 0.5$，则 $\Phi\left(\frac{1}{6}\right) = 0.7$.

$$P\{X \geqslant 2\} = 1 - P\{X < 2\} = 1 - P\left\{\frac{X-3}{6} < \frac{-1}{6}\right\} = 1 - \Phi\left(-\frac{1}{6}\right)$$

$$= 1 - \left[1 - \Phi\left(\frac{1}{6}\right)\right] = \Phi\left(\frac{1}{6}\right) = 0.7.$$

2.40 【答案】 A

【解析】 由题设 $f(x) = \frac{1}{\sqrt{2\pi}} e^{-\frac{(x-1)^2}{2\cdot 1^2}}$，故 $X \sim N(1,1)$.

2.41 【答案】 B

【解析】 由题设 $f(x) = \frac{1}{\sqrt{2\pi}\cdot\sqrt{2}} e^{-\frac{(x+3)^2}{2(\sqrt{2})^2}}$，则 $X \sim N(-3,2)$，故 $\frac{X+3}{\sqrt{2}} \sim N(0,1)$.

2.42 【答案】 C

【解析】 由题设 $f(x) = \frac{1}{\sqrt{2\pi}\cdot 2} e^{-\frac{(x-1)^2}{2\cdot 2^2}}$，则 $X \sim N(1,4)$.

2.43 【答案】 C

【解析】 由题设

$$f(x) = k \cdot e^{\frac{1}{2}} \cdot e^{-\frac{(x-1)^2}{2}} = k \cdot e^{\frac{1}{2}} \cdot e^{-\frac{(x-1)^2}{2\cdot 1^2}} = \frac{1}{\sqrt{2\pi}\cdot 1} e^{-\frac{(x-1)^2}{2\cdot 1^2}},$$

则 $X \sim N(1,1)$，故 $k = \frac{1}{\sqrt{2\pi}} e^{-\frac{1}{2}}$.

2.44 【答案】 E

【解析】 由题设 $X \sim N(\mu,\sigma^2)$，知

$$P\{|X-\mu| \leqslant \sigma\} = P\left\{\left|\frac{X-\mu}{\sigma}\right| \leqslant 1\right\} = 2\Phi(1) - 1,$$

与 μ 和 σ 无关.

2.45 【答案】 C

【解析】 由题设 $X \sim N(\mu, 4^2)$，$Y \sim N(\mu, 5^2)$，得

$$p_1 = P\{X \leqslant \mu - 4\} = P\left\{\frac{X-\mu}{4} \leqslant -1\right\} = \Phi(-1) = 1 - \Phi(1),$$

$$p_2 = P\{Y \geqslant \mu + 5\} = 1 - P\{Y < \mu + 5\} = 1 - P\left\{\frac{Y-\mu}{5} < 1\right\} = 1 - \Phi(1),$$

故 $p_1 = p_2$.

2.46 【答案】 C

【解析】 由题设 $X \sim N(0,1)$，得

$E(Y) = E(2X+1) = 2E(X) + 1 = 1, D(Y) = D(2X+1) = 4D(X) = 4.$

故 $Y \sim N(1,4)$.

2.47 【答案】 B

【解析】 由题设 $X \sim N(1,1)$，得

$$p_1 = P\{X \leqslant 1\} = P\left\{\frac{X-1}{1} \leqslant 0\right\} = \Phi(0) = 0.5,$$

$$p_2 = P\{X \geqslant 1\} = 1 - P\{X < 1\} = 1 - P\{X \leqslant 1\} = 0.5.$$

2.48 【答案】 C

【解析】 由密度函数性质，知 $\int_{-\infty}^{+\infty} f(x)\mathrm{d}x = \int_0^{\frac{\pi}{2}} a\sin x\mathrm{d}x = -a\cos x\Big|_0^{\frac{\pi}{2}} = a = 1.$

2.49 【答案】 D

【解析】 由密度函数性质，知

$$\int_{-\infty}^{+\infty} f(x)\mathrm{d}x = \int_a^{\frac{\pi}{2}} \cos x\mathrm{d}x = \sin x\Big|_a^{\frac{\pi}{2}} = 1 - \sin a = 1,$$

当 $a = 0$ 时满足题意.

2.50 【答案】 B

【解析】 由密度函数性质，知

$$\int_{-\infty}^{+\infty} f(x)\mathrm{d}x = \int_a^{b} \cos x\mathrm{d}x = \sin x\Big|_a^{b} = \sin b - \sin a = 1,$$

当 $a = 0, b = \frac{\pi}{2}$ 时，满足 $\int_{-\infty}^{+\infty} f(x)\mathrm{d}x = 1$.

第三章　二维随机变量及其分布

3.1 【答案】 D

【解析】 由题设

$P\{X < 1, Y < 3\} = P\{X = 0, Y = 1\} + P\{X = 0, Y = 2\} = 0.25 + 0.16 = 0.41.$

3.2 【答案】 E

【解析】由二维随机变量分布函数性质,知

$$F(-\infty, y) = 0,\text{对于任意} -\infty < y < +\infty,$$

令 $y \to +\infty$,则 $F(-\infty, +\infty) = 0$.

3.3【答案】A

【解析】由二维随机变量分布函数及密度函数关系得

$$F(x,y) = P\{X \leqslant x, Y \leqslant y\} = \int_{-\infty}^{x} du \int_{-\infty}^{y} f(u,v) dv.$$

3.4【答案】E

【解析】由题设 $P\{X < Y\} = \int_{-\infty}^{+\infty} dx \int_{x}^{+\infty} f(x,y) dy$.

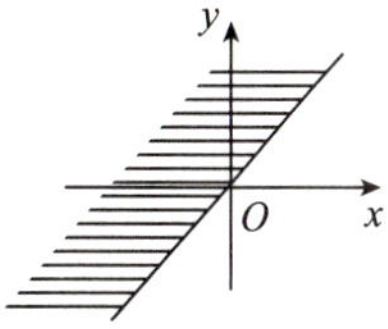

解 3.4 图

3.5【答案】B

【解析】由题设 $P\{X > 1\} = \int_{1}^{+\infty} dx \int_{-\infty}^{+\infty} f(x,y) dy$.

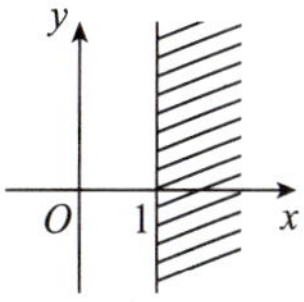

解 3.5 图

3.6【答案】E

【解析】由边缘密度函数性质,知 $\int_{-\infty}^{+\infty} f_X(x) dx = 1$.

3.7【答案】B

【解析】由边缘密度函数性质,知 $\int_{-\infty}^{+\infty} f_X(x) dx = 1$.

3.8【答案】A

【解析】由题设

X	−1	1
P	$\frac{1}{2}$	$\frac{1}{2}$

,

Y	−1	1
P	$\frac{1}{2}$	$\frac{1}{2}$

,且 X 与 Y 相互独立.

$$\begin{aligned} P\{X = Y\} &= P\{X = -1, Y = -1\} + P\{X = 1, Y = 1\} \\ &= P\{X = -1\}P\{Y = -1\} + P\{X = 1\}P\{Y = 1\} \\ &= \frac{1}{2} \times \frac{1}{2} + \frac{1}{2} \times \frac{1}{2} = \frac{1}{2}. \end{aligned}$$

3.9【答案】E

【解析】由题设,X 与 Y 独立,则

$$\begin{aligned} P\{X \neq Y\} &= P\{X = 0, Y = 1\} + P\{X = 1, Y = 0\} \\ &= P\{X = 0\}P\{Y = 1\} + P\{X = 1\}P\{Y = 0\} \\ &= 0.7 \times 0.7 + 0.3 \times 0.3 = 0.58. \end{aligned}$$

3.10【答案】D

【解析】由题设

$$\begin{aligned} P\{XY = 0\} = & P\{X = 0, Y = 0\} + P\{X = 0, Y = 1\} + P\{X = 0, Y = 2\} + \\ & P\{X = 1, Y = 0\} = 0.1 + 0.2 + 0.3 + 0.2 = 0.8. \end{aligned}$$

3.11【答案】 E

【解析】由题设

X	0	1
P	0.6	0.4

,

Y	0	1
P	0.6	0.4

,X与Y相互独立.

$P\{X+Y=2\}=P\{X=1,Y=1\}=P\{X=1\}P\{Y=1\}=0.16.$

3.12【答案】 D

【解析】由题设

$P\{XY=2\}=P\{X=1,Y=2\}+P\{X=2,Y=1\}=\frac{3}{10}+\frac{2}{10}=\frac{1}{2}.$

3.13【答案】 D

【解析】由题意知,Z的取值为0,1,则

$$\begin{aligned}P\{Z=1\}&=P\{\max\{X,Y\}=1\}\\&=P\{X=1,Y=0\}+P\{X=0,Y=1\}+P\{X=1,Y=1\}\\&=P\{X=1\}P\{Y=0\}+P\{X=0\}P\{Y=1\}+P\{X=1\}P\{Y=1\}\\&=0.25+0.25+0.25=0.75.\end{aligned}$$

3.14【答案】 B

【解析】由题设$\{X=0\}$与$\{X+Y=1\}$相互独立,则

$P\{X=0,X+Y=1\}=P\{X=0\}\cdot P\{X+Y=1\}.$

又由于$P\{X=0,Y=1\}=a$,$P\{X+Y=1\}=a+b$,则$a=(0.4+a)(a+b)$.

又由分布律性质,得$a+b=0.5$,解得$a=0.4$,$b=0.1$.

3.15【答案】 A

【解析】由题设$P\{X_1X_2=0\}=1$,则

$$\begin{aligned}P\{X_1=-1,X_2=-1\}&=P\{X_1=-1,X_2=1\}\\&=P\{X_1=1,X_2=-1\}=P\{X_1=1,X_2=1\}=0,\end{aligned}$$

X_1 \ X_2	-1	0	1	$p_{1\cdot}$
-1	0	$\frac{1}{4}$	0	$\frac{1}{4}$
0	$\frac{1}{4}$	0	$\frac{1}{4}$	$\frac{1}{2}$
1	0	$\frac{1}{4}$	0	$\frac{1}{4}$
$p_{\cdot 2}$	$\frac{1}{4}$	$\frac{1}{2}$	$\frac{1}{4}$	

由边缘概率$P\{X_1=0,X_2=-1\}=P\{X_1=0,X_2=1\}=P\{X_1=-1,X_2=0\}$

$$=P\{X_1=1,X_2=0\}=\frac{1}{4},$$

$P\{X_1=0,X_2=0\}=0$.故$P\{X_1=X_2\}=0$.

3.16【答案】C

【解析】由题设 $X \sim P(1), Y \sim P(2)$，且 X 与 Y 独立，则

$$\begin{aligned} P\{2X+Y=2\} &= P\{X=0,Y=2\}+P\{X=1,Y=0\} \\ &= P\{X=0\}P\{Y=2\}+P\{X=1\}P\{Y=0\} \\ &= \frac{1^0}{0!}e^{-1}\cdot\frac{2^2}{2!}e^{-2}+\frac{1^1}{1!}e^{-1}\cdot\frac{2^0}{0!}e^{-2} \\ &= 2e^{-3}+e^{-3}=3e^{-3}. \end{aligned}$$

3.17【答案】E

【解析】由题设 $(X,Y) \sim U(D), D=\{0<x<1, 0<y<1\}$，则

$$P\{X^2+Y^2 \leqslant 1\} = \frac{\frac{1}{4}\pi}{1} = \frac{\pi}{4}.$$

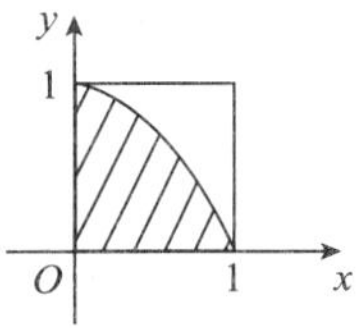

解 3.17 图

3.18【答案】B

【解析】由题设 $X \sim N(0,1), Y \sim N(1,1)$，且 X 与 Y 独立，则 $X+Y \sim N(1,2)$.

$$P\{X+Y \leqslant 1\} = P\left\{\frac{X+Y-1}{\sqrt{2}} \leqslant 0\right\} = \Phi(0) = \frac{1}{2}.$$

3.19【答案】B

【解析】由联合密度函数性质，知

$$\int_{-\infty}^{+\infty}\int_{-\infty}^{+\infty} f(x,y)\,dx\,dy = \int_0^1 dx\int_0^1 cx\,dy = \int_0^1 cx\,dx = \frac{c}{2} = 1,$$

解得 $c=2$.

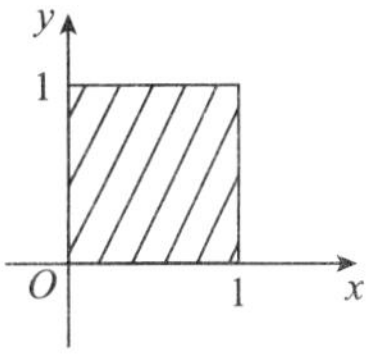

解 3.19 图

3.20【答案】E

【解析】由联合密度函数性质，知

$$\int_{-\infty}^{+\infty}\int_{-\infty}^{+\infty} f(x,y)\,dx\,dy = \int_0^1 dx\int_0^1 cx^3y\,dy = \int_0^1 \frac{c}{2}x^3\,dx = \frac{c}{8} = 1,$$

解得 $c=8$.

3.21【答案】E

【解析】由联合密度函数性质，知

$$\int_{-\infty}^{+\infty}\int_{-\infty}^{+\infty} f(x,y)\,dx\,dy = \int_0^1 dx\int_0^x c\,dy = \frac{c}{2} = 1,$$

解得 $c=2$.

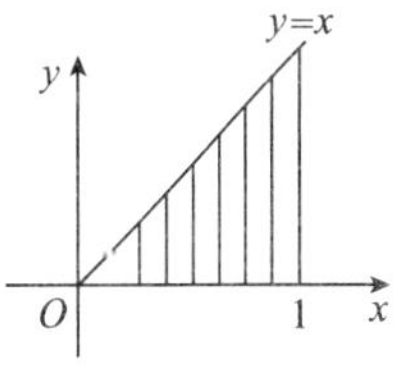

解 3.21 图

第四章　随机变量的数字特征

4.1【答案】D

【解析】由期望计算公式，知 $E(X)=-1\times0.2+1\times0.1+2\times0.3+3\times0.4=1.7$.

4.2【答案】C

【解析】由分布律性质，知 $0.2+0.1+a+0.4=1$，解得 $a=0.3$.

又由于 $E(X)=-0.2+0.3+0.8=0.9$，

则 $E(2X+1)=2E(X)+1=2\times0.9+1=2.8$.

4.3 **【答案】** C

【解析】 由题设知

$$E(X)=-0.2-0.3+0.3+0.2=0,$$
$$E(X^2)=0.4+0.3+0.3+0.4=1.4,$$
$$D(X)=E(X^2)-(EX)^2=1.4,$$

故 $D(X-0.7)=D(X)=1.4$.

4.4 **【答案】** E

【解析】 由分布律性质，知 $0.5+a+b=1$.

又 $$E(X)=-1+a+3b=0,$$

联立解得 $a=0.25,b=0.25$，故

$$E(X^2)=2+0.25+9\times0.25=4.5,$$
$$D(X)=E(X^2)-(EX)^2=4.5.$$

4.5 **【答案】** C

【解析】 由题设 $X\sim B(10,0.6)$，则 $D(X)=np(1-p)=10\times0.6\times0.4=2.4$.

4.6 **【答案】** B

【解析】 设命中靶子的次数为 X，则 $X\sim B(n,p)$，$n=10$. 故

$$D(X)=np(1-p)=10\times p(1-p)=2.1,$$

解得 $p=0.3$ 或 $p=0.7$.

4.7 **【答案】** D

【解析】 由题设 $X\sim B(n,p)$，则 $E(X)=np=8,D(X)=np(1-p)=4.8$.

联立解得 $p=0.4,n=20$.

4.8 **【答案】** B

【解析】 由题设 $X\sim B(n,p)$，则

$$E(X)=np=2.4,D(X)=np(1-p)=1.44,$$

解得 $p=0.4,n=6$.

4.9 **【答案】** E

【解析】 由题设 $X\sim P(1),Y\sim P(4)$，且 X 与 Y 独立. $D(X)=1,D(Y)=4$.

则 $D(X-Y)=D(X)+D(Y)=1+4=5$.

4.10 **【答案】** E

【解析】 由题设 $X\sim P(2)$，则 $E(X)=2,D(X)=2$. 故

$$E(Z)=E(3X-2)=3E(X)-2=4,$$
$$D(Z)=D(3X-2)=9D(X)=18.$$

4.11 **【答案】** C

【解析】 由题设 $X\sim P(\lambda)$，则

$$E(X)=\lambda,D(X)=\lambda,E(X^2)=D(X)+(EX)^2=\lambda+\lambda^2,$$

故 $E[(X-1)(X-2)]=E(X^2-3X+2)=E(X^2)-3E(X)+2$
$$=\lambda+\lambda^2-3\lambda+2=1,$$
解得 $\lambda=1$.

4.12 【答案】 C

【解析】 由题设

$$E(X)=\int_{-\infty}^{+\infty}xf(x)\mathrm{d}x=\int_0^1 x\cdot 2x\mathrm{d}x=\frac{2}{3},$$

故 $E(3X)=3E(X)=3\times\frac{2}{3}=2$.

4.13 【答案】 A

【解析】 由题设 X 与 Y 相互独立.
$$D(2X-Y)=4D(X)+D(Y)=4\times 2+4=12.$$

4.14 【答案】 E

【解析】 由题设 X 与 Y 相互独立，则
$$D(3X-2Y)=9D(X)+4D(Y)=9\times 4+4\times 2=44.$$

4.15 【答案】 D

【解析】 由题设 $D(X)=E(X^2)-(EX)^2$，则 $4=8-(EX)^2$，
故 $E(X)=2$ 或 $E(X)=-2$. 所以 $E(2X)=2E(X)=4$ 或 -4.

4.16 【答案】 D

【解析】 由题设

$$f(x)=F'(x)=0.3\varphi(x)+0.35\varphi\left(\frac{x-1}{2}\right),$$

则 $E(X)=\int_{-\infty}^{+\infty}xf(x)\mathrm{d}x=0.3\int_{-\infty}^{+\infty}x\varphi(x)\mathrm{d}x+0.35\int_{-\infty}^{+\infty}x\varphi\left(\frac{x-1}{2}\right)\mathrm{d}x$

$$=0+0.35\int_{-\infty}^{+\infty}(2t+1)\varphi(t)\cdot 2\mathrm{d}t=0.7\int_{-\infty}^{+\infty}\varphi(t)\mathrm{d}t=0.7.$$

4.17 【答案】 C

【解析】 由方差的定义 $D(X)=E(X-EX)^2\geqslant 0$.

4.18 【答案】 E

【解析】 由题设

$$\begin{aligned}E(X-c)^2&=E(X-\mu+\mu-c)^2\\&=E[(X-\mu)^2+2(X-\mu)(\mu-c)+(\mu-c)^2]\\&=E(X-\mu)^2+E(\mu-c)^2\geqslant E(X-\mu)^2.\end{aligned}$$

4.19 【答案】 B

【解析】 由题设 $X\sim U[a,b]$，则

$$E(X)=\frac{1}{2}(a+b)=3,D(X)=\frac{1}{12}(b-a)^2=\frac{4}{3},$$

联立解得 $a=1,b=5$ 或 $a=5,b=1$（舍）.

4.20 【答案】B

【解析】由题设 $X \sim U[0,2]$，则

$$E(X)=\frac{1}{2}(a+b)=1, D(X)=\frac{1}{12}(b-a)^2=\frac{1}{3},$$

则 $\frac{D(X)}{[E(X)]^2}=\frac{\frac{1}{3}}{1}=\frac{1}{3}$.

4.21 【答案】E

【解析】由题设 $X \sim E(\lambda)$，则 $E(X)=\frac{1}{\lambda}, D(X)=\frac{1}{\lambda^2}$，则

$$E(X^2)=D(X)+(EX)^2=\frac{1}{\lambda^2}+\frac{1}{\lambda^2}=\frac{2}{\lambda^2}=72,$$

解得 $\lambda=\frac{1}{6}$ 或 $\lambda=-\frac{1}{6}$.

4.22 【答案】E

【解析】由题设 $X \sim E(1)$，则 $E(X)=1, D(X)=1$.

$E(Y)=E(2X^2+1)=2E(X^2)+1=2[D(X)+(EX)^2]+1=2(1+1)+1=5$.

4.23 【答案】E

【解析】由题设 $X \sim B(16,0.25), Y \sim P(9)$，且 X 与 Y 独立，则

$$D(X)=np(1-p)=16\times\frac{1}{4}\times\frac{3}{4}=3, D(Y)=\lambda=9,$$

故 $D(X+2Y+1)=D(X)+4D(Y)=3+4\times 9=39$.

4.24 【答案】C

【解析】由题设 $X \sim U(1,4), Y \sim E(2)$，则

$$E(X)=\frac{a+b}{2}=\frac{5}{2}, E(Y)=\frac{1}{\lambda}=\frac{1}{2},$$

故 $E(X+Y-1)=E(X)+E(Y)-1=\frac{5}{2}+\frac{1}{2}-1=2$.

4.25 【答案】B

【解析】由题设 $X \sim E(\lambda)$，则 $E(X)=\frac{1}{\lambda}, D(X)=\frac{1}{\lambda^2}$，且

$$f(x)=\begin{cases}\lambda e^{-\lambda x}, & x>0,\\ 0, & \text{其他}.\end{cases}$$

$$P\{X>\sqrt{D(X)}\}=P\left\{X>\frac{1}{\lambda}\right\}=\int_{\frac{1}{\lambda}}^{+\infty}\lambda e^{-\lambda x}dx=-e^{-\lambda x}\Big|_{\frac{1}{\lambda}}^{+\infty}=e^{-1}.$$

4.26 【答案】D

【解析】由题设 $X \sim N(\mu,\sigma^2)$，则 $E(X)=\mu$，

$$E(2X+1)=2E(X)+1=2\mu+1=5,$$

故 $\mu=2$.

4.27 【答案】 A

【解析】由题设 $X \sim N(1,4)$，则 $E(X)=1, D(X)=4$，故
$D(2X+1)=4D(X)=4\times 4=16$.

4.28 【答案】 D

【解析】由题设 $X \sim N(1,4), Y \sim U(0,4)$，且 X 与 Y 独立，则

$$D(X)=4, D(Y)=\frac{1}{12}(4-0)^2=\frac{4}{3},$$

故 $D(2X-3Y)=4D(X)+9D(Y)=4\times 4+9\times\frac{4}{3}=28$.

4.29 【答案】 A

【解析】由题设 $X \sim U[-1,3], Y \sim U[2,4]$，且 X 与 Y 独立，则

$$E(X)=\frac{1}{2}(-1+3)=1, E(Y)=\frac{1}{2}(2+4)=3,$$

故 $E(XY)=E(X)\cdot E(Y)=1\times 3=3$.

4.30 【答案】 C

【解析】由题设 $X \sim N(\mu,\sigma^2), Y \sim N(\mu,\sigma^2)$，且 X 与 Y 独立. 则

$$E(2X-Y)=2E(X)-E(Y)=2\mu-\mu=\mu,$$
$$D(2X-Y)=4D(X)+D(Y)=4\sigma^2+\sigma^2=5\sigma^2,$$

故 $2X-Y \sim N(\mu,5\sigma^2)$.

4.31 【答案】 B

【解析】由题设 X 与 Y 相互独立，则

$$E(2X-Y)=2E(X)-E(Y)=2-0=2,$$
$$D(2X-Y)=4D(X)+D(Y)=4+1=5,$$

故 $2X-Y \sim N(2,5)$.

4.32 【答案】 B

【解析】由题设 X 与 Y 独立，则

$$E(Z)=E(X+2Y)=E(X)+2E(Y)=-1+2=1,$$
$$D(Z)=D(X+2Y)=D(X)+4D(Y)=2+4\times 3=14,$$

故 $Z=X+2Y \sim N(1,14)$.

4.33 【答案】 E

【解析】由题设 X 与 Y 相互独立，则

$$D(2X-Y)=4D(X)+D(Y)=4\times 9+4=40.$$

4.34 【答案】 C

【解析】由题设 $X \sim P(\lambda), Y \sim P(\lambda)$，$X$ 与 Y 独立，则

$$E(X+Y)=E(X)+E(Y)=\lambda+\lambda=2\lambda,$$
$$E(2X)=2E(X)=2\lambda.$$

4.35 【答案】 C

【解析】由题设，$X \sim N(4,4), Y \sim U(0,2)$，且 X 与 Y 相互独立，则

$$E(X)=4, E(Y)=\frac{1}{2}(0+2)=1,$$

故 $E(XY)=E(X)\cdot E(Y)=4\times 1=4$.

4.36 【答案】 D

【解析】 由题设 $X\sim U\left(-\frac{\pi}{2},\frac{\pi}{2}\right)$，则

$$f(x)=\begin{cases}\frac{1}{\pi}, & -\frac{\pi}{2}<x<\frac{\pi}{2},\\ 0, & \text{其他}.\end{cases}$$

$E(X)=\frac{1}{2}\left(-\frac{\pi}{2}+\frac{\pi}{2}\right)=0$;

$$E(XY)=E(X\sin X)=\int_{-\frac{\pi}{2}}^{\frac{\pi}{2}}x\sin x\cdot\frac{1}{\pi}\mathrm{d}x=-\frac{1}{\pi}\int_{-\frac{\pi}{2}}^{\frac{\pi}{2}}x\mathrm{d}\cos x$$

$$=-\frac{1}{\pi}x\cos x\Big|_{-\frac{\pi}{2}}^{\frac{\pi}{2}}+\frac{1}{\pi}\sin x\Big|_{-\frac{\pi}{2}}^{\frac{\pi}{2}}=\frac{2}{\pi}.$$

4.37 【答案】 B

【解析】 由题设 $E(XY)=E(X)\cdot E(Y)$，则 $\mathrm{Cov}(X,Y)=E(XY)-E(X)\cdot E(Y)=0$.
故 $D(X+Y)=D(X)+D(Y)+2\mathrm{Cov}(X,Y)=DX+DY$.

4.38 【答案】 C

【解析】 由题设

$$D(X+Y)=D(X)+D(Y)+2\mathrm{Cov}(X,Y)=D(X)+D(Y)$$
$$\Leftrightarrow \mathrm{Cov}(X,Y)=0\Leftrightarrow X\text{ 与 }Y\text{ 不相关}.$$

4.39 【答案】 B

【解析】 由题设

$$D(X+Y)=D(X)+D(Y)+2\mathrm{Cov}(X,Y)=D(X)+D(Y)$$
$$\Leftrightarrow \mathrm{Cov}(X,Y)=0\Leftrightarrow X\text{ 与 }Y\text{ 不相关}.$$

4.40 【答案】 C

【解析】 由题设

$\mathrm{Cov}(X,Y)=0\Leftrightarrow \rho_{XY}=0\Leftrightarrow X$ 与 Y 不相关.

4.41 【答案】 D

【解析】 由题设 X 与 Y 不相关，则

$$\mathrm{Cov}(X,Y)=E(XY)-E(X)\cdot E(Y)=0$$
$$\Leftrightarrow E(XY)=E(X)\cdot E(Y)$$
$$\Leftrightarrow D(X+Y)=D(X)+D(Y).$$

又由于 $E(X+Y)=E(X)+E(Y)$.

4.42 【答案】 C

【解析】 由题设 X 与 Y 不相关，则

$\mathrm{Cov}(X,Y)=E(XY)-E(X)\cdot E(Y)=0\Leftrightarrow E(XY)=E(X)\cdot E(Y)$.

4.43 【答案】 E

【解析】(1) 独立的正态分布的线性组合服从正态分布.

(2) 独立的正态分布,(X,Y) 服从二维正态分布.

4.44 【答案】 A

【解析】 由题设 X 与 Y 服从正态分布,且相互独立. 故 $Z=X+Y$ 服从正态分布.

4.45 【答案】 D

【解析】 由题设

$$\begin{aligned}\mathrm{Cov}(\xi,\eta)&=\mathrm{Cov}(X+Y,X-Y)\\&=\mathrm{Cov}(X,X)-\mathrm{Cov}(X,Y)+\mathrm{Cov}(Y,X)-\mathrm{Cov}(Y,Y)\\&=D(X)-D(Y)=0\Rightarrow D(X)=D(Y)\Rightarrow E(X^2)-(EX)^2=E(Y^2)-(EY)^2.\end{aligned}$$

4.46 【答案】 E

【解析】 由题设

$$\mathrm{Cov}(-2X,Y)=-2\mathrm{Cov}(X,Y)=-2\times\left(-\frac{1}{2}\right)=1.$$

4.47 【答案】 D

【解析】 由协方差计算公式得

$$\mathrm{Cov}(X,Y)=E(XY)-E(X)\cdot E(Y),$$

代入得 $-0.5=-0.3-1\cdot E(Y)$,解得 $E(Y)=0.2$.

4.48 【答案】 C

【解析】 由题设

$$\mathrm{Cov}(X,Y)=E\{[X-E(X)]\cdot[Y-E(Y)]\},$$

则 $\rho_{XY}=\dfrac{\mathrm{Cov}(X,Y)}{\sqrt{D(X)}\cdot\sqrt{D(Y)}}=E\{[X-E(X)][Y-E(Y)]\}$.

4.49 【答案】 A

【解析】 由题设

$$\rho_{XY}=\frac{\mathrm{Cov}(X,Y)}{\sqrt{D(X)}\cdot\sqrt{D(Y)}}\Leftrightarrow\mathrm{Cov}(X,Y)=\rho_{XY}\cdot\sqrt{D(X)}\cdot\sqrt{D(Y)}.$$

4.50 【答案】 C

【解析】 由方差计算公式得

$$\begin{aligned}D(X-Y)&=D(X)+D(Y)-2\mathrm{Cov}(X,Y)\\&=D(X)+D(Y)-2\rho_{XY}\cdot\sqrt{D(X)}\cdot\sqrt{D(Y)}\\&=25+36-2\times0.4\times5\times6=37.\end{aligned}$$

4.51 【答案】 D

【解析】 由方差计算公式得

$$\begin{aligned}D(3X-2Y)&=9D(X)+4D(Y)-2\times3\times2\mathrm{Cov}(X,Y)\\&=9D(X)+4D(Y)-12\rho_{XY}\sqrt{D(X)}\cdot\sqrt{D(Y)}\\&=9\times4+4\times1-12\times0.5\times2\times1\end{aligned}$$

$= 28.$

4.52 【答案】 C

【解析】 由题设 $(X,Y) \sim N(\mu_1,\mu_2;\sigma_1^2,\sigma_2^2;\rho)$，且 X 与 Y 独立，则 $\rho = 0$.

4.53 【答案】 C

【解析】 由题设 $(X,Y) \sim N(1,2;1,4;0)$，且 $\rho_{XY} = 0$，则 X 与 Y 独立.

$E(XY) = E(X) \cdot E(Y) = 1 \times 2 = 2.$

4.54 【答案】 B

【解析】 由题设

$$\mathrm{Cov}(X,Y) = \rho_{XY} \cdot \sqrt{D(X)} \cdot \sqrt{D(Y)} = \frac{1}{2} \times 2 \times 3 = 3.$$

4.55 【答案】 A

【解析】 由题设 $(X,Y) \sim N(1,-1;1,4;0)$，且 $\rho_{XY} = 0$，则 X 与 Y 独立.

故 $D(X+Y) = D(X) + D(Y) = 1 + 4 = 5.$

4.56 【答案】 D

【解析】 由题设 X 和 Y 独立同分布，则 $D(X) = D(Y)$，故

$$\begin{aligned}\mathrm{Cov}(U,V) &= \mathrm{Cov}(X-Y,X+Y) \\ &= \mathrm{Cov}(X,X) + \mathrm{Cov}(X,Y) - \mathrm{Cov}(Y,X) - \mathrm{Cov}(Y,Y) \\ &= D(X) - D(Y) = 0.\end{aligned}$$

故 U 与 V 不相关，即 $\rho_{UV} = 0$.

4.57 【答案】 C

【解析】 由题设 $\rho = 0 \Leftrightarrow \mathrm{Cov}(X,Y) = 0$.

4.58 【答案】 D

【解析】 由题设 $(X,Y) \sim N(0,0;2,2;0)$，且 $\rho_{XY} = 0$. 故

(1) X 与 Y 相互独立 $\Rightarrow X$ 与 Y 不相关.

(2) $X \sim N(0,2)$，$Y \sim N(0,2)$.

(3) $\mathrm{Cov}(X,Y) = \rho_{XY} \cdot \sqrt{D(X)} \cdot \sqrt{D(Y)} = 0$.

(4) $F(x,y) = P\{X \leqslant x, Y \leqslant y\} = P\{X \leqslant x\}P\{Y \leqslant y\}$

$$= P\left\{\frac{X}{\sqrt{2}} \leqslant \frac{x}{\sqrt{2}}\right\}P\left\{\frac{Y}{\sqrt{2}} \leqslant \frac{y}{\sqrt{2}}\right\} = \Phi\left(\frac{x}{\sqrt{2}}\right)\Phi\left(\frac{y}{\sqrt{2}}\right).$$

金榜时代图书·书目

考研数学系列

书名	作者	预计上市时间
数学公式的奥秘	刘喜波等	2021 年 3 月
数学复习全书·基础篇(数学一、二、三通用)	李永乐等	2022 年 7 月
数学基础过关 660 题(数学一/数学二/数学三)	李永乐等	2022 年 8 月
数学历年真题全精解析·基础篇(数学一/数学二/数学三)	李永乐等	2022 年 8 月
数学复习全书·提高篇(数学一/数学二/数学三)	李永乐等	2023 年 1 月
数学历年真题全精解析·提高篇(数学一/数学二/数学三)	李永乐等	2023 年 1 月
数学强化通关 330 题(数学一/数学二/数学三)	李永乐等	2023 年 5 月
高等数学辅导讲义	刘喜波	2023 年 2 月
高等数学辅导讲义	武忠祥	2023 年 2 月
线性代数辅导讲义	李永乐	2023 年 2 月
概率论与数理统计辅导讲义	王式安	2023 年 2 月
考研数学经典易错题	吴紫云	2023 年 5 月
高等数学基础篇	武忠祥	2022 年 9 月
数学真题真练 8 套卷	李永乐等	2022 年 10 月
真题同源压轴 150	姜晓千	2023 年 10 月
数学核心知识点乱序高效记忆手册	宋浩	2022 年 12 月
数学决胜冲刺 6 套卷(数学一/数学二/数学三)	李永乐等	2023 年 10 月
数学临阵磨枪(数学一/数学二/数学三)	李永乐等	2023 年 10 月
考研数学最后 3 套卷·名校冲刺版(数学一/数学二/数学三)	武忠祥 刘喜波 宋浩等	2023 年 11 月
考研数学最后 3 套卷·过线急救版(数学一/数学二/数学三)	武忠祥 刘喜波 宋浩等	2023 年 11 月
经济类联考数学复习全书	李永乐等	2023 年 4 月
经济类联考数学通关无忧 985 题	李永乐等	2023 年 5 月
农学门类联考数学复习全书	李永乐等	2023 年 4 月
考研数学真题真刷(数学一/数学二/数学三)	金榜时代考研数学命题研究组	2023 年 2 月
高等数学考研高分领跑计划(十七堂课)	武忠祥	2023 年 8 月
线性代数考研高分领跑计划(九堂课)	申亚男	2023 年 8 月
概率论与数理统计考研高分领跑计划(七堂课)	硕哥	2023 年 8 月
高等数学解题密码·选填题	武忠祥	2023 年 9 月
高等数学解题密码·解答题	武忠祥	2023 年 9 月

大学数学系列

书名	作者	预计上市时间
大学数学线性代数辅导	李永乐	2018 年 12 月
大学数学高等数学辅导	宋浩 刘喜波等	2023 年 8 月

大学数学概率论与数理统计辅导	刘喜波	2023 年 8 月
线性代数期末高效复习笔记	宋浩	2023 年 6 月
高等数学期末高效复习笔记	宋浩	2023 年 6 月
概率论期末高效复习笔记	宋浩	2023 年 6 月
统计学期末高效复习笔记	宋浩	2023 年 6 月

考研政治系列

书名	作者	预计上市时间
考研政治闪学:图谱+笔记	金榜时代考研政治教研中心	2023 年 5 月
考研政治高分字帖	金榜时代考研政治教研中心	2023 年 5 月
考研政治高分模板	金榜时代考研政治教研中心	2023 年 10 月
考研政治秒背掌中宝	金榜时代考研政治教研中心	2023 年 10 月
考研政治密押十页纸	金榜时代考研政治教研中心	2023 年 11 月

考研英语系列

书名	作者	预计上市时间
考研英语核心词汇源来如此	金榜时代考研英语教研中心	已上市
考研英语语法和长难句快速突破 18 讲	金榜时代考研英语教研中心	已上市
英语语法二十五页	靳行凡	已上市
考研英语翻译四步法	别凡英语团队	已上市
考研英语阅读新思维	靳行凡	已上市
考研英语(一)真题真刷	金榜时代考研英语教研中心	2023 年 2 月
考研英语(二)真题真刷	金榜时代考研英语教研中心	2023 年 2 月
考研英语(一)真题真刷详解版(三)	金榜时代考研英语教研中心	2023 年 3 月
大雁带你记单词	金榜晓艳英语研究组	已上市
大雁教你语法长难句	金榜晓艳英语研究组	已上市
大雁精讲 58 篇基础阅读	金榜晓艳英语研究组	2023 年 3 月
大雁带你刷真题·英语一	金榜晓艳英语研究组	2023 年 6 月
大雁带你刷真题·英语二	金榜晓艳英语研究组	2023 年 6 月
大雁带你写高分作文	金榜晓艳英语研究组	2023 年 5 月

英语考试系列

书名	作者	预计上市时间
大雁趣讲专升本单词	金榜晓艳英语研究组	2023 年 1 月
大雁趣讲专升本语法	金榜晓艳英语研究组	2023 年 8 月
大雁带你刷四级真题	金榜晓艳英语研究组	2023 年 2 月
大雁带你刷六级真题	金榜晓艳英语研究组	2023 年 2 月
大雁带你记六级单词	金榜晓艳英语研究组	2023 年 2 月

以上图书书名及预计上市时间仅供参考,以实际出版物为准,均属金榜时代(北京)教育科技有限公司!